"十二五"普通高等教育本科国家级规划教材

高校土木工程专业指导委员会规划推荐教材
（经典精品系列教材）

岩土工程勘察(第二版)

浙 江 大 学　王奎华　主编
南京工业大学　陈新民　　主审

中国建筑工业出版社

图书在版编目（CIP）数据

岩土工程勘察/王奎华主编.—2版.—北京：中国建筑工业
出版社，2015.12（2024.11重印）
"十二五"普通高等教育本科国家级规划教材.高校土木工
程专业指导委员会规划推荐教材（经典精品系列教材）
ISBN 978-7-112-18950-2

Ⅰ.① 岩… Ⅱ.① 王… Ⅲ.①岩土工程-地质勘探-高等学
校-教材 Ⅳ.① TU412

中国版本图书馆 CIP 数据核字（2016）第 004885 号

本书按照《岩土工程勘察规范》GB 50021—2001（2009 年版）、
《建筑地基基础设计规范》GB 50007—2011、《建筑抗震设计规范》
GB 50011—2010 等对第一版教材相应内容进行了修订。主要内容包
括三大部分：岩土类型及其工程性质；岩土工程勘察方法；具体岩土
工程的勘察、分析评价和成果报告。
本书既可以作为高校土木工程专业的教材，也可供从事岩土工程
勘察工作的工程技术人员参考使用。

* * *

责任编辑：王 跃 吉万旺
责任校对：李美娜 刘 钰

"十二五"普通高等教育本科国家级规划教材
高校土木工程专业指导委员会规划推荐教材
（经典精品系列教材）
岩土工程勘察
（第二版）
浙 江 大 学 王奎华 主编
南京工业大学 陈新民 主审
*
中国建筑工业出版社出版、发行（北京西郊百万庄）
各地新华书店、建筑书店经销
北京红光制版公司制版
建工社（河北）印刷有限公司印刷
*
开本：787×960 毫米 1/16 印张：20¼ 字数：420 千字
2016 年 4 月第二版 2024 年 11 月第二十三次印刷
定价：**54.00** 元
ISBN 978-7-112-18950-2
（36913）

出　版　说　明

1998 年教育部颁布普通高等学校本科专业目录，将原建筑工程、交通土建工程等多个专业合并为土木工程专业。为适应大土木的教学需要，高等学校土木工程学科专业指导委员会编制出版了《高等学校土木工程专业本科教育培养目标和培养方案及课程教学大纲》，并组织我国土木工程专业教育领域的优秀专家编写了《高校土木工程专业指导委员会规划推荐教材》。该系列教材 2002 年起陆续出版，共 40 余册，十余年来多次修订，在土木工程专业教学中起到了积极的指导作用。

本系列教材从宽口径、大土木的概念出发，根据教育部有关高等教育土木工程专业课程设置的教学要求编写，经过多年的建设和发展，逐步形成了自己的特色。本系列教材投入使用之后，学生、教师以及教育和行业行政主管部门对教材给予了很高评价。本系列教材曾被教育部评为面向 21 世纪课程教材，其中大多数曾被评为普通高等教育"十一五"国家级规划教材和普通高等教育土建学科专业"十五"、"十一五"、"十二五"规划教材，并有 11 种入选教育部普通高等教育精品教材。2012 年，本系列教材全部入选第一批"十二五"普通高等教育本科国家级规划教材。

2011 年，高等学校土木工程学科专业指导委员会根据国家教育行政主管部门的要求以及新时期我国土木工程专业教学现状，编制了《高等学校土木工程本科指导性专业规范》。在此基础上，高等学校土木工程学科专业指导委员会及时规划出版了高等学校土木工程本科指导性专业规范配套教材。为区分两套教材，特在原系列教材丛书名《高校土木工程专业指导委员会规划推荐教材》后加上经典精品系列教材。各位主编将根据教育部《关于印发第一批"十二五"普通高等教育本科国家级规划教材书目的通知》要求，及时对教材进行修订完善，补充反映土木工程学科及行业发展的最新知识和技术内容，与时俱进。

高等学校土木工程学科专业指导委员会

中国建筑工业出版社

第 二 版 前 言

本教材第一版于2005年由中国建筑工业出版社出版发行，是当时高等学校土木工程专业指导委员会的规划推荐教材之一，第一版出版至今已有十年之久，第一版教材使用过程中得到了读者的好评，并受到了有关高校的广泛采用。2012年本教材被列入到首批"十二五"普通高等教育本科国家级规划教材之一。鉴于原教材所引用的相关规范多有更新，因此出版社及原教材编写人均认为，有必要对第一版教材的有关内容进行修订更新，以符合新版规范的要求。本次修订后的教材主要内容保持与第一版教材基本一致，包括三部分：一是岩土类型及其工程性质，介绍不同类型岩土介质的特点和工程性质、影响因素等；二是岩土工程主要勘察、试验方法，包括工程地质测绘和调查、岩土工程勘探、岩土工程原位测试、室内试验等；三是主要各类具体岩土工程的勘察、分析评价和成果报告，介绍几种主要岩土工程的勘察、分析评价的基本内容和要求、岩土参数的统计分析方法以及岩土工程勘察成果报告的编写方法等。

本教材建议授课学时为32～40学时，各学校可根据自身专业和行业特点选择全部或部分内容进行讲授，由于岩土工程勘察涉及内容非常广泛，特别是勘察手段、原位测试方法以及土工试验内容繁多，本教材只能对其中一些主要方法作较详细的介绍，而对其余方法仅作概略性介绍，以便读者对各种方法的原理和要点有所了解。

本教材第二版仍由浙江大学建筑工程学院王奎华教授主编，浙江大学建筑工程学院韩同春副研究员和浙江科技学院夏建中教授共同编写。编写人员分工如下：第1章、第4章、第5章、第6章、第7章、第8章由王奎华编写；第2章、第3章由夏建中编写；第9章、第10章、第11章、第12章由韩同春编写。在第二版编写校对过程中，浙江大学建工学院博士研究生吴君涛等做了不少工作。由于编者水平和编写时间限制，书中仍可能存在不少错误和不足之处，恳请读者批评指正！

本教材还被列入了浙江大学2015年重点教材建设计划，另外在本教材编辑出版过程中，中国建筑工业出版社吉万旺编辑付出了大量的劳动，在此向浙江大学和中国建筑工业出版社以及吉万旺编辑表示感谢，同时也向所有在本教材编写和修订过程中提供过帮助的所有专家和同行表示衷心的感谢！

编者

2015 年 11 月

第 一 版 前 言

　　本书主要作为高等学校土木工程专业岩土工程勘察课程的教材，是高等学校土木工程专业指导委员会的规划推荐教材之一，主编单位、主审单位均由专业指导委员会确定。本书按新修订的《岩土工程勘察》课程教学大纲要求编写，该课程目前为限定选修课，建议学时为 40 学时。根据大纲要求，本教材内容主要包括三个部分：一是岩土类型及其工程性质，介绍不同类型岩土的工程性质及其影响因素；二是岩土工程主要勘察方法，包括工程地质测绘和调查、岩土工程勘探、岩土工程原位测试、室内试验几个部分；三是具体岩土工程的勘察、分析评价和成果报告，介绍几种主要岩土工程的勘察、分析评价的基本内容和要求、岩土参数的统计分析方法以及岩土工程勘察成果报告的编写方法及分析运用成果报告的方法。

　　在本教材的编写过程中，对岩土工程勘察技术方面的要求紧密结合最新修订的中华人民共和国国家标准《岩土工程勘察规范》GB 50021—2001 的相关规定编写。对涉及的其他国家标准和行业标准也都按最新版本的要求进行介绍。尽量做到密切跟踪国内外最新的勘察技术发展现状，反映学科发展的最新水平。

　　由于学时限制，本书篇幅不可能太大，而岩土工程勘察内容繁多，特别是原位测试方法和室内试验方法很多、内容广泛，因此不可能对每一种方法均进行详细介绍，本教材仅对主要方法进行较详细地介绍，对其余方法只作概略性介绍，以期让读者对各种方法的原理和要点有所了解。

　　本书由浙江大学教授王奎华博士主编，浙江大学副研究员韩同春博士和浙江科技学院副教授夏建中博士共同编写，由南京工业大学陈新民教授主审。编写人员分工如下：第 1 章、第 4 章、第 5 章、第 6 章、第 7 章、第 8 章由王奎华负责编写；第 2 章、第 3 章由夏建中编写；第 9 章、第 10 章、第 11 章、第 12 章由韩同春编写。在本书插图的绘制工作中，研究生阙仁波、周铁桥、张智卿等做了不少工作。由于编者水平及编写时间限制，书中肯定有不少缺点和错误之处，恳请读者批评指正！

　　最后编者向本书的主审单位和陈新民教授、中国建筑工业出版社以及在本书编写过程中提供过支持和帮助的所有专家和同行表示感谢！

编者

2004 年 10 月

目　　录

第1章 绪 论

1.1 岩土工程勘察内容、目的和任务

岩土工程工作包括岩土工程勘察、设计、施工、检验、监测和监理等。岩土工程勘察是整个岩土工程工作的重要组成部分之一，也是一项基础性的工作，它的成败将对后续环节的工作产生极为重要的影响。中华人民共和国国务院在2000年9月25日颁布的《建设工程勘察设计管理条例》的总则部分规定，从事建设工程勘察设计活动，应当坚持先勘察、后设计、再施工的原则。

岩土工程勘察是指根据建设工程的要求，查明、分析、评价场地的地质、环境特征和岩土工程条件，编制勘察文件的活动。与其他的勘察工作相比，岩土工程勘察具有明确的针对性，即其目的是为了满足工程建设的要求，因此所有的勘察工作都应围绕这一目的展开。岩土工程勘察的内容是要查明、分析、评价建设场地的地质、环境特征和岩土工程条件。其具体的技术手段有多种，如工程地质测绘和调查、勘探和取样、各种原位测试技术、室内土工试验和岩石试验、检验和现场监测、分析和计算、数据处理等等。但不是每一项工程建设都要采用上述全部的勘察技术手段，可根据具体的工程情况合理地选用。岩土工程勘察的对象是建设场地（包括相关部分）的地质、环境特征和岩土工程条件，具体而言主要是指场地岩土的岩性或土层性质、空间分布和工程特征，地下水的补给、贮存、排泄特征和水位、水质的变化规律，以及场地及其周围地区存在的不良地质作用和地质灾害情况。岩土工程勘察工作的任务是查明情况，提供各种相关的技术数据，分析和评价场地的岩土工程条件并提出解决岩土工程问题的建议，以保证工程建设安全、高效进行，促进社会经济的可持续发展。

我国的岩土工程勘察体制形成于20世纪80年代，而在此之前一直采用的是新中国成立初期形成的苏联模式的勘察体制，即工程地质勘察体制。工程地质勘察体制提出的勘察任务是查明场地或地区的工程地质条件，为规划、设计、施工提供地质资料。因此在实际工程地质勘察工作中，一般只提出勘察场地的工程地质条件和存在的地质问题，而不涉及解决问题的具体方法。对于所提供的资料，设计单位如何应用也很少了解和过问，使得勘察工作与设计、施工严重脱节，对工程建设产生了不利的影响。针对上述问题，自20世纪80年代以来，我国开始实施岩土工程勘察体制。与工程地质勘察相比，岩土工程勘察任务不仅要正确反映场地和地基的工程地质条件，还应结合工程设计、施工条件进行技术论证和分析评价，提出解决具体岩土工程问题的建议，并服务于工程建设的全过程，因此

具有很强的工程针对性。经过20多年的努力，这一勘察体制已经较为完善，最近三次修订的中华人民共和国国家标准《岩土工程勘察规范》（分别为1994、2001和2009年修订）都严格遵循了这一重要的指导思想。

1.2　本课程的目的、内容和基本要求

本课程是土木工程专业岩土工程课程组的重要专业课程之一，学生通过本课程学习，应达到以下几个目的：

（1）掌握岩土工程勘察的基本理论和技术技能；

（2）基本掌握采用勘探、原位测试及室内试验手段获取岩土物理、力学指标的方法；

（3）学会基本的岩土物理、力学指标的统计分析方法；

（4）根据不同的岩土类型和环境条件、测试结果，对岩土体作出科学合理的评价。

针对上述目的，本教材内容共分为三大部分，共12章（包括绪论部分），具体如下：

第一部分：岩土类型及其工程性质。该部分共有2章，即第2章：岩石、岩体及其工程性质；第3章：土的类型及其工程性质。

第二部分：岩土工程勘察方法。该部分由5章组成，即第4章：岩土工程勘察等级划分及基本要求；第5章：工程地质测绘和调查；第6章：岩土工程勘探与取样；第7章：原位测试技术；第8章：室内试验。

第三部分：具体岩土工程的勘察、分析评价和成果报告。该部分由4章构成，即第9章：房屋建筑与构筑物的勘察与评价；第10章：地下洞室的勘察与评价；第11章：边坡工程的勘察与评价；第12章：岩土工程分析评价和成果报告编写。

通过本课程学习，要求学生熟练掌握岩土的工程性质及其分类，熟悉岩土工程勘察的基本方法，学会岩土室内试验及原位测试数据的整理运用，能够完成勘察报告的编写工作。

思　考　题

1.1　什么是岩土工程勘察，其目的和任务是什么？

1.2　岩土工程勘察体制与工程地质勘察体制相比有何不同？

第2章　岩石、岩体及其工程性质

地球可近似地看做一个旋转椭球体，它的平均半径约为 6370km。以地表面为界，地球可分为外圈层和内圈层，两者各有不同的圈层构造。

地球的外圈层可分为大气圈、水圈和生物圈。三者之间是相互依存又相互关联的，其中生物圈是地球上生物生存和活动的范围，是人类赖以生存和发展的环境，它们与人类的活动，特别是工程建设活动密切相关。

地球的内圈层构造，从地表到地心可分为地壳、地幔和地核三部分。地核位于深约 2898km 的古登堡（Gudenborg）面以下直到地心，主要由相对密度较大的铁、硅、镍熔融体组成，又称铁镍核心。地核和地壳之间称为地幔，其体积约占地球总体积的 83%，它的上部与地壳的分界线称为莫霍（M. h. rovtc）面，地幔主要由铬、铁、镍、二氧化硅等物质组成，密度也较地壳岩石为大。地壳是地球表层很薄的一层坚硬的固体外壳，它厚薄不均，平均厚度约为 33km，大陆上最厚的地方如帕米尔——喜马拉雅山脉地区可达 75km；而海洋里最薄的地方如南美洲海岸外的大西洋中的某些地方，厚仅 1.6km。组成地壳的元素有 O、Si、Al、Fe、Ca、Na、Mg、K、H 等，这几种元素占地壳重量的 98% 以上。Si、Al 主要分布在地壳的上部，称硅铝层，而分布在地壳下部的主要是 Si、Mg，称硅镁层。

2.1　矿物的基本概念及物理性质

2.1.1　矿物的基本概念

地壳中由各种地质作用而形成的具有一定化学成分和物理性质的自然元素及其化合物，称为矿物。其中构成岩石的矿物，称为造岩矿物，如较为常见的石英（SiO_2）、正长石（$KAlSi_3O_8$）和方解石（$CaCO_3$）等。

造岩矿物内部的离子、原子或分子都是按一定的规律排列的，形成稳定的结晶格子构造（图 2-1），我们称之为结晶质。结晶质在适宜的条件下，能生成具有一定几何外形的结晶体（图 2-2）。如食盐的正立方晶体，石英的六方双锥晶体和金刚石的八面体等。矿物的化学成分和内部晶体构造规律决定了矿物的外形特征和许多的物理化学性质。

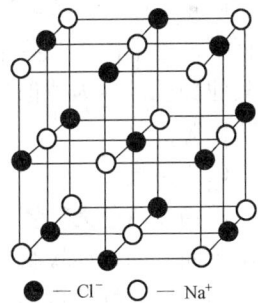

● — Cl^-　○ — Na^+

图 2-1　食盐的结
晶格子构造

　　自然界的万物都处于不断的变化中，矿物也不例外。它一方面不断地在各种地质过程中形成，同时又在后续的各种地质作用下而不断地发生变化，在某一特定的物理和化学条件下矿物的性质是相对稳定的，但当这一特定的物理和化学条件发生一定程度的改变后，矿物原来的成分、内部构造和性质就会发生变化，形成新的矿物，叫次生矿物。

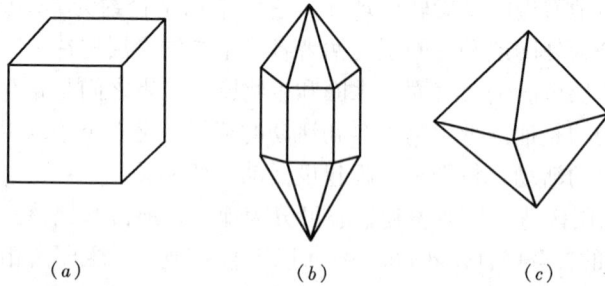

图 2-2　三种矿物的结晶体
(a) 食盐晶体；(b) 石英晶体；(c) 金刚石晶体

2.1.2　矿物的物理性质

　　自然界中的大多数矿物都具有一定的物理化学性质，研究矿物的物理性质，可以作为对矿物进行肉眼鉴定的依据。以下为几种有助于对矿物进行肉眼鉴定的物理性质：

　　(1) 形状

　　自然界的矿物，除少数为液态（如自然汞）和气态（如天然气）之外，绝大部分为固态。矿物的形状，是指固态矿物单个晶体的形态，或矿物晶体聚集在一起的集合体的形态。常见的矿物形状有柱状、针状、片状、板状等。矿物集合体的形状有纤维状、粒状、放射状、鳞片状、晶族等。

　　(2) 颜色

　　矿物的颜色是指其在自然光下所呈现的颜色。矿物本身所固有的颜色称为"自色"。通常由于某些杂质的混入，使矿物的自然色被杂质的颜色所混杂，而呈现其他颜色，称为"他色"。如纯石英是无色透明的，含杂质时可呈紫色、褐色、烟灰色等。

　　(3) 条痕

　　矿物在白色无釉瓷板上摩擦而留下的粉末的颜色称为条痕。矿物的条痕往往是比较固定的，如块状赤铁矿，表面常呈铁黑色，但条痕为砖红色，故条痕可作为鉴别金属矿物的重要标志。

　　(4) 光泽

　　矿物表面对可见光的反射能力称为光泽。依据反射的强弱可以分为金属光泽

表2-1

常见矿物的主要特征表

类别	矿物名称	形状	颜色	条痕	光泽	硬度	解理	断口	相对密度	主要鉴定特征
硫化物	黄铁矿	立方体或块状粒状	铜黄色	绿黑	金属	5~6	无	参差状	4.9~5.2	形状、光泽、颜色、条痕
氧化物	赤铁矿	块状、鲕状、肾状	红褐色	樱红	半金属	5~6	无	贝壳	4.9~5.3	条痕、颜色、比重
	石英	柱状、块状	乳白或无色	无	玻璃、油脂	7	无	贝壳	2.6	形状、光泽、断口、颜色
碳酸盐及硫酸盐	方解石	菱形、粒状	白或无色	无	玻璃	3	三组完全	平坦	2.7	形状、硬度、解理与酸作用
	白云石	块状或菱形	白带灰色	白	玻璃	3~4	三组完全		2.8~2.9	形状、解理与酸作用
	石膏	板状、纤维状	白色	白	丝绢	2	中等		2.3	形状、解理
硅酸盐	橄榄石	粒状	橄榄绿色	无	玻璃	6~7	无	贝壳	3.3~3.5	颜色、硬度、形状
	辉角石	短柱状	黑绿色	灰绿色	玻璃	5~6	两组解理交成93	平坦	3.3~3.6	形状、颜色、光泽
	闪石	长柱状	绿黑色	淡绿	玻璃	6	两组解理交成24	锯齿	3.1~3.6	形状、颜色、光泽
	斜长石	板状、柱状	灰白色	白	玻璃	6	中等		2.6~2.7	解理、光泽、颜色
	正长石	板状、短柱状	肉红	白	玻璃	6	一组完全		2.6	解理、颜色、硬度
	白云母	片状、鳞片状	白或无色	无	玻璃、珍珠	2~3	一组完全		3~3.2	解理、颜色、光泽、形状
	黑云母	片状、鳞片状	黑或棕黑	无	玻璃、珍珠	2~3	一组完全		2.7~3.1	解理、颜色、光泽、形状
	绿泥石	板状、鳞片状	绿色至绿	无	玻璃、珍珠	2~3	一组完全		2.8	颜色、硬度、薄片弯曲无弹性
	蛇纹石	纤维状、块状	浅绿至深绿色	白	油脂、丝绢	3~4	中等		2.5~2.7	形状、光泽、颜色、硬度
	石榴子石	粒状	黄、绿、黄、褐	白	脂肪	6.7~7.5	中等		3.5~4.2	形状、光泽、颜色、硬度
	滑石	板状、鳞片状	白、绿色	浅绿色	油脂	1	一组中等		2.7~2.8	形状、硬度、滑感
	高岭石	土状	白、黄色	白	土状	1	无			形状、光泽、吸水
	蒙脱石	土状、显微鳞片状	白、浅粉红色	白	土状	1	无			形状、剧烈吸水膨胀性

和非金属光泽。造岩矿物一般呈非金属光泽，如比较常见的有长石和方解石解理面上的玻璃光泽、云母解理面上的珍珠光泽、石英断口的油脂光泽、纤维石膏及绢云母等呈现的丝绢光泽。

（5）解理

矿物受外力作用，能沿一定方向裂开成光滑平面的性质称为"解理"，开裂平面称为解理面。不同矿物的解理面可能有一个方向的，也可能有两个或三个方向的，分别称为一组解理、二组解理和三组解理。按沿解理面分裂的难易程度和解理面发育的完善程度，可将解理分为极完全解理、完全解理、中等解理和不完全解理。

（6）断口

矿物受外力打击出现的不规则断裂面称为断口。断裂面可呈不同的形状，如贝壳状（石英）、参差状（黄铁矿）、锯齿状（自然钢）等。

（7）硬度

矿物抵抗机械作用（如刻划、压入、研磨）的能力称为硬度。取自然界常见的10种矿物作为标准，将硬度分为1度到10度10个等级，称为摩氏硬度，摩氏硬度反映的只是矿物的相对硬度，并不是矿物的绝对硬度。从软到硬的10种矿物依次为：滑石、石膏、方解石、萤石、磷灰石、正长石、石英、黄玉、刚玉、金刚石。

常见的造岩矿物及其物理性质见表2-1。

2.2　岩石的分类及物质成分

2.2.1　岩石的基本概念

岩石是天然产出的具有一定结构构造的矿物天然集合体，少数岩石也可由玻璃或生物遗骸组成。岩石构成地壳及上地幔的固态部分，是地质作用的产物。

人类目前使用的多种自然资源如各种金属与非金属矿产以及石油等都蕴藏于岩石中，并且与岩石具有成因上的联系；在工程上，岩石通常作为建筑物或构筑物的基础持力层，其物理力学性质对这些工程建筑起着至关重要的作用；岩石也是构成各种地质构造和地貌的物质基础，并且记录了地壳和上地幔形成、演化的历史。因此，进行岩石学的研究，对指导找矿勘探、开发地下水资源、工程建筑的设计，以及交通运输、国防工程的建设等都具有极其重要的意义。

目前岩石的分类主要按其形成原因来分，可分为岩浆岩、沉积岩和变质岩三大类。

2.2.2 岩浆岩

在地壳下部，物质都处于 1000℃ 以上的高温高压状态下，并以一种可塑状态存在，其成分以硅酸盐为主，并含有大量的水汽和各种其他的气体。当上部地壳变动时，上覆压力一旦减低，可塑性状态的物质就立即转变为高温的熔融体，称为岩浆。它的化学成分主要有 SiO_2、TiO_2、Al_2O_3、Fe_2O_3、FeO、MgO、MnO、CaO、K_2O、Na_2O 等。

在地壳运动的过程中，岩浆沿着地壳的软弱带或断裂带不断向地壳压力低的地方移动，侵入到地壳的不同部位，直至喷出地表，形成火山。岩浆在侵入的过程中，上升到一定高度，温度、压力都要减低。当岩浆的内部压力小于上部岩层压力时，岩浆将停留下来不再流动，冷凝后形成的岩石就叫岩浆岩。岩浆侵入地壳内部所形成的岩石称为侵入岩（深成岩或浅成岩）；岩浆喷出地表后冷凝或堆积而成的岩石称为喷出岩。

2.2.2.1 岩浆岩的分类

按岩浆岩组成物质中 SiO_2 的含量多少，可将其分为酸性岩、中性岩、基性岩和超基性岩等四大类。再按岩石的结构、构造和产状又可将每类岩石划分为深成岩、浅成岩和喷出岩（见表 2-2）。

（1）深成岩：岩浆侵入地壳较深处（距地表 3km 以下）冷凝而成的岩石。由于岩浆的压力和温度都较高，温度降低缓慢，使组成岩石的矿物结晶良好。

（2）浅成岩：岩浆沿地壳裂缝上升至距地表较浅处（距地表 3km 以上）冷凝而成的岩石。由于岩浆压力小，温度降低较快，使组成岩石的矿物结晶较细小。

（3）喷出岩（火山岩）：岩浆沿地表裂缝上升直至喷出地表而形成的岩石叫喷出岩。这种活动叫火山喷发。由于地表环境温度较低，使岩浆的温度降低迅速，组成岩石的矿物来不及结晶或结晶较差。

岩 浆 岩 的 分 类 表　　　　　　　　　　表 2-2

化学成分	含 Si、Al 为主			含 Fe、Mg 为主		产　状
颜　　色	浅色的 （浅灰、浅红、黄色）			深色的 （深灰、绿色、黑色）		
酸基性	酸性	中性		基性	超基性	
矿物成分	含正长石		含斜长石		不含长石	
	石英 云母 角闪石	黑云母 角闪石 辉石	角闪石 辉石 黑云母	辉石 角闪石 橄榄石	橄榄石 辉石	
成因及结构						
深成岩　等粒状，有时为斑状，所有矿物皆能用肉眼鉴别	花岗岩	正长岩	闪长岩	辉长岩	橄榄岩、辉石	岩基、岩株
浅成岩　斑状（斑晶较大且可分辨出矿物名称）	花岗斑岩	正长斑岩	玢岩	辉绿岩	未遇到	岩脉 岩床 岩盘

续表

化学成分	含 Si、Al 为主			含 Fe、Mg 为主		产 状
颜 色	浅色的（浅灰、浅红、黄色）			深色的（深灰、绿色、黑色）		
酸基性	酸性	中性		基性	超基性	
矿物成分	含正长石		含斜长石		不含长石	
成因及结构	石英 云母 角闪石	黑云母 角闪石 辉石	角闪石 辉石 黑云母	辉石 角闪石 橄榄石	橄榄石 辉石	
喷出岩 玻璃状，有时为细粒斑状，矿物难用肉眼鉴别	流纹岩	粗面岩	安山岩	玄武岩	未遇到	熔岩流
玻璃状或碎屑状	黑曜岩、浮石、火山凝灰岩、火山碎屑岩、火山玻璃					火山喷出的堆积物

2.2.2.2 岩浆岩的矿物成分

根据组成岩浆岩的矿物的颜色，可将其分为浅色矿物和深色矿物两类：

浅色矿物：石英、正长石、斜长石及白云母等。

深色矿物：黑云母、角闪石、辉石及橄榄石等。

岩浆岩的矿物成分是由岩浆的化学成分决定的。其中影响最大的是 SiO_2。根据 SiO_2 的含量，可将岩浆岩分为下面几类：

（1）酸性岩类（SiO_2 含量＞65％） 矿物成分以石英、正长石为主，并含有少量的黑云母和角闪石。岩石的颜色浅，相对密度轻。在化学成分上富含钾、钠和硅，而贫镁、铁、钙。

（2）中性岩类（SiO_2 含量 52％～65％） 矿物成分以正长石、斜长石、角闪石为主，并含有少量的黑云母及辉石。岩石的颜色比较深，相对密度比较大。

（3）基性岩类（SiO_2 含量 45％～52％） 矿物成分以斜长石、辉石为主，含有少量的角闪石及橄榄石。岩石的颜色深，相对密度大。在化学成分上富含钙、镁和铁，而贫钾和钠。

（4）超基性岩类（SiO_2＜45％） 矿物成分以橄榄石、辉石为主，其次有角闪石，一般不含硅铝矿物。岩石的颜色很深，相对密度很大。

2.2.2.3 岩浆岩的结构和构造

（1）岩浆岩的结构

岩浆岩的结构，是指组成岩石的矿物结晶程度、晶粒的大小和形状及晶粒之间相互结合的状况。岩浆岩的结构可分为以下几种：

1）全晶质结构 岩石全部由结晶的矿物颗粒组成（图 2-3）。如果同一种矿物的结晶颗粒大小近似，称为等粒结构；如大小悬殊，称为似斑状结构；如颗粒粗大，晶形完好，则称为斑状结构。等粒结构按结晶颗粒的绝对大小，又可以分为：

粗粒结构 矿物的结晶颗粒大于 5mm；

中粒结构　矿物的结晶颗粒介于2～5mm；

细粒结构　矿物的结晶颗粒介于0.2～2mm。

全晶质结构主要为深成岩和浅成岩的结构，部分喷出岩有时也具有这种结构。

2）半晶质结构　岩石一部分为结晶的矿物颗粒，一部分为未结晶的玻璃质（图2-3）。半晶质结构主要为浅成岩的结构，部分喷出岩中有时也能看到这种结构。

3）非晶质结构　又称为玻璃质结构。岩石全部由熔岩冷凝的玻璃质组成（图2-3）。非晶质结构为部分喷出岩具有的结构。

（2）岩浆岩的构造

岩浆岩的构造，是指岩石中矿物或矿物集合体之间的相互关系特征。岩石的构造决定了岩石的外貌特点，其最常见的构造有：

1）块状构造　矿物在岩石中呈无规律的致密状分布。花岗岩、花岗斑岩等侵入岩具有这类构造。

2）流纹状构造　岩石中存在的一些杂色条纹和拉长的气孔等构造。这种构造是由于熔岩流动而造成的，只出现于喷出岩中，如流纹岩的构造。

图 2-3　岩浆岩的三种结构
1—全晶质结构；2—半晶质结构；
3—非晶质结构（玻璃质结构）

3）气孔状构造　岩浆凝固时，由于一些挥发性气体未能及时逸出，而导致在岩石中留下了许多圆形、椭圆形或长管形的孔洞，称为气孔状构造，常见于喷出岩中的玄武岩等，且多分布于熔岩的表层。

4）杏仁状构造　岩石中的气孔为后期的方解石、石英等矿物充填所形成的一种形似杏仁的构造。杏仁状构造常见于某些玄武岩和安山岩等，多分布于熔岩的表层。

2.2.2.4　常见的岩浆岩

（1）酸性岩类

1）花岗岩　深成侵入岩，颜色以肉红色、灰色或灰白色为主。矿物成分主要为石英、正长石、黑云母和角闪石等。全晶质等粒结构，块状构造，部分也有不等粒或似斑状结构。花岗岩性质坚固，是良好的建筑石料。

2）花岗斑岩　浅成侵入岩，成分与花岗岩相似，具斑状结构，矿物主要为长石或石英。

3）流纹岩　喷出岩，常呈灰白、紫灰或浅黄褐色。具流纹构造，斑状结构，矿物主要为石英或长石。

（2）中性岩类

1）正长岩 深成侵入岩，肉红色、浅灰或浅黄色。全晶质等粒结构，块状构造。主要矿物成分为正长石，其次为黑云母和角闪石，一般石英含量极少。其物理力学性质与花岗岩相似，但不如花岗岩坚硬，且易风化。

2）正长斑岩 浅成侵入岩，具斑状结构，斑晶主要是正长石，石基比较致密。一般呈棕灰色或浅红褐色。

3）粗面岩 喷出岩，常呈浅灰、浅褐黄或淡红色。斑状结构，斑晶为正长石，石基多为隐晶质，具细小孔隙，表面粗糙。

4）闪长岩 深成侵入岩，灰白、深灰至黑灰色。主要矿物为斜长石和角闪石，其次有黑云母和辉石。全晶质等粒结构，块状构造。闪长岩结构致密，强度高，且具有较高的韧性和抗风化能力，是良好的建筑石料。

5）闪长玢岩 浅成侵入岩，灰色或灰绿色。成分与闪长岩相似，具斑状结构，斑晶主要为斜长石，有时为角闪石。岩石中常有绿泥石、高岭石和方解石等次生矿物。

6）安山岩 喷出岩，灰色、紫色或灰紫色。斑状结构，斑晶常为斜长石。气孔状或杏仁状构造。

（3）基性岩类

1）辉长岩 深成侵入岩，灰黑至黑色。全晶质等粒结构，块状构造。主要矿物为斜长石和辉石，其次有橄榄石、角闪石和黑云母。辉长岩强度高，抗风化能力强。

2）辉绿岩 浅成侵入岩，灰绿或黑绿色。具特殊的辉绿结构（辉石充填于斜长石晶体格架的空隙中），成分与辉长岩相似，但常含有方解石、绿泥石等次生矿物。强度很高。

3）玄武岩 喷出岩，灰黑至黑色。成分与辉长岩相似。呈隐晶质细粒或斑状结构，气孔或杏仁状构造。玄武岩致密坚硬、性脆，强度很高。

2.2.3 沉积岩

出露地表的各种先成岩石，经过长期的风化破坏，逐渐松散分解成为岩石碎屑或细粒黏土矿物等风化产物，这些产物被流水等运动介质搬运到河、湖、海洋等低洼的地方沉积下来，再经过长期的压密、胶结、重结晶等复杂的地质过程，就形成了沉积岩。另外生物活动或火山喷出物的堆积也是形成沉积岩的一种途径。

2.2.3.1 沉积岩的物质组成

组成沉积岩的物质来源主要是各种原岩碎屑、造岩矿物及溶解物质。

（1）碎屑物质 主要是原生矿物的碎屑，如石英、长石、白云母等；小部分则是原岩破坏后的残留碎屑，或火山喷发所产生的火山灰等。

（2）黏土矿物 主要是高岭石、蒙脱石及水云母等次生矿物。这类矿物具有很大的亲水性、可塑性及膨胀性。

（3）化学沉积矿物 水中溶解的原岩中的矿物成分，达到一定浓度后又从水溶液中析出或结晶，形成新的矿物，如方解石、白云石、石膏、石盐、铁和锰的氧化物或氢氧化物等。

（4）有机质及生物残骸 由生物作用或生物遗骸堆积后经地质作用而生成的物质，如贝壳、泥炭及其他有机质等。

2.2.3.2 沉积岩的分类

根据沉积岩的物质组成，一般可分为以下三类：

（1）碎屑岩类 主要物质组成为碎屑物质的岩石。其中碎屑物质为原岩风化破坏所产生的，称为沉积碎屑岩，如砾岩、砂岩及粉砂岩等；由火山喷出的碎屑物质形成的，称为火山碎屑岩，如火山角砾岩、凝灰岩等。

（2）黏土岩类 主要物质组成为黏土矿物或其他矿物的黏土粒，如泥岩、页岩等。

（3）化学及生物化学岩类 主要由碳酸盐类矿物（方解石、白云石等）或有机物组成的岩石，如石灰岩、白云岩等。

沉积岩分类见表2-3。

沉积岩分类简表 表2-3

岩 类		结 构	岩石分类名称	主要亚类及其组成物质
碎屑岩类	火山碎屑岩	粒径＞100mm	火山集块岩	主要由大于100mm的熔岩碎块、火山灰尘等经压密胶结而成
		粒径2～100mm	火山角砾岩	主要由2～100mm的熔岩碎屑、晶屑、玻屑及其他碎屑混入物组成
		粒径＜2mm	凝灰岩	由50%以上粒径小于2mm的火山灰组成，其中有岩屑、晶屑、玻屑等细粒碎屑物质
	沉积碎屑岩	砾状结构（粒径＞2.00mm）	砾 岩	角砾岩 由带棱角角砾经胶结而成 砾岩 由浑圆的砾石经胶结而成
		砂质结构（粒径0.05～2.00mm）	砂 岩	石英砂岩 石英（含量＞90%）、长石和岩屑（含量＜10%） 长石砂岩 石英（含量＜75%）、长石（含量＞25%）、岩屑（含量＜10%） 岩屑砂岩 石英（含量＜75%）、长石（含量＞10%）、岩屑（含量＜25%）
		粉砂结构（粒径0.005～0.05mm）	粉砂岩	主要由石英、长石的粉、黏粒及黏土矿物组成

续表

岩　类	结　构	岩石分类名称	主要亚类及其组成物质	
黏土岩类	泥质结构（粒径＜0.005mm）	泥　岩	主要由高岭石、微晶高岭石及水云母等黏土矿物组成	
		页　岩	黏土质页岩　由黏土矿物组成	
			碳质页岩　由黏土矿物及有机质组成	
化学及生物化学岩类	结晶结构及生物结构	石灰岩	石灰岩　方解石（含量＞90%）、黏土矿物（含量＜10%）	
			泥灰岩　方解石（含量50%～75%）、黏土矿物（含量25%～50%）	
		白云岩	白云岩　白云岩（含量90%～100%）、方解石（含量10%）	
			灰质白云岩　白云石（含量50%～75%）、方解石（含量25%～50%）	

2.2.3.3　沉积岩的结构和构造

（1）沉积岩的结构

沉积岩的结构是指岩石组成部分的颗粒大小、形状、物质成分及胶结物等方面的特点。一般分为碎屑结构、泥质结构、结晶结构及生物结构四种。

1）碎屑结构　由碎屑物质被胶结物胶结而成。按碎屑粒径的大小，又可分为：

①砾状结构　碎屑粒径大于2mm；

②砂质结构　碎屑粒径介于0.05～2mm之间；

③粉砂质结构　碎屑粒径介于0.005～0.05mm之间。

其胶结物的成分主要有硅质胶结、铁质胶结、钙质胶结、泥质胶结。

2）泥质结构　由50%以上的粒径小于0.005mm的细小碎屑物质和黏土矿物组成的结构。质地均一、致密而性软，也称"黏土结构"。

3）结晶结构　由化学沉积物质的结晶颗粒组成的结构。按晶粒大小，可以分为粗粒（＞2mm）、中粒（2～0.5mm）、细粒（0.5～0.01mm）和隐晶质（＜0.01mm）结构。结晶结构为石灰岩、白云岩等化学岩的主要结构。

4）生物结构　由30%以上的生物遗骸碎片组成的岩石结构，如贝壳结构、珊瑚结构。

（2）沉积岩的构造

沉积岩的构造，是指其组成部分的相互空间关系特征。它最主要的构造是层理构造，此外还有沉积层面上的波痕石、结核等构造特征。

常见的层理构造有水平层理（图2-4a）、斜层理（图2-4b）和交错层理（图2-4c）等。

层与层之间的界面叫层面。上下两个层面间成分基本均匀一致的岩石，称为

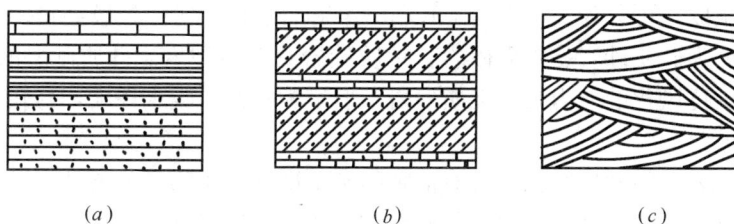

图 2-4　层理类型
(a) 水平层理；(b) 斜层理；(c) 交错层理

岩层。一个岩层上下层面之间的垂直距离称为岩层的厚度。岩层厚度变薄以至消失称为尖灭；两端尖灭就成为透镜体；厚岩层中所夹的薄层，称为夹层（图 2-5）。

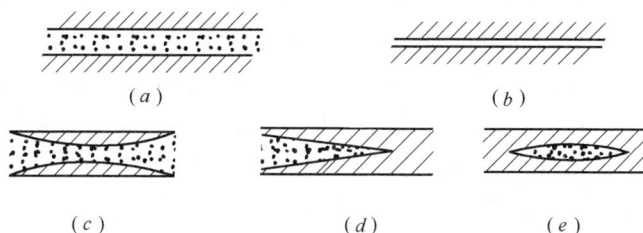

图 2-5　岩层的几种形态
(a) 正常层；(b) 夹层；(c) 变薄；(d) 尖灭；(e) 透镜体

2.2.3.4　常见的沉积岩

(1) 碎屑岩类

1) 火山碎屑岩　是由火山喷发的碎屑物质在地表经短距离搬运或就地沉积而成。根据碎屑成分及颗粒的大小又分为：

①火山集块岩　主要由粒径大于 100mm 的粗火山碎屑物质组成，胶结物主要为火山灰或熔岩，有时为碳酸钙、二氧化硅或泥质。

②火山角砾岩　火山碎屑占 90% 以上，粒径一般为 2～100mm，多呈棱角状，为火山灰或硅质胶结。颜色常呈暗灰、蓝灰或褐灰色。

③凝灰岩　一般由小于 2mm 的火山灰及细碎屑组成。碎屑主要是晶屑、玻屑及岩屑。胶结物为火山灰等。凝灰岩孔隙性高，重度小，易风化。

2) 沉积碎屑岩　由先成岩石风化剥蚀的碎屑物质，经搬运、沉积、胶结而成的岩石。

①砾岩及角砾岩　砾状结构，由 50% 以上大于 2mm 的粗大碎屑胶结而成。由圆状砾石胶结而成的称为砾岩；由棱角状的角砾胶结而成的称为角砾岩。胶结物的成分有钙质、泥质、铁质及硅质等。

②砂岩　砂质结构，由 50% 以上粒径介于 0.05～2mm 的砂粒胶结而成。按

砂的矿物组成，可分为石英砂岩、长石砂岩和岩屑砂岩等。按胶结物的成分，又可将砂岩分为硅质砂岩、铁质砂岩、钙质砂岩及泥质砂岩。硅质砂岩的颜色浅，强度高，抵抗风化的能力强。泥质砂岩一般呈黄褐色，吸水性大，易软化，强度和稳定性差。

③粉砂岩　粉砂质结构，常有清晰的水平层理，矿物成分与砂岩近似，但黏土矿物的含量一般较高，主要由粉砂胶结而成。粉砂岩结构较疏松，强度和稳定性不高。

（2）黏土岩类

主要由黏土矿物组成的岩石称为黏土岩。可含有细小的石英、长石、云母等碎屑矿物。具泥质结构，质地较均匀，断口光滑。常见的岩石类型有页岩和泥岩。

1）页岩　是由黏土脱水胶结而成，以黏土矿物为主，大部分有明显的薄层理，呈页片状。可分为硅质页岩、黏土质页岩、砂质页岩、钙质页岩及碳质页岩。除硅质页岩强度稍高外，其余类型的岩石都强度低，与水作用易于软化。

2）泥岩　成分与页岩相似，常成厚层状。以高岭石为主要成分，常呈白色、灰白色、黄白色、玫瑰色或浅绿色，吸水性强，可塑性小，遇水后易软化。

黏土岩夹于坚硬岩层之间，形成软弱夹层，浸水后易于软化滑动。

（3）化学岩类

是岩石风化产物中的溶解物质经过化学作用沉积而成的岩石。按岩石中主要化学成分的不同，可分为碳酸盐岩（如石灰岩、白云岩、泥灰岩等）、硅质岩（如硅藻土、蛋白石等）、铁质岩（如氧化铁岩、硫化铁岩等）、磷质岩（如磷块岩等）、铝质岩（如铝土矿等）、锰质岩（如硬锰矿等）、盐岩及可燃有机岩（如煤）等，它们大多在湖海盆地内生成，成分较为单一，具结晶粒状结构或隐晶质结构和豆状结构等。

（4）生物化学岩类

是岩石风化产物中的溶解物质经过生物化学作用或由生物活动使某种物质聚集而成的岩石。常见的生物化学岩有介壳石灰岩、珊瑚礁石灰岩等。

2.2.4　变质岩

变质岩是地壳中原有的岩浆岩、沉积岩和变质岩，经高温、高压及化学成分的加入等变质作用使岩石在固体状态下发生成分、结构、构造等变化而形成的新的岩石。

2.2.4.1　变质岩的成分、结构及构造

（1）变质岩的矿物成分

变质岩的组成矿物种类中，一部分是原岩保留下来的，如岩浆岩和沉积岩中的长石、石英、云母、方解石、黏土矿物等；另一部分则是在变质过程中产生的

矿物（称为变质矿物），如绢云母、石榴石、绿泥石、滑石、蛇纹石、红柱石、硅灰石、石墨等。

（2）变质岩的结构

1）变余结构：由于原岩矿物变质作用进行得不彻底，使形成的变质岩中仍残留有原岩的结构特征，故亦称残留结构。如沉积岩中的砾状、砂状结构可变质成变余砾状结构、变余砂状结构等。

2）变晶结构：变质作用过程中，原岩在固态条件下经重结晶作用而形成的新的结晶质结构。由于与岩浆岩的结构名称相似，故一般加上"变晶"二字以示区别。如"粗粒变晶结构"、"斑状变晶结构"等。

3）碎裂结构：岩石的矿物颗粒在应力作用下被破碎成不规则的碎屑，甚至细小的矿物碎屑粉末，又被胶结而形成新的结构，称为碎裂结构。碎裂结构是动力变质岩具有的结构特征。

（3）变质岩的构造

1）片麻状构造：岩石主要由条带状分布的长石、石英等粒状矿物组成，以及一定数量的断续定向排列的片状或柱状矿物。颗粒粗大，片理不规则，外表有深浅色泽相同的断续状条带，是片麻岩特有的构造。

2）片状构造：岩石中大量片状矿物（如云母、绿泥石、滑石、石墨等）平行排列所形成的薄层状构造，是各种片岩所具有的特征构造。

3）千枚状构造：岩石中的鳞片状矿物成定向排列，颗粒细密，片理薄，片理面具有较强的丝绢光泽，是千枚岩的特有构造。

4）板状构造：岩石中由显微片状矿物平行排列形成的具有平行板状劈理的构造。岩石沿板理极易劈成薄板状，板面微具光泽，是板岩的特有构造。

5）块状构造：岩石中矿物颗粒致密、坚硬，定向排列，大理岩和石英岩具有此种构造。它与岩浆岩的块状构造相似，但又不完全一样。

2.2.4.2　变质岩分类及常见的变质岩

（1）变质岩分类（表2-4）

变质岩分类简表　　　　　　　　　　　　　　　表2-4

岩类	构　造	岩石名称	主要亚类及其矿物成分	原　岩
片理状岩类	片麻状构造	片麻岩	花岗片麻岩　长石、石英、云母为主，其次为角闪石，有时含石榴子石 角闪石片麻岩　长石、石英、角闪石为主，其次为云母，有时含石榴子石	中酸性岩浆岩、黏土岩、粉砂岩、砂岩
	片状构造	片岩	云母片岩　云母、石英为主，其次有角闪石等	黏土岩、砂岩、中酸性火山岩
			滑石片岩　滑石、绢云母为主，其次有绿泥石、方解石等	超基性岩、白云质泥灰岩
			绿泥石片岩　绿泥石、石英为主，其次有滑石、方解石等	中基性火山岩，白云质泥灰岩

岩类	构　造	岩石名称	主要亚类及其矿物成分	原　岩
片理状岩类	千枚状构造	千枚岩	以绢云母为主，其次有石英、绿泥石等	黏土岩、黏土质粉砂岩、凝灰岩
	板状构造	板岩	黏土矿物、绢云母、石英、绿泥石、黑云母、白云母等	黏土岩、黏土质粉砂岩、凝灰岩
块状岩类	块状构造	大理岩	方解石为主，其次有白云石等	石灰岩、白云岩
		石英岩	石英为主，有时含有绢云母、白云母等	砂岩、硅质岩
		蛇纹岩	蛇纹石、滑石为主，其次有绿泥石、方解石等	超基性岩

（2）常见的变质岩

1）片理状岩类

①片麻岩　具典型的片麻状构造，变晶或变余结构，因发生重结晶，一般晶粒粗大，肉眼可以辨识。主要矿物为石英和长石，其次有云母、角闪石、辉石等。此外有时尚含有少许石榴子石等变质矿物。岩石颜色视深色矿物含量而定。片麻岩强度较高，如云母含量增多，强度相应降低。因具片理构造，故较易风化。

②片岩　具片状构造，变晶结构。矿物成分主要是一些片状矿物，如云母、绿泥石、滑石等，此外尚含有少许石榴子石等变质矿物。片岩的片理一般比较发育，片状矿物含量高，强度低，抗风化能力差，极易风化剥落，岩体也易沿片理倾向坍落。

③千枚岩　多由黏土岩变质而成。矿物成分主要为石英、绢云母、绿泥石等。结晶程度比片岩差，晶粒极细，肉眼不能直接辨别，外表常呈黄绿、褐红、灰黑等色。由于含有较多的绢云母，片理面常有微弱的丝绢光泽。千枚岩的质地松软，强度低，抗风化能力差，容易风化剥落，沿片理倾向容易产生塌落。

2）块状岩类

①大理岩　由石灰岩或白云岩经重结晶变质而成，等粒变晶结构，块状构造。主要矿物成分为方解石，遇稀盐酸强烈起泡，可与其他浅色岩石相区别。大理岩常呈白色、浅红色、淡绿色、深灰色以及其他各种颜色。大理岩强度中等，是一种很好的建筑装饰石料。

②石英岩　由较纯的石英砂岩变质而成，一般呈白色，由于含杂质，也有呈灰白色、灰色、黄褐色或浅紫红色。结构和构造与大理岩相似。强度和硬度很高，抗风化能力强，是良好的建筑石料。

2.3　岩石的工程性质

岩石的工程性质是指岩石的物理力学性质。影响岩石工程性质的因素主要有矿物成分、岩石的结构和构造及风化程度。

2.3.1 岩石的物理性质

岩石的物理性质主要包括以下几个常用指标：

（1）相对密度

是岩石固体颗粒部分单位体积的重量。在数值上，等于岩石固体颗粒的重量与同体积的水在 4℃ 时重量的比。常见的岩石，相对密度一般介于 2.4～3.3 之间。

（2）重度

是指岩石单位体积的重量，在数值上它等于岩石的总重量（包括孔隙中的水重）与其总体积（包括孔隙体积）之比。岩石孔隙中完全不含有水时的重度，称为干重度。岩石中的孔隙全部被水充满时的重度，则称为岩石的饱和重度。

一般来讲，对同一种岩石，如重度大，则岩石中所含矿物的相对密度大、孔隙性小，说明岩石的结构致密，因而岩石的强度和稳定性也比较高。

（3）孔隙性

岩石的孔隙性用孔隙度表示，反映了岩石中各种孔隙的发育程度。在数值上等于岩石中各种孔隙的总体积与岩石总体积的比值，用百分数表示。一般侵入岩和某些变质岩的孔隙度很小，而砾岩、砂岩等一些沉积岩类的岩石孔隙度较大。

（4）吸水性

岩石的吸水性用吸水率表示，是指岩石在通常大气压下的吸水能力。在数值上等于岩石所能吸取水的重量与同体积干燥岩石重量的比值。岩石的吸水率大，则水对岩石颗粒间结合物的浸湿、软化作用就强，岩石强度和稳定性受水作用的影响也就越显著。

（5）软化性

岩石吸水后，强度和稳定性将会变弱的性质，称为岩石的软化性。岩石软化性的指标是软化系数。在数值上，它等于岩石在饱和状态下的极限抗压强度和在风干状态下极限抗压强度的比，用小数表示。其值越小，表示岩石在水作用下的强度和稳定性越差。

（6）抗冻性

当岩石孔隙中含有的水结冰时，其体积将膨胀，势必对孔隙周围的岩石产生压力，这种压力将对岩石的强度和稳定性产生不利影响。岩石抵抗这种压力作用的能力，称为岩石的抗冻性。在高寒冰冻地区，抗冻性是评价岩石工程性质的一个重要指标。

岩石的抗冻性，一般用岩石在抗冻试验前后抗压强度的降低率表示。抗压强度降低率小于 20%～25% 的岩石，认为是抗冻的，大于 25% 的岩石，认为是非抗冻性的。

一些常见岩石的物理性质的主要指标，见表2-5。

常见岩石的主要物理性质指标　　　　　　　　　　　　表 2-5

岩石名称	相对密度	天然重度		孔隙度（%）	吸水率（%）	软化系数
		kN/m³	g/cm³			
花岗岩	2.50~2.84	22.56~7.47	2.30~2.80	0.04~2.80	0.10~0.70	0.75~0.97
闪长岩	2.60~3.10	24.72~9.04	2.52~2.96	0.25 左右	0.30~0.38	0.60~0.84
辉长岩	2.70~3.20	25.02~9.23	2.55~2.98	0.28~1.13		0.44~0.90
辉绿岩	2.60~3.10	24.82~9.14	2.53~2.97	0.29~1.13	0.80~5.00	0.44~0.90
玄武岩	2.60~3.30	24.92~0.41	2.54~3.10	1.28 左右	0.30 左右	0.71~0.92
砂　岩	2.50~2.75	21.58~26.49	2.20~2.70	1.60~28.30	0.20~7.00	0.44~0.97
页　岩	2.57~2.77	22.56~25.70	2.30~2.62	0.40~10.00	0.51~1.4	0.24~0.55
泥灰岩	2.70~2.75	24.04~26.00	2.45~2.65	1.00~10.00	1.00~3.00	0.44~0.54
石灰岩	2.48~2.76	22.56~26.49	2.30~2.70	0.53~27.00	0.10~4.45	0.58~0.94
片麻岩	2.63~3.01	25.51~29.43	2.60~3.00	0.30~2.40	0.10~0.70	0.91~0.97
片　岩	2.75~3.02	26.39~28.65	2.69~2.92	0.02~1.85	0.10~0.10	0.49~0.80
板　岩	2.84~2.86	26.49~27.23	2.70~2.78	0.45 左右	0.10~0.30	0.52~0.82
大理岩	2.70~2.87	25.80~26.98	2.63~2.75	0.10~6.00	0.10~0.80	
石英岩	2.63~2.84	25.51~27.47	2.60~2.80	0.10~8.70	0.10~1.45	0.96

2.3.2　岩石的力学性质

岩石的力学性质包括岩石的变形特性和岩石的强度特性。

（1）岩石的变形特性

岩石受力作用后产生的弹性变形性能，一般用弹性模量和泊桑比两个指标表示。

岩石的弹性模量是岩石内应力及其应变之比。岩石的弹性模量越大，变形越小，说明岩石抵抗变形的能力越高。岩石在轴向压力作用下，除产生纵向压缩外，还会产生横向拉伸。这种横向应变与纵向应变的比，称为岩石的泊桑比，用小数表示。泊桑比越大，表示岩石越容易产生横向变形。岩石的泊桑比一般在0.2~0.4 之间。

弹性模量的国际制单位为"帕斯卡"，用符号 Pa 表示（$1Pa = 1N/m^2$）。

（2）岩石的强度特性

岩石抵抗外力破坏的能力，称为岩石的强度。岩石的受力破坏有压碎、拉断和剪断等形式，故其强度也分为抗压强度、抗拉强度和抗剪强度等。岩石强度的国际制单位为帕（Pa）。

1）抗压强度　是指岩石在轴向压力作用下抵抗压碎破坏的能力。在数值上等于岩石受压破坏时的极限应力。岩石的抗压强度和岩石的结构构造、矿物成分及岩石的形成条件等因素有关。

2) 抗剪强度 是指岩石在各向应力作用下抵抗剪切破坏的能力。在数值上等于岩石受剪破坏时的极限剪应力。在某一应力状态下，岩石剪断时，剪切面上的最大剪应力称为抗剪断强度；沿岩石裂隙面或软弱面等发生剪切滑动时，滑移面上的最大剪应力称为抗剪强度，抗剪强度大大低于抗剪断强度。

3) 抗拉强度 是指岩石在单向应力作用下抵抗拉断破坏的能力，在数值上等于岩石单向拉伸时，拉断破坏时的最大拉应力。岩石的抗拉强度远小于抗压强度。

以上几种强度中抗剪强度约为抗压强度的 $10\% \sim 40\%$；抗拉强度仅是抗压强度的 $2\% \sim 16\%$。岩石越坚硬，其值相差越大。岩石的抗压强度和抗剪强度是评价岩石稳定性的重要指标。根据岩石的单轴抗压强度，可把岩石分为坚硬、较硬、较软、软及极软五类，见表 2-6。

岩石坚硬程度分类 　　　　　　　　 表 2-6

坚硬程度	坚硬岩	较硬岩	较软岩	软　岩	极软岩
饱和单轴抗压强度（MPa）	$f_r > 60$	$60 \geqslant f_r > 30$	$30 \geqslant f_r > 15$	$15 \geqslant f_r > 5$	$f_r \leqslant 5$

2.4　岩体的结构特征及工程性质

岩体是指包含各种地质结构面（如层面、层理、节理、断层、软弱夹层等）的岩石组合体。岩体与单块岩石不同，如某岩层中完整的单块岩石的强度较高，但当岩层被结构面切割成碎状块体时，岩体的强度就大大降低，所以岩体中结构面的类型、发育程度、充填及连通情况等，对岩体的工程地质特性有很大的影响。岩体的结构特征是影响岩体稳定性的一个重要因素。

2.4.1　岩体的结构面的类型

岩体中的各种结构面包括：各种破裂面（如劈理、节理、断层面、顺层裂隙或错动面、卸荷裂隙、风化裂隙等）、物质分异面（如层理、层面、沉积间断面、片理等）以及软弱夹层或软弱带、构造岩、泥化夹层、充填夹泥（层）等。按地质成因，结构面可分为原生的、构造的、次生的三大类。

(1) 原生结构面是在成岩时形成的，分为沉积、火成和变质三种类型。沉积结构面如层面、层理、沉积间断面和沉积软弱夹层等。火成结构面是岩浆岩形成过程中形成的，如原生节理（冷凝过程形成）、流纹面、与围岩的接触面、火山岩中的凝灰岩夹层等。变质结构面是变质作用过程中矿物定向排列形成的结构面，如片麻理、片理、板理等。

(2) 构造结构面是受构造应力作用在岩体中形成的断裂面、错动带和破碎带的统称。其中劈理、节理、断层面、层间错动面等属于破裂结构面，断层破碎带、层间错动破碎带易软化、风化，力学性质较差，属于构造软弱带。

（3）次生结构面是在风化、卸荷、地下水等作用下形成的风化裂隙、破碎带、卸荷裂隙、泥化夹层、夹泥层等。风化裂隙在风化带上部发育较广，往深部渐减。泥化夹层是某些软弱夹层在地下水作用下形成的可塑黏土，易形成软弱滑动面。

不同类型结构面的规模有大有小，大的如有的破碎带延展数十千米，宽度达数十米；小的如节理只有数十厘米至数十米，甚至更小。

结构面的形态有平直的，如层理、片理、劈理等；有波状起伏的，如波痕的层面、揉曲片理、冷凝形成的舒缓结构面等；也有锯齿状或不规则形状的。结构面的形态对抗剪强度有很大影响，平滑的比粗糙的面抗剪强度要低。结构面的抗剪强度由其内摩擦角（φ）及黏聚力（c）控制，这两个指标一般通过室内外试验测定。

结构面的密集程度反映了岩体完整的情况，通常以线密度（条/m）或结构面的间距表示，见表 2-7。

节理发育程度分级

表 2-7

分　级	I	II	III	IV
节理间距（m）	>2	0.5～2	0.1～0.5	<0.1
节理发育程度	不发育	较发育	发育	极发育
岩体完整性	完整	块状	碎裂	破碎

结构面的连通性是指在某一定空间范围内的岩体中，结构面在走向、倾向方向的连通程度。结构面的抗剪强度与连通程度有关，要了解地下岩体的连通性往往很困难，一般通过勘探平硐、岩芯、地面开挖面的统计做出判断。

结构面的张开度是指结构面的两壁离开的距离，可分为 4 级：

1）闭合的：张开度小于 0.2mm 者；

2）微张的：张开度在 0.2～1.0mm 之间者；

3）张开的：张开度在 1.0～5.0mm 之间者；

4）宽张的：张开度大于 5.0mm 者。

闭合的结构面的力学性质取决于结构面两壁的岩石性质和结构面粗糙程度。微张的结构面，因其两壁岩石之间常常多处保持点接触，抗剪强度比张开的结构面大。张开的和宽张的结构面，抗剪强度则主要取决于充填物的成分和厚度：一般充填物为黏土时，强度要比充填物为砂质时的更低，而充填物为砂质者，强度又比充填物为砾质者更低。

2.4.2　岩体结构特征

岩体结构的基本类型可分为整体块状结构、层状结构、碎裂结构和散体结构，它们的地质背景、结构面特征和结构体特征等列于表 2-8 中。

岩体结构的基本类型 表 2-8

结构类型		地 质 背 景	结构面特征	结构体特征	
类	亚 类			形 态	强度（MPa）
整体块状结构	整体结构	岩性单一，构造变形轻微的巨厚层岩层及火成岩体，节理稀少	结构面少，1～3组，延展性差，多呈闭合状，一般无充填物，$\tan\varphi \geqslant 0.6$	巨型块体	＞60
	块状结构	岩性单一，构造变形轻微至中等的厚层岩体及火成岩体，节理一般发育，较稀疏	结构面2～3组，延展性差，多闭合状，一般无充填物，层面有一定结合力，$\tan\varphi = 0.4～0.6$	大型的方块体、菱块体、柱体	一般＞60
层状结构	层状结构	构造变形轻微至中等的中厚层状岩体（单层厚＞30cm），节理中等发育，不密集	结构面2～3组，延展性较好，以层面、层理、节理为主，有时有层间错动面和软弱夹层，层面结合力不强，$\tan\varphi = 0.3～0.5$	中-大型层块体、柱体、菱柱体	＞30
	薄层（板）状结构	构造变形中等至强烈的薄层状岩体（单层厚＜30cm），节理中等发育，不密集	结构面2～3组，延展性较好，以层面、节理、层理为主，不时有层间错动面和软弱夹层，结构面一般含泥膜，结合力差，$\tan\varphi \approx 0.3$	中-大型的板状体、板楔体	一般 10～30
碎裂结构	镶嵌结构	脆硬岩体形成的压碎岩，节理发育，较密集	结构面多于2～3组，以节理为主，组数多，较密集，延展性较差，闭合状，无一少量充填物，结构面结合力不强，$\tan\varphi = 0.4～0.6$	形态大小不一，棱角显著，以小-中型块体为主	＞60
	层状破裂结构	软硬相间的岩层组合，节理、劈理发育，较密集	节理、层间错动面、劈理带软弱夹层均发育，结构面组数多较密集-密集，多含泥膜、充填物，$\tan\varphi = 0.2～0.4$，骨架硬岩层，$\tan\varphi = 0.4$	形态大小不一，以小-中型的板柱体、板楔体、碎块体为主	骨架硬结构体≥30
	碎裂结构	岩性复杂，构造变动强烈，破碎遭受软弱风化作用，节理裂隙发育、密集	各类结构面均发育，组数多，彼此交切，多含泥质充填物，结构面形态光滑度不一，$\tan\varphi = 0.2～0.4$	形状大小不一，以小型块体、碎块体为主	含微裂隙＜30
散体结构	松散结构	岩体破碎，遭受强烈风化，裂隙极发育，紊乱密集	以风化裂隙、夹泥节理为主，密集无序状交错，结构面强烈风化、夹泥、强度低	以块度不均的小碎块体、岩屑及夹泥为主	碎块体，手捏即碎
	松软结构	岩体强烈破碎，全风化状态	结构已完全模糊不清	以泥、泥团、岩粉、岩屑为主，岩粉、岩屑呈泥包块状态	"岩体"已呈土状，如土松软

2.4.3　岩体的工程地质性质

前述的岩体结构类型与特征是决定岩体工程地质性质的主要因素，其次才是组成岩体的岩石的性质。因此，在分析岩体的工程地质性质时，通常是首先分析岩体的结构特征，其次再分析组成岩体的岩石的性质，若有条件的话再配合必要的室内和现场物理力学性质试验，通过综合分析认识岩体的工程地质性质。

（1）整体块状结构岩体的工程地质性质

整体块状结构岩体结构面发育少，结构体块度大，整体性好，因此其强度和变形特征与各向同性的均质弹性体类似，这类岩体具有良好的工程地质性质，是理想的建筑地基持力层或作为边坡岩体和洞室围岩体。

（2）层状结构岩体的工程地质性质

层状结构岩体多发育有层状结构面，或夹有不密集的节理，且结构面多呈闭合-微张状，这类岩体结构体块度较大，风化微弱，因此其变形模量和承载能力一般均较高。但当结构面为软弱面时，则沿层面方向的抗剪强度明显降低，当作为边坡岩体时，结构面倾向与坡面倾向一致时最容易产生顺层滑动。

（3）碎裂结构岩体的工程地质性质

碎裂结构岩体中节理、裂隙发育，且结构面结合力不强，通常为泥质充填。这类岩体结构体块度不大，岩体完整性不好。其中层状碎裂结构和碎裂结构岩体变形模量和承载能力均不高，工程地质性质较差；只有镶嵌结构的岩体因其结构体为硬质岩石，尚具较高的变形模量和承载能力。

（4）散体结构岩体的工程地质性质

散体结构岩体中节理、裂隙十分发育，岩体十分破碎，可归属于碎石土类，按碎石土类研究。

思　考　题

2.1　矿物的物理性质主要有哪些？怎样根据这些性质去鉴定和掌握常见的主要造岩矿物？

2.2　岩浆岩、沉积岩和变质岩的矿物成分和结构构造等特征有哪些区别？

2.3　岩石的物理力学性质主要包括哪几个方面？

2.4　简述岩浆岩、沉积岩和变质岩的分类。

2.5　简要评述影响岩石工程性质的诸因素。

2.6　简述岩体结构的各基本类型，简述岩体的工程地质特性。

第3章 土的分类及其工程性质

地质年代中第四纪时期是距今最近的地质年代。而第四纪时期的沉积物，因历史相对较短，一般又未经固结硬化成岩作用，因此通常是松散的、软弱的、多孔的，与岩石的性质有着显著的差异，有时就笼统称之为土。

第四纪沉积物的形成是由地壳表层坚硬岩石在漫长的地质年代里，经过风化、剥蚀等外力作用，破碎成大小不等的岩石碎块或矿物颗粒，这些岩石碎块在斜坡重力作用、流水作用、风力吹扬作用、剥蚀作用、冰川作用以及其他外力作用下被搬运到适当的环境下沉积成各种类型的土体。由于土体在形成过程中，岩石碎屑物被搬运、沉积通常按颗粒大小、形状及矿物成分作有规律的变化，并在沉积过程中常因分选作用和胶结作用而使土体在成分、结构、构造和性质上表现有规律性的变化。

土是一种三相体系，其物质成分包括作为土骨架的固体矿物颗粒（固相）、孔隙中的水及其溶解物质（液相）和气体（气相）。各种土的物质成分差别很大，这导致了各种土的工程性质差异很大，土的三相组成物质的性质、相对含量以及土的结构、构造等决定了土的物理性质，土的物理性质和状态又在很大程度上决定了它的力学性质。

3.1 土 的 物 质 组 成

在土的三相组成物质中，固相的固体矿物颗粒构成土的骨架主体，固体矿物颗粒也简称土粒，是土的最主要的物质成分。土的工程性质主要取决于土的粒度成分和矿物成分，即土粒的大小和矿物类型。各种土的类型划分、土的结构特征也都与土的粒度成分和矿物成分有关。

3.1.1 土的粒度成分

3.1.1.1 粒组划分

自然界中存在的土是由各种大小不同的土粒组成的。土粒大小以直径（单位为"mm"）表示，称为粒径（或粒度）。土粒的粒径由粗到细逐渐变化时，土的性质也相应地发生变化。因此可以将土中各种不同粒径的土粒按适当的范围分为各个粒组。界于一定粒径范围的土粒，称为粒组；土粒的大小及其组成情况通常以土中各个粒组的相对含量来表示，称为土的粒度成分（或称颗粒级配）。土的颗粒级配是决定土的工程性质的主要内在因素之一，也是土的类别划分的主要依据之一。

土的粒度成分发生变化时，土的工程性质也相应地发生变化。我们在划分粒组时要能明显地区分出不同粒组土粒的工程性质差异。目前一般采用的粒组划分标准及各粒组土粒的性质特征如表 3-1 所示。表中根据界限粒径把土粒分为六大粒组：漂石（块石）颗粒、卵石（碎石）颗粒、圆砾（角砾）颗粒、砂粒、粉粒及黏粒。

粒组划分及各粒组土粒的性质特征　　　　　　　　　　　表 3-1

粒 组 名 称		粒径范围（mm）	一 般 特 征
漂石或块石颗粒 卵石或碎石颗粒		＞200 200～20	透水性很大，无黏性，无毛细作用
圆砾或角砾 颗粒	粗 中 细	20～10 10～5 5～2	透水性大，无黏性，毛细水上升高度不超过粒径大小
砂　粒	粗 中 细 粉	2～0.5 0.5～0.25 0.25～0.1 0.1～0.075	易透水，无黏性，无塑性，遇水不膨胀，干燥时松散，毛细水上升高度一般不超过 1m
粉　粒	粗 细	0.075～0.01 0.01～0.005	透水性小，湿时稍有黏性，遇水膨胀性小，干燥时松散，饱和时易流动，毛细水上升高度较大较快，易冻胀，易液化
黏　粒		＜0.005	几乎不透水，湿时有黏性、可塑性，遇水膨胀大，干时收缩大，毛细水上升高度大，但速度缓慢

注：漂石、卵石和圆砾颗粒呈一定的磨圆形状（圆形或亚圆形），块石、碎石和角砾颗粒带有棱角。

一般来说土颗粒愈细小，愈容易与水发生作用，黏性、塑性以及吸水膨胀性愈大，透水性能愈小；在力学性质上，强度逐渐变小，受外力时愈易变形。

3.1.1.2　粒度分析及其成果表示

土的粒度成分是通过土的颗粒大小分析试验测定的。对于粒径大于 0.075mm 的粗粒组，可用筛分法测定。试验时将风干、分散的代表性土样通过一套孔径不同的标准筛（例如：20、2、0.5、0.25、0.1、0.075mm），称出留在各个筛子上的土的重量，即可求得各个粒组的相对含量。粒径小于 0.075mm 的粉粒和黏粒难以筛分，一般可以根据土粒在水中匀速下沉时的速度与粒径的理论关系，用密度计法或移液管法测得颗粒级配。

根据颗粒分析试验成果，可以绘制如图 3-1 所示的颗粒级配累积曲线。其横坐标表示粒径。因为土粒粒径相差常在百倍、千倍以上，所以采用对数坐标表示。纵坐标则表示小于（或大于）某粒径的土的含量（或称累计百分含量）。由曲线的坡度可以大致判断土的均匀程度。如曲线较陡，则表示粒径大小相差不多，土粒较均匀，即级配不良；反之，曲线平缓，则表示粒径大小相差悬殊，土粒不均匀，即级配良好。

当小于某粒径的土粒重量累计百分数为 10% 时，相应的粒径称为有效粒径 d_{10}。当小于某粒径的土粒重量累计百分数为 60% 时，该粒径称为限定粒径 d_{60}。d_{60} 与 d_{10} 之比值称为不均匀系数 C_u：

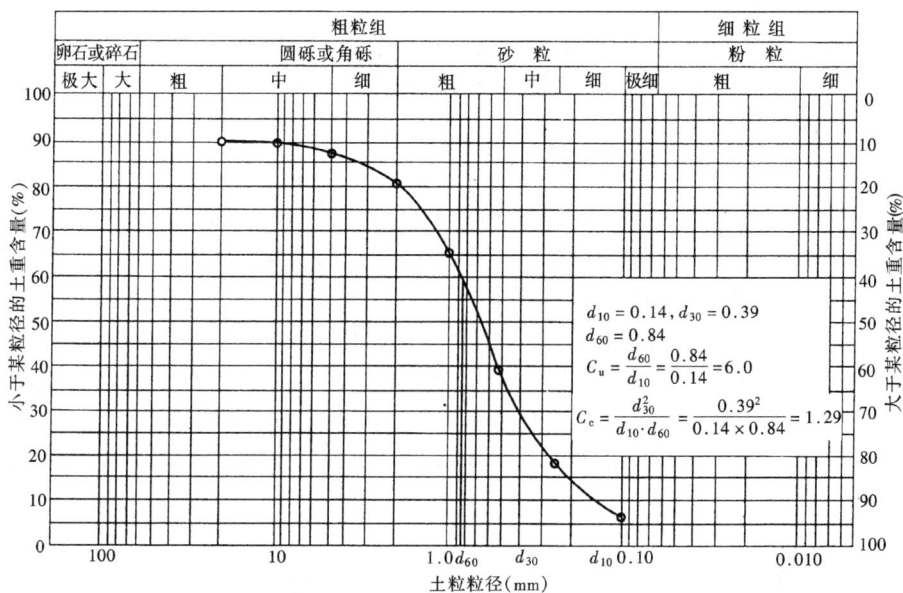

图 3-1　颗粒级配累积曲线

$$C_u = \frac{d_{60}}{d_{10}} \tag{3-1}$$

不均匀系数 C_u 反映了颗粒级配的不均匀程度，C_u 愈大，土粒愈不均匀，颗粒级配累积曲线愈平缓，其级配则愈良好，作为填方工程的土料时，则比较容易获得较小的孔隙比和较大的密实度。工程上把 $C_u < 5$ 的土看做是均匀的，属级配不良；$C_u > 10$ 的土看做是不均匀的，属级配良好。

除不均匀系数 C_u 外，还可用曲率系数 C_c 来分析土颗粒级配的组合特征，其表达式为：

$$C_c = \frac{d_{30}}{d_{10} \cdot d_{60}} \tag{3-2}$$

式中　d_{10}、d_{60}——意义同上；

　　　d_{30}——相应累积含量为 30% 的粒径值。

曲率系数描写了累积曲线的分布范围，反映了曲线的整体形状。C_c 值在 $1\sim3$ 之间的土属级配良好。C_c 值小于 1 或大于 3 的土属级配不好，从累积曲线上看，弯曲度比较大，说明其粒度成分不连续，主要由大颗粒和小颗粒组成，缺少中间颗粒。

3.1.2　土的矿物成分

土粒的矿物成分主要决定于母岩的成分及其所经受的风化作用。不同的矿物成分对土的性质的影响不同。通常把这些矿物分为以下四大类别：

（1）原生矿物

组成土颗粒的原生矿物主要有石英、长石、角闪石、云母等。它们是组成卵石、砾石、砂粒的主要成分。其特点是颗粒粗大，物理、化学性质比较稳定。粉粒的矿物成分主要是石英和 $MgCO_3$、$CaCO_3$ 等难溶盐的颗粒。

（2）不溶于水的次生矿物（以黏土矿物和硅、铝氧化物为主）

主要为黏土矿物——含水铝硅酸盐，包括有高岭石、蒙脱石、伊利石及水云母等三个基本类别。这类矿物呈高度分散状态，因此具有很高的表面能及亲水性，对土的工程性质的影响非常显著。但是不同的黏土矿物对土的工程性质影响也有差异。主要是因为它们具有不同的化学成分和结晶格架构造。研究表明黏土矿物的晶格结构主要由两种基本结构单元组成，即由硅氧四面体和铝氢氧八面体组成，它们各自连接排列成硅氧四面体层和铝氢氧八面体层的层状结构，如图3-2所示。而上述四面体层与八面体层之间的不同组合结果，即形成不同性质的黏土矿物类别。

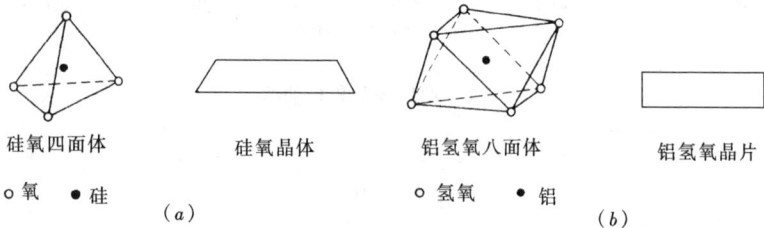

硅氧四面体　　　　　硅氧晶体　　　　　铝氢氧八面体　　　　　铝氢氧晶片

○氧　●硅　　　　　　（a）　　　　　　○氢氧　●铝　　　　　　（b）

图 3-2　黏土矿物结晶格子的两种基本结构单元及其晶片
(a) 硅氧四面体及硅氧晶片；(b) 铝氢氧八面体及铝氢氧晶片

1）蒙脱石类

蒙脱石类矿物是化学风化的初期产物，其结构单元（晶胞）是由两个硅氧四面体层夹一个铝氢氧八面体层组成，如图 3-3（a）所示。其相邻晶胞之间以相同的原子 O^{2-} 相接，只有分子键连接而没有氢键，且具有电性相斥作用，因此连接极弱，水分子很容易进入晶胞之间，从而改变晶胞之间的距离，吸水时晶胞间距变宽，晶格膨胀；失水时晶格收缩。所以蒙脱石类黏土矿物与水作用很强烈，当土中蒙脱石含量较多时，土的膨胀性和压缩性等都将很大，强度则剧烈变小。

2）伊利石、水云母类

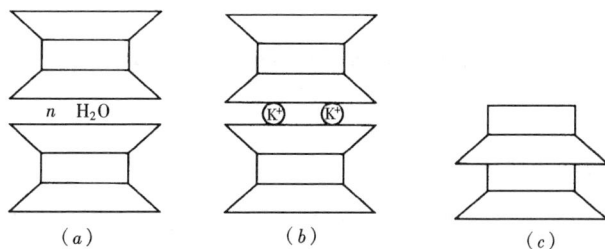

图 3-3 黏土矿物构造单元示意图

(a) 蒙脱石；(b) 伊利石；(c) 高岭石

伊利石、水云母类的结构单元类似于蒙脱石，见图 3-3（b），不同的是其硅氧四面体中的部分 Si^{4+} 离子常被 Al^{3+}、Fe^{3+} 所置换，因而在相邻晶胞间将出现若干一价正离子 K^+ 以补偿晶胞中正电荷的不足，并将相邻晶胞连接。所以伊利石、水云母类的结晶格架没有蒙脱石类那样活动，其亲水性及对土的工程性质影响界于蒙脱石和高岭石之间。

3）高岭石类

高岭石类的每个结构单元分别由一个铝氢氧八面体层和硅氧四面体层组成，如图 3-3（c）所示。其两个相邻晶胞之间以 O^{2-} 和 OH^- 与不同的原子层相接，除温德华键外，具有很强的氢键连接作用，使各晶胞间紧密连接，因此高岭石类黏土矿物具有较稳固的结晶格架，水较难进入其晶胞内，水与这种矿物之间的作用比较弱。因而主要由这类矿物组成的黏性土的膨胀性和压缩性等均较小。

（3）可溶盐类及易分解的次生矿物

可溶盐类常以夹层、透镜体、网脉、结核、分散的颗粒或粒间胶结物存在于土层中。在干旱气候区和地下水排泄不良地区易形成盐碱土和盐渍土。这类土在浸水后盐类被溶解，使土的粒间连接削弱，土体的强度和稳定性降低，压缩性增大。

土中易分解矿物常见的主要有黄铁矿（FeS_2）及其他硫化物和硫酸盐类。含有这些易分解矿物的土在浸水后土的粒间连接会被削弱，土的孔隙性增大，同时分离出的硫酸（H_2SO_4）对建筑基础及各种管道设施也会起腐蚀作用。

（4）有机质

有机质比黏土矿物具有更高的亲水性，对土性质的影响更剧烈。其对土的工程性质的影响有以下一些特点：

1）有机质含量愈高，对土的性质影响愈大；

2）有机质的分解程度愈高，对土的性质影响愈剧烈；

3）土的饱和度愈高，有机质对土的性质的影响愈大。

4）有机质土层的厚度、分布均匀性及分布方式等均会影响土的工程性质。

3.2   土的物理力学性质及其指标

3.2.1   土的三相比例指标

表示土的三相比例关系的指标，称为土的三相比例指标，亦即土的基本物理性质指标，包括土的颗粒相对密度、重度、含水量、饱和度、孔隙比和孔隙率等。

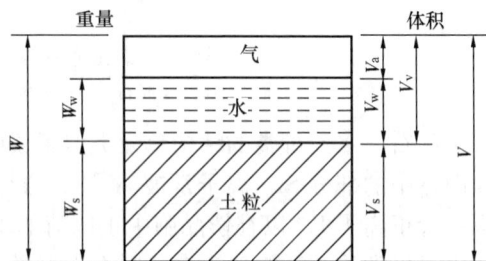

图 3-4   土的三相组成示意图

为了便于说明和计算，用图 3-4 所示的土的三相组成示意图来表示各部分之间的数量关系，图中符号的意义如下：

W_s——土粒重量；

W_w——土中水重量；

W——土的总重量 $W = W_s + W_w$；

V_s——土粒体积；

V_w——土中水体积，$\gamma_w \cdot V_w = W_w$

V_a——土中气体积；

V_v——土中孔隙体积，$V_v = V_w + V_a$；

V——土的总体积，$V = V_s + V_w + V_a$。

（1）土粒相对密度 G

土粒重量与同体积的 4℃时纯水的重量之比，称为颗粒相对密度，它在数值上为单位体积土粒的重量，即：

$$G = \frac{W_s}{V_s} \cdot \frac{1}{\gamma_{wl}} \tag{3-3}$$

式中 γ_{wl}——水在 4℃时单位体积的重量，等于 $1g/cm^3$ 或 $1t/m^3 \approx 10kN/m^3$。

颗粒相对密度可在试验室内用比重瓶法测定。一般土的颗粒相对密度值见表 3-2。由于颗粒变化的幅度不大，通常可按经验数值选用。

土的颗粒相对密度参考值　　　　　　　　　表 3-2

土的名称	砂　土	粉　土	黏性土	
			粉质黏土	黏　土
颗粒相对密度	2.65～2.69	2.70～2.71	2.72～2.73	2.74～2.75

（2）土的重度 γ

单位体积土的重量称为土的重度（单位为 $kN/m^3 \approx t/m^3 \times 10^{-1}$），即：

$$\gamma = \frac{W}{V} = \frac{W_s + W_w}{V_s + V_v} \tag{3-4}$$

土的重度一般用"环刀法"测定，用一个圆环刀（刀刃向下）放在削平的原状土样面上，慢慢削去环刀外围的土，边削边压，使保持天然状态的土样压满环刀容积内，称出环刀内土样的重量，求得它与环刀容积的比值，即为天然重度。

（3）土的干重度 γ_d、饱和重度 γ_{sat} 和浮重度 γ

单位体积土中固体颗粒部分的重量。称为土的干重度 γ_d，即：

$$\gamma_d = \frac{W_s}{V} \tag{3-5}$$

在工程上常把干重度作为评定土体紧密程度的标准，以控制填土工程的施工质量。

土孔隙中充满水时的单位体积重量，称为土的饱和重度 γ_{sat}：

$$\gamma_{sat} = \frac{W_s + V_v \gamma_w}{V} \tag{3-6}$$

在地下水位以下，单位土体积中土粒的重量扣除浮力后，即为单位土体积中土粒的有效重量，称为土的浮重度 γ'，即：

$$\gamma' = \frac{W_s - V_s \gamma_w}{V} = \frac{W_s + V_v \gamma_w - V \gamma_w}{V} = \gamma_{sat} - \gamma_w \tag{3-7}$$

（4）土的含水量 w

土中水的重量与土粒重量之比，称为土的含水量，以百分数计，即：

$$w = \frac{W_w}{W_s} \times 100\% \tag{3-8}$$

一般说来，对于同类土含水量越大，强度就越低。

土的含水量用"烘干法"测定。先称出小块原状土样的湿土重，然后置于烘箱内维持 $100\sim105℃$ 烘至恒重，再称干土重，湿、干土重之差与干土重的比值，就是土的含水量。

（5）土的饱和度 S_r

土孔隙中水的体积与孔隙总体积之比，称为土的饱和度，以百分率计，即：

$$S_r = \frac{V_w}{V_v} \times 100\% \tag{3-9}$$

饱和度 S_r 值愈大，表明土孔隙中充水愈多。工程实际中，按饱和度常将土划分为如下三种含水状态：

1）$S_r < 50\%$：稍湿的；

2）$S_r = 50\% \sim 80\%$：很湿的；

3）$S_r > 80\%$：饱水的。

对于黏性土，因主要含结合水，通常不按饱和度而按液性指数 I_l 评述其含水状态。对于粉土，通常也不按液性指数评价其含水状态，根据对全国各地粉土资料的综合分析,《岩土工程勘察规范》GB 50021—2001(2009 年版)确定按含水量评述粉土的含水(湿度)状态,见表 3-3。

按含水量 w(%)确定粉土湿度   表 3-3

湿　　度	稍　湿	湿	很　湿
w(%)	$w<20$	$20\leqslant w\leqslant30$	$w>30$

(6)土的孔隙比 e 和孔隙率 n

土的孔隙比是土中孔隙体积与土粒体积之比,即:

$$e = \frac{V_\mathrm{v}}{V_\mathrm{s}} \tag{3-10}$$

孔隙比是一个重要的物理性指标,用小数表示,可以用来评价天然土层的密实程度。一般来说 $e<0.6$ 的土是密实的低压缩性土,$e>1.0$ 的土是疏松的高压缩性土。

土的孔隙率是土中孔隙所占体积与总体积之比,以百分数表示,即:

$$n = \frac{V_\mathrm{v}}{V} \times 100\% \tag{3-11}$$

孔隙率和孔隙比都说明土中孔隙体积的相对数值,工程计算中更常用孔隙比。

3.2.2　无黏性土的密实度

无黏性土一般指碎石土、砂土和粉土。无黏性土的密实度与其工程性质有着密切的关系。一般说来,呈密实状态者强度高,结构稳定,压缩性小,而呈疏松状态者则强度较低,稳定性差,压缩性较大。因此在岩土工程勘察与评价时,首先要判断无黏性土的密实程度。

(1)天然孔隙比 e

一般认为,砂土的承载力随着天然孔隙比的减小而显著地增大。因此,曾采用天然孔隙比作为砂土紧密状态的分类指标,具体划分标准见表 3-4。

按天然孔隙比 e 划分砂土的密实度   表 3-4

砂土名称	实　密	中　密	稍　密	疏　松
砾砂、粗砂、中砂	<0.60	$0.60\sim0.75$	$0.75\sim0.85$	>0.85
细砂、粉砂	<0.70	$0.70\sim0.85$	$0.85\sim0.95$	>0.95

但是由于原状砂样的采取困难,尤其是对位于地下水位以下的砂层采取原状砂样困难更多。因此天然孔隙比这一指标的应用也相对困难。工程上常采用相对密度 D_r 判定砂土的密实状态。

(2)相对密度 D_r

无黏性土的相对密实度 D_r 以最大孔隙比 $e_{\max}$ 与天然孔隙比 e 之差和最大孔

隙比 e_{max} 与最小孔隙比 e_{min} 之差的比值表示，即：

$$D_r = \frac{e_{max} - e}{e_{max} - e_{min}} \tag{3-12}$$

式中 e_{max}——砂土在最松散状态时的孔隙比，即最大孔隙比，测定方法详见本教材第 8 章相关内容；

       e_{min}——砂土在最密实状态时的孔隙比，即最小孔隙比，测定方法详见本教材第 8 章相关内容；

       e——砂土的天然孔隙比。

对于不同的砂土，其 e_{min} 与 e_{max} 的测定值是不同的，e_{max} 与 e_{min} 之差（即孔隙比可能变化的范围）也是不一样的。一般粒径较均匀的砂土，其 e_{max} 与 e_{min} 之差较小；反之则较大。

根据 D_r 值，可把砂土的密实度状态划分为以下四种：

密实的 $0.67 < D_r \leqslant 1$ 中密的 $0.33 < D_r \leqslant 0.67$

稍密的 $0.2 < D_r \leqslant 0.33$ 松散的 $0 \leqslant D_r \leqslant 0.2$

由于无论是按天然孔隙比 e，还是按相对密度 D_r 来评定砂土的紧密状态，都要采取原状砂样，经过土工试验测定砂土天然孔隙比。而原状砂样的采取却极为困难，所以，目前国内外已广泛使用标准贯入或静力触探试验于现场评定砂土的紧密状态。表 3-5 为国家标准《岩土工程勘察规范》GB 50021—2001（2009年版）规定按标准贯入锤击数 N 值划分砂土密实状态的标准。

对于粉土的密实状态，上述规范仍用天然孔隙比 e 值作为划分标准，见表3-6。碎石土的密实状态可以根据圆锥动力触探锤击数按表 3-7、表 3-8 确定。

按标准贯入锤击数 N 值确定砂土的密实度   表 3-5

密实度	N 值	密实度	N 值
密实	$N > 30$	稍密	$10 < N \leqslant 15$
中密	$15 < N \leqslant 30$	松散	$N \leqslant 30$

按天然孔隙比确定粉土的密实度   表 3-6

密 实 度	e 值	密 实 度	e 值
密 实	$e < 0.75$	稍 密	$e > 0.90$
中 密	$0.75 \leqslant e \leqslant 0.90$		

碎石土密实度按 $N_{63.5}$ 分类   表 3-7

重型动力触探锤击数 $N_{63.5}$	密实度	重型动力触探锤击数 $N_{63.5}$	密实度
$N_{63.5} \leqslant 5$	松散	$10 < N_{63.5} \leqslant 20$	中密
$5 < N_{63.5} \leqslant 10$	稍密	$N_{63.5} > 20$	密实

碎石土密实度按 N_{120} 分类   表 3-8

超重型动力触探锤击数 N_{120}	密实度	超重型动力触探锤击数 N_{120}	密实度
$N_{120} \leqslant 3$	松散	$11 < N_{120} \leqslant 14$	密实
$3 < N_{120} \leqslant 6$	稍密	$N_{120} > 14$	很密
$6 < N_{120} \leqslant 11$	中密		

3.2.3　黏性土的物理特征

3.2.3.1　黏性土的界限含水量

同一种黏性土随着本身含水量的不同，可以分别处于固态、半固态、可塑状态及流动状态，其工程性质也相应地发生很大的变化。当含水量很小时，黏性土比较坚硬，处于固体状态，有较大的力学强度；随着土中含水量的增大，土逐渐变软，并在外力作用下可任意改变形状，即土处于可塑状态；若再继续增大土的含水量，土变得愈来愈软弱，甚至不能保持一定的形状，呈现流塑-流动状态。黏性土这种因含水量变化而表现出的各种不同物理状态，也称土的稠度。

图 3-5　黏性土的物理状态与含水量的关系

随着含水量的变化，黏性土由一种稠度状态转变为另一种状态，相应于转变点的含水量叫做界限含水量。

界限含水量是黏性土的重要特性指标，它们对于黏性土工程性质的评价及分类等有重要意义，而且各种黏性土有着各自不同的界限含水量。

如图 3-5 所示，土由可塑状态转到流动状态的界限含水量叫做液限 w_L（也称塑性上限或流限）；土由半固态转到可塑状态的界限含水量叫做塑限 w_p（也称塑性下限）；土由半固体状态不断蒸发水分，体积逐渐缩小，直到体积不再缩小时土的界限含水量叫做缩限 w_s。界限含水量都以百分数表示。

3.2.3.2　黏性土的塑性指数和液性指数

（1）塑性指数 I_p

塑性指数 I_p 是指液限和塑限的差值，用不带百分数符号的数值表示，即：

$$I_p = w_L - w_p \tag{3-13}$$

它表示土处在可塑状态的含水量变化范围。显然塑性指数愈大，土处于可塑状态的含水量范围也愈大，可塑性就愈强。土中黏土颗粒含量越高，则土的比表面和相应的结合水含量愈高，因而 I_p 愈大。土的塑性指数 I_p 值是组成土粒的胶体活动性强弱的特征指标。

由于塑性指数在一定程度上综合反映了影响黏性土特征的各种重要因素，所以常用塑性指数作为黏性土分类的标准。

（2）液性指数 I_L

液性指数 I_p 是指黏性土的天然含水量和塑限的差值与塑性指数之比，用小数表示，即：

$$I_L = \frac{w - w_p}{w_L - w_p} = \frac{w - w_p}{I_p} \tag{3-14}$$

从式（3-14）可见，当土的天然含水量 w 小于 w_p 时，I_L 小于 0，天然土处于坚硬状态；当 w 大于 w_L 时，I_L 大于 1，天然土处于流动状态；当 w 在 w_p 与 w_L 之间时，即 I_L 在 0～1 之间，则天然土处于可塑状态。因此可以利用液性指数来表征黏性土所处的软硬状态。I_L 值愈大，土质愈软；反之，土质愈硬。国家标准《岩土工程勘察规范》GB 50021—2001（2009 年版）规定，黏性土可根据液性指数值划分为坚硬、硬塑、可塑、软塑及流塑五种状态，划分标准见表 3-9。

黏性土的状态　　　　　　　　　　　　表 3-9

状　态	坚　硬	硬　塑	可　塑	软　塑	流　塑
液性指数 I_L	$I_L \leqslant 0$	$0 < I_L \leqslant 0.25$	$0.25 < I_L \leqslant 0.75$	$0.75 < I_L \leqslant 1.0$	$I_L > 1.0$

3.3 土的工程分类及各类土的工程特性

3.3.1 土的工程分类原则和体系

土的工程分类在工程实践中是十分重要的。根据土的工程分类可以大致判断土的基本工程特性及初步评价地基土的承载力、稳定性、可液化性以及作为建筑材料的适宜性等；可以合理确定不同土的研究内容与方法；当土的性质不能满足工程要求时，可以结合土类确定相应的改良与处理方法。

土的工程分类体系，目前国内外主要有两种：

（1）建筑工程系统的分类体系——以原状土为基本对象，对土的分类除考虑土的组成外，很注重土的天然结构性，即土的粒间连接性质和强度。例如我国国家标准《建筑地基基础设计规范》GB 50007—2011 和《岩土工程勘察规范》GB 50021—2001（2009 年版）的分类；苏联建筑法规（СНип Ⅱ—15—74）的分类；美国国家公路协会（AASHO）分类以及英国基础试验规程（CP2004，1972）分类等。

（2）材料系统的分类体系——以扰动土为基本对象，对土的分类以土的组成为主，不考虑土的天然结构性。例如，我国国家标准《土的工程分类标准》GB/T 50145—2007 和美国材料协会的土质统一分类法（ASTM，1969）等。

3.3.2 我国土的工程分类

目前我国在工程上应用较广的土的工程分类方法主要是《建筑地基基础设计规范》GB 50007—2011 和《岩土工程勘察规范》GB 50021—2001（2009 年版）

中的分类体系。

该分类体系的划分标准，既考虑了土的天然结构性，又始终兼顾了土的主要工程特性——变形和强度。因此，在划分土类时首先考虑了土的堆积年代和地质成因，同时将某些特殊形成条件和特殊工程性质的区域性特殊土与普通土区别开来。在以上基础上，再按颗粒级配或塑性指数进行分类。这种分类方法简单明确，科学性和实用性强，已被我国工程界所广泛应用，其划分原则与标准如下：

（1）按堆积年代划分：

1）老堆积土：第四纪晚更新世 Q_3 及其以前堆积的土层，一般呈超固结状态，具有较高的结构强度；

2）一般堆积土：第四纪全新世（文化期以前 Q_4^1）堆积的土层；

3）新近堆积土：文化期以来新近堆积的土层 Q_4^2，一般呈欠压密状态，结构强度较低。

碎 石 土 分 类   表 3-10

土的名称	颗 粒 形 状	颗 粒 级 配
漂　石	圆形及亚圆形为主	粒径大于 200mm 的颗粒重量超过全重 50%
块　石	棱角形为主	
卵　石	圆形及亚圆形为主	粒径大于 20mm 的颗粒重量超过全重 50%
碎　石	棱角形为主	
圆　砾	圆形及亚圆形为主	粒径大于 2mm 的颗粒重量超过全重 50%
角　砾	棱角形为主	

注：定名时，应根据颗粒级配由大到小以最先符合者确定。

砂 土 分 类   表 3-11

土的名称	颗 粒 级 配	土的名称	颗 粒 级 配
砾砂	粒径大于 2mm 的颗粒重量占全重 25%～50%	细砂	粒径大于 0.075mm 的颗粒重量超过全重 85%
粗砂	粒径大于 0.5mm 的颗粒重量超过全重 50%	粉砂	粒径大于 0.075mm 的颗粒重量超过全重 50%
中砂	粒径大于 0.25mm 的颗粒重量超过全重 50%		

注：1. 定名时应根据颗粒级配由大到小最先符合者确定；

2. 当砂土中，小于 0.075mm 的土的塑性指数大于 10 时，应冠以"含黏性土"定名，如含黏性土粗砂等。

（2）根据地质成因可分为残积土、坡积土、洪积土、冲积土、湖积土、海积土、冰碛土及冰水沉积土和风积土。

（3）根据有机质含量可分为无机土、有机质土、泥炭质土和泥炭。

（4）按颗粒级配和塑性指数分为碎石土、砂土、粉土和黏性土。

1）碎石土：按表 3-10 方法分类。

2）砂类土：按表 3-11 方法分类。

3）粉土：粒径大于 0.075mm 的颗粒不超过全重 50%，且塑性指数小于或等于 10 的土。根据颗粒级配（黏粒含量）按表 3-12 分为砂质粉土和黏质粉土。

4）黏性土：塑性指数大于 10 的土。根据塑性指数 I_p 按表 3-13 分为粉质黏土和黏土。

5）特殊性土：具有一定分布区域或工程意义上具有特殊成分、状态和结构特征的土，规范分为湿陷性土、红黏土、软土（包括淤泥和淤泥质土）、混合土、填土、多年冻土、膨胀土、盐渍土、污染土。

粉土分类　　　　表 3-12

土的名称	颗　粒　段　配
砂质粉土	粒径小于 0.005mm 的颗粒含量不超过全重 10%
黏质粉土	粒径小于 0.005 的颗粒含量超过全重 10%

黏性土分类　　　表 3-13

土的名称	塑　性　指　数
粉质黏土	$10 < I_p \leqslant 17$
黏　土	$I_p > 17$

注：确定塑性指数 I_p 时，液限以 76g 瓦氏圆锥仪入土深度 10mm 为准；塑限以搓条法为准。

3.4　特殊土的主要工程性质

不同的地质条件、地理环境和气候条件造成了不同区域的工程性质各异的土质。有些土类，由于形成条件及次生变化等原因而具有与一般土类显著不同的特殊工程性质，称其为特殊土。特殊土的性质都表现出一定的区域性，有其特殊的规律，在工程上应充分考虑其特殊性，采取相应的治理措施，否则很容易造成工程事故。

我国幅员辽阔，特殊土的种类比较多，几种重要的特殊土有：各种静水环境沉积的软土；主要分布于西北、华北等干旱、半干旱气候区的湿陷性黄土；西南亚热带湿热气候区的红黏土；主要分布于南方和中南地区的膨胀土；高纬度、高海拔地区的多年冻土及盐渍土、人工填土和污染土等。下面对这些特殊土的分布、特征及其工程性质作一介绍：

3.4.1　软土

3.4.1.1　软土的分类

软土主要指淤泥和淤泥质土，是第四纪后期在类似静水的环境中沉积，并经过生物化学作用而形成的饱和软黏性土。通常富含有机质，天然含水量 w 大于液限 w_L，天然孔隙比 e 常大于或等于 1.0。根据天然孔隙比和有机质的含量，分别定名为：

淤泥：$e \geqslant 1.5$；

淤泥质土：$1.5 > e \geqslant 1.0$，它是淤泥与一般黏性土的过渡类型；

有机质土：土中有机质含量 $\geqslant 5\%$，而 $\leqslant 10\%$；

泥炭质土：土中有机质含量>10%，而≤60%；

泥炭：土中有机质含量>60%。

3.4.1.2 软土的物理力学特性

软土具有以下的工程特性：

（1）高含水量和高孔隙性。

软土的天然含水量一般为50%～70%，山区软土有时高达200%。天然孔隙比在1～2之间，最大达3～4。其饱和度一般大于95%。软土的高含水量和高孔隙性特征是决定其压缩性和抗剪强度的重要因素。

（2）渗透性低

软土的渗透系数一般在$1×10^{-8}$～$1×10^{-4}$cm/s之间，通常水平向的渗透系数较垂直方向要大得多。由于该类土渗透系数小、含水量大且呈饱和状态，使得土体的固结过程非常缓慢，其强度增长的过程也非常缓慢。

（3）压缩性高

软土的压缩系数$a_{0.1～0.2}$一般为0.7～1.5MPa^{-1}，最大达4.5MPa^{-1}，因此软土都属于高压缩性土。随着土的液限和天然含水量的增大，其压缩系数也进一步增高。

由于该类土具有高含水量、低渗透性及高压缩性等特性，因此，具有变形大而不均匀，变形稳定历时长的特点。

（4）抗剪强度低

软土的抗剪强度很小，同时与加荷速度及排水固结条件密切相关。如不排水三轴快剪得出其内摩擦角为零，其黏聚力一般都小于20kPa；直剪快剪内摩擦角一般为2°～5°，黏聚力为10～15kPa；而固结快剪的内摩擦角可达8°～12°，黏聚力为20kPa左右。因此，要提高软土地基的强度，必须控制施工和使用时的加荷速度。

（5）较显著的触变性和蠕变性

由于软土具有较为显著的结构性，故触变性是它的一个突出的性质。我国东南沿海地区的三角洲相及滨海—泻湖相软土的灵敏度一般在4～10之间，个别达13～15。

软土的蠕变性也是比较明显的。表现在长期恒定应力作用下，软土将产生缓慢的剪切变形，并导致抗剪强度的衰减；在固结沉降完成之后，软土还可能继续产生可观的次固结沉降。

3.4.2 湿陷性黄土

3.4.2.1 湿陷性黄土的特征和分布

黄土颜色多呈黄色、淡灰黄色或褐黄色，颗粒组成以粉粒为主，约占60%～70%，粒度大小较均匀，黏粒含量较少，一般仅占10%～20%；含水量小，一般为 8%～20%；孔隙比大，一般在 1.0 左右，且具有肉眼可见的大孔隙；具有垂直节理，常呈现直立的天然边坡。

黄土按其成因可分为原生黄土和次生黄土。一般认为，具有上述典型特征，没有层理的风成黄土为原生黄土。原生黄土经过水流冲刷、搬运和重新沉积而形成的为次生黄土。次生黄土一般不完全具备上述黄土特征，砂粒含量高，甚至含有细砾，故也称为黄土状土。

黄土在天然含水量时一般呈坚硬或硬塑状态，具有较高的强度和较低的压缩性，但遇水浸湿后，强度迅速降低，有的即使在其自重作用下也会发生剧烈而大量的沉陷，称为湿陷性；并非所有的黄土都会发生湿陷。凡具有湿陷性特征的黄土称为湿陷性黄土，否则，称为非湿陷性黄土。非湿陷性黄土的工程性质接近一般黏性土。

黄土在我国主要分布在甘、陕、晋的大部分地区以及豫、宁、冀等部分地区，此外，新疆和鲁、辽等地也有局部分布。其中湿陷性黄土约占 3/4。由于各地的地理、地质和气候条件的差别，湿陷性黄土的组成成分、分布地带、沉积厚度、湿陷特征和物理力学性质也因地而异，其湿陷性由西北向东南逐渐减弱，厚度变薄。

我国黄土按形成年代的早晚，分为老黄土和新黄土。老黄土形成年代久，土中盐分溶滤充分，因而具有土质密实、强度高和压缩性小的特点，并且湿陷性弱甚至不具湿陷性。反之，新黄土形成年代短，其特性正相反。

3.4.2.2 黄土湿陷性类型判别

（1）黄土湿陷性的判别

可以用湿陷系数 δ_s 来判定黄土是否具有湿陷性，湿陷系数 δ_s 是天然土样单位厚度的湿陷量，由在规定压力下的室内压缩试验测定。

$\delta_s < 0.015$ 时，定为非湿陷性黄土；

$\delta_s \geqslant 0.015$ 时，定为湿陷性黄土。

根据湿陷系数大小，可以大致判断湿陷性黄土湿陷性的强弱，一般认为：

$\delta_s \leqslant 0.03$，为弱湿陷性的；

$0.03 < \delta_s \leqslant 0.07$，为中等湿陷性的；

$\delta_s > 0.07$，为强湿陷性的。

（2）建筑场地或地基的湿陷类型

应按试坑浸水试验实测自重湿陷量 Δ'_{zs} 或按室内压缩试验累计的计算自重湿陷量 Δ_{zs} 判定。

当实测或计算自重湿陷量小于或等于 7cm 时，定为非自重湿陷性黄土场地。

当实测或计算自重湿陷量大于 7cm 时，定为自重湿陷性黄土场地。

以 7cm 作为判别建筑场地湿陷类型的界限值是根据自重湿限性黄土地区的建筑物调查资料确定的。

计算自重湿陷量 Δ_{zs} 应根据不同深度土样的自重湿陷系数 δ_{zsi}，按下式计算：

$$\Delta_{zs} = \beta_0 \sum \delta_{zsi} h_i \tag{3-15}$$

式中　δ_{zsi}——第 i 层土在上覆土的饱和（$S_r > 0,85$）自重压力下的自重湿陷系数；

　　　　h_i——第 i 层土的厚度（cm）；

　　　　β_0——因地区土质而异的修正系数，是为了使计算自重湿陷量尽量接近实测自重湿陷量。对陇西地区，β_0 值可取 1.5；对陇东、陕北—晋西地区可取 1.2；对关中地区可取 0.9；对其他地区可取 0.5。

3.4.3　红黏土

3.4.3.1　红黏土的特征及分布

红黏土是指在亚热带湿热气候条件下，碳酸盐类岩石经过物理化学作用而形成的高塑性黏土。红黏土一般呈褐红、棕红色，液限大于 50%。

红黏土亦有原生和次生之分，原生红黏土通常就简称红黏土，次生红黏土是指在红黏土形成后，经过流水再搬运后，仍然保留红黏土的基本特征，液限大于 45% 的坡、洪积黏土。在相同物理指标情况下，其力学性能低于红黏土。红黏土及次生红黏土广泛分布于我国的云贵高原、四川东部、广西、粤北及鄂西、湘西等地区的低山、丘陵地带顶部和山间盆地、洼地、缓坡及坡脚地段。

虽然红黏土的天然含水量和孔隙比都很大，但其强度高、压缩性低，工程性能良好，它的物理力学性质与其他地区的黏性土相比有自己独特的变化规律。

3.4.3.2　红黏土的成分及物理力学特征

（1）红黏土的组成成分

红黏土主要为碳酸盐类岩石的风化后期产物，其矿物成分除含有一定数量的石英颗粒外，还含有大量的黏土颗粒，主要为多水高岭石、水云母类、胶体 SiO_2 及赤铁矿、三水铝土矿等成分，几乎不含有机质。

在所含的几种矿物中，多水高岭石的性质较稳定，与水结合能力很弱，是不溶于水的矿物。而三水铝土矿、赤铁矿、石英及胶体二氧化硅等铝、铁、硅氧化物，性质比多水高岭石更稳定。

红黏土颗粒周围的吸附阳离子成分以 Fe^{3+}、Al^{3+} 为主，这类阳离子水化程度很弱。红黏土的粒度较均匀，呈高分散性。黏粒含量一般为 60%～70%，最大达 80%。

（2）红黏土的一般物理力学特征

1）天然含水量高，一般为 40%～60%，高的可达 90%。

2）密度小，天然孔隙比一般为 1.4～1.7，最高 2.0，具有大孔性。

3）高塑性，液限一般为 60%～80%，高达 110%；塑限一般为 40%～60%，高达 90%；塑性指数一般为 20～50。

4）由于塑限很高，所以尽管天然含水量高，一般仍处于坚硬或硬可塑状态，液性指数 I_L 一般小于 0.25。但是其饱和度一般在 90% 以上，因此，即使是坚硬黏土也处于饱水状态。

5）一般呈现较高的强度和较低的压缩性，固结快剪内摩擦角 $\varphi = 8° \sim 18°$，黏聚力 $c = 40 \sim 90 kPa$。压缩系数 $a_{0.2-0.3} = 0.1 \sim 0.4 MPa^{-1}$，变形模量 $E_0 = 10 \sim 30 MPa$，最高可达 50MPa；载荷试验比例界限 $P_0 = 200 \sim 300 kPa$。

6）不具有湿陷性，原状土浸水后膨胀量很小（<2%），但失水后收缩剧烈，原状土体积收缩率为 25%，而扰动土可达 40% \sim 50%。

红黏土的天然含水量高，孔隙比很大，但却具有较高的力学强度和较低的压缩性以及不具有湿陷性，其原因主要在于其生成环境及其相应的组成物质和坚固的粒间连接特性。

（3）红黏土的物理力学性质变化范围及其规律性

分布在不同地区的红黏土，甚至是同一地区的红黏土，其物理力学性质指标都有很大的差异，工程性能及承载力等也有显著的差别。

1）在竖直方向，沿深度的增加，其天然含水量、孔隙比和压缩性都随着增高，状态也由坚硬、硬塑变为可塑、软塑甚至流塑状态，因而强度则大幅度降低。

2）在水平方向，由于排水条件的不同，其性质也有很大的不同。在地势较高的部位，排水条件好，其天然含水量、孔隙比和压缩性均较低，强度较高，而地势较低处则相反，由于经常积水，排水不畅，其强度大为降低。

3）次生坡积红黏土与红黏土的性质差别也较大。次生坡积红黏土颜色较浅，其物理性质与残积土相近，但较松散，结构强度差，故雨、旱期土质变化较大。其含水比一般为 0.7 \sim 0.8，强度指标较残积土有明显降低。

4）裂隙对红黏土强度和稳定性的影响。红黏土具有强烈的失水收缩性。故裂隙容易发育。坚硬、硬可塑状态的红黏土，在近地表部位或边坡地带，往往发育有很多裂隙。这种土体的单独土块强度很高，但是裂隙破坏了土体的整体性和连续性，使土体强度显著降低，试样沿裂隙面呈脆性破坏。

3.4.4 膨胀土

3.4.4.1 膨胀土的分布

膨胀土是指具有显著的吸水膨胀和失水收缩且胀缩变形往复可逆的高塑性黏土。我国膨胀土主要分布地区有广西、云南、湖北、河南、安徽、四川、河北、山东、陕西、浙江、江苏、贵州和广东等地。

膨胀土之所以具有吸水膨胀和失水收缩的特性，与它含有大量的强亲水性黏土矿物成分有关。在通常情况下，它具有较高的强度和较低的压缩性，易被误认为工程性能较好的土，因此在膨胀土地区进行工程建筑，要特别注意对膨胀土的判别，并在设计和施工中采取必要的措施，否则会导致建筑物的开裂和损坏，并造成坡地建筑场地崩塌、滑坡、地裂等严重灾害。

3.4.4.2　膨胀土的特征

（1）工程地质特征

1）地形、地貌特征：膨胀土多分布于 Ⅱ 级以上的河谷阶地或山前丘陵地区，一般呈垄岗式低丘或浅而宽的沟谷。地形坡度平缓，无明显的自然陡坎；在池塘、岸坡地段常有大量坍塌或小滑坡发生；旱季地表出现沿地形等高线延伸的地裂，长数米至数百米，宽数厘米至数十厘米，深达数米，雨期则会闭合。

2）土质特征：颜色一般呈黄、黄褐、灰白、花斑（杂色）和棕红等色。组分上多为高分散的黏土颗粒，结构致密细腻，常有铁锰质及钙质结核等零星包含物。一般呈坚硬至硬塑状态，但雨天浸水后强度剧烈降低，压缩性变大。近地表部位有不规则的网状裂隙发育，裂隙面光滑，并有灰白色黏土（主要为蒙脱石或伊利石矿物）充填，在地表部位常因失水而张开，雨期又会因浸水而重新闭合。

（2）膨胀土的物理、力学及胀缩性指标

1）黏粒含量高达 35%～85%，液限一般为 40%～50%，塑性指数多在22～35 之间。

2）天然含水量接近或略小于塑限，不同季节变化幅度为 3%～6%。故一般呈坚硬或硬塑状态。

3）天然孔隙比小，常随土体含水量的增减而变化，即增湿膨胀，孔隙比变大；失水收缩，孔隙比变小，一般在 0.50～0.80 之间，云南的较大一些，为 0.7～1.20 之间。

4）自由膨胀量一般超过 40%，也有超过 100% 的。

各地膨胀土的膨胀率、膨胀力和收缩率等指标的试验结果的差异很大。实验证明，当膨胀土的天然含水量小于其最佳含水量（或塑限）之后，每减少 3%～5%，其膨胀力可增大数倍，收缩率则大为减小。

（3）膨胀土的强度和压缩性

膨胀土在天然条件下一般处于硬塑或坚硬状态，强度较高，压缩性较低，但往往由于干缩而导致裂隙发育，使其整体性不好，从而承载力降低，并可能丧失稳定性。所以对浅基础、重荷载的情况，不能单纯以小块试样的强度考虑膨胀土地基的整体强度问题。

当膨胀土的含水量剧烈增大或土的原状结构被扰动时，土体强度会骤然降低，压缩性增高。有资料表明，膨胀土被浸湿后，其抗剪强度将降低 1/3～2/3。而由于结构破坏，将使其抗剪强度减小 2/3～3/4，压缩系数增高 1/4～2/3。

（4）已有建筑物的变形、裂缝特征

1）建筑物破坏一般是在同一地貌单元的相同土层地段成群出现，特别是气候强烈变化（如长期干旱后降雨等）之后更是如此。

2）层次低、重量轻的房屋更容易破坏，四层以上的建筑物则基本不会受影响。

3）建筑物裂缝具有随季节变化而往复伸缩的性质。

4）山墙和内墙多出现呈"倒八字"的对称或不对称裂缝及垂直裂缝（如图3-6所示），外纵墙下端多出现水平裂缝，房屋角端裂缝严重，地坪多出现平行于外纵墙的通长裂缝，其特点是，靠近外墙者宽，离外墙较远的变窄。

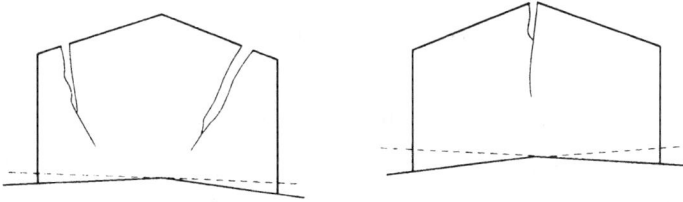

图 3-6 "倒八字"形裂缝和垂直裂缝

以上各种裂缝的总的特征是上宽下窄，水平裂缝外宽内窄；二楼的裂缝比底层的严重；具有随季节变化而往复伸缩的特点，这些是区别于其他原因引起的裂缝的重要特征。

（5）膨胀土的判别

判别膨胀土应采用现场调查与室内试验相结合的原则。即首先根据现场土体埋藏和分布条件等工程地质特征以及建于同一地貌单元的已有建筑物的变形和开裂情况作出初步判断，然后再根据室内试验指标进一步验证，综合判别。

凡具有前述土体的工程地质特征以及已有建筑物变形、开裂特征的场地，且土的自由膨胀率大于或等于40％的土，应判定为膨胀土。

3.4.5 填土

填土是由于人为堆填和倾倒以及自然力的搬运而形成的处于地表面的土层。由于人类活动方式的差异以及自然界的变迁和发展历史的差异，导致了填土层的组成成分及其工程性质等均表现出一定的复杂性和多样性。

根据填土的堆填方式、堆填年限、物质组成和密实度等几个因素的不同，把填土划分为素填土、杂填土和冲填土三类。

（1）素填土

素填土的物质组成主要为碎石、砂土、粉土和黏性土，不含杂质或杂质很少。按其组成成分的不同，分为碎石素填土、砂性素填土、粉性素填土和黏性素填土。素填土经分层压实者，称为压实填土。

把利用素土进行回填的填方地段作为建筑场地，可以节约用地，降低工程造价，但也往往要遇到对填方地基的处理问题。过去，由于经验不足，在填方地区的工程，有时不论填方质量一律将基础穿过填土层而砌置在较好的天然土层上，这不但增加了工程造价，还延长了施工时间；另一方面，有的工程由于对填土质量不够重视，没有对填土作出正确评价，结果因填土变形而造成地坪严重开裂或设备基础倾斜，造成经济损失。

（2）杂填土

杂填土为含有大量杂物的填土。根据其组成物质成分和特征的不同分为：

1）建筑垃圾土：主要为碎砖、瓦砾、朽木等建筑垃圾夹土石组成，有机质含量较少；

2）工业废料土：由工业废渣、废料，如矿渣、煤渣、电石渣等夹少量土石组成；

3）生活垃圾土：由居民生活中抛弃的废物，如炉灰、菜皮、陶瓷片等杂物夹土类组成。一般含有机质和未分解的腐殖质，组成物质混杂、松散。

对以上各类杂填土的大量试验研究认为，以生活垃圾和腐蚀性及易变性工业废料为主要成分的杂填土，一般不宜作为建筑物地基；对以建筑垃圾或一般工业废料为主要成分的杂填土，采用适当的措施进行处理后可作为一般建筑物地基；当其均匀性和密实度较好，能满足建筑物对地基承载力要求时，可不做处理直接利用。

（3）冲填土（亦称吹填土）

冲填土是指利用专门设备（常用挖泥船和泥浆泵）将泥砂夹带大量水分，吹送至江河两岸或海岸边而形成的一种填土。在我国几条主要的江河两岸以及沿海岸边都分布有不同性质的冲填土。由于冲填土的形成方式特殊，因而具有不同于其他类填土的工程特性：

1）冲填土的颗粒组成和分布规律与所冲填泥砂的来源及冲填时的水力条件有着密切的关系。在大多数情况下，冲填的物质是黏土和粉砂，在吹填的入口处，沉积的土粒较粗，顺出口处方向则逐渐变细。

2）冲填土的含水量大，透水性弱，排水固结差，一般呈软塑或流塑状态。特别是当黏粒含量较多时，水分不易排出，土体形成初期呈流塑状态，后来土层表面虽经蒸发干缩龟裂，但下面土层仍处于流塑状态，稍加扰动即发生触变现象。因此冲填土多属未完成自重固结的高压缩性的软土。而在愈近于外围方向，组成土粒愈细，排水固结愈差。

3）冲填土一般比成分相同的自然沉积饱和土的强度低，压缩性高。冲填土的工程性质与其颗粒组成、均匀性、排水固结条件以及冲填形成的时间均有密切关系。对于含砂量较多的冲填土，它的固结情况和力学性质较好；对于含黏土颗粒较多的冲填土，评估其地基的变形和承载力时，应考虑欠固结的影响，对于桩基则应考虑桩侧负摩擦力的影响。

思　考　题

3.1　土的粒度成分对土的工程性质有什么影响？

3.2　试述蒙脱石、伊利石、高岭石的工程性质特点及其机理？

3.3　土的颗粒级配曲线的含义。

3.4　试述土的基本物理性质指标的定义。

3.5　无黏性土的紧密状态和黏性土的塑性指数与液性指数与它们各自的工程性质特征有何关系？

3.6　试述我国土的工程分类体系。碎石土、砂土、粉土和黏性土等四大类土及其亚类的划分依据及标准是什么？

3.7　试述我国几种主要特殊土的工程性质。

第4章 岩土工程勘察等级、阶段划分及基本要求

在城市规划、工业及民用建筑、交通、水利及市政工程等基本建设设计和施工开始之前，一般都要了解和掌握待建场地的工程地质条件、水文地质条件，查明可能存在的不良地质作用和可能引发的地质灾害，并提出应对措施以保证工程建设的正常顺利进行和建成以后的安全正常使用，并力求做到经济上合理、技术上科学先进以及社会综合效益优良。这项工作就是岩土工程勘察。换言之，岩土工程勘察的目的和任务也就是要获取建设场地及相关地区的工程地质及水文地质条件等原始资料，并结合工程设计、施工条件进行技术论证和分析评价，提出解决岩土工程问题的建议。

岩土工程勘察总的原则是为工程建设服务，因此勘察工作必须结合具体建（构）筑物的类型、要求和特点以及当地的自然条件和环境来进行，即勘察工作要有明确的针对性和目的性。如在地质条件复杂地区，对场地的地质构造、不良地质现象、地震烈度、特殊土类等必须查明其分布及其危害程度，因为这些因素是评价场地稳定性、地基承载力及地基变形的主要控制因素。另一方面不同的建（构）筑物的重要性也不同，其破坏后产生的后果严重性也不同。因此针对工程重要性的不同以及场地和地基复杂程度的差异，岩土工程勘察也要划分为不同等级（详见本章后续内容），针对不同的勘察等级，各个勘察阶段的工作内容、方法以及详细程度也会具有显著的差别。

4.1 岩土工程勘察等级的划分

前面已提到，岩土工程勘察等级的划分是根据工程重要性、场地复杂程度及地基复杂程度三个方面确定的，因此首先来看一下上述三个方面的等级划分。

4.1.1 岩土工程重要性等级的划分

根据工程的规模和特征以及工程破坏或影响正常使用所产生的后果，将工程分为三个重要性等级，如表4-1所示。

从工程勘察的角度，岩土工程重要性等级划分主要考虑工程规模大小、特点以及由于岩土工程问题而造成破坏或影响正常使用时所引起后果的严重程度。由于涉及各行各业，涉及房屋建筑、地下洞室、线路、电厂等工业或民用建筑以及废弃物处理工程、核电工程等不同工程类型，因此很难作出一个统一具体的划分

标准，但就住宅和一般公用建筑为例，30 层以上可定为一级，7～30 层可定为二级，6 层及 6 层以下可定为三级。

岩土工程重要性等级划分表　　　　　　　　　　表 4-1

岩土工程重要性等级	工程性质	破坏后引起的后果
一级工程	重要工程	很严重
二级工程	一般工程	严重
三级工程	次要工程	不严重

4.1.2 场地等级划分

根据场地的复杂程度，可按规定分为三个等级，如表 4-2 所示。

场地等级（复杂程度）划分表　　　　　　　　　　表 4-2

场地等级	特 征 条 件	条件满足方式
一级场地 （复杂场地）	对建筑抗震危险的地段	满足其中一条及以上者
	不良地质作用强烈发育	
	地质环境已经或可能受到强烈破坏	
	地形地貌复杂	
	有影响工程的多层地下水、岩溶裂隙水或其他复杂的水文地质条件，需专门研究的场地	
二级场地 （中等复杂场地）	对建筑抗震不利的地段	满足其中一条及以上者
	不良地质作用一般发育	
	地质环境已经或可能受到一般破坏	
	地形地貌较复杂	
	基础位于地下水位以下的场地	
三级场地 （简单场地）	抗震设防烈度等于或小于 6 度，或对建筑抗震有利的地段	满足全部条件
	不良地质作用不发育	
	地质环境基本未受破坏	
	地形地貌简单	
	地下水对工程无影响	

表 4-2 中的"不良地质作用强烈发育"，是指存在泥石流沟谷、崩塌、滑坡、土洞、塌陷、岸边冲刷、地下水强烈潜蚀等极不稳定的场地，这些不良地质作用直接威胁着工程安全；而"不良地质作用一般发育"是指虽有上述不良地质作用，但并不十分强烈，对工程安全影响不严重。"地质环境受到强烈破坏"是指人为因素引起的地下采空、地面沉降、地裂缝、化学污染、水位上升等因素已对工程安全或其正常使用构成直接威胁，如出现地下浅层采空、横跨地裂缝、地下

水位上升以至发生沼泽化等情况；"地质环境受到一般破坏"是指虽有上述情况存在，但并不会直接影响到工程安全及正常使用。

4.1.3 地基复杂程度划分

根据地基复杂程度，可按规定分为三个等级，见表 4-3。

地基（复杂程度）等级划分表   表 4-3

场地等级	特 征 条 件	条件满足方式
一级地基 （复杂地基）	岩土种类多，很不均匀，性质变化大，需特殊处理	满足其中一条 及以上者
	严重湿陷、膨胀、盐渍、污染的特殊性岩土，以及其他情况复杂，需作专门处理的岩土	
二级地基 （中等复杂地基）	岩土种类较多，不均匀，性质变化较大	满足其中一条 及以上者
	除一级地基中规定的其他特殊性岩土	
三级地基 （简单地基）	岩土种类单一，均匀，性质变化不大	满足全部条件
	无特殊性岩土	

表 4-3 中"严重湿陷、膨胀、盐渍、污染的特殊性岩土"是指自重湿陷性土、三级非自重湿陷性土、三级膨胀性土等。

需要补充说明的是，对于场地复杂程度及地基复杂程度的等级划分，应从第一级开始，向第二、三级推定，以最先满足者为准。此外场地复杂程度划分中的对建筑物有利、不利和危险地段的区分标准，应按国家标准《建筑抗震设计规范》GB 50011—2010 的有关规定执行。

4.1.4 岩土工程勘察等级划分

在按照上述标准确定了工程的重要性等级、场地复杂程度等级以及地基复杂程度等级之后，就可以进行岩土工程勘察等级的划分了，具体划分标准见表 4-4。

岩土工程勘察等级划分表   表 4-4

岩土工程勘察等级	划 分 标 准
甲 级	在工程重要性、场地复杂程度和地基复杂程度等级中，有一项或多项为一级
乙 级	除勘察等级为甲级和丙级以外的勘察项目
丙 级	工程重要性、场地复杂程度和地基复杂程度等级均为三级的

注：建筑在岩质地基上的一级工程，当场地复杂程度及地基复杂程度均为三级时，岩土工程勘察等级可定为乙级。

4.2 岩土工程勘察阶段的划分及各阶段的基本要求

中华人民共和国国家标准《岩土工程勘察规范》GB 50021—2001（2009 年

版）在其总则中规定，各项工程建设在设计和施工之前，必须按基本建设程序进行岩土工程勘察。岩土工程勘察应按工程建设各阶段的要求，正确反映工程地质资料，查明不良地质作用和地质灾害，精心勘察、精心分析，提出资料完整、评价正确的勘察报告。由此可见，岩土工程勘察的阶段划分是与工程设计及施工的阶段密切相关的，针对工业与民用建筑工程设计的场址选择、初步设计和施工图三个阶段，岩土工程勘察一般可分为可行性研究勘察、初步勘察及详细勘察三个阶段。可行性研究勘察应符合选址或确定场地的要求；初步勘察应符合初步设计或扩大初步设计的要求；详细勘察应符合施工图设计的要求。对地质条件复杂或有特殊施工要求的重要工程地基，尚应进行施工勘察。而对地质条件简单、面积不大或有较多经验积累的地区，则可简化勘察阶段。

由于具体工程的种类、特征、用途各不一样，工程中所关注的问题也会有一定区别，因此岩土工程勘察的具体内容和要求也是不尽相同的。现行国家标准《岩土工程勘察规范》GB 50021—2001（2009 年版）对房屋建筑和构筑物、地下洞室、岸边工程、管道和架空线路工程、废弃物处理工程、核电厂、边坡工程、基坑工程、桩基础、地基处理及既有建筑物的增载和保护工程等 11 类工程的可行性研究勘察、初步勘察及详细勘察三个阶段的工作内容及应当达到的要求都作了详细的规定，由于篇幅所限，本教材仅以房屋建筑和构筑物为例介绍岩土工程勘察各阶段的基本要求。

4.2.1 房屋建筑与构筑物勘察总体要求

房屋建筑与构筑物是指一般房屋建筑、高层建筑、大型公用建筑、工业厂房及烟囱、水塔、电视电讯塔等高耸建筑物。此类工程的勘察应在收集建筑物上部荷载、功能特点、结构类型、基础形式、埋置深度及变形限制等有关方面资料的基础上进行。总体上，勘察工作内容应满足以下要求：

（1）查明场地及地基的稳定性、地层结构、持力层和下卧层的工程特性、土的应力历史和地下水条件以及不良地质作用等；

（2）提供满足设计、施工所需的岩土参数，确定地基承载力，预测地基变形性状；

（3）提出地基基础、基坑支护、工程降水和地基处理设计与施工方案的建议；

（4）提出对建筑物有影响的不良地质作用的防治方案建议；

（5）对于抗震设防烈度等于或大于 6 度的场地，进行场地与地基的地震效应评价。

针对上述总体要求，各勘察阶段必须满足相应的具体规定，现分别介绍如下：

4.2.2 可行性研究勘察阶段

可行性研究勘察阶段应对拟建场地的稳定性以及对拟建建筑物（构筑物）是否适合作出评价，具体应进行下列工作：

（1）收集区域地质、地形地貌、地震、矿产、当地工程地质、岩土工程和建筑经验等资料；

（2）在收集和分析已有技术资料的基础上，通过踏勘，了解场地的地层、构造、岩石和土的性质、不良地质现象及地下水等工程地质条件；

（3）当拟建场地工程地质条件复杂，已有资料不能满足时，应根据具体情况进行工程地质测绘和必要的勘探工作；

（4）当具有两个或两个以上拟选场地时，应进行对比选择分析。

4.2.3 初步勘察阶段

该阶段应对拟建建筑地段的稳定性作出评价，并应进行下列主要工作：

（1）收集拟建工程的有关文件、工程地质和岩土工程资料以及工程场地范围的地形图；

（2）初步查明地质构造、地层结构、岩土工程特性、地下水埋藏条件；

（3）查明场地不良地质作用的成因、分布、规模、发展趋势，并应对场地的稳定性作出评价；

（4）对于抗震设防烈度等于或大于 6 度的场地，对场地与地基的地震效应作出初步评价；

（5）季节性冻土地区，应调查场地土的标准冻结深度；

（6）初步判定水和土对建筑材料的腐蚀性；

（7）在高层建筑初步勘察时，应对可能采取的地基基础类型、基坑开挖与支护、工程降水方案进行初步分析评价。

初步勘察应在收集已有资料的基础上，根据需要进行工程地质测绘或调查、勘探、测试和物探工作。其中初步勘察的勘探工作应符合如下要求：

（1）勘探线应垂直于地貌单元、地质构造、地层界线布置。

（2）每个地貌单元均应布置勘探点，在地貌单元交接部位和地层变化较大的地段，勘探点应当加密。

（3）在地形平坦地区，可按网格布置勘探点。

（4）对岩质地基，勘探线和勘探点布置及勘探孔的深度，应根据地质构造、岩体特性、风化情况，按当地标准或当地经验确定。

（5）对土质地基，应符合后续（6）～（9）条的规定。

（6）勘探线、勘探点的间距可按表 4-5 确定。

初步勘察勘探线、勘探点的间距 表 4-5

地基复杂程度等级	勘探线间距（m）	勘探点间距（m）
一级（复杂）	50～100	30～50
二级（中等复杂）	75～150	40～100
三级（简单）	150～300	75～200

注：1. 表中间距不适合于地球物理勘探；

2. 控制性勘探点宜占勘探点总数的 1/5～1/3，且每个地貌单元均应有控制性勘探点。

（7）初步勘察的勘探孔深度可按表 4-6 确定。

初步勘察勘探孔深度 表 4-6

工程重要性等级	一般勘探孔深度（m）	控制性勘探孔深度（m）
一级（重要工程）	≥15	≥30
二级（一般工程）	10～15	15～30
三级（次要工程）	6～10	10～20

注：1. 勘探孔包括钻孔、探井和原位测试孔等；

2. 特殊用途的钻孔除外。

需要说明的是，上述表 4-6 中确定的深度不是一成不变的，在具体的工程勘察当中，尚可以根据情况进行调整，如当出现下列情况时就可以适当增减勘探孔的深度：

1）当勘探孔的地面标高与预计整平的地面标高相差较大时，应按其差值调整勘探孔深度；

2）当预定深度内提前遇到基岩时，除控制性勘探孔仍应钻入基岩适当深度外，其他勘探孔达到确认的基岩后即可终止钻进；

3）在预定深度内遇有厚度较大，分布均匀的坚实土层（如碎石土、密实砂、老沉积土等）时，除控制性勘探孔应达到规定深度外，一般性勘探孔的深度可适当减小；

4）当预定深度内遇有软弱土层时，勘探孔深度应适当增加，部分控制性勘探孔应穿透软弱土层或达到预计控制深度；

5）对重型工业建筑应根据结构特点和荷载条件适当增加勘探孔深度。

（8）初步勘探采取土试样和进行原位测试应符合下列要求：

1）采取土试样和进行原位测试的勘探点应结合地貌单元、土层结构和土的工程性质布置，其数量可占勘探点总数的 1/4～1/2；

2）采取土试样的数量和孔内原位测试的竖向间距，应按地层特点和土的均匀程度确定；每层土均应采取土试样或进行原位测试，其数量不宜少于 6 个。

（9）初步勘探应进行下列水文地质工作：

1）调查含水层的埋藏条件，地下水类型、补给排泄条件、各层地下水位，调查其变化幅度，必要时应设置长期观测孔，监测水位变化；

2）当需绘制地下水等水位线图时，应根据地下水的埋藏条件和层位，统一量测地下水位；

3）当地下水可能浸湿基础时，应采取水试样进行腐蚀性评价。

4.2.4　详细勘察阶段

本阶段应按单体建筑物或建筑群提出详细的岩土工程资料和设计、施工所需的岩土参数；对建筑地基做出岩土工程评价，并对地基类型、基础形式、地基处理、基坑支护、工程降水和不良地质作用的防治等提出建议。主要应进行下列工作：

（1）搜集附有坐标和地形的建筑总平面图，场区的地面整平标高，建筑物的性质、规模、荷载、结构特点，基础形式、埋置深度，地基允许变形等资料；

（2）查明不良地质作用的类型、成因、分布范围、发展趋势和危害程度，提出整治方案的建议；

（3）查明建筑范围内岩土层的类型、深度、分布、工程特性，分析和评价地基的稳定性、均匀性和承载力；

（4）对需进行沉降计算的建筑物，提供地基变形计算参数，预测建筑物的变形特征；

（5）查明埋藏的河道、沟浜、墓穴、防空洞、孤石等对工程不利的埋藏物；

（6）查明地下水的埋藏条件，提供地下水位及其变化幅度；

（7）在季节性冻土地区，提供场地土的标准冻结深度；

（8）判定水和土对建筑材料的腐蚀性。

对抗震设防烈度等于或大于6度的场地，勘察工作应进行场地和地基地震效应的岩土工程勘察，并应符合相关规范的要求；当建筑物采用桩基础时，应符合桩基工程勘察的有关内容要求；当需要进行基坑开挖、支护和降水设计时，也应符合基坑工程勘察的有关内容要求。

工程需要时，详细勘察应论证地基土和地下水在建筑施工和使用期间可能产生的变化及其对工程和环境的影响，提出防治方案、防水设计水位和抗浮设计水位的建议。

详细勘察的勘探点布置和勘探孔深度，应根据建筑物特性和岩土工程条件确定。对岩质地基，应根据地质构造、岩体特性、风化情况等，结合建筑物对地基的要求，按地方标准或当地经验确定；对土质地基，应符合本节后续有关内容要求。

详细勘察勘探点的间距可按表4-7确定。

详细勘察勘探点的间距（m）　　　　　　　　表 4-7

地基复杂程度等级	勘探点间距	地基复杂程度等级	勘探点间距
一级（复杂）	10～15	三级（简单）	30～50
二级（中等复杂）	15～30		

详细勘察的勘探点布置，应符合下列规定：

（1）勘探点宜按建筑物周边线和角度布置，对无特殊要求的其他建筑物可按建筑物和建筑群的范围布置；

（2）同一建筑范围内的主要受力层或有影响的下卧层起伏较大时，应加密勘探点，查明其变化；

（3）重大设备基础应单独布置勘探点；重大的动力机器基础和高耸构筑物，勘探点不宜少于3个；

（4）勘探手段宜采用钻探与触探相配合，在复杂地质条件、湿陷性土、膨胀岩土、风化岩和残积土地区，宜布置适量探井。

详细勘察的单栋高层建筑勘探点的布置，应满足对地基均匀性评价的要求，且不应少于4个；对密集的高层建筑群，勘探点可适当减少，但每栋建筑物至少应有1个控制性勘探点。

详细勘察的勘探深度自基础底面算起，应符合下列规定：

（1）勘探孔深度应能控制地基主要受力层，当基础底面宽度不大于5m时，勘探孔的深度对条形基础不应小于基础底面宽度的3倍，对单独柱基不应小于1.5倍，且不应小于5m；

（2）对高层建筑和需作变形计算的地基，控制性勘探孔的深度应超过地基变形计算深度；高层建筑的一般性勘探孔应达到基底下 $0.5 \sim 1.0$ 倍的基础宽度，并深入稳定分布的地层；

（3）对仅有地下室的建筑或高层建筑的裙房，当不能满足抗浮设计要求，需设置抗浮桩或锚杆时，勘探孔深度应满足抗拔承载力评价的要求；

（4）当有大面积地面堆载或软弱下卧层时，应适当加深控制性勘探孔的深度；

（5）在上述规定深度内当遇基岩或厚层碎石土等稳定地层时，勘探孔深度应根据情况进行调整。

详细勘察的勘探孔深度，除应符合上述要求外，尚应符合下列规定：

（1）地基变形计算深度，对中、低压缩性土可取附加压力等于上覆土层有效自重压力20%的深度；对于高压缩性土层可取附加压力等于上覆土层有效自重压力10%的深度；

（2）建筑总平面内的裙房或仅有地下室的部分（或当基底附加压力 $p_0 \leqslant 0$ 时）的控制性勘探孔的深度可适当减少，但应深入稳定分布地层，且根据荷载和土质条件不宜少于基底下 $0.5 \sim 1.0$ 倍基础宽度；

（3）当需进行地基整体稳定性验算时，控制性勘探孔深度应根据具体条件满足验算要求；

（4）当需确定场地抗震类别而邻近无可靠的覆盖层厚度资料时，应布置波速测试孔，其深度应满足确定覆盖厚度的要求；

（5）大型设备基础勘探孔深度不宜小于基础底面宽度的 2 倍；

（6）当需进行地基处理时，勘探孔的深度应满足地基处理设计与施工要求；当采用桩基时，勘探孔的深度应满足桩基工程勘察的有关要求。

详细勘察时采取土试样和进行原位测试应符合下列要求：

（1）采取土试样和进行原位测试的勘探点数量，应根据地层结构、地基土的均匀性和工程特点确定，且不应少于勘探孔总数的 1/2，钻探取土试样孔的数量不应少于勘探孔总数的 1/3；

（2）每个场地每一主要土层的原状土试样或原位测试数据不应少于 6 件（组），当采用连续记录的静力触探或动力触探为主要勘察手段时，每个场地不应少于 3 个孔；

（3）在地基主要受力层内，对厚度大于 0.5m 的夹层或透镜体，应采取土试样或进行原位测试；

（4）当土层性质不均匀时，应增加取土样数量或原位测试工作量。

基坑或基槽开挖后，岩土条件与勘察资料不符或发现必须查明的异常情况时，应进行施工勘察；在工程施工或使用期间，当地基土、边坡体、地下水等发生未曾估计到的变化时，应进行监测，并对工程和环境的影响进行分析评价。

室内土工试验应符合本书第 8 章的有关内容要求，为基坑工程设计进行的土的抗剪强度试验，也应满足基坑工程勘察的相关要求。

地基变形计算应按现行国家标准《建筑地基基础设计规范》GB 50007—2011 或其他有关标准的规定执行。

地基承载力应结合地区经验按有关标准综合确定。对存在不良地质作用的场地，建在坡上或坡顶的建筑物以及基础侧旁开挖的建筑物，应评价其稳定性。

4.3 岩土工程勘察的主要方法概述

岩土工程勘察的基本方法主要有：工程地质调查和测绘、岩土工程勘探和取样、原位测试和试验、室内试验。这些方法具有各自的优势和适用条件，具有很强的互补性，在具体的岩土工程勘察工作中，有可能采用上述全部的工作方法，也可能只用到其中一部分，应根据实际工程需要进行选择。这些方法的具体内容将在本书后续各章中进行详细介绍。

思 考 题

4.1 岩土工程勘察可分为哪几个等级？其划分标准是什么？

4.2 岩土工程勘察可分为哪几个阶段？各阶段有哪些基本要求（以房屋建筑和构筑物为例说明）？

第5章 工程地质测绘与调查

5.1 概 述

工程地质测绘和调查一般在岩土工程勘察的早期阶段（可行性研究或初步勘察阶段）进行，也可用于详细勘察阶段对某些专门地质问题进行补充调查。工程地质测绘和调查能在较短时间内查明较大范围内的主要工程地质条件，不需要复杂设备和大量资金、材料，而且效果显著。在测绘和调查工作对地面地质情况了解的基础上，常常可以对地质情况作出迅速准确的分析和判断，为进一步勘探及试验工作奠定良好的基础。另一方面，工程地质测绘和调查也可以大大减少勘探和试验的工作量，从而为合理布置整个勘察工作，节约勘察费用提供有利条件，尤其是在山区和河谷等地层出露条件较好的地区，工程地质测绘和调查往往成为最主要的岩土工程勘察方法。

工程地质测绘和调查的主要任务是在地形地质图上填绘出测区的工程地质条件，其内容应包括测区的所有工程地质要素，即查明拟建场地的地层岩性、地质构造、地形地貌、水文地质条件、工程动力地质现象、已有建筑物的变形和破坏情况及以往建筑经验、可利用的天然建筑材料的质量及其分布等多方面，因此它属于多项内容的地表地质测绘和调查工作。如果测区已经进行过地质、地貌、水文地质等方面的测绘调查，则工程地质测绘和调查首先可在此基础上进行工程地质条件的综合，如发现尚缺少某些内容，则需进行针对性的补充测绘和调查。

5.2 工程地质测绘和调查的技术要求

5.2.1 比例尺和精度的要求

工程地质测绘的比例尺一般分为以下三种：

（1）小比例尺 1：50000～1：5000，一般用于可行性研究勘察阶段，目的是了解区域性的工程地质条件和为更详细的工程地质勘测工作制定工作方向；

（2）中比例尺 1：10000～1：2000，一般用于初步勘察阶段，主要用于新兴城市的总体规划、大型工矿企业的布置、水工建筑物选址、铁路及公路工程的选线阶段；

（3）大比例尺 1：2000～1：500，一般用于详细勘察阶段，目的在于为最后确定建筑物结构或基础的形式以及选择合理的施工方式服务。

需要说明的是，上述比例尺的规定不是一成不变的，在具体确定测绘比例尺时，一般应综合考虑以下三个方面的因素：即工程地质勘察的阶段、建筑物的规模及类型、工程地质条件的复杂程度和区域研究程度。对勘察阶段高、建筑规模大、工程地质条件复杂的地区或测区内存在对拟建工程有重要影响的地质单元（如滑坡、断层、软弱夹层、洞穴等）时，应适当加大测绘比例尺；反之则可以适当减小测绘比例。为了达到精度要求，实际操作中通常要求在测绘填图时采用比提交成图比例尺大一级的地形图作为填图的底图。如进行 1∶10000 比例尺测绘时，常采用 1∶5000 的地形图作为野外作业填图的底图，在外业填图完成后再缩小成 1∶10000 比例尺的成图。

此外在测绘精度方面，还要求地质界线、地质点在图上的误差不超过 3mm。

5.2.2　测绘及调查范围的要求

关于测绘范围的大小目前还没有统一的规定，一般要求工程地质测绘和调查的范围应以能解决工程实际问题为前提，一般应包括场地及附近地段。对于大、中比例尺的工程地质测绘，多以建筑物为中心，其区域往往为一方形或矩形。如果是线形建筑（如公路、铁路路基和坝基等），则其范围应为一带状，其宽度应包含建筑物的所有影响范围。对于确定测绘范围来说，最为重要的还要看划定的测区范围是否能够满足查清测区内对工程可能产生重要影响的地质结构条件的要求。如某一工程正处于山区山洪泥流的堆积区，此时如仅以建筑物为核心划定测绘调查范围则很有可能搞不清山洪泥石流的发育规律。因此，在这种条件下，即使补给区再远也要将其纳入测绘范围。此外为了弄清测区的地质构造条件，在布置测区的测绘范围时，必须充分考虑测区主要构造线的影响，如对于隧道工程，其测绘和调查范围应当随地质构造线（如断层、破碎带、软弱岩层界面等）的不同而采取不同的布置，在包括隧道建筑区的前提下，测区应保证沿构造线有一定范围的延伸，如果不这样做，就可能对测区内许多重要地质问题了解不清，从而给工程安全带来隐患。

5.2.3　地质观测点布置的要求

地质观测点布置是否合理，是否具有代表性对于成图的质量及岩土工程评价具有至关重要的影响，因此地质观测点布置必须满足下列要求：

（1）在地质构造线、地层接触线、岩性分界线、标准层位和每个地质单元体均应有地质观测点；

（2）地质观测点的密度应根据场地的地貌、地质条件、成图比例尺及工程特点确定，并应具有代表性；

（3）地质观测点应充分利用天然或人工露头，当露头少时，应根据具体情况布置一定数量的探坑或探槽；

（4）地质观测点的定位应根据精度要求和地质条件的复杂程度选用目测法、半仪器法和仪器法。地质构造线、地层接触线、岩性分界线、软弱夹层、地下水露头、有重要影响的不良地质现象等特殊的地质观测点宜用仪器法定位。

上述规定强调了观测点要具有代表性并能反映测区内所有地质单元的情况，就是要使得根据观测点的观测结果，能全面反映测区的工程地质情况。此外充分利用天然露头（各种地层、地质单元在地表的天然出露）和人工露头（如采石场、路堑、水井等）不仅可以更加准确了解测区的地质情况，而且可以降低勘察工作的成本。

此外，地质观测点的定位所采用的标测方法，对成图的质量影响重大，所以应当根据不同比例尺的精度要求和地质条件的复杂程度而采用不同的方法。一般情况下，目测法适合于小比例尺的工程地质测绘，通常在可行性研究勘察阶段采用，该法系根据地形、地物以目估或步测距离标测；半仪器法适合于中等比例尺的工程地质测绘，因此多在初步勘察阶段采用，它是借助于罗盘仪、气压计等简单的仪器测定方位和高度，使用徒步或测绳量测距离；仪器法则适合于大比例尺的工程地质测绘，常用于详细勘察阶段，它是借助于经纬仪、水准仪等较精密的仪器测定地质观测点的位置和高程。另外，对于有特殊意义的地质观测点，如地质构造线、软弱夹层、地下水露头以及对工程有重要影响的不良地质现象或为了解决某一特殊的岩土工程问题时，也宜采用仪器法测定其位置和高程。

5.3 工程地质测绘前的准备工作

在正式开始工程地质测绘之前，还应当做好收集资料、踏勘和编制测绘纲要等准备工作，以保证测绘工作的正常有序进行。

5.3.1 资料收集和研究

应收集的资料包括如下几个方面：

（1）区域地质资料：如区域地质图、地貌图、地质构造图、地质剖面图；

（2）遥感资料：地面摄影和航空（卫星）摄影相片；

（3）气象资料：区域内各主要气象要素，如年平均气温、降水量、蒸发量，对冻土分布地区，还要了解冻结深度；

（4）水文资料：测区内水系分布图、水位、流量等资料；

（5）地震资料：测区及附近地区地震发生的次数、时间、震级和造成破坏的情况；

（6）水文及工程地质资料：地下水的主要类型、赋存条件和补给条件、地下水位及变化情况、岩土透水性及水质分析资料、岩土的工程性质和特征等；

（7）建筑经验：已有建筑物的结构、基础类型及埋深、采用的地基承载力，建筑物的变形及沉降观测资料。

5.3.2 踏勘

现场踏勘是在收集研究资料的基础上进行的，目的在于了解测区的地形地貌及其他地质情况和问题，以便于合理布置观测点和观测路线，正确选择实测地质剖面位置，拟订野外工作方法。

踏勘的内容和要求如下：

（1）根据地形图，在测区范围内按固定路线进行踏勘，一般采用"之"字形、曲折迂回而不重复的路线，穿越地形、地貌、地层、构造、不良地质作用有代表性的地段；

（2）踏勘时，应选择露头良好、岩层完整有代表性的地段作出野外地质剖面，以便熟悉和掌握测区岩层的分布特征；

（3）寻找地形控制点的位置，并抄录坐标、标高等资料；

（4）访问和收集洪水及其淹没范围等情况；

（5）了解测区的供应、经济、气候、住宿、交通运输等条件。

5.3.3 编制测绘纲要

测绘纲要是进行测绘的依据，其内容应尽量符合实际情况。测绘纲要一般包含在勘察纲要内，在特殊情况下可单独编制。测绘纲要应包括如下几方面内容：

（1）工作任务情况（目的、要求、测绘面积、比例尺等）；

（2）测区自然地理条件（位置、交通、水文、气象、地形地貌特征等）；

（3）测区地质概况（地层、岩性、地下水、不良地质现象）；

（4）工作量、工作方法及精度要求，其中工作量包括观测点、勘探点的布置、室内及野外测试工作；

（5）人员组织及经费预算；

（6）材料物资器材及机具的准备和调度计划；

（7）工作计划及工作步骤；

（8）拟提供的各种成果资料、图件。

5.4 测 绘 方 法

工程地质测绘方法有两种，一是相片成图法，二是实地测绘法。

相片成图法是利用地面摄影或航空（卫星）摄影相片，在室内根据判读标志，结合所掌握的区域地质资料，将判明的地层岩性、地质构造、地貌、水系和不良地质现象，调绘在单张相片上，并在相片上选择若干地点和路线，去实地进行校对和修正，绘成底图，最后再转绘成图。由于航片、卫片能在大范围内反映地形地貌、地层岩性及地质构造等物理地质现象，可以迅速给人对测区的一个较全面整体的认识，因此与实地测绘工作相结合，能起到减少工作量、提高精度和速度的作用。特别是在人烟稀少、交通不便的偏远山区，充分利用航片及卫星照片更具有特殊重要的意义。这一方法在大型工程的初级勘察阶段（选址勘察和初步勘察）效果较为显著，尤其是对铁路、高速公路的选线，大型水利工程的规划选址阶段，其作用更为明显。

实地测绘法是工程地质测绘的野外工作方法，它又细分为三种方法如下：

（1）路线法 沿着一定的路线（应尽量使路线与岩层走向、构造线方向及地貌单元相垂直，并应尽量使路线的起点具有较明显的地形、地物标志，此外，应尽量使路线穿越露头较多、覆盖层较薄的地段），穿越测绘场地，把走过的路线正确地填绘在地形图上，并沿途详细观察和记录各种地质现象和标志，如地层界线、构造线、岩层产状、地下水露头、各种不良地质现象，将它们绘制在地形图上。路线法一般适合于中、小比例尺测绘。

（2）布点法 布点法是工程地质测绘的基本方法，也就是根据不同比例尺预先在地形图上布置一定数量的观测路线和观测点。观测点一般布置在观测路线上，但观测点的布置必须有具体的目的，如为了研究地质构造线、不良地质现象、地下水露头等。观测线的长度必须能满足具体观测目的的需要。布点法适合于大、中比例尺的测绘工作。

（3）追索法 它是沿着地层走向、地质构造线的延伸方向或不良地质现象的边界线进行布点追索，其主要目的是查明某一局部的工程地质问题。追索法是在路线法和布点法的基础上进行的，它属于一种辅助测绘方法。

5.5 工程地质测绘与调查的内容

工程地质测绘和调查主要包括下列内容：

（1）查明地形、地貌特征，地貌单元形成过程及其与地层、构造、不良地质现象的关系，划分地貌单元；

（2）查明岩土的性质、成因、年代、厚度和分布，对岩层应查明风化程度，对土层应区分新近沉积土、特殊性土的分布及其工程地质条件；

（3）查明岩层产状及构造类型、软弱结构面的产状及性质，包括断层的位置、类型、产状、断距、破碎带的宽度及充填胶结情况，岩土层的接触面及软弱夹层的特性等，第四纪构造活动的行迹、特点及与地震活动的关系；

（4）查明地下水的类型、补给来源、排泄条件及井、泉的位置、含水层的岩性特征、埋藏深度、水位变化、污染情况及其与地表水的关系等；

（5）收集气象、水文、植被、土的最大冻结深度等资料，调查最高洪水位及其发生时间、淹没范围；

（6）查明岩溶、土洞、滑坡、泥石流、崩塌、冲沟、断裂、地震震害和岸边冲刷等不良地质现象的形成、分布、形态、规模、发育程度及其对工程建设的影响；

（7）调查人类活动对场地稳定性的影响，包括人工洞穴、地下采空、大挖大填、抽水排水及水库诱发地震等；

（8）收集建筑物的变形沉降资料及其他建筑经验。

5.6　资料整理及成果

5.6.1　检查外业资料

（1）检查各种外业记录所描述的内容是否齐全；

（2）详细核对各种原始图件所划分的地层、岩性、构造、地形地貌、地质成因界线是否符合野外实际情况，在不同图件中相互间的界线是否吻合；

（3）野外所填的各种地质现象是否正确；

（4）核对收集的资料与本次测绘资料是否一致，如出现矛盾，应分析其原因；

（5）整理核对野外采集的各种标本。

5.6.2　成果资料

工程地质测绘与调查的成果资料一般包括工程地质测绘实际材料图、综合工程地质图或工程地质分区图、综合地质柱状图、工程地质剖面图及各种素描图、照片和文字说明。

5.7　不同岩、土分布区工程地质测绘及调查要点

5.7.1　基岩分布区

在山区或丘陵地区进行大、中比例尺测绘时，其重要内容是对岩性和地质构造方面进行研究。岩石的分层可以按地质年代划分为标准，但由于测区面积常常较小，在测区范围内往往只出露一个"统"或一个"组"的地层，单纯按地质年代来分层就可能满足不了工程勘察的要求。这时就需要按岩性及工程地质岩组来划分。测绘时应重点对岩体不同结构面及其组合关系进行研究，特别要注意连续性强、延伸范围较大、力学性质软弱的结构面，因为这是评价基岩岩体稳定的关键。

(1) 不同岩类分布区应重点研究的问题

1) 侵入岩及深变质岩分布区。这类地区岩石以花岗岩、闪长岩、片麻岩、石英岩为代表，在这些区域应着重研究的内容有：①侵入岩的形态、产状及其与围岩的接触关系，特别应注意接触带的情况，因为接触带常常是软弱的结构面；②侵入岩体的流线、捕房体、原生节理面等原生构造情况；③岩体的各向异性特征；④岩脉与构造断裂及层面的交切关系；⑤古风化壳及现代风化壳的厚度、成分及分布规律。

2) 喷出岩分布区。这类地区岩石以玄武岩、安山岩、流纹岩、凝灰岩为主，在这些区域应着重研究的内容有：①喷出时代、喷出旋回、喷出间隙的风化情况和沉积物性质，特别应注意易胀缩的岩石（如凝灰岩等）的分布；②岩石的孔隙性、洞穴和气孔的分布情况，气孔充填物的性质及其化学稳定性；③原生节理的方向、密度及延伸情况；④喷出岩与上下围岩的接触关系和接触带情况；⑤构造破裂性状。

3) 沉积岩及浅变质岩分布区。这类地区岩石以砾岩、砂岩、泥岩、页岩、板岩、千枚岩为主，在这些区域应着重研究的内容有：①岩性及岩石的各向异性特征、颗粒组成、胶结物的成分和性质，特别应注意软弱夹层、泥化夹层和可溶盐（盐岩、石膏、大理岩）的分布情况；②岩层厚度、产状、层位关系、构造变动和层间错动情况以及层理层面裂隙发育情况；③泥质、石膏或钙质胶结的半坚硬岩石的强度及风化、溶蚀程度；④含水层的划分及顶、底板的强度和透水性能。

4) 岩溶发育地区。这类地区岩石以石灰岩为主，在这些区域除应研究上述沉积岩所需要研究的各项内容外，还应着重研究：①岩石成分和化学性质，可溶成分的溶解速度，相对隔水层的可靠性。②岩溶发育程度及分布特征、溶洞充填物的性质，特别要注意地下暗河的发育情况；③岩溶发育与地貌、地质构造的关系。

(2) 构造的工程地质研究

构造条件是基岩分布区的重要工程地质条件之一，也是各类工程建筑选址的重要依据之一。因此在基岩分布区进行工程地质测绘和调查时，必须重点查清测区内的地质构造条件。研究区域构造条件的目的是判明测绘区的构造体系、构造的发育历史及测区所处的构造部位，从而对区域稳定性和地基的稳定性作出初步评价，对施工或将来工程运行中可能出现的问题进行预测。

小比例尺的工程地质测绘多用于解决大范围的构造条件。此时应注意查明测区内主要构造线的分布、延伸情况，构造发育史和构造应力场的活动情况，构造的继承关系等。调查的方法主要是根据收集的地质资料，充分利用构造地质学、地质力学、地层学等原理，分析编制区域地质图，在此基础上，再辅以必要的野外现场工作，最后弄清区域地质的全貌。

大比例尺的工程地质测绘，主要是在了解区域构造特征的基础上，分析研究工作区的地质构造条件，如褶皱变形、断裂变位和节理裂隙等对工程建筑的影响。这种小构造的具体分析，对工程具有重要的意义。因为它是决定岩体完整程度、强度、透水性的主要因素。如当构造软弱面或破碎带的强度较低时，有可能出现滑坡、崩塌及其他地基失稳的现象，从而影响到建筑物的稳定性。构造破碎带还可能成为地下水的良好通道，从而引起渗漏、潜蚀、管涌等不利于工程稳定的现象发生。下面将主要构造对工程建筑的不利影响概括如下：

1) 褶皱　①倒转褶皱常常对抗滑稳定不利；②背斜轴部岩层破碎、风化剧烈、强度较低，对地基强度不利；③褶皱构造中如有软弱层，则容易产生层间错动和顺层断层，形成不利于抗滑稳定的主要软弱面；④褶皱构造中存在刚性与塑性岩层互层时，刚性岩层往往裂隙比较发育而成为较好的裂隙承压含水层，而上、下顶板的塑性岩层会产生泥化现象，使岩体的整体稳定性下降；⑤较薄的塑性隔水层在倒转褶皱区易形成不连续的扁豆体，从而破坏了原隔水层的连续性，并使其力学强度不均一。由此可见褶皱单元的空间分布对建筑物和其他工程选址会有很大的影响。这一问题在水工建筑物和隧道建筑中最为明显，如选择褶皱轴部为隧道施工位置，则轴部破碎的岩层将对施工过程以及日后隧道运行的安全带来很大影响。同样破碎的岩层将会成为良好的渗漏通道，对于蓄水建筑（如水库）的建设也会带来不小的麻烦。

2) 断层　①逆掩断层倾角平缓，上盘尤为破碎，其工程地质条件较差；②断层通过软弱岩层处，特别是多条断层接近或交接处，破碎带的宽度往往很大，岩层破碎程度加剧、风化程度较高，对岩基稳定性不利；③同一区域多条断层在其倾向相反或倾角不一致的情况下，特别是当倾角较缓时，往往会形成弧形软弱面或楔形体而影响岩体稳定，例如，水库大坝下游有倾向上游的缓倾角断层，而坝基又存在倾向下游的缓倾角断层时，此时就可能引起坝基的整体滑动；④断层带与相对完整的围岩之间弹性模量差别较大，可能导致不均匀沉降；⑤断层破碎带中的糜棱岩和断层泥的透水性一般较小，但断层带往往会成为集中渗漏带或岩溶发育带；在强弱透水带的交界处往往会出现管涌或潜蚀现象，而对工程产生不利影响；⑥断层带易形成河谷深槽，其两侧往往会成为地下水的排泄区，其岩层的风化程度也常常较高，应注意其对工程建筑的不利影响。由此可见断层单元的空间分布对建筑物和其他工程也会有很大的影响。测绘中应着重研究断层的新老关系、断裂带的性质（尤其是未胶结的破碎带），要精确测量断层带的产状，调查其延伸情况，分析断层性质、构造岩性、充填物性质、胶结物性质，并对断裂的新老关系和其再活动性作出评价。

3) 裂隙　①裂隙破坏了岩体的完整性，对岩体的整体稳定不利；②裂隙加剧了岩石风化的速度、使其强度降低；③连通的裂隙是地下水的良好通道，对于水工建筑物和其他需要防水的建筑物会产生不利影响；④层面裂隙，特别是岩层倾角较缓时，易于形成浅层滑动面。工程地质测绘和调查时，应注意研究以下内容：第一，裂隙的产状、宽度、填充物性质和胶结程度，裂隙的规模以及与某些动力地质作用的关系；第二，裂隙的数量统计；第三，裂隙成因分析。

5.7.2　第四纪松散沉积物（土）分布区

在平原地区、山前地带以及有松散沉积物覆盖的丘陵地区进行工程地质测绘和调查时，其重点应放在以下几个方面：

（1）阶地地貌及微地貌研究，这是工程地质调查的一项重要内容。

（2）第四纪沉积物的成因类型及可能的年代。根据现代工程地质学的基本观点，松软沉积物的成因类型是影响其工程地质性质的主要决定因素之一。沉积物的形成时代及历史反映了它的固结作用和成岩作用的发育程度，这将在很大程度上影响松散沉积物（土）的强度。因此在测绘、调查过程中，必须充分运用地貌学、第四纪地质学的基本理论，研究确定测区内第四纪沉积物的成因和年代。在进行大比例尺的测绘时，除应确定松散沉积物的成因外，还要注意土质和沉积相的影响。如对冲积成因的土，还必须划分出河床相、河漫滩相及牛轭湖相等，因为同是冲积成因的土，不同的沉积相，其工程地质性质可能有很大的差异。

（3）应对具有特殊成分、特殊状态和特殊性质的松散沉积物进行重点测绘和调查。如对软土（淤泥及淤泥质土）、湿陷性黄土、膨胀土、红土、人工填土等具有与一般土类不同的工程特点，不了解它们的特点，就容易忽视其对工程的不利影响。

（4）注意强烈透水层、隔水层和承压水层的分布和性质。对于需要进行基坑开挖的工程应当特别加以注意，因为地下水常常成为影响基坑工程安全的决定性因素。

5.8　遥感技术在工程地质测绘及调查中的应用

5.8.1　遥感技术的原理

遥感、遥测是遥远感应及遥远测量的简称。遥感技术，就是通过高灵敏度的仪器设备，测量并记录远距离目的物的性质和特征。它所依据的基本理论是电磁波理论，具体是通过观测近地表的地形、地物所发射（或反射）的电磁波谱来获取必要的地质地貌信息，从而为解决相关问题提供依据。

地质体电磁波探测的基本原理是：

（1）任何地质体都具有发射电磁波的能力。物理学研究表明，在温度大于−273.16℃时任何物体都可以发射电磁波。而不同地质体，由于其物质结构的差异，它们所发射的电磁波的波长范围是不一样的。另一方面物体发射电磁波的强度和波长又与物体自身的温度有关系。如同样的物体在温度较低时发射红外线，而当温度升高到一定程度时就可以发射可见光。

（2）任何地质体都有选择吸收和反射电磁波的能力。例如，地质体在白天一边吸收太阳光中的电磁波，一边又在发射电磁波。在晚上，地质体除本身发射电磁波外，还会辐射白天所吸收的电磁波。一般说来，一个地质体如果具有某个波段的发射能力，也会具有该波段的吸收能力。遥感遥测技术就是利用不同地质体发射、反射、吸收电磁波的差异性来认识地质体的。目前，人们对地质体的发射光谱、反射光谱、吸收光谱的特性已有了一定的研究，并已成功地用于遥感资料的解译工作中。

遥感遥测仪器一般是装在飞行器（如飞机、飞船、人造卫星等）上进行观测的，由于是从地球之外较远的距离来观测地球，因此可以更客观、全面地观察到在地球上观测不到或看不清楚的现象。由于能在同时对广大面积范围内进行观测，因而可以从宏观上对测区的地质地貌条件加以把握，而且由于能同时迅速获取大面积的资料，有利于实现多次重复测量，通过对同一地区多次取得的资料的比较，可以反映地质现象的动态变化，这对于工程地质调查研究是非常重要的。如用来监测大规模的滑坡、泥石流的动态、河流作用、岸线的变迁及查明区域构造骨架特征都是非常适合的。

5.8.2   遥感技术在工程地质测绘及调查中的应用

遥感资料的记录方法有两种，一是非成像方式，即把数值、曲线资料记录于磁带上；二是成像方式，即通过摄影成像、扫描成像、全息成像方式，将测绘资料转换成图像。目前后一种方式即成像方式应用较多，其中，航空摄影和卫星照片是最主要的遥感技术资料。对航空照片进行解译，主要是分析其形态特征、色调、形状、大小、阴影及分布情况。由于受到飞机飞行高度的限制和中心投影，航空照片的边缘部分会出现较大的畸变，在解译时应加以注意。而卫星照片由于采用高空摄像，图像面积较小，所以可以近似看作垂直投影，因而可克服航空照片边缘畸变的缺陷，但卫星照片的比例尺一般很小，分辨率较低。

（1）航空照片在工程地质测绘中的应用

1）航空照片的适用范围

航空照片适合于铁路、公路的选线，地质灾害的整治，河流流域规划及水利枢纽工程选址等阶段采用。特别对于通行困难的山区、人迹罕至的边疆区域等地质资料比较缺少的地区进行工程建设时，利用航空照片解译了解工程地质条件更是具有独到的优势。即使在地质资料比较充足的地区，利用航空照片也有利于从总体上大范围了解与工程建设有关的地质条件，使得得到的测区地质资料更加宏观而全面，并有利于进行针对性更强的勘察工作。因此，在凡是有航空照片的地区进行工程地质测绘时，均应充分利用航空照片。

2）航空照片的工程地质解译

航空照片工程地质解译一般分四个步骤进行：①现场工作区典型地段的认识，即对照片取得的地区地质条件特征的成像反应的认识；②室内像片判读，是根据已收集的资料及在野外对典型地段所取得的认识再加上工作人员的实践经验对像片进行工程地质观察，运用理论知识进行逻辑推理，把它们解释出来；然后再将已判读得到的地质构造线、地层界线、物理地质现象的发育范围、地下水露头等用一定的图例符号表示在像片上，或另行调绘在底图上；③外业验证核对，对于通过室内判读一时不能正确解决的问题，就必须进行外业效核工作，通过外业效核对原来室内判读未发现和未确定的问题予以补充，对原来判读错误的地方进行修正；④室内复判及资料整理。

航空照片工程地质判读的主要方法是对比法和邻比法。所谓对比法是根据工作地区已有的样片和参考资料及工作人员的现场经验，将已证实的对象与所要研究的对象进行对比，从而解译它的内容和实质；而邻比法则主要根据相邻地物的不同而确定其界限。

航空照片工程地质解译的内容主要有：①岩性的解译。首先要根据露头出现的界限及其他标志判别出不同类型的岩石。如沉积岩露头一般呈条带状，岩浆岩的露头一般呈块状或脉状，未胶结的松散沉积物为第四纪。然后再根据不同性质的岩石具有的不同色彩特征确定其具体的性质种类。②构造的解译。在地形切割比较强烈、中小型地貌发育、露头良好的情况下最有利于构造的判读。岩层产状的判读是以地面起伏和地质构造的一定关系为依据的。水平岩层往往形成平顶山，直立岩层的露头为直线，倾斜岩层的露头常呈波曲状。如要确定褶皱构造必须注意三角面、梯面及其他构造要素的相互位置。如果是一条线形，而且呈闭合线环，则可能是一褶皱。当三角面的顶点相同时则是背斜，反之则为向斜。一般高角度断层在地表的出露线为近似直线，地形上易形成陡崖、断裂河谷。低角度断层，其露头线常为曲线，地表多呈缓坡。③地貌的解译。可从地形上直接判读，如河谷地貌的山坡、台地、河漫滩、牛轭湖、岩溶地貌等，在像片上均有直接反映。④物理地质现象的解译。与地貌判读具有密切关系，如冲、洪积扇、滑坡等也可根据地貌直接判读。

航空照片判读的准确性取决于工作地区的地质地貌特性、工作人员经验以及区域已有资料的多少。实践证明，通过航空照片判读进行地貌研究是非常有效的。此外利用航空照片观察了解大面积地区的地质构造发育的全貌也具有独到的优势。

（2）卫星照片在工程地质测绘中的应用

1）卫星照片的特点

首先，由于一般卫星轨道的高度大约为 905.5～918km，相对于飞机飞行高度要高得多，因此卫星照片的摄影范围非常之大，这为人们宏观地研究地表各种地质现象提供了有利条件，避免了地面工作的局限性；其次，卫星照片包含的影像信息量多。一般卫星上都装有两种以上的多光谱遥感器，可以同时获得多个不同波段的光谱信息像片，这样就可以获得地面景物在不同谱带上的影像，从而可以从影像结构的差别以及不同波段光谱特性的差别来区分地形、地物，这对提高分析结果的可靠性将起到关键作用；此外卫星照片能迅速反映各种动态变化的现象，可用来研究活动物理地质现象。卫星照片的缺陷在于，其比例尺小，不能反映更多的地面细节。

2）卫星照片的工程地质解译

卫星照片的解译主要依据两个基本地质信息，其一是形态特征信息；其二是色调特征信息。形态特征信息是地质体反射太阳光中的可见光波段在相片上形成的现象。即使在同样岩性条件下，由于岩体各部分抵抗风化、侵蚀能力的差异，地表也表现为不同坡度、坡向的差异性。这样入射、反射的角度不同，就形成了形态特征信息。根据形态特征的不同就可以识别地质体，色调特征信息是地质体反射、吸收、透射自然光源（主要为太阳发射来的可见光电磁波）在卫星相片上形成的综合作用结果。根据电磁波地质学理论，地质体的色调分为彩色地质体和消色地质体两大类。彩色地质体是对外来可见光具有选择性吸收或反射能力的地质体。如红色砂岩，能将可见光中除红色之外的其他单色光全部吸收，而只将红色光反射出来，所以呈现红色。消色地质体没有将外来可见光分解成单色光的能力，它们只能对外来可见光作全部吸收或全部反射。当地质体对外来可见光不能进行分解，且吸收很少反射很多时，地质体就呈现白色，如白云岩、石膏等。相反，如吸收很多而反射很少时，它们就呈现黑色，如碳质页岩及基性火成岩。当地质体介于上述两者的过渡状态时，就呈现不同程度的灰色（如浅灰、灰色、深灰等）。在非彩色的卫星照片上，所有地质体的色调特征均变成了消色地质体的特征，地质体的色调用灰度来表示，灰度一般可分成 1～5 级（也有分成 10 级的），凡是本色为黑色或深色调的地质体，其在卫星照片上的影像即为黑色或深灰色。而凡是本色为浅色调的地质体，其影像也是浅（灰）色的。因此绝大部分酸性火成岩、白云岩、大理岩、石英砂岩、石英岩等浅色的岩石，其影像也是浅色的。相反，基性或超基性的火成岩，其影像色调为深色。但应当说明的是，影像色调的深浅除受岩性影响外，还受到许多其他因素的干扰，如岩石湿度大时，其影像色调会加深，这些因素在具体分析时应当加以注意。

思　考　题

5.1　工程地质测绘和调查的任务和内容是什么？

5.2　工程地质测绘和调查中观测点布置有何要求？

5.3　实地测绘法又包括哪几种方法？分别有什么要求？

5.4　在不同岩、土分布地区工程地质测绘和调查的重点内容有什么区别？

5.5　什么叫遥感？其基本原理是什么？

第6章 工程地质勘探与取样

工程地质勘探是在工程地质测绘基础上，为进一步查明地表以下工程地质情况，如岩土层的空间分布及变化情况、地下水的埋深和类型以及对岩土参数开展原位测试时需要进行的工作。

取样是为给岩土特性进行鉴定和各种室内试验提供所需要的样品而进行的工作。

6.1 勘 探

勘探包括钻探、井探、槽探、洞探、触探以及地球物理勘探等多种方法，勘探方法的选择首先应符合勘察目的的需要，还要考虑其是否适合于勘探区岩土的特性。比如当勘探区土质较好、强度较高而所需探查的深度较深时，静力触探的方法就不是很适合。

6.1.1 钻探

（1）钻探的目的和任务

钻探是指用一定的设备、工具（即钻机）来破碎地壳岩石或土层，从而在地壳中形成一个直径较小、深度较大的钻孔（直径相对较大者又称为钻井）的过程。工程地质钻探是岩土工程勘察的基本手段，其成果是进行工程地质评价和岩土工程设计、施工的基础资料。工程地质钻探的目的是为解决与建筑物（构筑物）有关的岩土体稳定问题、变形问题、渗漏问题提供资料。工程地质钻探的任务可以随着勘察阶段的不同而不同，综合起来有如下几个方面：

1）探察建筑场区的地层岩性、岩层厚度变化情况，查明软弱岩土层的性质、厚度、层数、产状和空间分布；

2）了解基岩风化带的深度、厚度和分布情况；

3）探明地层断裂带的位置、宽度和性质，查明裂隙发育程度及随深度变化的情况；

4）查明地下含水层的层数、深度及其水文地质参数；

5）利用钻孔进行灌浆、压水试验及土力学参数的原位测试；

6）利用钻孔进行地下水位的长期观测、或对场地进行降水以保证场地岩（土）的相关结构的稳定性（如基坑开挖时降水或处理滑坡等地质问题）。

（2）钻探的基本程序

钻探过程包含三个基本程序：

1）破碎岩土。要在地壳中形成钻孔，首先要进行破碎岩土的钻进工作，钻进可以采用人力或机械力（绝大多数情况下采用机械钻进），以冲击力、剪切力或研磨形式使小部分岩土脱离母体而成为粉末、小岩土块或岩土芯的现象就称为破碎岩土。在孔底将岩土全部破碎成粉末或小块的钻进方法称为"全面钻进"。而钻进过程中只破坏孔底环状部分岩土，中间岩土芯保留的钻进方法称为"取芯钻进"。

2）采取岩土芯或排除破碎岩土。这一过程又分为三种方法：一是采用机械的方法，如用取样器、勺钻等取出岩土芯或碎块粉末；二是将岩粉或岩土碎块与水混合成岩粉浆或泥浆后，用抽筒抽出地表，如冲击钻；三是用流体（泥浆、清水、乳化液或空气）作为循环介质，将破碎的岩屑、土块输送到地表。

3）加固孔壁。当在地壳中形成钻孔之后，钻孔周围原来的地层平衡稳定状态遭到破坏，继而可能引起孔壁坍塌。因此钻孔后必须对孔壁进行加固，加固的方法有三种：一是借助于循环液的静水压力来平衡地层的侧向压力以维持其稳定，这种方法在现代的反循环钻进中得到充分利用；二是用惰性材料或化学材料对孔壁进行处理加固，常用的惰性材料有水泥、黏土，化学材料有混入循环液中的泥浆处理剂，还有如直接注入钻孔中的堵漏剂，如氰凝、丙凝等；三是用金属或非金属的套管下入钻孔中以支撑孔壁，这种方法虽然可靠，但成本较高。

（3）钻探方法及适用范围

工程地质钻探根据岩土破碎方法的不同，分为四种钻进方法：

1）冲击钻进。该法利用钻具重力和下落过程中产生的冲击力使钻头冲击孔底岩土并使其产生破坏，从而达到在岩土层中钻进之目的。它又包括冲击钻探和锤击钻探。根据使用工具不同还可以分为钻杆冲击钻进和钢绳冲击钻进。对于硬质岩土层（岩石层或碎石土）一般采用孔底全面冲击钻进；对于其他土层一般采用圆筒形钻头的刃口借助于钻具冲击力切削土层钻进。

2）回转钻进。此法采用底部焊有硬质合金的圆环状钻头进行钻进，钻进时一般要施加一定的压力，使钻头在旋转中切入岩土层以达到钻进的目的。它包括岩芯钻探、无岩芯钻探和螺旋钻探，岩芯钻进为孔底环状钻进，螺旋钻进为孔底全面钻进。

3）振动钻进。采用机械动力产生的振动力，通过连接杆和钻具传到钻头，由于振动力的作用使钻头能更快地破碎岩土层，因而钻进较快。该方法适合于在土层中，特别是颗粒组成相对细小的土层中采用。

4）冲洗钻进。利用高压水流冲击孔底土层，使之结构破坏，土颗粒悬浮并最终随水流循环流出孔外的钻进方法。由于是靠水流直接冲洗，因此无法对土体结构及其他相关特性进行观察鉴别。

需要说明的是，上述四种方法各有特点，分别适应于不同的勘察要求和岩土层性质，详细情况见表 6-1。

钻探方法的适用范围　　　　　　　　　　　　　　　　表 6-1

钻探方法		钻 进 地 层					勘察要求	
		黏性土	粉 土	砂 土	碎石土	岩 石	直观鉴别，采取不扰动土样	直观鉴别，采取扰动土样
回转	螺旋钻探	++	+	+	—	—	++	++
	无岩芯钻探	++	++	++	+	++	—	—
	岩芯钻探	++	++	++	+	++	++	++
冲击	冲击钻探	—	+	++	++	—	—	—
	锤击钻探	++	++	++	+	—	++	++
振动钻探		++	++	++	+	—	+	++
冲洗钻探		+	++	++	—	—	—	—

注：1. ++适用；+部分适用；—不适用；

　　2. 浅部土层可采用下列方法钻探：小口径麻花钻钻进；小口径勺形钻钻进；洛阳铲钻进。

（4）钻探的技术要求

1）钻孔口径及规格。钻探口径及钻具规格应符合表 6-2 的要求。

钻孔口径及相应的钻具规格　　　　　　　　　　　　　表 6-2

钻孔口径 (mm)	钻 具 规 格 （mm）										相当于 DCDMA 标准的级别
	岩芯外管		岩芯内管		套 管		钻 杆		绳索钻杆		
	D	d	D	d	D	d	D	d	D	d	
36	35	29	26.5	23	45	38	33	23			E
46	45	38	35	31	58	49	43	31	43.5	34	A
59	58	51	47.5	43.5	73	63	54	42	55.5	46	B
75	73	65.5	62	56.5	89	81	67	55	71	61	N
91	89	81	77	70	108	99.5	67	55	—	—	
110	108	99.5	—	—	127	118	—	—	—	—	
130	127	118	—	—	146	137	—	—	—	—	
150	146	137	—	—	168	156	—	—	—	—	S

注：DCDMA 标准为美国金刚石钻机制造者协会标准。

钻孔口径应根据钻探目的和钻进工艺确定，应当满足取样、原位测试的要求。对要采取原状土样的钻孔，口径不得小于 91mm；对仅需鉴别地层岩性的钻孔，口径不宜小于 36mm；而在湿陷性黄土中的钻孔，钻孔口径不宜小于 150mm。在确定了钻孔口径后，可根据表 6-2 确定钻具的规格。

2）钻进方法的要求。

①对要求鉴别地层和取样的钻孔，均应采用回钻方式钻进以取得岩土样品。遇到卵石、漂石、碎石、块石等不适合回转钻进的土层时，可改用振动回转方式

钻进。

②在地下水位以上土层中应进行干钻，不得使用冲洗液，不得向孔内注水，但可采用能隔离冲洗液的二重或三重管钻进取样。

③钻进岩层宜采用金刚石钻头，对软质岩层及风化破碎带应采用双层岩芯管钻头钻进。需要测定岩石质量指标 RQD 时应采用外径 75mm 的双层岩芯管钻头。

④在湿陷性黄土中必须采用螺旋钻头钻进。

3) 钻孔护壁的技术要求。对可能坍塌的地层应采取钻孔护壁措施。在浅部填土及其他松散土层中可采用套管护壁。在地下水位以下的饱和软黏土土层、粉土层及砂层中宜采用泥浆护壁，在破碎岩层中可视需要采用优质泥浆、水泥浆或化学浆液护壁。冲洗液严重漏失时，应采取充填封闭等堵漏措施。

4) 钻进时，应保证孔内水头压力等于或稍大于周围的地下水水压，提钻时，应通过钻头向孔底通气通水以防止孔底土层由于负压而受到扰动破坏。

5) 钻进深度、岩土分层深度量测误差应小于 0.05m。

6) 孔斜的要求及测量。深度超过 100m 的钻孔以及有特殊要求的钻孔，应测斜、防斜，保持钻孔的垂直度或预计的倾斜角度与倾斜方向。对垂直孔，每 50m 测量一次垂直度，每 100m 允许偏差为 $\pm 2°$。对斜孔，每 25m 测量一次倾斜角和方位角，允许偏差应根据勘探设计要求确定。钻孔超过允许倾斜度和方位角的偏差值时，应采取纠正措施。倾角及方位角的量测精度应分别小于 $\pm 0.1°$ 和 $\pm 3°$。

7) 对需进行取样或原位测试的钻孔，尚应满足《原状土取样技术标准》及其他测试技术规范的要求。

8) 岩芯钻探的岩芯采取率要求。对一般岩石不应低于 80%，对于破碎岩石不应低于 65%。对需重点查明的部位（如滑动带、软弱夹层等），应采用双层岩芯管连续取芯。

9) 进尺的要求。在岩层中钻进时，回次进尺不应超过岩芯管的长度，在软质岩层中不应超过 2.0m；在土层中采用螺旋钻头钻进，回次进尺不宜大于 1.0m，在持力层或需重点研究、观察部位钻进时，回次进尺不宜超过 0.5m。对于水下粉土、砂土可用分式取土器或标贯器取样，间距不应大于 1.0m。

10) 钻进过程中遇到地下水时，应停钻量测初见水位。为准确测得地下水位，对砂土应在停钻 30min 后测量，对粉土应在 1h 后测量，黏性土停钻时间不能少于 24h，并于全部钻孔完成后同一天统一量取各孔的静止水位。水位量测允许误差为 $\pm 1cm$。当钻探深度范围内有多个含水层时，应分层测量地下水位。在钻穿第一个含水层并量测静止水位后，应采用套管隔水，抽干钻孔内存水，变径继续钻进，以便对下一个含水层水位进行观测。

6.1.2　井探、槽探、洞探

当钻探方法难以准确查明地下岩土层情况时，可以采用探井、探槽进行勘探。由于钻探的钻孔孔径一般较小，人工不能直接进入观察，因而难以对较大范围岩土层的性质或地质构造等地质现象作完整准确的了解，加上采样率的限制，对于细节问题了解也存在困难。而探井、探槽等是采用人工或机械的方式挖掘形成坑、槽，揭开地层的范围比较大，人可以进入其中进行详细的观测描述，能直接观测岩土层的天然状态以及各地层之间的接触关系，还可以取出接近实际的原状结构土样，所以可以更加全面深入地了解地下的情况，因此它具有其他勘察手段无法取代的作用。它的缺点是探察的深度较浅，对于地下水位以下深度的勘探也比较困难。工程中常用的坑、槽探的类型、特点及用途详见表6-3。

岩土工程勘探中常用的坑、槽、洞类型及特点 表6-3

类　型	特　　　点	用　　　　途
试　坑	深数十厘米的小坑，形状不定	局部驳除地表覆土，揭露基岩
浅　井	从地表向下垂直，断面呈圆形或方形，深5~15m	确定覆盖层及风化层的岩性及厚度，取原状土样，进行载荷试验、渗水试验等
探　槽	在地表垂直岩层走向或构造线方向挖掘成深度不大（小于3~5m）的长条形槽子	追索构造线、断层、探察残积坡积层及风化岩层的厚度和岩性
竖　井	形状与浅井相同，但深度可超过20m，一般在平缓山地、漫滩、阶地等岩层较平缓的地方，有时需要进行支护	了解覆盖层厚度及性质、构造线、岩石破碎情况，岩溶、滑坡等，对岩层倾角较缓时效果较好
平　洞	在地面有出口的水平坑道，深度较大，适用于岩层产状较陡的基岩岩层探察	调查斜坡地质构造，对查明地层岩性、软弱夹层、破碎带、风化岩层效果较好，也可以进行取样或作原位试验

对探井、探槽、探洞进行观测时，除应进行文字记录外，还要绘制剖面图、展开图等以反映井、槽、洞壁及其底部的岩性、地层分界、构造特征，如进行取样或原位试验时，还要在图上标明取样和原位试验的位置，并辅以代表性部位的彩色照片。

竖井、平洞一般用于坝址、地下工程、大型边坡工程等的勘察中，其深度、长度及断面的位置等可按工程需要确定。

需要注意的是，探井、探槽、探洞开挖过程中，应采取有效措施以保障人身安全和设备安全。

6.1.3 地球物理勘探

地球物理勘探简称物探，它是基于不同的地层岩性、不同的地质单元具有不同的物理学性质的特点，以地球物理的方法来探测地层的分界线、面及地质构造线面以及异常点（区域）的探察方法。物探主要通过岩土介质的电性差异、磁场差异、重力场差异、放射性辐射差异以及弹性波传播速度差异等，来解决地质学问题的方法。物探的具体方法有很多种，主要可分为以下几大类：电法勘探、磁法勘探、重力勘探、地震勘探、放射性勘探、井中地球物理测量（也叫地球物理测井）以及地球物理遥感测量等。由于方法众多，这里不可能对它们进行详细地介绍，只概略介绍其主要原理和在工程地质方面的主要应用，以帮助读者从总体上对物探方法有所了解，以便在日后工作中能正确选用相应的物探方法解决具体的工程地质问题。现将各主要物探方法的原理和适用范围列于表 6-4。

各主要物探方法的原理和适用范围   表 6-4

方法名称		基 本 原 理	适 用 范 围
电法勘探	自然电场法	以各种岩土层的电学性质差异为前提，来探测地下的地质情况。这些电学性质主要指：导电性（电阻率）、电化学活动性、介电性等	1. 探测隐伏断层、破碎带； 2. 测定地下水流速、流向
	充电法		1. 探测地下洞穴； 2. 测定地下水流速、流向； 3. 探测地下或水下隐伏物体； 4. 探测地下管线
	电阻率测深		1. 测定基岩埋深，划分松散沉积层序和基岩风化带； 2. 探测隐伏断层、破碎带； 3. 探测地下洞穴； 4. 测定潜水面深度和含水层分布； 5. 探测地下或水下隐伏物体
	电阻率剖面		1. 测定基岩埋深； 2. 探测隐伏断层、破碎带； 3. 探测地下洞穴； 4. 探测地下或水下隐伏物体
	高密度电阻率		1. 测定潜水面深度和含水层分布； 2. 探测地下或水下隐伏物体
	激发极化法		1. 划分松散沉积层序； 2. 探测隐伏断层、破碎带； 3. 探测地下洞穴； 4. 测定潜水面深度和含水层分布； 5. 探测地下或水下隐伏物体
磁法勘探	甚低频	利用特殊岩土体的磁场异常或电磁波的传播（包括在不同介质分界面上的反射、折射）异常情况进行勘探	1. 隐伏断层、破碎带； 2. 探测地下或水下隐伏物体； 3. 探测地下管线
	频率测探		1. 测定基岩埋深，划分松散沉积层序和基岩风化带； 2. 探测隐伏断层、破碎带； 3. 探测地下洞穴； 4. 测定河床水深和沉积泥砂厚度； 5. 探测地下或水下隐伏物体； 6. 探测地下管线
	电磁感应法		1. 测定基岩埋深； 2. 探测隐伏断层、破碎带； 3. 探测地下洞穴； 4. 探测地下或水下隐伏物体； 5. 探测地下管线

续表

方法名称		基　本　原　理	适　用　范　围
磁法勘探	地质雷达	利用特殊岩土体的磁场异常或电磁波的传播（包括在不同介质分界面上的反射、折射）异常情况进行勘探	1. 测定基岩埋深，划分松散沉积层序和基岩风化带； 2. 探测隐伏断层、破碎带； 3. 探测地下洞穴； 4. 测定潜水面深度和含水层分布； 5. 测定河床水深和沉积泥砂厚度； 6. 探测地下或水下隐伏物体； 7. 探测地下管线
	地下地磁波法		1. 探测隐伏断层、破碎带； 2. 探测地下洞穴； 3. 探测地下或水下隐伏物体； 4. 探测地下管线
地震波勘探	折射波法	根据弹性波在不同介质中传播速度的差异，以及弹性波在具有不同声阻抗介质交界面处的反射、折射特征进行勘探	1. 测定基岩埋深，划分松散沉积层序和基岩风化带； 2. 测定潜水面深度和含水层分布； 3. 测定河床水深和沉积泥砂厚度
	反射波法		1. 测定基岩埋深，划分松散沉积层序和基岩风化带； 2. 探测隐伏断层、破碎带； 3. 探测地下洞穴； 4. 测定潜水面深度和含水层分布； 5. 测定河床水深和沉积泥砂厚度； 6. 探测地下或水下隐伏物体； 7. 探测地下管线
	直达波法（单孔或跨孔法）		划分松散沉积层序和基岩风化带
	瑞利波法		1. 测定基岩埋深，划分松散沉积层序和基岩风化带； 2. 探测隐伏断层、破碎带； 3. 探测含水层； 4. 探测地下洞穴和地下或水下隐伏物体； 5. 探测地下管线
	声波法		1. 测定基岩埋深，划分松散沉积层序和基岩风化带； 2. 探测隐伏断层、破碎带； 3. 探测含水层； 4. 探测地下洞穴和地下或水下隐伏物体； 5. 探测地下管线； 6. 探测滑坡体的滑动面
	声呐浅层剖面法		1. 测定河床水深和沉积泥砂厚度； 2. 探测地下或水下隐伏物体
地球物理测井		在探井中直接对被探测层进行各种各样的地球物理测量从而了解其各种物理性质的差异	1. 探测地下洞穴； 2. 测定潜水面深度和含水层分布； 3. 划分松散沉积层序和基岩风化带； 4. 探测地下或水下隐伏物体

6.2 岩 土 取 样

6.2.1　土样质量等级划分

工程地质钻探的任务之一是采取岩土的试样，用来对其观察、鉴别或进行各种物理力学的试验。一般而言，不同的目的对于岩土样品的要求也是不一样的，如果仅仅是要对岩性进行鉴别，则岩芯的完整与否就不重要了。而如果仅仅是对土进行定名、分类，则土样是否受到扰动也就没有什么影响了。但是多数情况下岩土样可能是多用途的，因此在采取土样时，应尽量减少对其进行扰动，也就是要采取原状土样，所谓"原状土样"是指能保持原有的天然结构未受破坏的土样。相应地，如果试样的天然结构已遭受破坏，则称为"扰动土样"。在实际勘探过程中，要取得完全不受扰动的原状土样是不可能的，这是由三个方面的因素决定的，第一，土样脱离母体后，原来所受到的围压突然解除，土样的应力状态与原来相比发生了变化，这在一定程度上会影响到土样的结构；第二，钻探及采样过程中，钻具在钻压过程中必然要对周围土体（包括土样原来所在区域）产生一定程度上的扰动；第三，采取土样时要使用取土器，无论何种取土器都有一定的壁厚、长度和面积，它在压入过程中，也使土样受到一定的扰动。所以一般所说的原状土样也只是相对扰动程度较小而已。

按照取样方法和试验目的的不同，现行的岩土工程勘察规范将土样分成 4 个质量等级，具体见表 6-5。

土试样质量等级划分　　　　　　　　　表 6-5

土样级别	扰动程度	试 验 内 容
Ⅰ	不扰动	土类定名、含水量、密度、强度试验、固结试验
Ⅱ	轻微扰动	土类定名、含水量、密度
Ⅲ	显著扰动	土类定名、含水量
Ⅳ	完全扰动	土类定名

注：1. 不扰动是指原位应力状态虽已改变，但土的结构、密度、含水量变化很小，可以满足各项室内试验要求；

2. 如确无条件采取 Ⅰ 级土样，在工程技术条件允许的情况下，可用 Ⅱ 级土样代替，但宜先对土样受扰动程度作出鉴定，判定用于试验的适用性。并结合地区经验使用试验成果。

表 6-5 虽然给出了根据扰动程度进行土样质量等级划分的依据，但是土样扰动程度的确定也具有一定难度，需要综合多方面的因素进行。一般而言，可根据下列几个方面来确定：

（1）现场外观检查，观察土样是否完整，有无缺失，取样管或衬管是否挤扁、弯曲、卷折等。

（2）测定回收率，回收率＝L/H，H 是指取样时取样器贯入孔底以下土层的深度；L 是指土样长度，可取土试样毛长，即可从试样顶端算至取土器刃口，下部如有脱落可不扣除。回收率等于 0.98 左右是最理想的，大于 1.0 或小于 0.95 是土样受扰动的标志。

（3）X 射线检验，可发现土样裂纹、孔洞及粗粒包裹体等土样可能受到扰动的标志。

（4）室内试验评价，由于土的力学性质参数对试样的扰动十分敏感，土样受扰动的程度可以通过力学性质试验反映出来，最常见的试验判别方法有两种：一是根据应力-应变关系评价。随着土样扰动程度的增加，破坏应变增加，峰值应力降低，应力-应变关系曲线趋于平缓。根据国际土力学与基础工程学会取样分会汇集的资料，不同地区对不扰动土样作不排水压缩试验得出的破坏应变值 ε_f 分别为：加拿大黏土 1％；前南斯拉夫黏土 1.5％；日本海相黏土 6％；法国黏性土 3％～8％；新加坡海相黏土 2％～5％；如果测得的破坏应变值大于上述特征值，该土样就可以认为是受扰动的。二是根据压缩曲线特征评定。先定义扰动指数 $I_D=\Delta e_0/\Delta e_m$，式中 Δe_0 为原位孔隙比与土样在先期固结压力处孔隙比的差值；Δe_m 为原位孔隙比与重塑土在上述压力处孔隙比的差值。如先期固结压力未能确定，可改用体积应变作为评价指标：$\varepsilon_V=\Delta V/V=\Delta e/(1+e_0)$，式中，$e_0$ 为土样初始孔隙比；Δe 为加荷至自重压力时的孔隙比变化量。我国沿海部分地区采用上述标准进行评价的标准见表 6-6。

评价土试样扰动程度的参考标准 表 6-6

扰动程度 评价指标	几 乎 未扰动	少 量 扰动	中 等 扰动	很 大 扰动	严 重 扰动	资料来源
ε_f	1％～3％	3％～5％	5％～6％	6％～10％	＞10％	上 海
ε_f	3％～5％	3％～5％	5％～8％	＞10％	＞15％	连云港
ε_V	＜1％	1％～2％	2％～4％	4％～10％	＞10％	上 海
I_D	＜0.15	0.15～0.30	0.30～0.50	0.50～0.75	＞0.75	上 海

需要说明的是，上述指标的特征值受多种因素控制，它不仅与土样扰动程度有关，而且还受土的沉积类型，应力历史等条件影响，同时也与试验方法有关。因此对于不同地区，不同土质类型是无法找到统一的判断标准的，各个地方应在反复试验、积累数据的基础上建立适合于自身的标准。此外，上述标准只是取样后对其扰动状态的事后判断，为了能取到合乎要求的土试样，重点应当放在取样前的精心准备和取样过程的严格控制，这才是对土试样进行质量等级划分的指导思想所在。

6.2.2 不同等级土样的取样方法及取样工具

取样过程中，对土样扰动程度影响最大的因素是所采用的取样方法和取样工具。从取样方法来讲，基本可以分为两种，一是从探井、探槽中直接刻取土样；二是用钻孔取土器从钻孔中采取。对于埋深较大的岩土层，其岩土样品的采取主要是采用第二种方法，即用钻孔取土器采样的方法，所以我们首先来看一下钻孔取土器的分级分类，钻孔取土器按适合的土样质量等级分为Ⅰ、Ⅱ两级，Ⅰ级又分为两个亚级，具体内容可见表 6-7。此外按取土器进入岩土层的方式又可分为贯入式取土器和回转式取土器两类。

钻孔取土器分级　　　　　　　　　　表 6-7

取土器分级		取 土 器 名 称
Ⅰ	Ⅰ-a	固定活塞薄壁取土器、水压式固定活塞薄壁取土器
		单动二（三）重管回转取土器
		双动二（三）重管回转取土器
	Ⅰ-b	自由活塞薄壁取土器
		敞口薄壁取土器、束节式取土器
Ⅱ		厚壁取土器

　　由于不同的取样方法和取样工具对土样的扰动程度不同，因此，中华人民共和国国家标准《岩土工程勘察规范》GB 50021—2001（2009 年版）对于不同等级土试样适用的取样方法和工具作了具体规定，其内容具体见表 6-8。

不同质量等级土试样的取样方法和工具　　　　表 6-8

土试样质量等级	取样方法和工具		适 用 土 类									
			黏 性 土					粉土	砂 土				砾砂、碎石、软岩
			流塑	软塑	可塑	硬塑	坚硬		粉砂	细砂	中砂	粗砂	
Ⅰ	薄壁取土器	自由活塞	++	++	+	—	—	+	+	—	—	—	—
		水压固定活塞	++	++	+	—	—	+	+	—	—	—	—
		自由活塞	—	+	++	+	—	+	+	—	—	—	—
		敞　口	+	++	++	+	—	+	+	—	—	—	—
	回转取土器	单动三重管	—	—	+	++	+	++	++	++	+	—	—
		双动三重管	—	—	+	++	—	—	—	—	++	++	+
	探井（槽）中刻取块状土样		++	++	++	++	++	++	++	++	++	++	++
Ⅱ	薄壁取土器	水压固定活塞	++	++	++	+	—	+	+	—	—	—	—
		自由活塞	+	++	++	+	—	+	+	—	—	—	—
		敞　口	++	++	++	+	—	+	+	—	—	—	—
	回转取土器	单动三重管	—	—	+	++	+	++	++	++	+	—	—
		双动三重管	—	—	+	++	—	—	—	—	++	++	+
	厚壁敞口取土器		+	++	++	++	++	++	++	++	++	++	—

续表

土试样质量等级	取样方法和工具	适用土类										
		黏性土					粉土	砂土				砾砂、碎石、软岩
		流塑	软塑	可塑	硬塑	坚硬		粉砂	细砂	中砂	粗砂	
Ⅲ	厚壁敞口取土器	++	++	++	++	++	++	++	++	++	+	—
	标准贯入器	++	++	++	++	++	++	++	++	++	++	—
	螺纹钻头	++	++	++	++	+	++	—	—	—	—	—
	岩芯钻头	++	++	++	++	++	++	—	—	—	+	+
Ⅳ	标准贯入器	++	++	++	++	++	++	++	++	++	++	—
	螺纹钻头	++	++	++	++	+	++	—	—	—	—	—
	岩芯钻头	++	++	++	++	++	++	++	++	++	++	++

注：1. ++：适用；+部分适用；—不适用；

　　2. 采取砂土试样时，应有防止试样失落的补充措施；

　　3. 有经验时，可采用束节式取土器代替薄壁取土器。

从表6-8中可以看出，对于质量等级要求较低的Ⅲ、Ⅳ级土样，在某些土层中可利用钻探的岩芯钻头或螺纹钻头以及标贯试验的贯入器进行取样，而不必采用专用的取土器。由于没有黏聚力，无黏性土取样过程中容易发生土样散落，所以从总体上讲，无黏性土对取样器的要求比黏性土要高。

取土器的外形尺寸及管壁厚度对土样的扰动程度有着重要的影响，因此，规范对每一种取土器的尺寸外形也作了规定，具体见表6-9及表6-10。

贯入式取土器的技术参数 表6-9

取土器参数	厚壁取土器	薄壁取土器			束节式取土器	黄土取土器
		敞口自由活塞	水压固定活塞	固定活塞		
面积比 $\dfrac{D_w^2-D_e^2}{D_e^2}\times100$（%）	13～20	≤10	10～13		管靴薄壁段同薄壁取土器，长度不小于内径的3倍	15
内间隙比 $\dfrac{D_s-D_e}{D_e}\times100$（%）	0.5～1.5	0	0.5～1.0			1.5
外间隙比 $\dfrac{D_w-D_t}{D_t}\times100$（%）	0～2.0	0				1.0
刃口角度 α（°）	<10	5～10				10
长度 L（mm）	400、550	对砂土：（5～10）D_e 对黏性土：（10～15）D_e				

续表

取土器参数	厚壁取土器	薄壁取土器			束节式取土器	黄土取土器
		敞口自由活塞	水压固定活塞	固定活塞		
外径 D_t（mm）	75～89、108	75、100			50、75、100	127
衬　管	整圆或半合管，塑料、酚醛层压纸或镀锌铁皮制成	无衬管，束节式取土器衬管同左			塑料、酚醛层压纸或用环刀	塑料、酚醛层压纸

注：1. 取样管及衬管内壁必须圆整；
　　2. 在特殊情况下取土器的直径可增大至 150～250mm；
　　3. 表中符号：
　　　　D_e—取土器刃口内径；
　　　　D_s—取样管内径，加衬管时为衬管内径；
　　　　D_t—取样管外径；
　　　　D_w—取土器管靴外径，对薄壁管 $D_w = D_t$。

回转型取土器的技术参数　　　　　　　　表 6-10

取土器类型		外径（mm）	土样直径（mm）	长度（mm）	内管超前	说　明
双重管（加内衬管即为三重管）	单动	102	71	1500	固　定	直径规格可视材料规格稍作变动，单土样直径不得小于 71mm
		140	104		可　调	
	双动	102	71	1500	固　定	
		140	104		可　调	

6.2.3　钻孔取样的一般要求

　　除了在探井（洞、槽）中直接刻取岩土样品外，绝大多数情况下岩土样的采取是在钻孔中进行的，钻孔取样除了上述取样方法和取样工具的要求外，还对钻孔过程及取样过程有一定的要求，详细的要求可查看中华人民共和国行业标准《原状土取样技术标准》JGJ 89—92，这里仅介绍其要点。首先，对采取原状土样的钻孔，其孔径必须要比取土器外径大一个等级；其次，在地下水位以上应采用干法钻进，不得注水或使用冲洗液。而在地下水位以下钻进时应采用通气通水的螺旋钻头、提土器或岩芯钻头。在鉴别地层方面无严格要求时，也可以采用侧喷式冲洗钻头成孔，但不得采用底喷式冲洗钻头。当土质较硬时，可采用二（三）重管回转取土器，取土钻进合并进行；再次，在饱和黏性土、粉土、砂土中钻进时，宜采用泥浆护壁。采用套管时，应先钻进再跟进套管，套管下设深度与取样位置之间应保留三倍管径以上的距离，不得向未钻过孔的土层中强行击入套管；此外，钻进宜采用回转方式，在采取原状土样的钻孔中，不宜采用振动或冲击方式钻进；最后，要求取土器下放之前应清孔。采用敞口式取样器时，残留浮土厚度不得超过 5cm。

当采用贯入式取土器取样时，还应满足下列要求：

（1）取土器应平稳下放，不得冲击孔底。取土器下放后，应核对孔深和钻具长度，发现残留浮土厚度超过要求时，应提起取土器重新清孔。

（2）采取Ⅰ级原状土试样，应采用快速、连续的静压方式贯入取土器，贯入速度不小于 0.1m/s。当利用钻机的给进系统施压时，应保证具有连续贯入的足够行程。采取Ⅱ级原状土试样可使用间断静压方式或重锤少击方式。

（3）在压入固定活塞取土器时，应将活塞杆牢固地与钻架连接起来，避免活塞向下移动。在贯入过程中监视活塞杆的位移变化时，可在活塞杆上设定相对于地面固定点的标志，测记其高差。活塞杆位移量不得超过总贯入深度的 1%。

（4）贯入取样管的深度宜控制在总长的 90% 左右。贯入深度应在贯入结束后仔细量测并记录。

（5）提升取土器之前，为切断土样与孔底土的联系，可以回转 2～3 圈或者稍加静置之后再提升。

（6）提升取土器应做到均匀平稳，避免磕碰。

当采用回转式取土器取样时，还应满足下列要求：

（1）采用单动、双动二（三）重管采取原状土试样，必须保证平稳回转钻进，使用的钻杆应事先校直。为避免钻具抖动，造成土层的扰动，可在取土器上加节重杆。

（2）冲洗液宜采用泥浆。钻进参数宜根据各场地地层特点通过试钻确定或根据已有经验确定。

（3）取样开始时应将泵压、泵量减至能维持钻进的最低限度，然后随着进尺的增加，逐渐增加至正常值。

（4）回转取土器应具有可改变内管超前长度的替换管靴。内管管口至少应与外管齐平，随着土质变软，可使内管超前增加至 50～150mm。对软硬交替的土层，宜采用具有自动调节功能的改进型单动二（三）重管取土器。

（5）在硬塑以上的硬质黏性土、密实砾砂、碎石土和软岩中，可使用双动三重管取样器采取原状土试样。对于非胶结的砂、卵石层，取样时可在底靴加置逆爪。

（6）在有充分经验的地区和可靠操作的保证下，采用无泵反循环钻进工艺，用普通单层岩芯管采取的砂样可作为Ⅱ级原状土试样。

6.2.4　钻孔原状土样的采取方法

土样的采取方法指将取土器压入土层中的方式及过程。采取方法应根据不同地层、不同设备条件来选择。常见的取样方法有如下几种：

(1) 连续压入法。连续压入法也称组合滑轮压入法，即采用一组组合滑轮装置将取土器一次快速的压入土中。一般应用在人力钻或机动钻在浅层软土中的采样情况下。由于取土器进入土层过程是快速、均匀的，历时较短，因此能够使得土样较好的保持其原状结构，土样的边缘扰动很小甚至几乎看不到扰动的痕迹。由于连续压入法具有上述优越性，在软土层中应尽量用此法取样。

(2) 断续压入法。即取土器进入土层的过程不是连续的，而是要通过两次或多次间歇性压入才能完成的，其效果不如连续压入法，因此仅在连续压入法无法压入的地层中采用。断续压入时，要防止将钻杆上提而造成土样被拔断或冲洗液侵入对土样造成破坏。

(3) 击入法。此法在较硬或坚硬土层中采样时采用。它采用吊锤打击钻杆或取土器进行土样的采取。在钻孔上面用吊锤打击钻杆而使取土器切入土层的方法称为上击式；在孔下用吊锤或加重杆直接打击取土器而进行取土的方法称为下击式。采用上击式取土方法时，锤击能量是由钻杆来传递的，如钻杆过长则在锤击力作用下会产生弯曲，弯曲到一定程度即会对土样产生附加的扰动，因此钻杆的长度应当有所限制，即不应当超过某一临界长度 L，临界长度 L 可由欧拉公式求得：

$$L = \sqrt{\frac{CEJ}{P}} \text{ (cm)} \tag{6-1}$$

式中　　P——垂直锤击力（kg）；

E——钻杆钢材弹性模量，取值为 $2.2 \times 10^6 \text{kg/cm}^2$；

J——钻杆转动惯量，$J = \frac{\pi}{64}(d_1^4 - d_0^4) \text{ cm}^4$，$d_0$、$d_1$ 分别为钻杆的内、外径；

C——系数，取值 $\frac{\pi^2}{4}$。

当取样深度小于临界深度 L 时，钻杆不会产生明显的纵向弯曲，采用上击式取土是有效的。但当取样深度大于 L 时，钻杆柱产生了纵向弯曲，最大弯曲点接触孔壁，使传至取土器的冲击力大大减弱，在这种情况下上击式取土效果差。另外，钻杆本身也是一个弹性体，当重锤下击时，极易产生回弹振动，因而容易造成土样扰动。由于存在上述缺点，上击法只用于浅层硬土中。

下击式取土由于重锤或加重杆在孔下直接打击取土器，避免了上击式取土所存在的一些问题。因此，它具有效率高、对土样扰动小、结构简单、操作方便等优点。下击式取土法采用在孔下取土器钻杆上套一穿心重杆的方法，用人力或机械提动重杆使之往复打击取土器而进行取土。在提动重杆或重锤时，应使提动高度不超过允许的滑动距离，以免将取土器从土中拔出而拔断土样。

（4）回转压入法　机械回转钻进时，可用回转压入式取土器（双层取土器）采取深层坚硬土样或砂样。取土时，外管旋转刻取土层，内管承受轴心压力而压入取土。由于外管与内管为滚动式接触，因此内管只承受轴向压力而不回转，外管刻取的土屑随冲洗液循环而携出孔外。如果泵量过小，则土屑不能全部排出孔口而可能妨碍外管钻进，甚至进入内外管之间造成堵卡，使内管随外管转动而扰动土样。回转压入取土过程中应尽量不要提动钻具，以免提动内管而拔断土样，即使在不进尺的情况下提动钻具，也应控制提动距离，使之不超过内管与外管的可滑动范围。

6.2.5　探井、探槽取样的一般要求

（1）探井、探槽中采取的原状土试样宜用盒装。土样容器可采用 ϕ120mm×200mm 或 120mm×120mm×200mm、150mm×150mm×200mm 等规格。对于含有粗颗粒的非均质土，可按实验设计要求确定尺寸。土样容器宜做成装配式并具有足够刚度，避免土样因自重过大而产生变形。容器应有足够净空，使土试样盛入后四周上下都留 10mm 的间隙。

（2）原状土试样的采取应按下列步骤：

1）整平取样处的表面；

2）按土样容器净空轮廓，除去四周土体，形成土柱，其大小比容器内腔尺寸小 20mm；

3）套上容器边框，边框上缘高出土样柱约 10mm，然后浇入热蜡液，蜡液应填满土样与容器之间的空隙至框顶，并与之齐平，待蜡液凝固后，将盖板用螺钉拧上；

4）挖开土样根部，使之与母体分离，再颠倒过来削去根部多余土料，使之低于边框约 10mm，再浇满热蜡液，待凝固后拧上底盖板。

在探井、探槽中按照上述要求采取的盒状土样，可作为Ⅰ级原状土试样。

6.2.6　土样的现场检验、封存、储存及运输

土样从母体土层中被剥离后到最终进入室内试验尚需要经过现场封装、储存、运输等多个环节，这其中的任何一个环节处置不当均会对土样造成扰动甚至破坏，从而影响试验结果的准确性，因此对从取土器中取出土样及后续过程也应遵守相应的规定，否则可能会前功尽弃。

（1）取土器提出地面之后，小心地将土样连同容器（衬管）卸下，并应符合下列要求：

1）以螺钉连接的薄壁管，卸下螺钉即可取下取样管；

2）对丝扣连接的取样管、回转型取土器，应采用链钳、自由钳或专用扳手卸开，不得使用管钳之类易于使土样受挤压或使取样管受损的工具；

3) 采用外管非半合管的带衬管取土器时，应使用推土器将衬管与土样从外管推出，并应事先将推土端土样削至略低于衬管边缘，防止推土时土样受压；

4) 对各种活塞取土器，卸下取样管之前应打开活塞气孔，消除真空。

(2) 对钻孔中采取的Ⅰ级原状土试样，应在现场测定取样回收率。取样回收率大于 1.0 或小于 0.95 时，应检查尺寸量测是否有误，土样是否受压，根据情况决定土样废弃或降低级别使用。

(3) 土样密封可选用下列方法：

1) 将上、下两端各去掉约 20mm，加上一块与土样截面面积相当的不透水圆片，再浇灌蜡液至与容器端齐平，待蜡液凝固后扣上胶皮或塑料保护帽；

2) 用配合适当的盒盖将两端盖严后，将所有接缝用纱布条蜡封或用胶带封口。

(4) 每个土样封蜡后均应填贴标签，标签上下应与土样上下一致，并牢固的粘贴于容器外壁。土样标签应记载下列内容：

工程名称或编号；

孔号、土样编号、取样深度；

土类名称；

取样日期；

取样人姓名。

土样标签记载应与现场钻探记录相符。取样的取土器型号、贯入方法，锤击时击数、回收率等应在现场纪录中详细记载。

(5) 土样密封后应置于温度及湿度变化小的环境中，避免暴晒或冰冻。

(6) 运输土样，应采用专用土样箱包装，土样之间用柔软缓冲材料填实。一箱土样总重不宜超过 40kg。

(7) 对易于振动液化、水分离析的土样，不宜长途运输，应在现场就近进行室内实验。

(8) 土样采取之后至开始土工实验之间的储存时间，不宜超过两周。

6.2.7　保证土取样质量的主要措施

上面已提及，影响土样质量的因素，贯穿于钻孔、取样、封装、运输、保存等全过程。保证土样质量的常见措施有：

(1) 保持钻孔的垂直度。钻孔的垂直度直接影响土样的质量与试验资料的准确性。若钻孔倾斜，则在下放取土器的过程中，取土器会刮削孔壁而使余土过多，因而使土样受挤压扰动。另外，由倾斜钻孔中取出的土样也是倾斜的，用这些土样进行试验所得到的土的力学指标是不符合实际情况的，按照这种试验结果进行土工计算和设计很可能会导致错误的结果。

(2) 根据不同地层、不同埋深情况、不同设备条件合理选择相应的取土器和取土方法。这一点也非常关键，具体选择标准可参考表 6-7 的有关内容。

（3）保持孔内清洁。只有较彻底地清除孔底的废土碎屑，才能避免因余土过多而使土样受挤压扰动。

（4）保证取土器切入土层的速度。为了获得高质量的原状土样，提高取土器进入土层的速度是一个重要方面。取土器进入土层的速度与施加压力的大小和土层的性质、结构等因素密切相关。在取土器进入土层的过程中，虽然取土器的内壁比较光滑，但若切入速度较慢，土样的侧向膨胀会加大取土器内壁与土样之间的摩擦阻力而使土样受到扰动。反之，如取土器切入较快，不待土样膨胀，土样已顺利进入取土器中，则土样扰动程度相对较小。

（5）土样的封装、运输、保存应符合上一节的有关要求。

（6）钻进方法。为取得保持原状结构的土样，首先必须保证孔底土层没有因不恰当的钻进方法而受到扰动。这一点对结构性较强的土层尤为重要。

思　考　题

6.1　工程地质勘探主要有哪些方法？

6.2　钻探的目的和任务是什么？钻探过程包括哪几个程序？

6.3　常用的地球物理勘探方法有哪几种？它们适合解决什么工程地质问题？

6.4　土试样质量可分为几个等级？每个等级的土样对取样方法和工具有什么要求？

第7章 岩土工程原位测试

岩土工程原位测试是在天然条件下原位测定岩土体的各种工程性质。由于原位测试是在岩土原来所处的位置进行的，因此它不需要采取土样，被测土体在进行测试前不会受到扰动而基本保持其天然结构、含水量及原有应力状态，因此所测得的数据比较准确可靠，与室内试验结果相比，更加符合岩土体的实际情况。尤其是对灵敏度较高的结构性软土和难以取得原状土样的饱和砂质粉土和砂土，现场原位测试具有不可替代的作用。综合起来，原位测试具有下列优点：

（1）可以测定难以取得不扰动土样的土，如饱和砂土、粉土、流塑状态的淤泥或淤泥质土的工程力学性质。

（2）可以避免取样过程中应力释放的不良影响。

（3）原位测试的土体影响范围远比室内试验大，因此具有较强的代表性。

（4）可以节省时间，缩短岩土工程勘察周期。

原位测试虽然具有上述优点，但也存在一定的局限性，比如各种原位测试具有严格的适用条件，若使用不当会影响其效果，甚至得到错误的结果。

原位测试的方法有很多种，本书主要介绍下列几种方法：载荷试验、静力触探试验、圆锥动力触探试验、标准贯入试验、十字板剪切试验、扁铲侧胀试验、旁压试验、现场剪切试验、波速试验、岩体原位应力测试、激振法测试，并侧重于介绍其基本原理及成果的应用。

7.1 静力载荷试验

静力载荷试验就是在拟建建筑场地上，在挖至设计的基础埋置深度的平整坑底放置一定规格的方形或圆形承压板，在其上逐级施加荷载，测定相应荷载作用下地基土的稳定沉降量，分析研究地基土的强度与变形特性，求得地基土容许承载力与变形模量等力学数据。由此可见，静力荷载试验实际上是一种与建筑物基础工作条件相似而且直接对天然埋藏条件下的土体进行的现场模拟试验。所以，该方法用于对建筑物地基承载力的确定，比其他测试方法更接近实际；当试验影响深度范围内土质均匀时，用此法确定该深度范围内土的变形模量也比较可靠。

7.1.1 试验目的

地基静载荷试验的目的有四个：一是为了确定地基土的承载力，包括地基的临塑荷载和极限荷载；二是推算试验荷载影响深度范围内地基土的平均变形模量；三是估算地基土的不排水抗剪强度；四是确定地基土基床反力系数。

7.1.2 静力载荷试验基本原理

根据每级荷载下测得的荷载板的稳定沉降量即可得到所谓荷载—沉降关系曲线（即 p—s 曲线），典型的 p—s 曲线，按其所反映土体的应力状态，一般可划分为三个阶段，见图 7-2。

第 I 阶段：为近似的直线段，从 p—s 曲线原点开始到直线段的终点为止。在这个阶段内，土体中任意点的变形均为弹性变形，因此该阶段又称为弹性变形阶段。但是到本阶段的终点，荷载板边缘的部分土体已处于极限状态，即只要荷载再继续增加，这些点将率先进入塑性状态，p—s 曲线也将不再是直线。因此本阶段终点对应的荷载称为比例界限荷载 p_0（亦称临塑压力）。

第 II 阶段：从临塑压力 p_0 到极限压力 p_u 之间。这一阶段的开始部分，承压板边缘已有局部土体的剪应力达到或超过其抗剪强度而进入塑性状态（产生塑性变形区），随压力进一步增加，塑性区逐渐向周围土体扩展，一直到该阶段的终点（对应极限压力 p_u 的位置），塑性区将初步连接成一个整体。在这一阶段 p—s 曲线由最初的近似直线关系转变为曲线关系，且曲线斜率随压力 p 的增加而增大。由于这一阶段，荷载板沉降是由土体的弹性变形和塑性变形共同引起的，所以该阶段又称为弹塑性变形阶段。

第 III 阶段：从临塑压力 p_u 以后，沉降急剧增加。这一阶段的显著特点是，即使不再增加荷载，承压板的沉降量也会不断增加。此时由于土体中已形成连续的滑动面，土从承压板下挤出，在承压板周围土体发生隆起及环状或放射状裂隙，故称之为破坏阶段。该阶段在滑动土体范围内各点的剪应力均达到或超过土体抗剪强度。荷载板的沉降主要是由于土体的塑性变形引起的，因此这一阶段又称为塑性变形阶段。

因此，当荷载板的压力 $\leqslant p_0$ 时，地基土的变形可以认为是线弹性的，如果在荷载板的荷载影响深度范围内土层为均匀各向同性介质，则这一阶段内的荷载—沉降关系应当满足相关的弹性力学公式。进而可以根据实测 p—s 曲线的直线段斜率推得土的变形模量。

对于上述典型的 p—s 曲线，临塑荷载 p_0 和极限荷载 p_u 比较容易从图 7-2 上得到，但实际测试的 p—s 曲线往往没有明显的分段特征，此时要确定临塑荷载 p_0 和极限荷载 p_u 具有一定困难。

7.1.3 试验设备

静载荷试验装置如图 7-1 所示。静力载荷试验的设备主要由四个部分组成：承压板、加荷系统、反力系统和量测系统。

（1）承压板

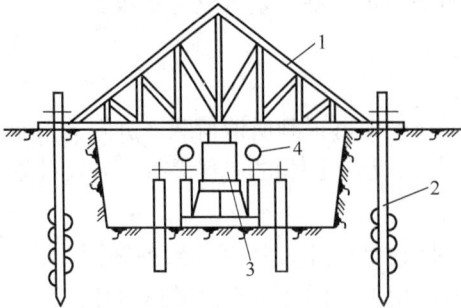

图 7-1 静载荷试验装置
1—桁架；2—地锚；
3—千斤顶；4—位移计

承压板的用途是将所加的荷载均匀传递到地基土中。承压板多采用钢板制成，也有采用钢筋混凝土或铸铁板制成。承压板的形状一般以方形和圆形为主，也可根据需要采用矩形或条形。承压板的尺寸大小对评定地基承载力有一定影响，为了使试验结果具有可比性，现行《岩土工程勘察规范》GB 50021—2001（2009 年版）规定，对于浅层平板载荷试验，承压板的面积不应小于 0.25m^2，对于软土和粒径较大的填土不应小于 0.50m^2，岩石载荷试验的承压板的面积不应小于 0.07m^2。实用中一般采用 500mm×500mm 及 707mm×707mm 的方形尺寸居多。

（2）加荷系统

加荷系统的功能是借助反力系统向承压板施加所需的荷载。最常见的加荷系统采用油压千斤顶构成，施加的荷载通过与油压千斤顶相连的油泵上的油压表来测读和控制。

（3）反力系统

反力系统的功能是提供加载所需的反力。最常见的反力系统有两种，一是采用地锚反力梁（桁架）构成，加荷系统的千斤顶顶升反力梁，地锚产生抗拔反力，以达到对承压板加载的目的；二是采用堆重平台构成，由平台上重物的重力提供加载所需反力。

（4）观测系统

观测系统一般分为两部分，一是压力观测系统，由于千斤顶的油泵所配压力表可以指示所加的压力，因此一般不需要再专门设立压力观测系统，而仅需利用油泵压力表的读数进行换算即可得到所加的荷载大小；二是沉降观测系统，一般用脚手钢管构成观测支架，再在支架上安装观测仪表即可构成沉降观测系统。观测仪表有百分表和位移传感器两种。

7.1.4 静力载荷试验的技术要求

（1）静力载荷试验的试验点应布置在场地中有代表性的位置，每个场地的试验点数不宜少于 3 个，当场地地质条件比较复杂，岩土体分布不均时，应适当增加试验点数。浅层平板载荷试验的承压板的底部标高应与基础底部的设计标高相同。

（2）为了排除承压板周围土层重量导致的超载效应，浅层平板载荷试验的试坑宽度或直径不应小于承压板宽度或直径的 3 倍；而深层平板载荷试验要求所采用的试井截面应为圆形，其直径应等于承压板的直径，当试井直径大于承压板的直径时，紧靠承压板周围土层的高度不应小于承压板的直径，以保持半无限体内部受力的状态。

（3）应避免试坑或试井底部的岩土受到扰动而破坏其原有的结构和湿度，并在承压板下铺设不超过 20mm 厚度的中粗砂垫层找平，并尽量缩短试坑开挖到开始试验的间隔时间。

（4）静载荷试验宜采用圆形刚性承压板，以尽量满足或接近轴对称弹性理论解的前提条件。承压板的尺寸应根据土层的软硬条件或岩体的裂隙发育程度来选用。土的浅层平板载荷试验承压板面积不应小于 $0.25m^2$；对软土和粒径较大的填土，为防止其加荷过程中发生倾斜，承压板的面积应大于或等于 $0.5m^2$；对岩石的载荷试验，承压板的面积不宜小于 $0.07m^2$。

（5）载荷试验加载方式应采用分级维持荷载沉降相对稳定法（常规慢速法）；当有地区经验时，可采用分级加载沉降非稳定法（快速法）或等沉降速率法；加荷等级宜取 10～12 级，并不应少于 8 级，荷载量测精度不应低于最大荷载的 $\pm1\%$。

（6）沉降板的沉降可采用百分表或电测位移计测量，其精度不应低于 $\pm0.01mm$。

（7）对慢速法，当试验对象为土体时，每级加载后，间隔 5min、5min、10min、10min、15min、15min 测读一次沉降，以后每隔 30min 测读一次沉降，当连续两次出现每小时沉降小于或等于 0.1mm 时，可以认为沉降已达到稳定标准，可以施加下一级荷载；当试验对象为岩体时，每级加载后，间隔 1min、2min、2min、5min 测读一次沉降，以后每隔 10min 测读一次沉降，当连续三次出现读数差值小于或等于 0.01mm 时，可以认为沉降已达到稳定标准，可以施加下一级荷载。

（8）当出现下列情况之一时，可终止试验：

1）承压板周围的土出现明显侧向挤出，周边岩土出现明显隆起或径向裂缝持续发展。

2）本级荷载的沉降量大于前一级荷载下沉降量的 5 倍，荷载—沉降曲线出现明显陡降。

3）某级荷载下 24h 沉降速率不能达到相对稳定标准。

4）总沉降量与承压板的直径或宽度之比超过 0.06。

7.1.5 试验成果及应用

静力载荷试验的主要成果可以用荷载—沉降关系曲线（俗称 $p\text{-}s$ 曲线，见图 7-2）及各级荷载下的沉降-对数时间关系曲线（俗称 $s\text{-}\lg t$ 曲线，见图 7-3）来表示。它们可以用于如下几个方面：

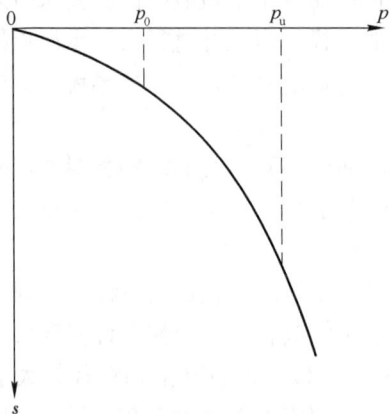

图 7-2 静载荷试验 p-s 曲线

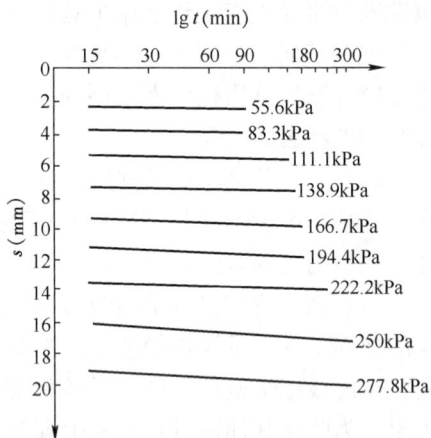

图 7-3 静载荷试验 s-$\lg t$ 曲线

（1）确定地基土的承载力

利用静载荷试验确定地基土的承载力，应根据 p-s 曲线的拐点，必要时要结合 s-$\lg t$ 曲线的特征综合确定，具体方法有下列几种：

1）拐点法

当 p-s 曲线具有较明显的直线段，一般即取直线段结束位置（即拐点处）对应的荷载（比例界限荷载）作为地基土的容许承载力。该方法主要适合于硬塑——坚硬的黏性土、粉土、砂土、碎石土等地基土层，对于饱和软黏土地基，p-s 曲线多呈缓变形，其拐点往往不太明显，此时可用 $\lg p$-$\lg s$ 曲线（见图 7-4）或用 p-$\dfrac{\Delta s}{\Delta p}$ 曲线（见图 7-5）寻找拐点。特别是在双对数坐标上，$\lg p$-$\lg s$ 曲线的开始段线性关系很好，拐点很容易确定。

2）相对沉降法

当采用上述方法无法确定拐点时，可以采用相对沉降量来确定地基土的容许承载力。我国《建筑地基基础设计规范》GB 50007—2011 规定，当承压板面积为 $0.25\sim0.5\text{m}^2$ 时，对于低压缩性土和砂性土，在 p-s 曲线上取 $s/b=0.01\sim0.015$ 所对

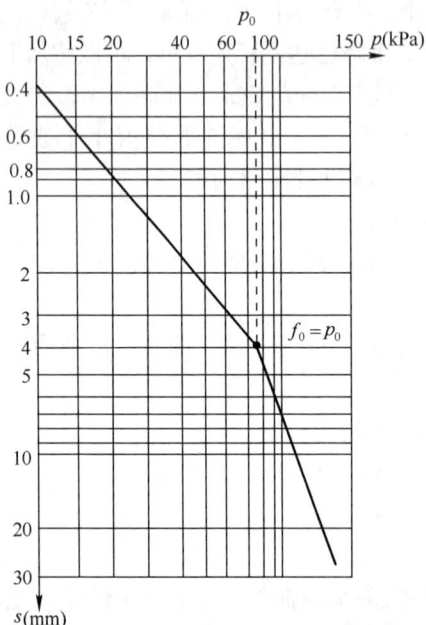

图 7-4 静载荷试验 $\lg p$-$\lg s$ 曲线

应的荷载作为地基土承载力的容许值，对于中、高压缩性的土，取 $s/b=0.02$ 所对应的荷载作为地基土容许承载力。

3）极限荷载法

当 p-s 曲线存在明显的比例界限荷载 p_0，且极限荷载 p_u 容易确定并与比例界限荷载相差很小时（两者比值小于 1.5），将 p_u 除以安全系数 K（一般取 2）作为地基土的容许承载力；当两者相差较大时，可按下式计算地基土承载力基本值：

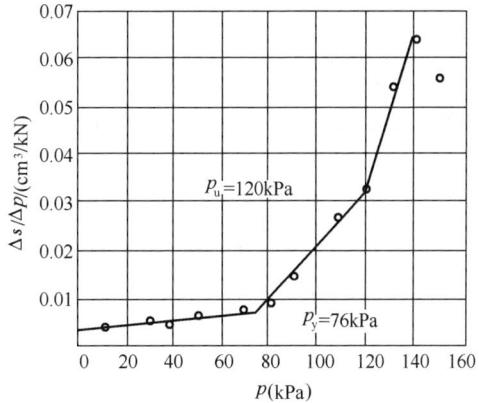

图 7-5　静载荷试验 s/p-p 曲线

$$f_0 = p_0 + \frac{p_u - p_0}{F_s} \tag{7-1}$$

式中　f_0——地基承载力基本值；

　　　F_s——经验系数，一般取 2～3。

地基极限承载力可用如下方法确定：

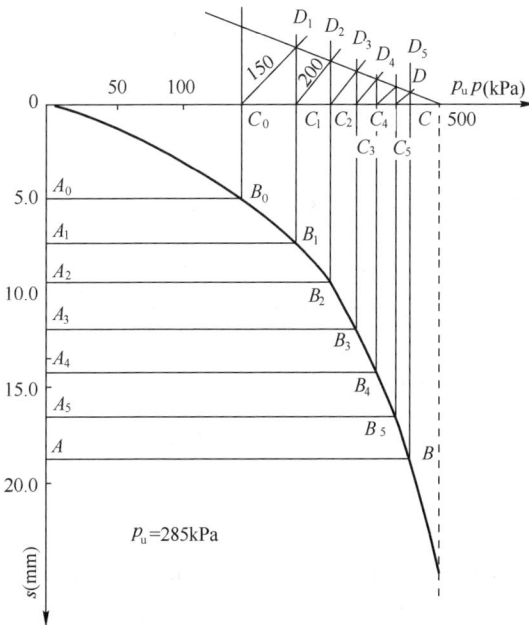

图 7-6　外插法作图求极限荷载

①当载荷试验的 p-s 曲线已加载到破坏阶段，如出现明显的陡降段（某一级荷载下的沉降为前一级荷载下沉降量的 5 倍），则取破坏荷载的前一级荷载作为极限荷载。

②采用 p-s 曲线、$\lg p$-$\lg s$ 曲线、或 p-$\frac{\Delta s}{\Delta p}$ 曲线的第二拐点所对应的荷载作为极限荷载。

③当载荷试验没有做到破坏阶段时，则可用外插作图法确定其极限荷载，如图 7-6 所示。

外插法的主要作图步骤如下：

（a）以 $p\text{-}s$ 曲线大弯段的起点 B_0 到终点 B 区间为作图段，分别自 B_0 和 B 作 p 的平行线，交 s 轴于 A_0 和 A；

（b）以不少于 5 个点等分 A_0A 线段，得到 A_1、A_2、A_3、A_4、A_5 等点，自 A_1、A_2、A_3、A_4、A_5 各点作 p 轴的平行线，交 $p\text{-}s$ 曲线于 B_1、B_2、B_3、B_4、B_5 各点；

（c）自 B_0、B_1、B_2、B_3、B_4、B_5、B 各点作 s 轴的平行线，交 p 轴于 C_0、C_1、C_2、C_3、C_4、C_5、C 各点，从这些点分别作与 p 轴正方向呈 45° 的斜线，延长 B_1C_1、B_2C_2、B_3C_3、B_4C_4、B_5C_5、BC，分别在对应的 45° 斜线上交于 D_1、D_2、D_3、D_4、D_5、D；

（d）过 D_1、D_2、D_3、D_4、D_5、D 各点连成一直线，并与 p 轴相交，该交点对应的压力值即为极限荷载。

（2）确定地基土的变形模量

地基土的变形模量应根据 $p\text{-}s$ 曲线的初始直线段斜率进行计算得到，其理论基础是均质各向同性半无限弹性介质的弹性力学公式。

1）浅层平板载荷试验的变形模量 E_0（MPa）计算公式为：

圆形承压板　　　　　$E_0 = (1-\mu^2)\,\dfrac{\pi d}{4} \cdot \dfrac{p}{s}$　　　　　　　（7-2）

方形承压板　　　　$E_0 = (1-\mu^2) \cdot b \cdot \dfrac{p}{s} \cdot 0.886$　　　　（7-3）

式中　d——圆形承压板的直径（m）；

b——方形承压板的宽度（m）；

p——p—s 曲线的初始直线段内，某点处的荷载（kPa）；

s——与 p 对应的沉降量（mm）；

μ——地基土的泊松比，可按表 7-1 选取。

2）深层平板载荷试验的变形模量 E_0（MPa）计算公式为：

常见土类泊松比 μ 的经验值　表 7-1

土 类 别	μ
碎石类土	0.27
砂 类 土	0.30
粉 土	0.35
粉质黏土	0.38
黏 土	0.42

$$E_0 = \omega \cdot d \cdot \frac{p}{s} \tag{7-4}$$

式中　ω——与试验深度和土类别有关的系数，可按表 7-2 选用；

其他变量的含义同前。

（3）估算地基土的基床反力系数

基准基床系数可根据承压板边长为 30cm 的平板载荷试验的 $p\text{-}s$ 曲线的初始直线段的荷载与其相应沉降量之比来确定，即

$$K_v = \frac{p}{s} \tag{7-5}$$

（4）估算地基土的不排水抗剪强度 C_u

深层载荷试验计算系数 ω　　　　　　　　表 7-2

d/z＼土类	碎石类土	砂　土	粉　土	粉质黏土	黏　土
0.30	0.477	0.489	0.491	0.515	0.524
0.25	0.469	0.480	0.482	0.506	0.514
0.20	0.460	0.471	0.474	0.497	0.505
0.15	0.444	0.454	0.457	0.479	0.487
0.10	0.435	0.446	0.448	0.470	0.478
0.05	0.427	0.437	0.439	0.461	0.468
0.01	0.418	0.429	0.431	0.452	0.459

注：d/z 为承压板的直径与承压板底面深度之比。

饱和软黏土的不排水抗剪强度 C_u 可用快速法载荷试验的极限压力 p_u 按下式估算：

$$C_u = \frac{p_u - p}{N_c} \tag{7-6}$$

式中　p_u——快速静载荷试验得到的极限压力；

　　　p——承压板周边外的超载或土的自重压力；

　　N_c——承压系数。对于方形或圆形承压板，当周边无超载时，$N_c = 6.15$；当承压板埋深大于或等于四倍板径或边长时，$N_c = 9.25$；当承压板埋深小于四倍板径或边长时，N_c 由内插法确定。

7.2　静力触探试验

静力触探自 1917 年瑞典正式使用以来，迄今已有 90 余年历史。目前，该项测试技术在很多国家都被列入国家技术规范中，并在世界范围内得到了广泛的应用。静力触探试验主要适合于黏性土、粉土和中等密实度以下的砂土等土质情况。由于目前尚无法提供足够大的稳固压入反力，对于含较多碎石、砾石的土和很密实的砂土一般不适合采用。此外总的测试深度不能超过 80m。

静力触探试验的优点是连续、快速、准确，可以在现场直接得到各土层的贯入阻力指标，从而能够了解土层在原始状态下的有关物理力学参数。

7.2.1　试验目的

静力触探试验的目的主要有 5 个方面：

（1）根据贯入阻力曲线的形态特征或数值变化幅度划分土层；

（2）评价地基土的承载力；

（3）估算地基土层的物理力学参数；

（4）选择桩基持力层、估算单桩承载力，判定沉桩的可能性；

（5）判定场地土层的液化势。

7.2.2 试验基本原理

静力触探的基本原理是通过一定的机械装置，用准静力将标准规格的金属探头垂直均匀地压入土层中，同时利用传感器或机械量测仪表测试土层对触探头的贯入阻力，并根据测得的阻力情况来分析判断土层的物理力学性质。由于静力触探的贯入机理是个复杂的问题，目前虽有很多的近似理论对其进行模拟分析，但尚没有一种理论能够圆满解释静力触探的机理。目前工程中仍主要采用经验公式将贯入阻力与土的物理力学参数联系起来，或根据贯入阻力的相对大小做定性分析。

7.2.3 试验设备

静力触探的试验设备主要由三部分构成，一是探头部分；二是贯入装置；三是量测系统。

（1）探头

常用的静力触探探头分为单桥探头、双桥探头两种，其主要规格见表 7-3。此外还有能同时测量孔隙水压力的孔压探头，它们是在原有的单桥或双桥探头上增加测量孔压的装置而构成的。

表 7-3

静力触探探头规格

锥头截面积 A （cm^2）	探头直径 d （mm）	锥角 （°）	单桥探头 有效侧壁长度 L （mm）	双桥探头 摩擦筒侧壁面积 （cm^2）	摩擦筒长度 L （mm）
10	35.7		57	200	179
15	43.7	60	70	300	219
20	50.4		81	300	189

根据现行《岩土工程勘察规范》GB 50021—2001（2009 年版）的要求，探头圆锥锥头截面积应采用 10cm^2 或 15cm^2，鉴于国际通用标准为 10cm^2，因此最好使用锥头底面积为 10cm^2 的探头。

1）单桥探头

单桥探头在锥尖上部带有一定长度的侧壁摩擦筒，它只能测定一个触探指标——即比贯入阻力，它是一个反映锥尖阻力和侧壁摩擦力的综合值：

$$p_s = \frac{P}{A} \tag{7-7}$$

式中　P——总贯入阻力；

　　　A——锥尖底面积；

　　　p_s——比贯入阻力。

单桥探头的结构如图 7-7 所示。

2) 双桥探头

双桥探头是将锥尖和侧壁摩擦筒分开，因而能分别测定锥尖阻力 q_c 和侧壁摩擦力 f_s，可以分别模拟单桩的桩端阻力和桩侧摩擦力。锥尖阻力 q_c 和侧壁摩擦力 f_s 分别定义如下：

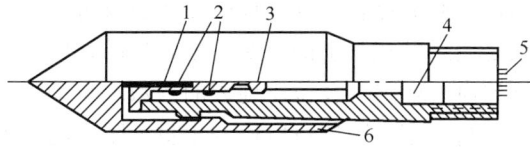

图 7-7 单桥探头结构示意图
1—顶柱；2—电阻应变片；3—传感器；
4—密封垫圈套；5—四芯电缆；6—外套筒

$$q_c = \frac{Q_c}{A} \tag{7-8}$$

$$f_s = \frac{P_f}{F} \tag{7-9}$$

式中　Q_c、P_f——分别为锥尖总阻力和侧壁总摩擦力；

　　　A、F——分别为锥底截面积和摩擦筒侧面积。

由锥尖阻力 q_c 和侧壁摩擦力 f_s 还可得到摩阻比 R_f 如下：

$$R_f = \frac{f_s}{q_c} \times 100\% \tag{7-10}$$

双桥探头的结构如图 7-8 所示。

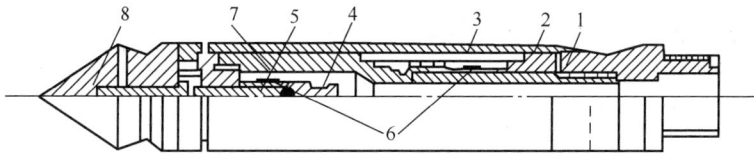

图 7-8 双桥探头结构示意图
1—传力杆；2—摩擦传感器；3—摩擦筒；4—锥尖传感器；
5—顶柱；6—电阻应变片；7—钢珠；8—锥尖头

（2）贯入装置

贯入装置由两部分构成，一是给触探杆加压的压力装置，常见的压力装置有三种：液压传动式、手摇链条式及电动丝杆式；二是提供加压所需反力的反力系统，反力系统主要有两种，第一种是利用旋入地下的地锚的抗拔力提供反力，第二种是利用重物提供加压反力，常见的是利用物探车的自重作为压重反力。当需要贯入阻力比较大时，可以将上述两种反力系统结合起来使用，即给物探车配备电动下锚装置以增加反力，通常情况下单个地锚可提供 $10\sim30\mathrm{kN}$ 的抗拔力。

（3）量测装置

触探头在贯入土层的过程中其变形柱会随探头遇到的土阻力大小产生相应的

变形，因此通过量测变形柱的变形也就可以反算土层阻力的大小。变形柱的变形一般是通过贴在其上的应变片来测量的，应变计通过配套的测量电路（通常采用惠斯通电桥电路）及位于地表的读数和自动记录装置来完成整个量测工作。一般而言，自动记录装置可以绘制出贯入阻力随深度的变化曲线，因而可以直观地反映出土层力学性质随深度的变化情况。

7.2.4　静力触探试验的技术要求

（1）触探头应匀速垂直地压入土中，贯入速率为 1.2m/min。

（2）触探头的测力传感器连同仪器、电缆应进行定期标定，室内探头标定测力传感器的非线性误差、重复性误差、滞后误差、温度零漂、归零误差均应小于 1%FS（满量程读数），现场试验归零误差应小于 3%，绝缘电阻不小于 500MΩ。

（3）深度记录误差不应大于触探深度的 ±1%。

（4）当贯入深度大于 30m，或穿过厚层软土层再贯入硬土层时，应采取措施防止孔斜或触探杆断裂，也可配置测斜探头量测触探孔的偏斜角，以修正土层界线的深度。

（5）孔压探头在贯入前，应在室内保证探头应变腔为已排除气泡的液体所充满，并在现场采取措施保持探头应变腔的饱和状态，直至探头进入地下水位以下的土层为止。在孔压静探试验过程中不得上提探头，以免探头处出现真空负压，破坏应变腔的饱和状态影响测试结果的准确性。

（6）当在预定深度进行孔压消散试验时，应量测停止贯入后不同时间的孔压值，其计时间隔应由密而疏合理控制。试验过程中不得松动探杆。

7.2.5　静力触探试验的成果及应用

静力触探试验的主要成果有：

单桥探头：比贯入阻力（p_s）-深度（h）关系曲线（见图 7-9）；

双桥探头：锥尖阻力（q_c）-深度（h）关系曲线、侧壁摩阻力（f_s）-深度（h）关系曲线（见图 7-10）、摩阻比（R_f）-深度（h）关系曲线（见图7-11）；

孔压探头除上述曲线外，还有：初始孔压（u_i）-深度（h）关系曲线、孔压（u_t）随对数时间（$\lg t$）关系曲线等。

静力触探成果主要应用在下列几方面：

（1）划分土层界线

土层界线划分是岩土工程勘察工作的一个重要内容，特别是在桩基工程设计时，对桩尖持力层顶面标高的准确确定和桩的施工长度确定具有十分重要的意义。

根据静力触探试验曲线结合钻探分层的结果可以更加准确地确定土层分界线的标高。在具体实施时，土层分界线的确定必须考虑到试验时超前和滞后的影

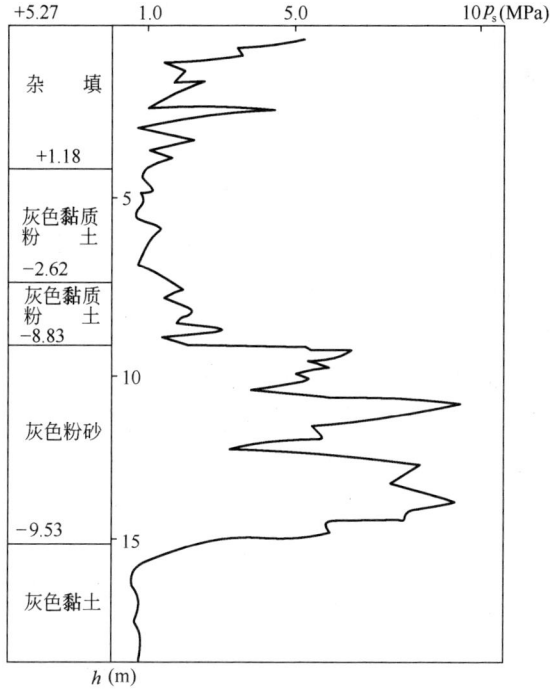

图 7-9 静力触探的 p_s-h 曲线

响，其具体确定方法如下：

1）上、下层贯入阻力相差不大时，取超前深度和滞后深度的中心位置，或中心偏向小阻力土层 5～10cm 处作为分层界线；

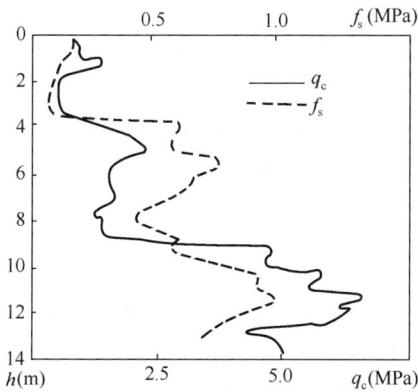

图 7-10 静力触探 q_c-h、f_s-h 曲线

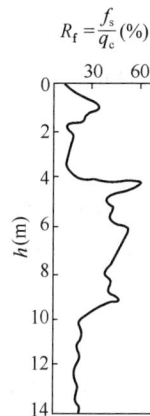

图 7-11 静力触探的 R_f-h 曲线

2）上、下层贯入阻力相差一倍以上时，当由软土层进入硬土层（或由硬土层进入软土层）时，取软土层最后一个（或第一个）贯入阻力小值偏向硬土层10cm处作为分层界线；

3）上、下层贯入阻力变化不明显时，可结合 f_s 和 R_f 的变化情况确定分层界线。

（2）划分场地土的类别

利用静力触探试验结果划分土层类别的方法主要有三种：

1）以 R_f 和 p_s（或 q_c）的值共同判别土的类别；

2）以 p_s-h 曲线和 q_c-h 曲线形态判别土的类别；

3）以 R_f 和 q_c-h 曲线形态综合判别土的类型。

上述三种方法中，第一种方法有铁道部的相关规程规定，因此这里仅介绍第一种方法，其他方法请见有关参考书籍或资料。

以 R_f 和 p_s（或 q_c）的值共同判别土的类别的方法见表7-4。

双桥探头测试结果划分土层类别   表7-4

土　名	铁道部标准		交通部—航局	
	q_c (MPa)	R_f (%)	q_c (MPa)	R_f (%)
淤泥质土及软黏土	0.2～1.7	0.5～3.5	<1	10～13
黏　土	1.7～9	0.25～5.0	1～1.7	3.8～5.7
粉质黏土			1.4～3	2.2～4.8
粉　土	2.5～20	0.6～3.5	3～6	1.1～1.8
砂类土	2～32	0.3～1.2	>6	0.7～1.1

（3）评定地基土的强度参数

1）估算饱和黏性土的不排水抗剪强度 C_u

$$C_u = \frac{q_c - \sigma_0}{N_K} \tag{7-11}$$

式中　σ_0——原位总的上覆压力；σ_0 可用竖向总的上覆压力 σ_{v0} 或水平向总的上覆压力 σ_{h0} 或八面体应力 σ_{08} 来表示。σ_{08} 可用下式表示：

$$\sigma_{08} = \frac{\sigma_{v0} + 2\sigma_{h0}}{3} \tag{7-12}$$

　　N_K——锥头系数，其值按经验选取。Ladanyi 建议，对灵敏性黏性土 $N_K = 5.5\sim8$；Bagligh 建议，对于软—中等黏土 $N_K = 5\sim21$，且 N_K 随着塑性指数 I_p 的增大而减小；Kjeskstad 等建议对于超固结黏土 $N_K = 17\pm5$。

饱和黏性土不排水抗剪强度 C_u 的估算也可直接按表7-5所列出的地区性经验公式计算。

根据静力触探结果估算饱和黏性土不排水抗剪强度 C_u 的经验公式   表 7-5

经验公式	适用条件	来源
$C_u = 0.071q_c + 1.28$	$q_c < 700\text{kPa}$ 的滨海相软土	同济大学
$C_u = 0.039q_c + 2.7$	$q_c < 800\text{kPa}$	铁道部
$C_u = 0.0308p_s + 4.0$	$p_s = 100 \sim 1500\text{kPa}$ 新港软黏土	交通部一航局设计院
$C_u = 0.0696p_s - 2.7$	$p_s = 300 \sim 1200\text{kPa}$ 饱和软黏土	武汉静探联合组
$C_u = 0.1q_c$	$\varphi = 0$ 的纯黏土	日本
$C_u = 0.1q_c$		Meyerhof

2）评价砂土的内摩擦角

国内外试验资料表明，砂土的静力触探试验得到的 p_s、q_c 与其内摩擦角有着较好的相关关系。我国铁道部《静力触探技术规则》提出可按表 7-6 估算砂土的内摩擦角。

根据静力触探的比贯入阻力（p_s）估算砂土的内摩擦角（φ）   表 7-6

p_s (MPa)	1.0	2.0	3.0	4.0	6.0	11.0	15	30
φ (°)	29	31	32	33	34	36	37	39

（4）评定地基土的变形参数

1）估算黏性土的压缩模量 E_s

黏性土的压缩模量一般均以下式计算：

$$E_s = \xi \cdot q_c \tag{7-13}$$

式中 ξ——经验系数，各类土的经验系数取值见表 7-7。

计算黏性土压缩模量时不同土的经验系数取值   表 7-7

土　类	q_c (MPa)	w (%)	ξ
低塑性黏土	< 0.7		$3 \sim 8$
	$0.7 \sim 2.0$		$2 \sim 5$
	> 2.0		$1 \sim 2.5$
低塑性粉土	> 2.0		$3 \sim 6$
	< 2.0		$1 \sim 3$
高塑性黏土和粉土	< 2.0		$2 \sim 6$
有机质粉土	< 1.2		$2 \sim 8$
		$50 < \omega < 100$	$1.5 \sim 4$
泥炭和有机质黏性土		$100 < \omega < 200$	$1 \sim 1.5$
		$\omega > 200$	$0.4 \sim 1$

注：表中 w 指土的含水量。

国内不少单位也建立起了自己的经验关系，现摘其主要公式列于表7-8。

国内有关单位估算黏性土压缩模量的经验公式　　　表 7-8

经验公式	适用条件		来　源
	土　类	p_s（MPa）	
$E_s=3.63p_s+1.2$	软土、一般黏性土	<5	交通部一航院
$E_s=3.72p_s+1.26$	软土、一般黏性土	$0.3\leqslant p_s<5$	武汉联合试验组
$E_s=1.16p_s+3.45$	新近沉积土（$I_p>10$）	$0.5\leqslant p_s<6$	铁道部一院
$E_s=1.34p_s+3.4$	黏性土及新近沉积土（$I_p\leqslant10$）	$0.5\leqslant p_s<10$	
$E_s=3.66p_s-2.0$	新黄土	$0.5\leqslant p_s<6.5$	
$E_s=4.13p_s^{0.687}$	黏性土或软土	$p_s\leqslant1.3$	铁道部四院
$E_s=2.14p_s+2.17$		$p_s>1.3$	
$E_s=3.11p_s+1.14$	上海黏性土		同济大学

2）估算黏性土的变形模量 E_0

国内常见的利用静力触探结果估算黏性土的变形模量 E_0 的经验公式见表7-9。

国内有关单位估算黏性土变形模量的经验公式　　　表 7-9

经验公式	适用条件		来　源
	土　类	p_s（MPa）	
$E_0=9.79p_s-2.63$	软土、一般黏性土	$0.3\leqslant p_s<3$	武汉联合试验组
$E_0=11.77p_s-4.69$	老黏土	$3\leqslant p_s<6$	
$E_0=3p_s+2.87$	新近沉积土（$I_p>10$）	$0.5\leqslant p_s<6$	铁道部一院
$E_0=2.3p_s+1.99$	黏性土及新近沉积土（$I_p\leqslant10$）	$0.5\leqslant p_s<10$	
$E_0=5.95p_s+1.4$	新黄土（西北带）	$1\leqslant p_s<5.5$	
$E_0=13.09p_s^{0.64}$	新黄土（东南带）	$0.5\leqslant p_s<5$	
$E_0=5p_s$	新黄土（北部边缘带）	$1\leqslant p_s<6.5$	
$E_0=6.03p_s^{1.45}+2.87$	软土、一般黏性土	$0.085\leqslant p_s<2.5$	铁道部四院
$E_0=6.06p_s-0.90$	淤泥、淤泥质土及一般黏性土	$p_s<1.6$	建设部综合勘察院
$E_0=6.90p_s-6.79$	一般冲积土	$p_s>1.6$	
$E_0=3.55p_s-6.65$	粉性土	$p_s>4$	

3）估算砂土的压缩模量 E_s

我国铁道部《静力触探技术规则》提出可按表 7-10 估算砂土的压缩模量 E_s。

根据比贯入阻力 p_s 估算砂土压缩模量 E_s 对照表　　　表 7-10

p_s（MPa）	0.5	0.8	1.0	1.5	2.0	3.0	4.0	5.0
E_s（MPa）	2.6～5.0	3.5～5.6	4.1～6.0	5.1～7.5	6.0～9.0	9.0～11.5	11.5～13.0	13.0～15.0

4）估算砂土的变形模量 E_0

工程中常用的计算砂土变形模量 E_0 的经验公式详见表 7-11。

根据比贯入阻力 p_s 及锥尖阻力 q_c 估算砂土
变形模量 E_0 的经验公式 表 7-11

经 验 关 系	适 用 范 围	来 源
$E_0 = 3.57p_s^{0.6836}$	粉、细砂	铁道部一院
$E_0 = 2.5p_s$	中、细砂	辽宁煤矿设计院
$E_s = 3.4q_c + 13$	中密—密实砂土	原苏联规范 CH—448—72

注：表中 p_s、q_c、E_0 的单位均为 MPa。

（5）评定地基土的承载力

关于利用静力触探试验结果评定地基土承载力的问题，我国科技工作者已开展了大量的工作，取得了许多行之有效的实用成果，但由于我国地域广大，各地的气候及地质条件差异性很大，因此要得到一个统一的在各地普遍适用的公式是不现实的。下面给出我国部分地区一般土类的比贯入阻力与地基承载力基本值的经验关系式（表 7-12）。

根据 p_s（kPa）估算地基土承载力基本值 f_0（kPa）的经验公式 表 7-12

经 验 公 式	适 用 条 件		来 源
	地区及土类	p_s（MPa）	
$f_0 = 0.104p_s + 25.9$	淤泥质土、一般黏性土、老黏土	$0.3 \leqslant p_s \leqslant 6$	武汉联合试验组
$f_0 = 0.083p_s + 54.6$	淤泥质土、一般黏性土	$0.3 \leqslant p_s \leqslant 3$	
$f_0 = 0.097p_s + 76$	老黏土	$3 \leqslant p_s \leqslant 6$	
$f_0 = 5.25\sqrt{p_s} - 103$	中、粗砂	$1 \leqslant p_s \leqslant 10$	
$f_0 = 0.02p_s + 59.5$	粉、细砂	$1 \leqslant p_s \leqslant 15$	
$f_0 = 5.8\sqrt{p_s} - 46$	一般黏性土（$I_p > 10$）	$0.35 \leqslant p_s \leqslant 5$	铁道部《静力触探技术规则》
$f_0 = 0.89p_s^{0.63} + 14.4$	黏性土及饱和砂土（$I_p \leqslant 10$）	$p_s \leqslant 24$	
$f_0 = 0.112p_s + 5$	软 土	$p_s < 0.9$	
$f_0 = 1.4817p_s^{0.602}$	新近沉积土（$I_p > 10$）	$0.5 \leqslant p_s \leqslant 6$	
$f_0 = 0.9993p_s^{0.629}$	新近沉积土（$I_p \leqslant 10$）	$0.5 \leqslant p_s \leqslant 10$	
$f_0 = 0.05p_s + 35$	新黄土（西北带）	$1 \leqslant p_s < 5.5$	
$f_0 = 0.05p_s + 65$	新黄土（东南带）	$0.5 \leqslant p_s < 6$	
$f_0 = 0.04p_s + 40$	新黄土（北部边缘带）	$1 \leqslant p_s < 6.5$	
$f_0 = 0.05p_s + 73$	一般黏性土	$1.5 \leqslant p_s < 6$	建设部综合勘察院
$f_0 = 0.075p_s + 42$	上海硬壳层		同济大学
$f_0 = 0.070p_s + 37$	上海淤泥质黏性土		
$f_0 = 0.075p_s + 38$	上海灰色黏性土		
$f_0 = 0.055p_s + 45$	上海粉土		

（6）预估单桩承载力

采用静力触探试验预估单桩承载力的技术已经比较成熟，许多国家已将这种方法列入国家规范，在我国，国家、行业、部门和地方上的规范规程也有相应规定，如中华人民共和国行业标准《建筑桩基技术规范》JGJ 94—94、《高层建筑岩土工程勘察规范》JGJ 72—90、铁道部标准《静力触探技术规则》TBJ 37—93、《铁路桥涵设计基本规范》TB 10002D1—2005、《上海市地基基础设计规范》DBJ 08—11—89 等诸多规范都有相应规定，本书仅介绍《建筑桩基技术规范》JGJ 94—94 中采用静力触探成果确定单桩承载力的方法。

《建筑桩基技术规范》JGJ 94—94 规定，应用静力触探试验确定单桩承载力时，单桥探头的圆锥底面积 15cm²，底部带 7cm 高的滑套，锥角 60°。根据单桥探头静力触探资料确定混凝土预制桩单桩竖向极限承载力标准值时，当无地区性经验时可按下式计算：

$$Q_{uk} = u \sum q_{sik} l_i + \alpha \cdot p_{sk} A_p \qquad (7\text{-}14)$$

式中 u——桩身周长；

q_{sik}——用静力触探比贯入阻力值估算的桩周第 i 层土的极限侧摩阻力标准值；

l_i——桩穿越第 i 层土的厚度；

α——桩端阻力修正系数；

p_{sk}——桩端附近的静力触探比贯入阻力标准值（平均值）；

A_p——桩端面积。

q_{sik} 取值应结合土工试验，根据土的类别、埋藏深度、排列次序，按图 7-12 取值。其中，直线 A（线段 gh）适用于地表以下 6m 范围内土层；折线 B（线段 $oabc$）适合于粉土及砂土层以上（或无粉土或砂土层地区）的黏性土层；折线 C（线段 $odef$）适合于粉土及砂土层以下的黏性土层；折线 D（线段 oef）适合于粉土、粉砂、细砂及中砂土。

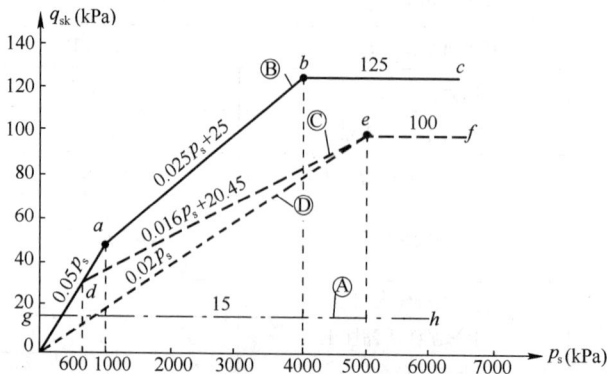

图 7-12 q_{sik} 取值曲线图

当桩端穿越粉土、粉砂、细砂及中砂层底面时，按折线 D 估算的 q_{sik} 应乘以表 7-13 中的修正系数 ξ_s。

修 正 系 数 ξ_s 取 值   表 7-13

p_s/p_{s1}	≤5	7.5	≥10
ξ_s	1.00	0.50	0.33

注：p_s 为桩端穿越的中密-密实砂土、粉土的比贯入阻力平均值；p_{s1} 为砂土、粉土的下卧软土层的比贯入阻力平均值。

桩端阻力修正系数按表 7-14 取值：

修 正 系 数 α 取 值   表 7-14

桩端入土深度 h（m）	<15	15≤h≤30	30<h≤60
α	0.75	0.75～0.90	0.90

注：桩端入土深度 15≤h≤30，α 值按 h 值的直线内插得到；h 为基底至桩端全断面的距离，不包括桩尖的长度。

p_{sk} 可视情况分别按下列两式计算：

当 $p_{sk1} \leqslant p_{sk2}$ 时 $\qquad p_{sk} = \dfrac{1}{2}(p_{sk1} + \beta \cdot p_{sk2})$ (7-15)

当 $p_{sk1} > p_{sk2}$ 时 $\qquad\qquad p_{sk} = p_{sk2}$ (7-16)

式中 p_{sk1}——桩端全截面以上 8 倍桩径范围内的比贯入阻力平均值；

         p_{sk2}——桩端全截面以下 4 倍桩径范围内的比贯入阻力平均值，如桩端持力层为密实砂土层，其比贯入阻力平均值 p_s 超过 20MPa 时，则需乘以表 7-15 的系数 C 予以折减后，再计算 p_{sk1} 及 p_{sk2}；

         β——折减系数，按 p_{sk1}/p_{sk2} 取值从表 7-16 选用。

系 数 C 取 值   表 7-15

p_s（MPa）	20～30	35	>40
系数 C	5/6	2/3	1/2

折 减 系 数 β 取 值   表 7-16

p_{sk1}/p_{sk2}	≤5	7.5	12.5	≥15
β	1	5/6	2/3	1/2

注：表 7-15 及表 7-16 中，均可采用内插法取值。

当采用双桥探头静力触探试验资料确定混凝土预制桩单桩竖向极限承载力标准值时，双桥探头的圆锥底面积 15cm²，锥角 60°，摩擦套筒高 21.85cm。对于黏性土、粉土和砂土，当无地区性经验时可按下式计算：

$$Q_{uk} = u \sum \beta_i l_i f_{si} + \alpha \cdot q_c A_p \tag{7-17}$$

式中 f_{si}——第 i 层土的探头平均侧阻力；

q_c——桩端平面上、下探头阻力，取桩端平面以上 4 倍桩径范围内探头阻力按土层厚度的加权平均值，然后再和桩端平面以下 1 倍桩径范围内的探头阻力进行平均；

α——桩端阻力修正系数，对黏性土、粉土取 2/3，对饱和砂土取 1/2；

β_i——第 i 层土桩侧阻力修正系数，按下式计算：

对黏性土、粉土：$\beta_i = 10.04(f_{si})^{-0.55}$；

对砂土：$\beta_i = 5.05(f_{si})^{-0.45}$。

（7）评价饱和砂土、粉土的液化势

铁道部《静力触探技术规则》TBJ 37—93 和《铁路工程抗震设计规范》GB 50111—2006 中规定，比贯入阻力 p_s 的计算值 p_{sca} 小于液化临界比贯入阻力 p'_s 值时，应判定为液化土。而临界比贯入阻力 p'_s 由下式计算得到：

$$p'_s = p_{so} \alpha_1 \alpha_3 \tag{7-18}$$

式中 p_{so}——地下水埋深 d_w 为 2m 时的液化临界比贯入阻力，按表 7-17 选取；

α_1——d_w 的修正系数，$\alpha_1 = 1 - 0.065(d_w - 2)$，当地面常年有水且与地下水有水力联系时 $d_w = 0$；

α_3——上覆非液化土层厚度修正系数，按 $\alpha_3 = 1 - 0.05(d_a - 2)$ 计算，对称基础 $\alpha_3 = 1$。

液化临界比贯入阻力 p_{so}（MPa）　　　　　　　表 7-17

规范、规程名称	设 计 烈 度		
	7 度	8 度	9 度
《静力触探技术规则》TBJ37—93	6～7	12～13.5	18～20
《铁路工程抗震设计规范》GB 50111—2006	5～6	11.5～13	18～20

比贯入阻力的计算值 p_{sca} 应符合下列规定：

1）砂层厚度大于 1m 时，取该层比贯入阻力的平均值作为该层的 p_{sca}；当砂层厚度小于 1m 且上、下层均为比贯入阻力较小的土层时，应取较大值作为该层的 p_{sca}；

2）砂层厚度较大，力学性质和比贯入阻力 p_s 可明显分层时，应分层计算 p_{sca}。

上面介绍的判别方法是基于饱和砂土地区的资料而建立起来的，对于粉土可根据双桥静力触探的有关结果进行判别，具体方法如下：

首先按式（7-19）计算临界锥尖阻力 $(q_{NC})_{cr}$：

$$(q_{NC})_{cr} = D_{50}^{0.66} f\left(\frac{\tau}{\sigma}\right) \quad (7\text{-}19)$$

式中　D_{50}——粉土的平均粒径（mm）；

　　　τ——剪应力（kPa）；

　　　σ——有效上覆压力（kPa）。

$\sigma - f\left(\dfrac{\tau}{\sigma}\right)$ 之间的关系如图 7-13 所示。

静力触探试验还可用来对水泥土桩的施工质量进行检测，读者可参阅有关参考资料。

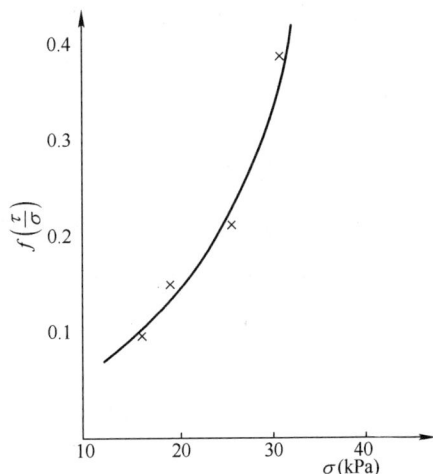

图 7-13　常见的 $\sigma - f\left(\dfrac{\tau}{\sigma}\right)$ 关系曲线

7.3　圆锥动力触探试验

圆锥动力触探是利用一定的落锤能量，将一定尺寸、一定形状的圆锥探头打入土中，根据打入的难易程度来评价土的物理力学性质的一种原位测试方法。圆锥动力触探以落锤冲击力提供贯入能量，不像静力触探那样需要专门的反力设备，因此设备比较简单，操作也很方便。此外由于冲击力比较大，所以它的适用范围更加广泛，对于静力触探难以贯入的碎石土层及密实砂层甚至较软的岩石也可应用。

7.3.1　试验目的及用途

圆锥动力触探试验的目的主要有两个：

（1）定性划分不同性质的土层；查明土洞、滑动面和软硬土层分界面；检验评估地基土加固改良效果。

（2）定量估算地基土层的物理力学参数，如确定砂土孔隙比、相对密度等以及土的变形和强度的有关参数，评定天然地基土的承载力和单桩承载力。

7.3.2　试验基本原理

圆锥动力触探试验中，一般以打入土中一定距离（贯入度）所需落锤次数（锤击数）来表示探头在土层中贯入的难易程度。同样贯入度条件下，锤击数越多，表明土层阻力越大，土的力学性质越好；反之，锤击数越少，表明土层阻力越小，土的力学性质越差。通过锤击数的大小就很容易定性地了解土的力学性质。再结合大量的对比试验，进行统计分析就可以对土体的物理力学性质作出定量化的评估。

7.3.3　试验设备

圆锥动力触探设备较为简单，主要由三部分构成，一是探头部分；二是穿心落锤；三是穿心锤导向的触探杆。

根据设备尺寸、规格及锤击能量的不同，圆锥动力触探又分为三种类型，具体见表 7-18。

圆锥动力触探类型及设备规格 表 7-18

类　　型		轻　　型	重　　型	超　重　型
落锤	质量（kg）	10	63.5	120
	落距（cm）	50	76	100
圆锥探头	锥角（°）	60		
	直径 d（mm）	40	74	74
探杆直径（mm）		25	42	50～60
触探指标		贯入 30cm 的锤击数 N_{10}	贯入 10cm 的锤击数 $N_{63.5}$	贯入 10cm 的锤击数 N_{120}
能量指数（J/cm²）		39.7	115.2	279.1
主要适用土类		浅部的填土、砂土、粉土、黏性土	砂土、中密以下碎石土、极软岩石	密实和很密实的碎石土、极软岩石、软岩石
备　　注		能量指数是指落锤能量与圆锥探头截面积之比		

7.3.4　圆锥动力触探试验的技术要求

（1）应采用自动落锤装置以保持平稳下落。

（2）触探杆最大偏斜度不应超过 2%，锤击贯入应保持连续进行；同时应防止锤击偏心、探杆倾斜和侧向晃动，保持探杆垂直度；锤击速率宜为每分钟 15 ～30 击；在砂土或碎石土中锤击速率可采用每分钟 60 击。锤击贯入应连续进行，不能间断，因为间隙时间过长，可能会使土（特别是黏性土）的摩阻力增大，影响测试结果的准确性。

（3）每贯入 1m，宜将探杆转动一圈半；当贯入深度超过 10m 时，每贯入 20cm 宜转动探杆一次。

（4）对轻型动力触探，当 $N_{10}>100$ 或贯入 15cm 锤击数超过 50 时，可停止试验；对重型动力触探，当连续三次 $N_{63.5} > 50$ 时，可停止试验或改用超重型动力触探。

（5）为了减少探杆与孔壁的接触，探杆直径应小于探头直径。在砂土中探头直径与探杆直径之比应大于 1.3，在黏性土中这一比例可适当小些。

（6）由于地下水位对锤击数与土的物理性质（砂土孔隙比等）有影响，因此应当记录地下水位埋深。

7.3.5 圆锥动力触探试验的成果及应用

圆锥动力触探试验的主要成果有锤击数及锤击数随深度的变化曲线，下面介绍其应用：

（1）按力学性质划分土层

根据圆锥动力触探试验结果划分土层时，首先应绘制单孔触探锤击数 N 与深度 H 的关系曲线（见图 7-14），再结合地质资料对土层进行分层。

一般情况下，划分土层是以某层动力触探锤击数的平均值来考虑的，如果某土层各孔锤击数离散性较大，则不宜采用单孔资料评定土层的性质，应采用多孔资料或与钻探及其他原位测试资料进行综合分析。由于锤击数不仅与探头位置土层性质有关，它还与探头位置以下一定深度范围内的土层性质有关，因此在分析触探曲线时，应考虑到曲线上的超前或滞后现象。具体而言当下卧层的密度较小或力学性质较差时，锤击数值提前减小（如图 7-14 中5.5m 处），而当下卧层的力学性质相对较好时，锤击数值提前增大（如图 7-14 中10.5m 处）。

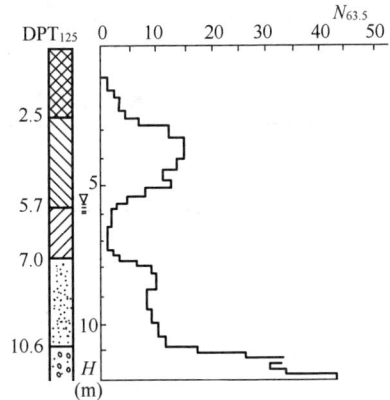

图 7-14 动力触探锤击数与深度关系

（2）确定砂土、圆砾卵石孔隙比

根据重型动力触探的试验结果可确定砂土、圆砾、卵石的孔隙比（见表7-19），但是值得注意的是，表中所列的锤击数是经过校正以后的锤击数，其计算公式如下：

$$N'_{63.5} = \alpha \cdot N_{63.5} \tag{7-20}$$

式中 $N_{63.5}$——实测的重型触探锤击数；

    $N'_{63.5}$——校正后的锤击数；

    α——触探杆长度校正系数，可按表 7-20 确定。

根据重型动力触探结果确定砂土、圆砾、卵石的孔隙比　　　　表7-19

土的种类			中　砂	粗　砂	砾　砂	圆　砾	卵　石
校正后的触探击数 $N'_{63.5}$	3	天然孔隙比 e	1.14	1.05	0.90	0.73	0.66
	4		0.97	0.90	0.75	0.62	0.56
	5		0.88	0.80	0.65	0.55	0.50
	6		0.81	0.73	0.58	0.50	0.45
	7		0.76	0.68	0.53	0.46	0.41
	8		0.73	0.64	0.50	0.43	0.39
	9			0.62	0.47	0.41	0.36
	10				0.45	0.39	0.35
	12					0.36	0.32
	15						0.29
适用范围	含水量（%）		6～11	5～13	5～13	4～10	5～12
	颗粒粒径（mm）	>100				0	0
		>40				<20%	<35%
		<0.1	<5%	<5%	5%	10%	10%
		<0.05	<1%	<1%	<1%	<5%	<5%
	不均匀系数 $C_u = d_{60}/d_{10}$		<5	<6	<15	<100	<120

注：如在地下水位以下，则应采用经过地下水位校正后的锤击数 $N''_{63.5}$。

重型动力触探试验触探杆长度校正系数 α　　　　表7-20

α ＼ l（m）		≤2	4	6	8	10	12	14	16
实测锤击数 $N_{63.5}$	1	1.00	0.98	0.96	0.93	0.90	0.87	0.84	0.81
	5	1.00	0.96	0.93	0.90	0.86	0.83	0.80	0.77
	10	1.00	0.95	0.91	0.87	0.83	0.79	0.76	0.73
	15	1.00	0.94	0.89	0.84	0.80	0.76	0.72	0.69
	20					0.77	0.73	0.69	0.66

注：1. l 为触探杆长度；

2. α 为自动落锤方式测得。

对地下水位以下的中、粗、砾砂、圆砾、卵石，上述锤击数还要经过进一步校正，其计算公式如下：

$$N''_{63.5} = 1.1N'_{63.5} + 1.0 \tag{7-21}$$

式中　$N'_{63.5}$——经过探杆长度校正，但未经过地下水位校正的锤击数；

　　　$N''_{63.5}$——经过地下水位校正后的锤击数。

（3）确定地基土的承载力

中华人民共和国国家标准《建筑地基基础设计规范》GB 50007—2011 规定，可用轻型圆锥动力触探（轻便触探）的结果 N_{10} 来确定黏性土地基及由黏性土和粉土组成的素填土地基的承载力标准值，见表7-21。

轻型动力触探试验击数 N_{10} 与地基承载力标准值 f_k（kPa）对照表　表 7-21

土类型	黏 性 土				素 填 土			
触探击数 N_{10}	15	20	25	30	10	20	30	40
f_k（kPa）	105	145	190	230	85	115	135	160

需要补充说明的是，上述 N_{10} 是经过修正后的锤击数值，其修正计算公式如下：

$$N_{10} = \overline{N}_{10} - 1.645\sigma \tag{7-22}$$

式中　$\overline{N}_{10}$——同一土层轻便触探的锤击数现场多次读数的平均值；

　　　N_{10}——修正以后的锤击数；

　　　σ——锤击数现场多次读数的标准差，按式（7-23）计算。

$$\sigma = \sqrt{\frac{\sum\limits_{i=1}^{n}\left[(N_{10})_i^2 - n \cdot \overline{N}_{10}^2\right]}{n-1}} \tag{7-23}$$

式中　$(N_{10})_i$——参与统计的第 $i(i = 1,2,3\cdots\cdots,n)$ 个锤击数现场读数值。

铁道部《动力触探技术规定》TB10018—2003 提出，用重型动力触探的锤击数 $N_{63.5}$ 评定各类地基土的承载力基本值 f_0，见表 7-22。

重型动力触探试验击数 $N_{63.5}$ 与地基承载力基本值 f_0（kPa）对照表　表 7-22

$N_{63.5}$ f_0（kPa） 土类		2	3	4	5	6	7	8	9	10	12	14
土类	粉细砂	80	110	142	165	187	210	232	255	277	321	
	中砂、砾砂		120	150	180	220	260	300	340	380		
	碎石土		140	170	200	240	280	320	360	400	480	540

$N_{63.5}$ f_0（kPa） 土类		16	18	20	22	24	26	28	30	35	40
土类	碎石土	600	660	720	780	830	870	900	930	970	1000

注：1. 该表适合于冲积、洪积土层；

　　2. 动力触探深度为 1～20m；

　　3. 锤击数需经过前述探杆长度及地下水位校正。

（4）估算单桩承载力标准值

广东省建筑科学研究院通过对广州地区的重型动力触探试验的锤击数 $N_{63.5}$ 与现场打桩资料的分析研究，认为打桩机最后 30 锤平均每锤的贯入度 S_p 与持力层的 $N_{63.5}$ 有如下经验关系：

$$S_p = 2.86/N_{63.5} \tag{7-24}$$

再利用打桩公式，即可估算单桩承载力标准值 R_k：

对大型打桩机：　$R_k = \dfrac{WH}{9(0.15 + S_p)} + \dfrac{WH \sum N_{63.5}}{6000}$ （7-25）

对中型打桩机：　$R_k = \dfrac{WH}{8(0.15 + S_p)} + \dfrac{WH \sum N_{63.5}}{2250}$ （7-26）

式中　W——打桩机的锤重量（kN）；

　　　H——打桩机锤自由落距（cm）；

　$\sum N_{63.5}$——重型动力触探持力层的锤击总数；

　　　R_k——打入桩单桩承载力标准值（kN）。

7.4　标准贯入试验

标准贯入试验原来被归入动力触探试验一类，实际上，它在设备规格上与前述重型圆锥动力触探试验也具有很多相同之处，而仅仅是将原来的圆锥形探头换成了由两个半圆筒组成的对开式管状贯入器。此外与重型圆锥动力触探试验不同的一点在于，规定将贯入器贯入土中 30cm 所需要的锤击数（又称为标贯击数）作为分析判断的依据。标准贯入试验具有圆锥动力触探试验所具有的所有优点，另外它还可以通过贯入器采取扰动的土样，可以对土层的颗粒组成情况进行直接鉴别，因而对于土层的分层及定名更为准确可靠。标准贯入试验一般都结合钻探进行。

7.4.1　试验目的及用途

标准贯入试验的目的主要有如下几方面：

（1）采取扰动土样，鉴别和描述土类，按照颗分试验结果给土层定名。

（2）判别饱和砂土、粉土的液化可能性。

（3）定量估算地基土层的物理力学参数，如判定黏性土的稠度状态、砂土相对密度及土的变形和强度的有关参数，评定天然地基土的承载力和单桩承载力。

7.4.2　试验基本原理

与圆锥动力触探试验类似，标准贯入试验中，也是采用标准贯入器打入土中一定距离（30cm）所需落锤次数（标贯击数）来表示土阻力大小的，并根据大量的对比试验资料分析进一步得到土的物理力学性质指标的。

7.4.3　试验设备

标准贯入试验设备也主要由三部分构成，一是贯入器部分；二是穿心落锤；三为穿心锤导向的触探杆。设备构成如图 7-15 所示。

标准贯入试验设备的规格见表 7-23。

标准贯入试验设备规格及适用土类　　　表 7-23

落锤		质量（kg）	63.5
		落距（cm）	76
		直径 d（mm）	74
贯入器	对开管	长度（mm）	>500
		外径（mm）	51
		内径（mm）	35
	管靴	长度（mm）	50～76
		刃口角度（°）	18～20
		刃口单刃厚度（mm）	1.6
探杆（钻杆）		直径（mm）	42
		相对弯曲	<1‰
贯入指标			贯入 30cm 的锤击数 $N_{63.5}$
主要适用土类			砂土、粉土、一般黏性土

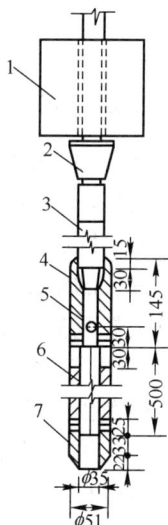

图 7-15　标准贯入
试验设备

1—穿心锤；2—锤垫；
3—探杆；4—贯入器
头；5—出水孔；6—贯
入器身；7—贯入器靴

7.4.4　试验的技术要求

（1）标准贯入试验应采用回转钻进，钻进过程中要保持孔中水位略高于地下水位，以防止孔底涌土，加剧孔底以下土层的扰动。当孔壁不稳定时，可采用泥浆或套管护壁，钻至试验标高以上 15cm 时应停止钻进，清除孔底残土后再进行贯入试验。

（2）应采用自动脱钩的自由落锤装置并保证落锤平稳下落，减小导向杆与锤间的摩阻力，避免锤击偏心和侧向晃动，保持贯入器、探杆、导向杆连接后的垂直度，锤击速率应小于每分钟 30 击。

（3）探杆最大相对弯曲度应小于 1‰。

（4）正式试验前，应预先将贯入器打入土中 15cm，然后开始记录每打入 10cm 的锤击数，累计打入 30cm 的锤击数为标准贯入试验锤击数 N。当锤击数已达到 50 击，而贯入深度未达到 30cm 时，可记录 50 击的实际贯入度，并按下式换算成相当于 30cm 贯入度的标准贯入试验锤击数 N，并终止试验：

$$N = 30 \times \frac{50}{\Delta S} \qquad (7\text{-}27)$$

式中　ΔS——50 击时的实际贯入深度（cm）。

（5）标准贯入试验可在钻孔全深度范围内等间距进行，也可仅在砂土、粉土等需要试验的土层中等间距进行，间距一般为 1.0～1.2m。

（6）由于标准贯入试验锤击数 N 值的离散性往往较大，故在利用其解决工程问题时应持慎重态度，仅仅依据单孔标贯试验资料提供设计参数是不可信的，如要提供定量的设计参数,应有当地经验,否则只能提供定性的结果,供初步评定用。

7.4.5　标准贯入试验的成果及应用

标准贯入试验的成果就是试验点土层的标贯击数。对于标贯击数首先要说明一点的是,实测的标贯击数是否要进行探杆长度修正的问题,对于这一问题有两种截然不同的观点。一种观点认为探杆长度对标贯试验有显著影响,因此必须要进行杆长的修正,如我国的《建筑地基基础设计规范》GB 50007—2011 及日本的有关规范都规定要对实测的标贯击数进行杆长修正。而我国的《岩土工程勘察规范》GB 50021—2001(2009 年版)、《建筑抗震设计规范》GB 50011—2010 及一些欧美国家的规范均明确规定不必进行杆长修正。针对这一问题,同济大学等单位专门进行了试验研究。结果表明,当杆长小于 10m 时,传递到贯入器的有效能量随杆长增加而略有增加;当杆长超过 15m 时,实测到的有效能量趋于稳定;当杆长由 15m 增加到 100m 时,能量仅减少 5.4%,能量在探杆中传播时的衰减率约为 0.064%/m。由此可见,由探杆长度引起的能量衰减是有限的,远小于其他因素对标贯试验结果(即标贯击数)的影响,因此本书采纳上述第二种观点,即标贯击数不需进行杆长修正。

下面介绍标贯击数在工程中的应用:

(1)判定砂土的密实程度

显然,砂土的密实度越高,标贯击数 N 就越大;反之,砂土密实度越低,标贯击数 N 就越小。因此可以利用标贯击数对砂土的密实程度进行判别,具体可按表 7-24 进行。

标贯击数 N 与砂土密实度的关系对照表　　　表 7-24

密实程度		相对密实度 D_r	标 贯 击 数 N						
国外	国内		国外	南京水科所江苏水利厅	原水利电力部标准《土工试验规程》SD128			原冶金部标准《冶金工业建设岩土工程勘察规范》YBJ1—1988
					粉砂	细砂	中砂	
极松	松散	0~0.2	0~4	<10	<4	<13	<10	<10
松			4~10					
稍密		0.2~0.33	10~15	10~30	>4	13~23	10~26	10~15
中密		0.33~0.67	15~30					15~30
密实	密实	0.67~1	30~50	30~50		>23	>26	>30
极密			>50	>50				

需要补充说明的是,表 7-24 中的标贯击数 N 是人力松绳落锤所得,人力松绳落锤得到的标贯击数 N_1 和自由落锤得到的标贯击数 N_2 可按表 7-25 换算。

N_1 和 N_2 关系对照表 表 7-25

实 测 对 比 关 系	资 料 来 源
$N_2 = 0.738 + 1.12N_1$	武汉冶金勘察公司
$N_2 = (1.5 \sim 2.5)N_1$	华东电力设计院

上海市标准《岩土工程勘察规范》DBJ08—37—2012 考虑了土层埋深因素产生的上覆压力影响，对实测的标贯击数进行了上覆压力修正，并在此基础上根据修正后的标贯击数给出了对应的砂土密实程度。

考虑土层上覆压力的修正公式如下：

$$N' = C_N N \tag{7-28}$$

式中　N——实测的标贯击数；

N'——经上覆压力修正后的标贯击数；

C_N——上覆压力修正系数，由式（7-29）或式（7-30）计算得到：

$$C_N = \frac{10}{\sqrt{\sigma'_{v0}}} \tag{7-29}$$

$$C_N = \frac{3.16}{\sqrt{H}} \tag{7-30}$$

式中　σ'_{v0}——上覆有效压力（kPa）；

H——标贯试验深度。

用经上覆压力修正后的标贯击数 N' 判别砂土相对密度可按表 7-26 进行。

用经上覆压力修正后的标贯击数 N' 判别砂土相对密度 表 7-26

标贯击数 N'	$0 < N' \leqslant 3$	$3 < N' \leqslant 8$	$8 < N' \leqslant 25$	$25 < N'$
密实度	松　散	稍　密	中　密	密　实
相对密度 D_r	0.2	0.2~0.35	0.35~0.65	>0.65
备　注	本表适用于正常固结的中砂；对细砂表中所取的 N' 值要乘以 0.92；对粗砂要乘以 1.08			

（2）评定黏性土的稠度状态和无侧限抗压强度

1）在国外，Terzaghi 和 Peck 提出用标贯击数评定黏性土的稠度状态和无侧限抗压强度，具体关系见表 7-27。

黏性土的稠度状态和无侧限抗压强度与标贯击数的关系 表 7-27

标贯击数 N	<2	2~4	4~8	8~15	15~30	>30
稠度状态	极　软	软	中　等	硬	很　硬	坚　硬
无侧限抗压强度 q_u（kPa）	<25	25~50	50~100	100~200	200~400	>400

2）在国内，原冶金部武汉勘察公司提出标贯击数与黏性土的稠度状态存在表 7-28 所列关系。

黏性土的稠度状态与标贯击数的关系   表 7-28

标贯击数 N	<2	$2\sim4$	$4\sim7$	$7\sim18$	$18\sim35$	>35
稠度状态	流　动	软　塑	软可塑	硬可塑	硬　塑	坚　硬
液性指数 I_L	>1	$1\sim0.75$	$0.75\sim0.5$	$0.5\sim0.25$	$0.25\sim0$	<0

（3）评定砂土的抗剪强度指标 φ

1）Meyerhof 和 Peck 提出用表 7-29 确定砂土内摩擦角，均质砂取高值，不均值的砂取低值。粉砂按表得到的 φ 值减少 5°，砂和砾石混合土 φ 值增加 5°。

砂土的内摩擦角与标贯击数的关系   表 7-29

内摩擦角（°）＼标贯击数 N		<4	$4\sim10$	$10\sim30$	$30\sim50$	>50
来源	Meyerhof	<28.5	$28.5\sim30$	$30\sim36$	$36\sim41$	>41
	Peck	<30	$30\sim35$	$35\sim40$	$40\sim45$	>45

Peck 还提出了砂土内摩擦角 φ 与标贯击数 N 的关系式如下：

$$\varphi = 0.3N + 27 \tag{7-31}$$

2）日本的建筑基础设计规范采用大畸的经验公式：

$$\varphi = \sqrt{20N} + 15 \tag{7-32}$$

3）美国的 Gibbs 和 Holtz 根据室内试验结果，得到考虑上覆压力影响时，用标贯击数确定砂土内摩擦角的方法，它们给出了如图 7-16 所示的关系曲线。

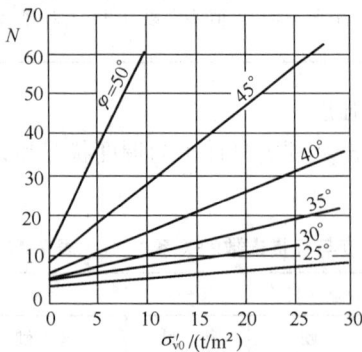

图 7-16　砂土内摩擦角与上覆
压力、标贯击数关系曲线

（4）评定黏性土的不排水抗剪强度 C_u（kPa）

Terzaghi 和 Peck 提出用标贯击数评定黏性土不排水抗剪强度 C_u（kPa）的经验关系式如下：

$$C_u = (6\sim6.5)N \tag{7-33}$$

日本道路桥梁设计规范则采用下列经验关系式：

$$C_u = (6\sim10)N \tag{7-34}$$

（5）评定土的变形参数

国内常见的用标贯击数确定土的

变形模量和压缩模量的经验关系式见表 7-30。

用标贯击数确定地基土变形参数的经验公式　　　　表 7-30

经 验 公 式	适 用 条 件	来 源
$E_0 = 1.41N + 2.62$	武汉地区黏性土、粉土	武汉城市规划设计院
$E_0 = 1.066N + 7.431$	黏性土、粉土	湖北省水利勘察设计院
$E_s = 1.04N + 4.89$	中南、华东地区黏性土	冶金部武汉勘察公司
$E_{s0.1\sim0.2} = 4.8N^{0.42}$	粉细砂，埋深小于等于 15m	上海市《岩土工程勘察规范》
$E_{s0.1\sim0.2} = 2.5N^{0.75}H^{-0.25}$	粉细砂，埋深大于 15m	
备　　注	$E_{s0.1\sim0.2}$ 表示压力为 100～200kPa 时的压缩模量；H 为土层埋深	

（6）评定地基土的承载力

1）我国《建筑地基基础设计规范》GB 50007—2011 规定，用标贯击数 N 值确定砂土和黏性土的承载力标准值时，可按表 7-31 和表 7-32 进行。

砂土承载力标准值 f_k（kPa）与标贯击数的关系　　　　表 7-31

f_k（kPa） 标贯击数 N		10	15	30	50
土类	中、粗砂	180	250	340	500
	粉、细砂	140	180	250	340

黏性土承载力标准值 f_k（kPa）与标贯击数的关系　　　　表 7-32

标贯击数 N	3	5	7	9	11	13	15	17	19	21	23
f_k（kPa）	105	145	190	235	280	325	370	430	515	600	680

注：表中标贯击数 N 为人工松绳落锤所得，$N_{(人工)} = 0.74 + 1.12N_{(自动)}$。

2）Terzaghi 提出用标贯击数确定地基土承载力标准值 f_k（kPa）的经验关系式如下（取安全系数为 3）：

对条形基础：　　　　　　　　　$f_k = 12N$　　　　　　　　　　（7-35）

对独立方形基础：　　　　　　　$f_k = 15N$　　　　　　　　　　（7-36）

3）日本住宅公团的经验关系式如下：

$$f_k = 8N \tag{7-37}$$

（7）估算单桩承载力

北京市勘察院提出的预估钻孔灌注桩单桩竖向极限承载力的计算公式为：

$$P_u = 2.78N_pA_p + 3.3N_sA_s + 3.1N_cA_c - 181h + 17.33 \tag{7-38}$$

式中　P_u——单桩竖向极限承载力（kN）；

　　　A_p——桩端的截面积（m^2）；

　　　A_s——桩在砂土中的侧面积（m^2）；

　　　A_c——桩在黏性土中的侧面积（m^2）；

　　　N_p——桩端附近土层中的标贯击数；

　　　N_s——桩周砂土层标贯击数；

　　　N_c——桩周黏土层标贯击数；

　　　h——孔底虚土的厚度（m）。

(8) 饱和砂土、粉土的液化

标准贯入试验是判别饱和砂土、粉土液化的重要手段，我国《建筑抗震设计规范》GB 50011—2010 规定，当初步判别认为需进一步进行液化判别时，应采用标准贯入试验判别法。对地面以下 15m 深度范围内的液化土，除非有成熟经验可采用其他方法判别外，均应符合下式要求：

$$N < N_{cr} \tag{7-39}$$

$$N_{cr} = N_0 \left[0.9 + 0.1 d_s - d_w \right] \cdot \sqrt{\frac{3}{\rho_c}} \tag{7-40}$$

式中　N——待判别饱和土的实测标贯击数；

　　　N_{cr}——判别是否液化的标贯击数临界值；

　　　N_0——判别是否液化的标贯击数基准值，按表 7-33 取用；

　　　d_s——标准贯入试验点深度（m）；

　　　d_w——地下水位深度（m），宜按建筑使用期内年平均最高水位采用，也可按近期内年最高水位采用；

　　　ρ_c——黏粒含量百分率，当小于 3 或为砂土时均取 3。

标贯击数基准值 N_0 　　　　表 7-33

基准值 N_0	地震烈度	7	8	9
近、远震	近 震	6	10	16
	远 震	8	12	—

经上述判别为液化土层的地基，应进一步探明各液化土层的深度和厚度，并按下式计算液化指数：

$$L_{lE} = \sum_{i=1}^{n} \left(1 - \frac{N_i}{N_{cri}} \right) d_i w_i \tag{7-41}$$

式中　L_{lE}——液化指数；

n——15m 深度内某个钻孔标贯试验点总数；

N_i、N_{cri}——分别为第 i 试验点标贯锤击数的实测值和临界值，当实测值大于临界值时，应取临界值的数值；

d_i——为第 i 试验点所代表的土层厚度，可采用与该标准贯入试验点相邻的上、下两标贯试验点深度差值的一半，但上界不小于地下水位深度，下界不大于液化深度；

w_i——i 试验点所在土层的层厚影响权函数（单位 m^{-1}），当该土层中点深度不大于 5m 时应取 10，等于 15m 时取 0，大于 5m 而小于 15m 时，应采用内插法确定。

根据式（7-41）的计算结果，再按表 7-34 判别液化等级。

液 化 等 级 判 别 表　　　　表 7-34

液化指数 L_{lE}	$0 < L_{lE} \leqslant 5$	$5 < L_{lE} \leqslant 15$	$L_{lE} > 15$
液化等级	轻　微	中　等	严　重

7.5　十字板剪切试验

十字板剪切试验是一种在钻孔内快速测定饱和软黏土抗剪强度的原位测试方法。自 1954 年由南京水科院等单位对这项技术开始开发应用以来，在我国沿海地区得到广泛的应用。理论上，十字板剪切试验测得的抗剪强度相当于室内三轴不排水剪总应力强度。由于十字板剪切试验不需要采取土样，可以在现场基本保持原位应力状态的情况下进行测试，这对于难以取样的高灵敏度的黏性土来说具有不可替代的优越性。

7.5.1　试验目的及用途

十字板剪切试验的目的主要有如下两方面：

（1）测定原位应力条件下软黏土的不排水抗剪强度。

（2）估算软黏土的灵敏度。

7.5.2　试验基本原理

十字板剪切试验是将具有一定高径比的十字板插入待测试土层中，通过钻杆对十字板头施加扭矩使其匀速旋转，根据施加的扭矩即可以得到土层的抵抗扭矩，进一步可换算成土的抗剪强度。

扭转十字板时，十字板周围的土体将出现一个圆柱状的剪切破坏面，土体产生的抵抗扭矩 M 由两部分构成，一是圆柱侧面的抵抗扭矩 M_1；二是圆柱的圆形底面和顶面产生的抵抗扭矩 M_2。即：

$$M = M_1 + M_2 \tag{7-42}$$

式中

$$M_1 = C_u \pi D H \frac{D}{2} \tag{7-43}$$

$$M_2 = 2C_u \frac{\pi D^2}{4} \cdot \frac{D}{2} \alpha \tag{7-44}$$

式中　C_u——饱和黏性土不排水抗剪强度（kPa）；

　　　H——十字板的高度（m）；

　　　D——十字板的直径（m）；

　　　α——与圆柱顶、底面土体剪应力分布有关的系数，取值见表 7-35。

<table>
<tr><td colspan="4" style="text-align:center">α 取值　　　　　　　　　　　　表 7-35</td></tr>
<tr><td>圆柱顶、底面剪应力分布</td><td>均　　匀</td><td>抛　物　线</td><td>三　角　形</td></tr>
<tr><td>α</td><td>2/3</td><td>3/5</td><td>1/2</td></tr>
</table>

十字板头匀速旋转时，施加扭矩和土层抵抗扭矩相等，即土体抵抗扭矩 M 是已知的，将式（7-43）和式（7-44）代入式（7-42）并整理即可得到土的不排水抗剪强度表达式如下：

$$C_u = \frac{2M}{\pi D^3 \left(\dfrac{H}{D} + \dfrac{\alpha}{2} \right)} \tag{7-45}$$

需要说明的是，上述推导是在假设圆柱形剪切破坏面的侧面和顶、底面具有相同的抗剪强度的前提下进行的，实际上，由于土体存在各向异性，圆柱侧面和顶、底面的强度可能是不同的，按上述公式得到的抗剪强度是某种意义上的平均值。

7.5.3　十字板剪切试验设备

十字板剪切试验主要由十字板头、传力系统、加力装置和力的测量装置等四部分构成。根据力的量测系统的不同又分为机械式和电测式两类。电测式十字板剪切仪的构造如图 7-17 所示。

国内外十字板头的尺寸规格如表 7-36 所示。

<table>
<tr><td colspan="4" style="text-align:center">十 字 板 头 规 格 表　　　　　　　表 7-36</td></tr>
<tr><td>十字板规格</td><td>高度 H
（mm）</td><td>直径 D
（mm）</td><td>板厚
（mm）</td></tr>
<tr><td rowspan="2">国　　内</td><td>100</td><td>50</td><td>2～3</td></tr>
<tr><td>150</td><td>75</td><td>2～3</td></tr>
<tr><td rowspan="4">美国国家
标准推荐</td><td>76.2</td><td>38.1</td><td>1.6</td></tr>
<tr><td>101.2</td><td>50.8</td><td>1.6</td></tr>
<tr><td>127</td><td>63.5</td><td>3.2</td></tr>
<tr><td>184.0</td><td>92.1</td><td>3.2</td></tr>
</table>

虽然国内外所采用的十字板头尺寸有所差别，但都基本保证了直径和高度之间 1：2 的通用比例，这与我国国标《岩土工程勘察规范》GB 50021—2001（2009 年版）的要求也是一致的。

7.5.4 试验的技术要求

（1）十字板剪切试验点的布置在竖向上的间距可为 1m。

（2）十字板头形状宜为矩形，径高比为 1：2，板厚宜为 2～3mm。

（3）十字板头插入钻孔底（或套管底部）深度不应小于孔径或套管直径的 3～5 倍。

（4）十字板插入至试验深度后，至少应静置 2～3min，方可开始试验。

（5）扭转剪切速率宜采用（1°～2°）/10s，并在测得峰值强度后继续测记 1min。

（6）在峰值强度或稳定值测试完毕后，再顺扭转方向连续转动 6 圈，测定重塑土的不排水抗剪强度。

（7）对开口钢环十字板剪切仪，应修正轴杆与土间摩阻力的影响。

7.5.5 试验成果及应用

十字板剪切试验的成果主要有：各试验点土的不排水抗剪峰值强度、残余强度、重塑土强度和灵敏度极其随深度变化曲线；抗剪强度与扭转角的关系曲线等。

由于十字板剪切试验得到的不排水抗剪强度一般偏高，因此要经过修正才能用于工程设计，其修正方法如下：

$$(C_u)_f = \mu \cdot C_u \qquad (7\text{-}46)$$

式中 C_u——现场实测的十字板不排水抗剪强度；

$(C_u)_f$——修正后的不排水抗剪强度；

μ——修正系数，按表 7-37 取值。

下面介绍修正后不排水抗剪强度的应用：

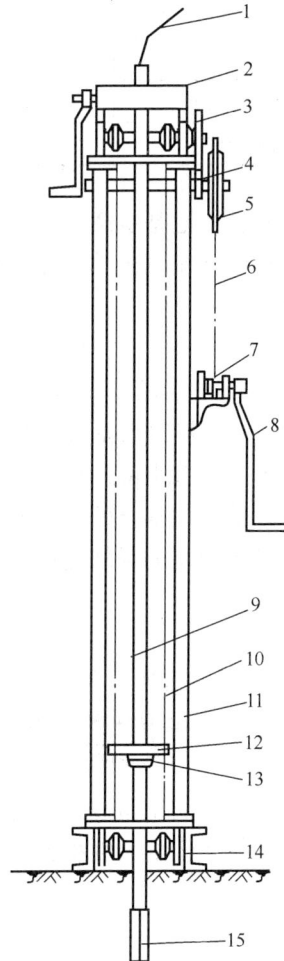

图 7-17 十字板剪切试验设备

1—电缆；2—加力装置；3—大齿轮；4—小齿轮；5—大链条；6、10—链条；7—小链条；8—摇把；9—探杆；11—支架立杆；12—山形板；13—垫压板；14—槽钢；15—十字板头

修 正 系 数 μ 取 值　　　　　　表 7-37

液性指数 I_p 修正系数 μ	10	15	20	25
各向同性土	0.91	0.88	0.85	0.82
各向异性土	0.95	0.92	0.90	0.88

（1）计算地基承载力

根据中国建筑科学研究院和华东电力设计院的经验，地基容许承载力可按下式估算：

$$q_a = 2(C_u)_f + \gamma h \tag{7-47}$$

式中　q_a——地基容许承载力（kPa）；

　　　γ——基础底面以上地基土的容重（kN/m³）；

　　　h——基础底面埋深。

（2）估算地基土的灵敏度

软黏土地基的灵敏度按下式计算：

$$S_t = \frac{(C_u)_f}{C_{u0}} \tag{7-48}$$

式中　C_{u0}——重塑土的十字板强度（kPa）；

　　　S_t——软黏土的灵敏度，当 $S_t \leqslant 2$ 时，为低灵敏度土；当 $2 < S_t < 4$ 时，为中等灵敏度土；当 $S_t \geqslant 4$ 时，为高灵敏度土。

十字板剪切试验成果还可以用来检验地基加固效果、估算单桩极限承载力以及用于估算软土的液性指数等，这里就不一一介绍，有兴趣的读者可参看有关参考资料。

7.6 旁 压 试 验

旁压试验又称为横压试验，它是通过圆柱状旁压器对钻孔壁施加均匀横向压力，使孔壁土体发生径向变形直至破坏，同时通过测量系统量测横向压力和径向变形之间的关系，进一步推求地基土力学参数的一种原位测试方法。这种测试方法具有如下优越性：

（1）旁压试验的物理模型为轴对称的圆柱形孔的扩张问题，这个问题的弹塑性理论解已经得到很好的解决。

（2）旁压试验可以用来估计原位水平应力。

（3）测试方便，不受地下水位的限制，与室内试验相比，具有试样大、代表性强、扰动小的优点。

（4）旁压试验具有较广泛的适应性，可适合于黏性土、粉土、砂土、碎石土、极软岩、软岩等各类岩土的测试。

但是，旁压试验也有其局限，那就是试验结果受成孔质量影响很大。

7.6.1 试验目的及用途

旁压试验的目的主要有如下两方面：

（1）测定土的旁压模量和应力应变关系。

（2）估算黏性土、粉土、砂土、软质岩石和风化岩石的承载力。

7.6.2 试验基本原理

旁压试验过程中，通过量测每级横向压力下旁压仪测量腔的体积变化可以得到扩张体积和压力关系曲线（p—V 曲线）。典型的 p—V 曲线如图 7-18 所示，它可以分为四个阶段：Ⅰ阶段：初步阶段 OA；Ⅱ阶段：似弹性阶段 AB；Ⅲ阶段：弹塑性阶段 BC；Ⅳ阶段：破坏阶段 CD。

Ⅰ阶段：从原点 O 开始，终于直线段的始点 A。这一阶段内，由于钻孔对孔壁土层的卸载和松弛作用，因此在加载时，

图 7-18 典型的旁压试验 p—V 曲线

体积扩张相对较大，当加载的应力水平达到钻孔前土层的应力水平（即初始水平应力 p_0）时，体积扩张速度开始减小，土体进入弹性变形阶段即第Ⅱ阶段，这一阶段的特点是，旁压仪测量腔的体积随压力增加呈近似线性增长。当加载到一定时候（此时的压力称为临塑压力 p_f），土层中的部分区域开始出现塑性变形，即进入第Ⅲ阶段，此时土体总体上处于弹塑性变形阶段。继续加载到一定程度（即达到极限应力 p_l），土体中的塑性区域开始连成整体的滑动面，即进入第Ⅳ阶段，此时虽然压力不再增加，变形却可能继续发展。

这样就可以根据旁压曲线直线段（Ⅱ阶段）的斜率来确定土体的弹性变形指标——旁压模量：

$$E_m = 2(1+\mu)\left(V_C + \frac{V_0 + V_f}{2}\right)\frac{\Delta p}{\Delta V} \times 10^{-3} \tag{7-49}$$

式中　μ——土体泊松比，碎石土取 0.27，砂土取 0.30，粉土取 0.35，粉质黏土取 0.38，黏土取 0.42。

$\quad V_C$——旁压仪测量腔的固有体积（cm³）；

$\quad V_0$——与初始压力 p_0 对应的测量腔体积（cm³）；

$\quad V_f$——与临塑压力 p_f 对应的测量腔体积（cm³）；

$\Delta p/\Delta V$——旁压曲线直线段的斜率（kPa/cm³）；

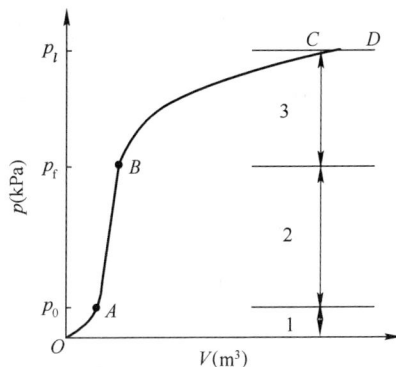

E_m——旁压模量（MPa）。

此外，根据初始压力、临塑压力、极限压力和旁压模量结合地区经验可评定地基承载力和有关变形参数。

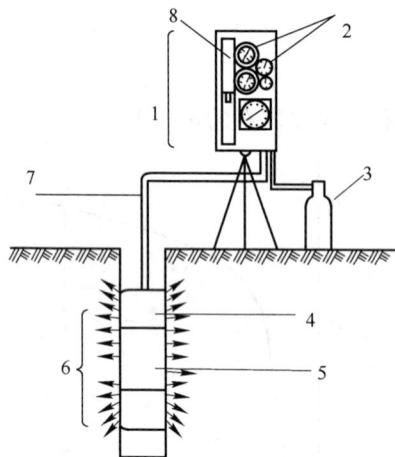

图 7-19　旁压仪示意图

1—监测装置；2—压力表；3—高压气瓶；
4—辅助腔；5—测量腔；6—旁压器；
7—同轴塑料管；8—量管

7.6.3　旁压试验的设备

旁压试验设备主要由旁压器、加压稳压装置、变形测量装置几部分构成，如图 7-19 所示。

（1）旁压器　结构为三腔式圆柱形，外套弹性膜。常用的 PY-3 型旁压仪外径为 50mm（带铠甲扩套时为 55mm），三腔总长 500mm，中腔为测量腔，长 250mm，上、下腔为辅助腔，各长 125mm，上、下腔之间用铜导管沟通，与测量腔隔离。辅助腔的作用是，当土体受压时，使量测腔周围土体受压趋于均匀，以便将复杂的三维应力问题简化为近似的平面问题。三腔中轴为导水管，用于排泄地下水。

（2）加压稳压装置　压力源为高压氮气或人工打气，附有压力表，加压和稳压均采用调压阀。

（3）变形测量装置　由测管量测孔壁土体受压后的变形值。

7.6.4　试验技术要求

（1）旁压试验点要求布置在有代表性的位置和深度进行，旁压仪的量测腔要求位于同一土层内。试验点的垂直间距应根据地层条件和工程要求确定，但不宜小于 1m，试验孔与已有钻孔的水平距离不宜小于 1m。

（2）预钻式旁压试验应保证成孔质量，孔壁要垂直、光滑、呈规则圆形，钻孔直径与旁压器直径应良好配合，防止孔壁坍塌。

（3）加荷等级可采用预期临塑压力的 $1/7 \sim 1/5$，初始阶段加荷等级可取小值，必要时，可做卸荷再加载试验，测定再加荷旁压模量。

（4）每级压力应维持 1min 或 2min 后再施加下一级荷载，维持 1min 时，加荷后 15s、30s、60s 测读变形量，维持 2min 时，加荷后 15s、30s、60s、120s 测读变形量。

（5）当量测腔的扩张体积相当于量测腔的固有体积时，或压力达到仪器容许的最大压力时应终止试验。

7.6.5 试验成果及其应用

旁压试验的主要成果就是扩张体积和压力关系曲线（即 $p—V$ 曲线），其应用主要有以下几方面：

（1）计算土的旁压模量和变形模量

旁压模量 E_m 的计算按式（7-49）进行，得到旁压模量后可按下面的方法换算得到变形模量：

1）Menard 公式

$$E_0 = E_m/\alpha_m \tag{7-50}$$

式中　E_0——土的变形模量；

　　　α_m——土的结构性修正系数，见表 7-38。

土 的 结 构 性 修 正 系 数 α_m　　　　　　　表 7-38

土　类	黏　土		粉　土		砂　土		砂　砾	
	E_m/P_l^*	α_m	E_m/P_l^*	α_m	E_m/P_l^*	α_m	E_m/P_l^*	α_m
扰动土	7～9	1/2		1/2		1/3		1/4
超固结土	>16	1	>14	2/3	>12	1/2	>10	1/3
岩　石	破碎状况		极破碎		轻微破碎、强风化		未风化	
	α_m		1/3		2/3		1/2	

注：$P_l^* = p_l - p_0$ 为静极限压力。

2）原机械电子工业部勘察研究院的经验公式

$$E_0 = KE_m \tag{7-51}$$

式中　K——经验系数。

对黏性土、粉土、砂土：

$$K = 1 + 61.1 m_p^{-1.5} + 0.0065(V_0 - 167.6) \tag{7-52}$$

对于黄土类土：

$$K = 1 + 43.7 m_p^{-1.0} + 0.005(V_0 - 211.9) \tag{7-53}$$

不区分土类时：

$$K = 1 + 25.25 m_p^{-1.0} + 0.0069(V_0 - 158.5) \tag{7-54}$$

式中　m_p——旁压模量与旁压试验极限压力和初始压力之差的比值，$m_p = \dfrac{E_m}{p_l - p_0}$；

　　　V_0——与初始压力 p_0 对应的测量腔体积（cm^3）。

（2）评定地基承载力

利用旁压试验 $p—V$ 曲线的特征值可以评定地基承载力的标准值。

1) 临塑压力法

地基承载力标准值　　　$f_k = p_f - p_0$（或 $f_k = p_f$）　　　　　　(7-55)

2) 极限压力法

地基承载力标准值　　　$f_k = \dfrac{p_l - p_0}{F}$　　　　　　　　(7-56)

式中　F——经验系数，一般取值为 2～3 之间。

7.7　扁铲侧胀试验

扁铲侧胀试验由意大利 Silvano Marchetti 教授于 20 世纪 70 年代创立。该方法是将带有膜片的扁铲压入土中预定深度，然后充气使扁铲两侧的膜片向土中侧向扩张，同时测得不同压力下的侧向变形，根据测得的应力应变关系，可以得到土的模量及其他有关指标。由于该试验能比较准确地反映小应变条件下土的应力应变关系，而且其重复性较好，引入我国后受到岩土工程界的重视，该方法已列入铁道部《铁路工程地质原位测试规程》和《岩土工程勘察规范》。

扁铲侧胀试验最适宜在软弱、松散土层中进行，随着土的坚硬程度的增加或密实程度的增加，其适用性逐渐减弱。扁铲侧胀试验的优点在于测试简单、快速、重复性好、价格低廉。

7.7.1　试验目的及用途

扁铲侧胀试验的目的主要有如下几方面：

(1) 用于划分土类。

(2) 估算静止侧压力系数、不排水抗剪强度、土的变形参数。

(3) 为侧向受荷桩的设计提供所需参数。

7.7.2　试验基本原理

扁铲侧胀试验时，扁铲两侧的膜片对称向外扩张，土体的受力状况与半无限介质表面圆形面积上受均布柔性荷载的问题近似。如土的变形模量（弹性模量）为 E_0，泊松比为 μ，膜边缘的侧向位移为 s，根据弹性力学公式有：

$$s = \frac{4r\Delta p}{\pi} \cdot \frac{1 - \mu^2}{E_0}　　　　(7-57)$$

式中　r——膜片的半径（为 30mm）。

取 s 为 1.10mm，再定义扁胀模量 $E_D = E_0/(1 - \mu^2)$，则式（7-57）可变成：

$$E_D = 34.7\Delta p = 34.7(p_1 - p_0)　　　　(7-58)$$

式中　p_0——膜片向土中膨胀之前的接触应力即相当于土中的原位水平应力

　　　　（kPa）；

p_1——膜片向土中膨胀当其边缘位移达 1.10mm 时的压力（kPa）。

再分别定义侧胀水平应力指数 K_D、侧胀土性指数 I_D、侧胀孔压指数 U_D 如下：

$$K_D = \frac{(p_0 - u_0)}{\sigma_{VO}} \tag{7-59}$$

$$I_D = \frac{(p_1 - p_0)}{p_0 - u_0} \tag{7-60}$$

$$U_D = \frac{(p_2 - u_0)}{p_0 - u_0} \tag{7-61}$$

式中　p_2——卸载时膜片边缘位移回到 0.05mm 时的压力（kPa）；

u_0——试验深度处的静水压力（kPa）；

σ_{VO}——试验深度处的有效上覆土压力（kPa）。

根据 E_D、K_D、I_D、U_D 就可以分析确定岩土的相关技术参数了。

7.7.3　试验设备

扁铲侧胀试验的设备主要为扁铲探头，其他的探杆和加压贯入装置可借用静力触探的设备进行。扁铲探头如图 7-20 所示，探头的尺寸为：长 230～240mm，宽 94～96mm，厚 14～16mm，探头前缘刃角为 12°～16°，探头侧面钢膜片直径为 60mm。

7.7.4　试验技术要求

（1）每孔试验前后均应进行探头率定，取试验前后的平均值作为修正值。膜片的合格标准为：

率定时膨胀至 0.05mm 时的气压实测值 $\Delta A = 5 \sim 25$kPa；

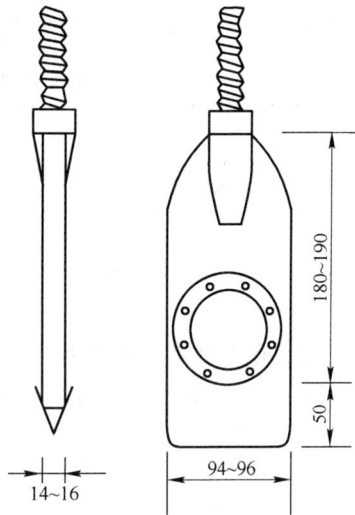

图 7-20　扁铲侧胀仪探头

率定时膨胀至 1.10mm 时的气压实测值 $\Delta B = 10 \sim 110$kPa。

（2）试验时，应以静力匀速将探头贯入土中，贯入速率宜为 2cm/s；试验点间距可取 20～50cm。

（3）探头达到预定深度后，应匀速加压和减压并测定膜片边缘膨胀至 0.05mm、1.10mm 和回到 0.05mm 时的压力 A、B、C 值。

（4）扁铲侧胀消散试验应在需测试的深度进行，测读时间间隔可取 1min、

2min、4min、8min、15min、30min、90min，以后每 90min 测读一次，直至消散结束。

（5）扁铲侧胀试验结果应进行膜片刚度修正，其计算公式如下：

$$p_0 = 1.05(A - z_m + \Delta A) - 0.05(B - z_m - \Delta B) \tag{7-62}$$

$$p_1 = B - z_m - \Delta B \tag{7-63}$$

$$p_2 = C - z_m + \Delta A \tag{7-64}$$

式中　z_m——调零前压力表初读数（kPa）；

其他参数含义同前。

7.7.5　试验成果及应用

扁铲侧胀试验的成果有两部分：一是根据各测点的压力读数 A、B、C 及率定读数 ΔA、ΔB 计算相应的 p_0、p_1、p_2 及其随深度的变化曲线；二是各测点的 E_D、K_D、I_D、U_D 及其随深度的变化曲线。下面介绍其应用：

（1）划分土类

1）Marchetti（1980）提出根据扁胀指数 I_D 可划分土类，具体见表 7-39。

按扁胀指数 I_D 划分土类　　　　　　　　　　表 7-39

I_D	0.1		0.35	0.6	0.9	1.2	1.8	3.3
土类	泥炭及灵敏性黏土		黏土	粉质黏土	黏质粉土	粉土	砂质粉土	粉质砂土	砂土

2）Marchetti 和 Crapps（1981）提出把上表扩展成图 7-21，也可用于土类划分。

（2）确定静止侧压力系数 K_0

1）Marchetti（1980）根据意大利黏土的测试结果提出经验公式如下：

当 $I_D \leqslant 1.2$ 时　　　　　$K_0 = \left(\dfrac{K_D}{1.5}\right)^{0.47} - 0.6 \tag{7-65}$

2）Lunne 等（1990）提出，对于新近沉积的黏土，经验公式如下：

当 $c_u/\sigma_{vo} \leqslant 0.5$ 时　　　$K_0 = 0.34(K_D)^{0.54} \tag{7-66}$

（3）估算不排水抗剪强度 C_u

Marchetti（1980）提出估算不排水抗剪强度 C_u 的经验公式如下：

$$c_u/\sigma'_{vo} = 0.22(0.5K_D)^{1.25} \tag{7-67}$$

（4）计算土的变形参数

Marchetti（1980）提出计算压缩模量 E_s 的经验公式如下：

$$E_s = R_M E_D \tag{7-68}$$

式中　R_M——与水平应力指数有关的函数。

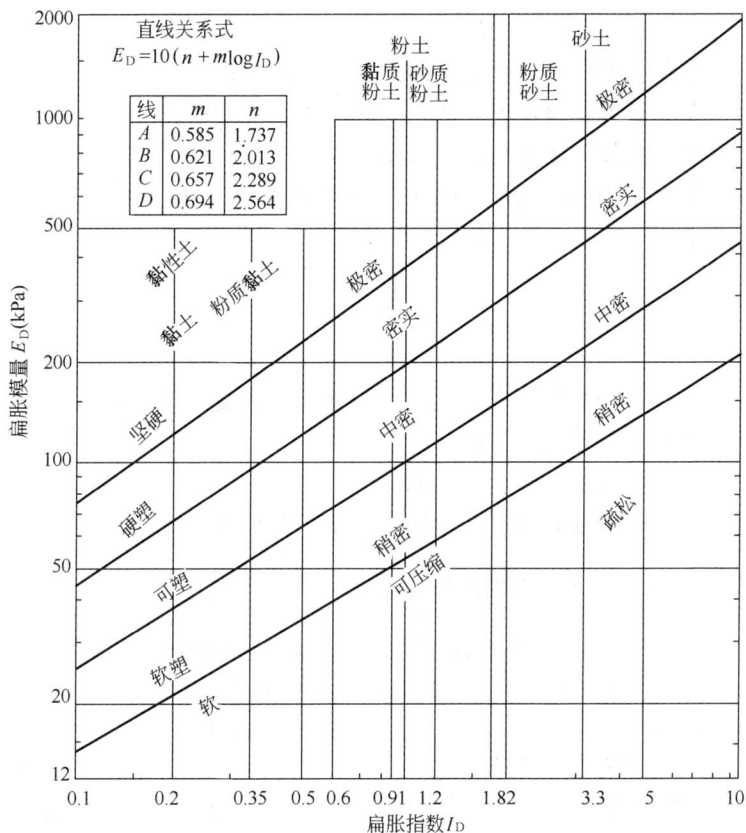

图 7-21 土类划分（Marchetti 和 Crapps，1981）

当 $I_D \leqslant 0.6$ 时　　　$R_M = 0.14 + 2.36 \lg K_D$

当 $0.6 < I_D < 3.0$ 时　$R_M = R_{M0} + (2.5 - R_{M0}) \lg K_D$

　　　　　　　　$R_{M0} = 0.14 + 0.15(I_D - 0.6)$

当 $I_D \geqslant 3.0$ 时　　　　$R_M = 0.5 + 2 \lg K_D$

当 $I_D > 10$ 时　　　$R_M = 0.32 + 2.18 \lg K_D$

一般　　　　　　　　$R_M \geqslant 0.85$

（5）提供侧向受荷桩的设计参数

Robertson 等（1989）对侧向受荷桩作了如下假设：桩为弹性梁（梁的弹性模量为 E，截面惯性矩为 I）；土的抗力由均匀分布的非线性弹簧模拟，其具体表达为式（7-69）。

$$\frac{P}{P_u} = 0.5 \left(\frac{y}{y_c} \right)^{0.33} \tag{7-69}$$

式中　P——单位长度桩身所受土的侧向抗力（kPa）；

　　　P_u——单位长度桩身所受土的极限侧向抗力（kPa）；

　　　y——桩单元体的水平变位（mm）；

　　　y_c——相当于 $P = 0.5P_u$ 时桩单元体的水平变位（mm）。

　　1）对黏性土（不排水条件下）

$$y_c = \frac{23.67 c_u D^{0.5}}{F_c \cdot E_D} \tag{7-70}$$

$$P_u = N_P \cdot c_u \cdot D \tag{7-71}$$

式中　　　c_u——由扁胀试验得到的不排水抗剪强度（kPa）；

　　　　　D——桩身直径（cm）；

　　　　　E_D——扁胀模量（MPa）；

$F_c = E_i / E_D$，E_i——初始切线模量（MPa）；$E_i / E_D \cong 10$；

　　　　　N_P——为无量纲极限抗力系数，其表达式为 $N_P = 3 + \dfrac{\sigma'_{VO}}{c_u} + J \dfrac{x}{D}$；

　　　　　式中 x 表示深度（m）；σ'_{VO} 表示深度 x 处垂直有效应力（kPa）；J 为经验系数，取值见表 7-40。

经验系数 J（Matlock，1970）　**表 7-40**

土　类	J
软黏土	0.5
硬黏土	0.25

　　2）对砂性土

$$y_c = \frac{4.17 \sin\varphi' \cdot \sigma'_{VO} D}{F_s \cdot E_D (1 - \sin\varphi')} \tag{7-72}$$

而 Robertson 等建议 P_u 取下列两式中的小值：

$$P_u = \sigma'_{VO} [D (K_p - K_a) + x K_p \tan\varphi' \tan\beta] \tag{7-73}$$

$$P_u = \sigma'_{VO} D (K_p^3 + 2 K_0 K_p^2 \tan\varphi' + \tan\varphi' - K_a) \tag{7-74}$$

式中　φ'——土的有效内摩擦角（kPa）；

　　$F_s = E_i / E_D$ 近似取 2；

　　K_a——朗肯主动土压力系数；

　　K_p——朗肯被动土压力系数；

　　K_0——静止侧压力系数；

　　$\beta = 45° + \varphi'/2$。

7.8 波 速 测 试

　　波速测试就是测定各类弹性波在地基中的传播速度。地基中的弹性波可分为两种，一种是体波，它是在地基介质内部传播；另一种是面波，它是在地基表面传播的。

体波又分为两种，其一是纵波，又称为压缩波、P波，纵波的质点运动方向与波的传播方向一致；其二是横波，又称剪切波、S波，横波的质点运动方向与波的传播方向垂直。

面波也分为两种，其一是瑞利波，又称为R波，瑞利波是一种沿地基土表面传播的波，质点运动轨迹为与波的传播方向逆行的椭圆，其轨迹平面垂直于地基土表面而平行于波的传播方向；其二是乐夫波，又称L波，乐夫波也是一种沿地基土表面传播的波，其与瑞利波的不同在于质点在水平面内振动而无垂直方向的分量。

不同种类的波在地基中的传播速度也是不同的，通常波速测试是指测试纵波、横波、瑞利波三种弹性波的传播速度。而根据不同的测试要求，可分别采用单孔法、跨孔法和面波法三种测试方法。

7.8.1 目的及用途

波速测试的目的是通过测定地基土中的弹性波传播速度，从而间接测定岩土体在小应变条件下（$10^{-6} \sim 10^{-4}$）的动弹性模量、动剪切模量、动泊松比。

7.8.2 基本原理及方法

（1）基本原理

根据弹性力学理论可知，纵波、横波、瑞利波在地基中的传播速度与地基土弹性模量、剪切模量、泊松比有下列关系：

$$V_p = \sqrt{\frac{E(1-\mu)}{\rho(1+\mu)(1-2\mu)}} = \sqrt{\frac{2G(1-\mu)}{\rho(1-2\mu)}} \tag{7-75}$$

$$V_s = \sqrt{\frac{E}{2\rho(1+\mu)}} = \sqrt{\frac{G}{\rho}} \tag{7-76}$$

$$\frac{V_p}{V_s} = \sqrt{\frac{2(1-\mu)}{(1-2\mu)}} \tag{7-77}$$

$$\frac{V_R}{V_s} = \frac{0.87 + 1.12\mu}{1+\mu} \tag{7-78}$$

式中　μ——地基土的泊松比；

ρ——地基土的密度（kg/m³）；

E——地基土的弹性模量（MPa）；

G——地基土的剪切模量（MPa）；

V_p——地基土的纵波速度（m/s）；

V_s——地基土的横波速度（m/s）；

V_R——地基土的瑞利波速度（m/s）。

通过上述关系式不难看出，测得纵波、横波、瑞利波在地基中的传播速度和地基土的密度，则很容易换算得到地基土的泊松比、弹性模量、剪切模量。

（2）测试方法

1）跨孔法　该方法是利用两个已知距离的钻孔，以其中一个钻孔为发射孔，另一个作为接收孔。在发射孔中逐点进行激振产生压缩波和横波，同时在接收孔中采用三分量传感器接收同一深度传来的纵波和横波，根据发射和检测到纵波和横波的时间差，就很容易计算得到纵波和横波的传播速度。跨孔法测试的突出优点在于，能够分别测试各土层的波速，从而为场地地基土的分层及定量指标的确定提供参考。

2）单孔法　该方法测试时仅需要一个钻孔。按激振点和接收传感器所处的位置不同，单孔法又分为 4 种：其一是地表激振，孔中接收（下孔法）；其二是孔中激振，地表接收（上孔法）；第三是孔中激振，孔中另一位置接收；第四是孔中激振，孔底接收。

3）面波法　面波法是直接在地表测定表面波（瑞利波）传播速度的测试方法，面波法不需要进行钻孔，激振点和接收点均设置在地表。根据震源的不同，面波法又分为稳态振动法和瞬态振动法两种。稳态振动法将激振点和两个接收点布置在一条直线上，在固定激振频率下，调节两个接收点的相对位置，使得两接收点测得的信号具有相同的相位，则此时两个接收点的距离必然等于波长的整数倍，当然也不难找到这样的距离使得它就等于波长。知道了波长也知道了频率，波的传播速度就很容易得到了。由于不同频率的波可以反映出不同深度范围内地基土的性质（这一性质又称为瑞利波的弥散性），因此可以通过改变激振频率，分别测试不同频率下瑞利波的波速来确定不同深度地基土的动力学参数。瞬态法的原理也是类似的，只是其信号分析要采用谱分析的方法进行。

7.8.3　测试设备

波速测试一般采用工程地震仪进行测试而激发装置随测试方法不同而有所不同。地震仪一般由传感器（也称检波器）、放大器、记录器三部分构成。

跨孔法的激振源有爆炸震源和机械震源两种，现在大多采用机械震源，具体方法是用一重物竖向下落冲击钻杆迫使孔底土层震动，产生纵波和横波，这种方法产生的振动只能在孔底，而井下剪切波锤可以在钻孔中任意深度激振产生剪切波。跨孔法所采用的传感器一般都采用三分量传感器，它可以同时测量 x、y、z 三个不同方向上的振动分量。放大器和记录器一般要求具有多个测试通道，以便于同时检测多个传感器的多个振动信号。跨孔法的设备及测试时的布置图如图 7-22 所示。

单孔法测试设备除震源外与跨孔法相同。单孔法比较常用的是剪切波震源，具体做法是，先选定适当长度的板，在板上加一定重量的重物，激振时，用锤子在水平方向敲击板的顶面，从而在地基中产生剪切波。纵波震源则只要在孔口附近放置一块木质或橡胶垫子（或钉一木桩），然后用锤子在垂直方向敲击即可。单孔法的测试设备及布置图如图 7-23 所示。

面波法测试所采用的设备与跨孔法的区别在于激振震源的不同。面波法的稳态法所采用的震源为可扫频的电磁式激振器，它可以在较宽的频率范围内改变激振频率。瞬态法的震源与单孔法的剪切波震源相同。稳态法测试时的设备布置图如图 7-24 所示。

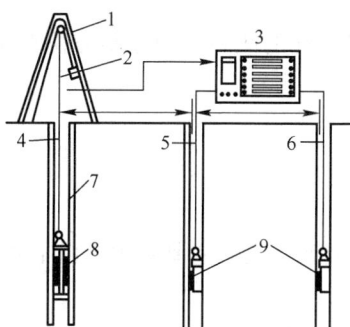

图 7-22　跨孔法测试设备及布置示意图

1—三脚架；2—绞车；3—地震仪；4—震源孔；5、6—接收孔；7—套管；8—井下剪切波锤；9—井下传感器

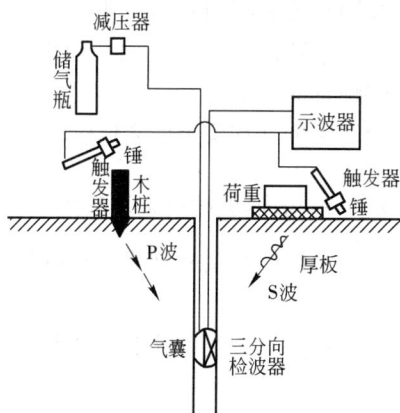

图 7-23　单孔法测试设备及布置示意图

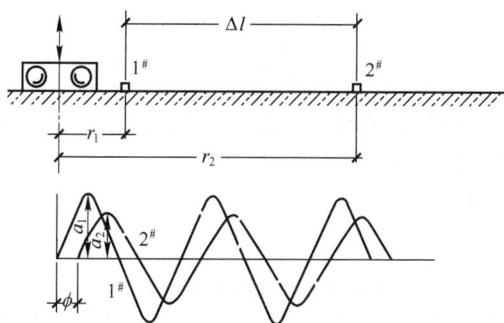

图 7-24　面波法测试设备及布置示意图

7.8.4　技术要求

单孔法波速测试的主要技术要求如下：

（1）测试孔要垂直。

（2）所采用的三分量检测传感器要固定在需要测试的钻孔内预定深度处并紧贴孔壁。

（3）应结合土层分布布置测点，测点的垂直间距宜取 1～3m，层位变化处可适当加密，并宜自下而上逐点测试。

跨孔法波速测试的主要技术要求如下：

（1）有两个以上测试孔时，测试孔和震源孔应布置在同一条直线上。

（2）测试孔的孔距在土层中宜取 2～5m，在岩层中宜取 8～15m。测点垂直间距宜取 1～2m。近地表测点宜布置在 0.4 倍孔距深度处，震源和接收传感器应布置在同一地层的相同标高处。

（3）当孔深超过 15m 时，应进行激振孔和测试孔的倾斜度和倾斜方位校正，测点间距宜取 1m。

面波法测试宜采用低频传感器。

7.8.5　波速测试成果及应用

波速测试的直接成果就是各被测土层的弹性波速，它们主要被用于以下几个方面：

（1）计算小应变条件下的动剪切模量、动弹性模量和动泊松比，其计算公式如下：

$$G_d = \rho \cdot V_s^2 \tag{7-79}$$

$$E_d = \frac{\rho \cdot V_s^2 (3V_p^2 - 4V_s^2)}{V_p^2 - V_s^2} \tag{7-80}$$

$$\mu_d = \frac{V_p^2 - 2V_s^2}{2(V_p^2 - V_s^2)} \tag{7-81}$$

式中　G_d、E_d、μ_d——地基土的动弹性模量（MPa）、动剪切模量（MPa）和动泊松比。

其他变量含义同前。

（2）划分场地类型

利用剪切波速划分场地土类型　　　　　　　表 7-41

场地土类型	土层剪切波速 V_{sm}（m/s）	场地土类型	土层剪切波速 V_{sm}（m/s）
坚硬场地土	＞500	中软场地土	140～250
中硬场地土	250～500	软弱场地土	≤140

我国国标《建筑抗震设计规范》GB 50011—2010 规定，取地面以下 15m 且不大于场地覆盖层（第四纪土层）厚度范围内各土层剪切波速按厚度加权平均值 V_{sm}，将场地土划分为坚硬场地土、中硬场地土、中软场地土和软弱场地土，具

体划分标准见表 7-41。

此外，波速测试的成果还可用于估算场地土层的固有周期，检验地基的加固效果及判定饱和土是否液化等。

7.9 现场直接剪切试验

现场直接剪切试验是在现场对岩土样施加一定的法向应力和剪切力，使其在剪切面上破坏，从而求得岩土体在各种剪切面特别是岩土体软弱结构面上抗剪强度的一种原位测试方法。根据试验对象的不同，现场直接剪切试验又分为土体现场剪切试验和岩体现场剪切试验两种，本书仅介绍土体的现场剪切试验。

7.9.1 试验目的及用途

现场直接剪切试验的目的就是测定岩土体特定剪切面上的抗剪强度指标。

7.9.2 基本原理及方法

（1）基本原理

土的现场直接剪切试验的原理与室内直剪试验的原理基本相同，一般是在现场对几个试样（每组不少于 3 个试样）施加不同的法向荷载，待其固结稳定后再施加水平剪力使其破坏，同时记录下每个试样破坏时的剪切应力，绘制出破坏剪应力与法向应力的关系曲线，继而可以得到土体在特定破坏面上的抗剪强度参数即内摩擦角和黏聚力。

（2）试验方法

1）试验的第一步是试坑的开挖和试样的制备，试坑的开口尺寸视所需试验土层的深度及坑壁土的性质而定。一般情况下工作面的尺寸为 2.5m×1.6m。试样的制备一般在试坑中进行，用下端带有刃口的剪力盒，边压入土体边削去剪力盒外侧土体，一直到剪力盒全部切入到预定的试验深度为止，沿刃口的深度将周围土体削除，形成与剪切面一致的试坑基底平面，同时修整剪力盒中试样的顶面，使试样顶面超出剪力盒顶面 1cm 左右，并使其保持平整。试样制备完成后，可安装法向应力施加装置和水平推力施加装置以及相应的应力、位移测量装置（参见图 7-25），试验设备安装完成之后，即可开始试验。

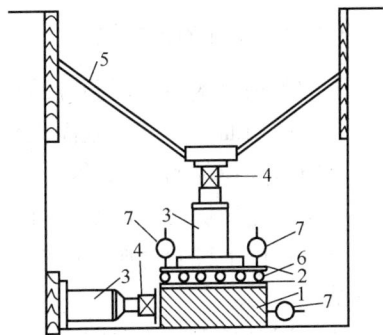

图 7-25 坑壁支撑剪切试验装置
1—剪力盒；2—滚动滑板；3—千斤顶；
4—力传感器；5—加压反力装置；
6—滚珠；7—位移计

2）对试样分级施加法向荷载，荷载的等效集中力作用位置应位于剪切面的中心，最大法向荷载应大于设计荷载，一般可分 4～5 级逐渐达到试验所需的最终法向荷载。每级法向荷载施加后每 5min 测量一次试样变形，当每 1min 变形不超过 0.05mm 时可施加下一级荷载。最后一级法向荷载施加后，当 1h 内垂直变形不超过 0.05mm 时，即达到相对稳定状态，可以施加剪切荷载。

3）施加水平剪切力，每级剪切荷载按预估最大荷载的 8％～10％分级等量施加，也可按法向荷载的 5％～10％分级等量施加。当剪切变形急剧增长或变形继续增长而剪应力无法增加或剪切变形达到试样边长（直径）的 1/10 时可终止试验。

4）当需要根据剪切位移大于 10mm 时的试验成果确定土的残余抗剪强度时，可能需要沿剪切面继续进行摩擦试验。

5）绘制有关试验成果曲线（详见试验成果及应用部分）。

7.9.3　试验设备

土的现场直接剪切试验的主要设备有下列几部分构成：

（1）剪力盒，用以制备和装盛土样。

（2）法向荷载施加系统，由千斤顶、加压反力装置及滚动滑板构成，用以施加法向应力。

（3）水平剪力施加系统，由千斤顶及附属装置（反力支座等）构成。

（4）测量系统，由位移量测系统（位移计、百分表等）和力测量系统（力传感器）构成，用以测量法向荷载、法向位移、水平剪力、水平位移等。

图 7-25 是一种常见的土现场直接剪切试验装置的示意图。

7.9.4　试验的技术要求

土的现场直接剪切试验应满足下列技术要求：

（1）剪切面积（试样截面积）不宜小于 0.3m²，高度不宜小于 20cm 或为试样土颗粒最大粒径的 4～8 倍。

（2）开挖试坑时，应避免对试样土体的扰动和使土样含水量发生显著变化。在地下水位以下试验时应先降低水位，待试验装置安装完毕，恢复地下水位后再进行试验。

（3）试验过程及法向应力、水平剪切力施加以及终止试验的标准应符合上述试验方法中的相关要求。

7.9.5　试验成果及应用

现场直接剪切试验的主要成果有：剪切应力与剪切位移关系曲线；抗剪强度与法向应力关系曲线。

利用剪切应力与剪切位移关系曲线，可以确定一定法向应力条件下，剪切破坏面上的峰值抗剪强度和残余强度。

利用抗剪强度与法向应力关系曲线可以确定剪切面上，土体的内摩擦角和黏聚力。

除此之外，还可以通过绘制剪应力与垂直位移关系曲线，求得土体的剪胀强度。

7.10 激振法测试

激振法测试用于测试天然地基和人工地基的动力特性。一般采用对建立在地基上的动力设备基础或模型块体基础进行自由或强迫振动试验的方式，测量系统振动的固有频率和振幅，再通过对测试结果的分析计算，可以得到有关动力设备基础设计所需要的技术参数。

7.10.1 目的及用途

激振法测试的目的就是测定地基的动力参数，具体有基础振动的固有频率、阻尼比、地基抗压刚度等。

7.10.2 测试的方法及原理

（1）测试方法

根据施加激振力的方式和振动方向，可将激振法测试分为以下 4 种：

1）垂直强迫振动试验：施加的激振力为垂直方向的稳态周期性振动力；

2）垂直自由振动试验：用自由下落的重物（一般为铁球）冲击块体基础使其产生垂直向的振动，激振力为瞬间的冲击力，延续时间很短，此后基础呈自由衰减振动。

3）水平回转自由振动试验：用木锤水平撞击块体基础侧面的顶端，使基础产生水平回转振动，激振力也为瞬间的冲击力，撞击后基础呈自由水平回转衰减振动。

4）水平回转强迫振动试验：用旋转式激振器产生水平的周期性稳态激振力，使块体基础产生周期性的水平回转振动。

鉴于在实际工程勘察中，多采用垂直振动试验，因此下面着重介绍垂直振动试验的原理及其试验数据的处理。

（2）基本原理

1）垂直强迫振动试验

①变扰力强迫振动试验　通过改变激振力的频率，同时测得各自频率下基础振动的位移响应的幅值，可以得到所谓幅度—频率关系曲线（简称幅频曲线），

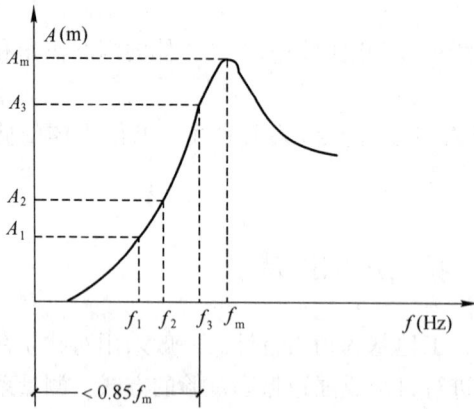

图 7-26　变扰力的幅频曲线

幅频曲线的峰值位置就是发生共振的频率，也就是基础的固有频率。典型的幅频曲线如图 7-26 所示。

根据幅频曲线，即可得到地基的有关动力参数如下：

（a）地基土垂直向振动阻尼比 ξ_z：

在幅频响应曲线上，选取峰值点（峰值频率 f_m）以及 $0.85 f_m$ 以下不少于三点的频率和振幅值（见图 7-26），然后按下列公式进行计算：

$$\xi_z = \frac{\sum_{i=1}^{n} \xi_{zi}}{n} \tag{7-82}$$

$$\xi_{zi} = \left[\frac{1}{2} \left(1 - \sqrt{\frac{\beta_i^2}{\alpha_i^4 - 2\alpha_i^2 + \beta_i^2}} \right) \right]^{\frac{1}{2}} \tag{7-83}$$

式中　$\alpha = \dfrac{f_m}{f_i}$，$\beta = \dfrac{A_m}{A_i}$，$A_m$ 为相对于峰值频率 f_m 的振幅值；

A_i——第 i 点频率 f_i 对应的振幅值；

ξ_{zi}——根据第 i 点数据计算得到的地基垂直向阻尼比；

ξ_z——地基垂直向阻尼比。

（b）无阻尼垂直向自振频率 f_n：

$$f_n = f_m \sqrt{1 - 2\xi_z^2} \tag{7-84}$$

（c）地基土的抗压刚度 K_z：

$$K_z = m \ (2\pi f_n)^2 \tag{7-85}$$

式中　m——参振质量，$m = \dfrac{m_e e}{A_m} \cdot \dfrac{1}{2\xi_z \sqrt{1 - \xi_z^2}}$，当 m 值大于基础质量两倍时，取

m 等于两倍的基础质量；

m_e、e——分别为激振器偏心块的质量和偏心距。

②常扰力强迫振动试验　在保持激振力峰值不变情况下，改变激振力的频率，进行的振动试验。常扰力情况下得到的幅频曲线如图 7-27 所示。类似的，可得到地基的有关动力参数如下：

（a）地基土垂直向振动阻尼比 ξ_z：

其计算公式同公式（7-80）和式（7-81），差别在于式中 $\alpha=\dfrac{f_i}{f_m}$；其他变量含义均同前。

（b）地基土的抗压刚度 K_z：

$$K_z=\frac{P}{A_m}\cdot\frac{1}{2\xi_z\sqrt{1-\xi_z^2}} \quad (7\text{-}86)$$

式中　P——激振力幅值（kN）。

2）垂直自由振动试验

垂直向自由振动试验，记录的是基础作垂直向自由衰减振动时的位移时程曲线（位移—时间关系曲线）。典型的位移时程曲线如图 7-28 所示。

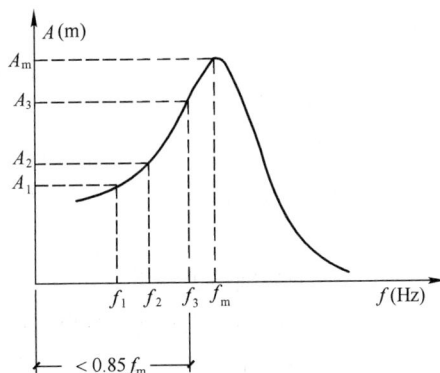

图 7-27　常扰力强迫振动的幅频曲线

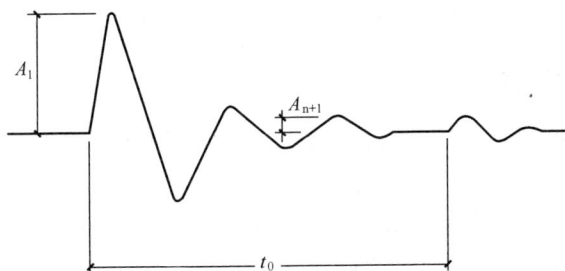

图 7-28　垂直自由振动的位移时程曲线

根据位移时程曲线，即可得到地基的有关动力参数如下：

①地基土垂直向振动阻尼比 D_z：

$$D_z=\frac{1}{2n\pi}\ln\frac{A_1}{A_{n+1}} \tag{7-87}$$

式中　A_1、A_{n+1}——分别为曲线上第 1、$n+1$ 个峰值位移值。

②地基的抗压刚度 K_z：

$$K_z=m\ (2\pi f_{nz})^2 \tag{7-88}$$

式中　m——块体基础竖向振动的参振总质量，其表达式如下：

$$m=\frac{(1+e_1)m_1v}{A_{max}2\pi f_{nz}}e^{-\Phi} \tag{7-89}$$

$$\Phi=\frac{\arctan\dfrac{\sqrt{1-\xi_z^2}}{\xi_z}}{\dfrac{\sqrt{1-\xi_z^2}}{\xi_z}} \tag{7-90}$$

$$f_{nz} = \frac{f_d}{\sqrt{1 - \xi_z^2}} \qquad (7\text{-}91)$$

$$v = \sqrt{2gH_1} \qquad (7\text{-}92)$$

$$e_1 = \sqrt{\frac{H_2}{H_1}} \qquad (7\text{-}93)$$

$$H_2 = \frac{1}{2}g\left(\frac{t_0}{2}\right)^2 \qquad (7\text{-}94)$$

式中 A_{max}——基础最大振幅（m）；

f_d——基础有阻尼振动固有频率（Hz）；

H_1——铁球下落高度（m）；

H_2——铁球回弹高度（m）；

m_1——铁球质量（t）；

e_1——回弹系数；

t_0——两次冲击时间间隔（s）。

7.10.3 仪器设备

激振法测试的仪器设备一般由三部分构成，即激振系统、测试系统、分析系统。

（1）激振系统 激振系统又分为自由振动激振系统和强迫振动激振系统。由于自由振动激振系统只需要产生冲击力，因此结构较为简单，通常可采用自由下落的重物（如铁球等）或人工锤击进行；强迫振动激振系统可分为机械式激振系统和电磁式激振系统，由于需要提供延续时间较长的周期性激振力，一般还要求其激振周期能在一定范围内连续变化以达到扫频激振的目的，因此强迫振动激振系统相对较为复杂。机械式激振系统由偏心式机械激振器、可控硅调速器和直流马达等组成。激振器采用双轴反向对转式，通过改变偏心块的质量来改变激振力的大小；可控硅调速器通过调节输出电流的大小来控制马达的转速，从而控制激振频率。而偏心激振器的驱动可采用电动机或其他机械设备，机械式激振设备的优点是可以提供比较大的激振力；电磁式激振器的优点是激振频率范围较宽，一般可达2～1000Hz，激振力幅值输出基本不随频率变化，使用安装方便，但激振力一般较小，适合于基础及附加质量较小的情况。

（2）测试系统 一般由传感器（又称拾振器、检波器）、放大器和记录仪器组成。传感器用于将振动信号转换为电信号，一般测振传感器可分为三种类型：加速度型、速度型、位移型传感器；放大器的功能是将传感器输出的微弱电信号加以放大，放大器一般有电荷放大器和电压放大器两种；记录仪有两种，一种是模拟式记录仪，它是将放大器输出的信号直接记录在记录纸或者记录在磁带上；另一种是数字式记录仪，又称为数据采集系统，它首先通过A/D转换器将模拟量转换为数字量，然后以磁盘文件的方式加以储存记录。数据采集技术是电子学和计算机技术高度发达的产物，现在大部分测试分析系统都采用这一技术。

（3）分析系统　一般也可分为模拟式和数字式两种，主要针对记录的信号是模拟式信号还是数字式信号加以采用。模拟式分析仪采用专门的电路对模拟信号进行分析；而数字式分析仪一般采用专用计算机分析程序对数字信号进行分析。

7.10.4　激振法测试的技术要求

（1）激振法测试应采用强迫振动方法，有条件时宜同时采用强迫振动和自由振动两种测试方法。

（2）进行激振法测试时，应收集机器性能、基础形式、基底标高、地基土性质和均匀性、地下构筑物和干扰振源等资料。

（3）机械式激振设备的最低工作频率宜为 $3\sim5$Hz，最高激振频率宜大于 60Hz；电磁式激振设备的扰力不小于 600N。

（4）块体基础的尺寸宜为 2.0m×1.5m×1.0m。在同一地层条件下，宜采用两个块体基础进行对比试验，其基底面积一致，高度分别为 1.5m 和 1.0m 测试基础的混凝土强度等级不宜低于 C15。

（5）测试基础应置于拟建基础附近和类似的土层上，其底面标高应与拟建基础底面标高一致。

（6）应分别进行埋置和明置两种情况下的测试，埋置基础的回填土应分层夯实。

（7）测试仪器设备还应满足现行国家标准《地基动力特性测试规范》GB/T 50269 的规定。

7.11　岩体原位应力测试简介

7.11.1　目的及用途

岩体原位应力测试的目的就是测定岩体的原位应力。岩体应力测试适合于无水、完整或较完整的岩体。

7.11.2　基本原理及方法

目前岩体原位应力测试一般通过先测出岩体应变，再根据应力应变关系计算出应力值的间接测量方法。常见的测试方法可分为两大类：第一类是应力解除法；第二类是应力恢复法。

（1）应力解除法的基本原理是：岩体在应力作用下产生应变，当需要测定岩体中某点的应力时，可先将该点的单元岩体与其基岩部分分离，使该点单元岩体所受的应力解除，同时量测该单元岩体在应力解除过程中产生的应变，由于这一过程是可逆的，因此可以认为，单元岩体在应力解除过程中产生的应变，也就是原位岩体应力使该单位岩体所产生的应变。利用岩体的应力应变关系即可计算得到岩体的原位应力。根据量测元件安放在岩体内的深浅又可分为岩体表面应力解除法、浅孔应力解除法和深孔应力解除法三种。后两种又可分别细分为孔壁应变法、孔径变形法、孔底应变法。

1) 孔壁应变法的基本过程是：先用大孔径钻头在待测岩体上钻孔至预定深度并将孔底打磨平整，再改用小孔径钻头钻测试孔，深度大约 50cm，要求测试孔与大钻孔同轴且内壁光滑，然后采用安装器按一定的方位将应变计安装于测试孔壁上，待应变计读数稳定后读取初读数。最后采用直径比测试孔径稍大一些的套钻进行分级钻进，逐步解除测试孔壁的应力，钻入深度为测试孔壁应变计读数不再发生变化为止。

2) 孔径变形法与孔壁应变法在钻孔方面要求类似，差别在于孔径变形法测量的是应力解除前后测试孔孔径的变化情况，根据孔径的变化推求得到岩体的原位应力。

3) 孔底应变法的基本过程是：先用大孔径钻头在待测岩体上钻孔至预定深度并将孔底打磨平整和进行干燥处理，然后用安装器将孔底应变计安装在经打磨、烘干处理的钻孔底部，待应变计稳定后读取初读数，然后仍用原来的大孔径钻头继续钻进，进行应力解除，钻至一定深度后，待孔底应变计读数不再改变时，读取应力完全解除后的应变计读数值，最后通过应力应变关系换算成原位岩体应力。

（2）应力恢复法的基本原理是：当测点岩体的应力由于切槽而被解除后，应变也随之恢复到原来不受力的状态。反过来，当在切槽中埋入压力枕（扁千斤顶）对岩体施加压力到应力释放前的状态，则岩体的应变也会回到应力释放前（切槽前）的状态。因此，在通过压力枕加压过程中，只要对切槽周围岩体的应变进行测量，当应变恢复到切槽前的状态时，压力枕所施加的应力就可以认为是岩体的原位应力。

现行规范规定采用应力解除法的孔壁应变法、孔径变形法、孔底应变法三种测试方法进行岩体的原位应力测试，这三种方法的具体操作要求以及通过测得的应变或孔径变化计算岩体原位应力的计算公式，可参见国标《工程岩体试验方法标准》GB/T 50266—2013 有关条款以及附录 A 岩体应力计算的内容，这里不再详细介绍。

思 考 题

7.1 什么叫做岩土工程原位测试？它有哪些优、缺点？

7.2 静载荷试验的基本原理是什么？它有哪些技术要求？

7.3　静力触探试验的成果有哪些？它们可以用来解决什么问题？

7.4　标准贯入试验与圆锥动力触探试验有何异同？

7.5　十字板剪切试验的基本原理是什么？它适合于在何种条件下采用？

7.6　旁压试验的主要成果有哪些？它们如何应用？

7.7　扁铲侧胀试验的基本原理是什么？它能得到哪些成果？

7.8　波速测试有哪几种方法？其成果如何应用？

7.9　现场直接剪切试验的主要技术要求？

7.10　激振法测试可以得到哪些成果？

7.11　岩体原位应力测试有哪几种方法？其主要原理是什么？

第8章 室内试验

8.1 概　　述

尽管有很多种岩土工程原位测试方法，但是绝大多数岩土材料的物理力学参数还是需要依靠室内试验来测试的，有些参数的测试只能靠室内试验来完成，如土粒比重的测定、颗粒成分的测定、土的容重的测定等。因此室内试验与原位测试应当是相互补充、相辅相成的。

室内试验的方法有很多种，根据大类可分为如下几种：

（1）土的物理性质试验，如颗粒级配试验、土粒比重试验、含水量试验、密实度试验、液、塑限试验等；

（2）土压缩、固结试验；

（3）土的抗剪强度试验，如直剪试验、各种常规三轴试验、无侧限抗压强度试验等；

（4）土的动力性质试验，如动三轴试验、共振柱试验、动单剪试验等；

（5）岩石试验，如岩矿鉴定、块体密度试验、吸水率和饱和吸水率试验、耐崩解试验、膨胀试验等。

鉴于室内试验种类较多，本书只摘要介绍各主要试验的基本原理和技术要点。

8.2　土的物理性质试验

由于在工程中，对不同类型的土人们所关心的问题是不尽相同的，因此土的物理性质试验针对不同类型的土也有所不同，现将不同土类所需要进行的试验项目列于表8-1。

各土类应进行的物理试验项目

表 8-1

土　类	应进行的物理性质试验项目
砂　土	颗粒级配、土粒相对密度、天然含水量、天然密度、最大和最小密度
粉　土	颗粒级配、土粒相对密度、天然含水量、天然密度、液限、塑限、有机质含量
黏性土	土粒相对密度、天然含水量、天然密度、液限、塑限、有机质含量
备　注	（1）对砂土，如无法取得Ⅰ、Ⅱ、Ⅲ级土试样时，可只进行颗粒级配试验 （2）当目测不含有机质时，可不进行有机质含量试验

8.2.1　颗粒级配试验

土的固体骨架是由颗粒粒径大小不同的土粒组成的，根据粒径的大小可以将土颗粒分为 6 个粒组：漂石或块石组、卵石或碎石组、圆砾或角砾组、砂粒组、粉粒组、黏粒组，粒组的分界粒径对应为：200、20、2、0.075、0.005mm（共 5 个）。颗粒分析试验的目的就是要测定土样中各粒组的相对百分含量。

颗粒分析试验又分为两种不同的试验方法：一是筛分法；二是静水沉降分析法（它又包括密度计法和移液管法两种）。

8.2.1.1　筛分法

（1）试验原理及方法

用一组具有不同孔径的筛子（粗筛的孔径分别为 60、40、20、10、5、2mm；细筛的孔径分别为 2.0、1.0、0.5、0.25、0.075mm），将制备好的干土样分别过筛，即可将各粒组分开，利用天平称得各粒组的质量，再除以干土样的总质量即可得到各粒组的百分含量。经过简单的计算，也可以得到小于各分界粒径的所有土颗粒占土样的百分含量（累计含量），将粒径作为横坐标（对数坐标），累计百分含量作为纵坐标（自然坐标）绘制在半对数坐标纸上，就可以得到土的颗粒级配曲线。利用颗粒级配曲线，人们可以直观地了解土的颗粒组成情况。

由于筛子孔径不能做得很小，加上很细的土颗粒容易粘连，因此筛分法只适合于分离粒径大于 0.075mm 的土颗粒，对黏性土也就不适用了。

（2）主要试验设备及操作要点

1）筛分法所用的仪器设备主要有以下几部分：

①分析筛：粗筛的孔径分别为 60、40、20、10、5、2mm；

　　　　　细筛的孔径分别为 2.0、1.0、0.5、0.25、0.075mm。

②天平：称量 5000g，最小分度 1g；称量 1000g，最小分度 0.1g；称量 200g，最小分度 0.01g。

③振筛机：筛析过程中能上下振动。

④其他：烘箱、研钵、瓷盘、毛刷等。

2）技术要点

①将称取好质量的土样过 2mm 筛，分别称量筛上和筛下的土样质量。当筛上土样质量小于试样总质量的 10% 时，不做粗筛分析；当筛下土样质量小于试样总质量的 10% 时，不做细筛分析。

②取筛上土样进行粗筛分析；另取筛下土样进行细筛分析。细筛分析宜置于振筛机上震筛，震筛时间宜为 10～15min。再按由上而下的顺序将各筛及底盘内的土样取下，分别称量其质量，应准确至 0.1g。筛后，各级筛上的土样

质量加上底盘内土样质量总和与试验前土样总质量的差值不得大于试样总质量的 1％。

③含有细粒土颗粒的砂土的筛析法。应先将土样置于盛水容器中充分搅拌，使土样粗细颗粒完全分离。然后将悬浊液先过 2mm 筛，将筛上的粗颗粒土样烘干做粗筛分析；将过筛后的悬浊液再过 0.075mm 孔径的筛，将筛上的砂粒烘干后做细筛分析；如果两次过筛后的悬浊液中所含土颗粒质量超过土样总质量的 10％时（即两次筛上的粗颗粒烘干后的质量之和小于土样总质量的 90％），应对过筛后的悬浊液进行密度计法颗粒分析（具体参见本书后续内容）。

8.2.1.2　静水沉降分析法

静水沉降法分为密度计法和移液管法，以密度计法较为多用，因此这里仅介绍密度计法。移液管法请读者参考其他书籍。

（1）试验原理及方法

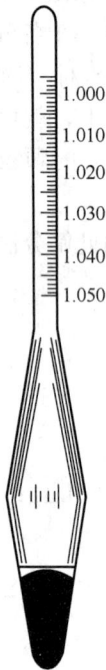

图 8-1　乙种密度计

该方法适合于分析粒径小于 0.075mm 的土样。它是将一定质量（一般为 30g 左右）的风干土样经过加水浸泡、煮沸、静置、过筛（筛孔直径 0.075mm，以滤去粗颗粒）等一系列过程，最后制成 1000mL 的悬浊液（加一定量的分散剂）置于 1000mL 的量筒中。试验时，首先用搅拌器上下往复搅拌悬浊液，使得所有不同粒径的土颗粒在悬浊液中均匀分布。然后静置悬浊液，让悬浊液中的土颗粒在重力作用下沉降、分选，由于不同粒径的土颗粒在悬浊液中的沉降速度不同，粒径大的土颗粒下沉速度快，而粒径小的土颗粒下沉速度慢（下沉速度与颗粒直径的平方成正比）。这样，在静置一定时间 t 后，距液面 L 的水平面处的液体中，所有大于某个粒径 D_{max} 的土颗粒都沉降到了该液面之下，换句话说，该平面处液体中土颗粒的最大粒径就是 D_{max}。此外，对于该平面处的薄层单元液体而言，对于粒径小于 D_{max} 的所有土颗粒，在上述时间段内，进入和出去的土颗粒量是相同的，也就是说，此时该液面处单位体积液体中，小于 D_{max} 所有土颗粒含量与沉降前的均匀悬浊液中颗粒含量是相同的。因此如果能够测得该平面处单位体积液体中固体颗粒的含量，则可以得到原均匀悬浊液（共 1000mL）中粒径小于 D_{max} 的所有土颗粒含量，再除以总的干土重量，即可得到原土样中粒径小于 D_{max} 的所有土颗粒所占的百分含量。通过在不同时刻测定不同深度平面处液体中小于其对应的最大粒径 D_{max} 的土颗粒所占的百分含量，然后将其绘制在上述半对数坐标上，即可得到土的颗粒级配曲线。

测定某液面处液体中土颗粒含量的工作是由密度计来完成的，密度计分为两种，分别称为甲种密度计和乙种密度计。分别介绍如下：

1）甲种密度计

甲种密度计在外形、结构上与乙种密度计类似，只是其读数的含义有所不同，甲种密度计的读数表示，密度计浮泡中心对应位置液体的每单位体积（1000mL）中含有的固体颗粒（土颗粒）质量，读数的单位是克（g）。因此除了计算土颗粒百分含量的公式不同之外，其他如求有效沉降距离和最大粒径的公式均和乙种密度计相同，结果的处理方法也相同。

小于最大粒径 $D_{\max}$ 的土颗粒所占土样总质量的百分含量 X 的计算公式如下：

$$X = \frac{100}{m_s} C'_G (R'_m + T') \tag{8-1}$$

式中 C'_G——土粒相对密度校正系数，取值见表8-2；

　　　　T'——温度校正系数，取值见表8-3；

　　　　R'_m——甲种密度计读数。

土粒比重校正系数   表8-2

土粒相对密度	相对密度校正值		土粒相对密度	相对密度校正值	
	甲种密度计 C'_G	乙种密度计 C_G		甲种密度计 C'_G	乙种密度计 C_G
2.50	1.038	1.666	2.70	0.989	1.588
2.52	1.032	1.658	2.72	0.985	1.581
2.54	1.027	1.649	2.74	0.981	1.575
2.56	1.022	1.641	2.76	0.977	1.563
2.58	1.017	1.632	2.78	0.973	1.562
2.60	1.012	1.625	2.80	0.969	1.556
2.62	1.007	1.617	2.82	0.965	1.549
2.64	1.002	1.609	2.84	0.961	1.543
2.66	0.998	1.603	2.86	0.958	1.538
2.68	0.993	1.595	2.88	0.954	1.532

密度计温度校正值   表 8-3

悬液温度（℃）	温度校正值		悬液温度（℃）	温度校正值	
	甲种密度计（T'）	乙种密度计（T）		甲种密度计（T'）	乙种密度计（T）
10.0	−2.0	−0.0012	20.0	+0.0	+0.0000
10.5	−1.9	−0.0012	20.5	+0.1	+0.0001
11.0	−1.9	−0.0012	21.0	+0.3	+0.0002
11.5	−1.8	−0.0011	21.5	+0.5	+0.0003
12.0	−1.8	−0.0011	22.0	+0.6	+0.0004
12.5	−1.7	−0.0010	22.5	+0.8	+0.0005
13.0	−1.6	−0.0010	23.0	+0.9	+0.0006
13.5	−1.5	−0.0009	23.5	+1.1	+0.0007
14.0	−1.4	−0.0009	24.0	+1.3	+0.0008
14.5	−1.3	−0.0008	24.5	+1.5	+0.0009
15.0	−1.2	−0.0008	25.0	+1.7	+0.0010
15.5	−1.0	−0.0007	25.5	+1.9	+0.0011
16.0	−0.9	−0.0006	26.0	+2.1	+0.0013
16.5	−0.8	−0.0006	26.5	+2.2	+0.0014
17.0	−0.7	−0.0005	27.0	+2.5	+0.0015
17.5	−0.5	−0.0004	27.5	+2.6	+0.0016
18.0	−0.4	−0.0003	28.0	+2.9	+0.0018
18.5	−0.3	−0.0003	28.5	+3.1	+0.0019
19.0	−0.2	−0.0002	29.0	+3.3	+0.0021
19.5	−0.1	−0.0001	29.5	+3.5	+0.0022
20.0	−0.0	−0.0000	30.0	+3.7	+0.0023

2) 乙种密度计

图 8-1 是乙种密度计的示意图，它的下端比较粗大的部分称为浮泡，上端细长部分为带有刻度的管子，刻度自上而下，示值由小变大，整个密度计为薄壁玻璃吹制而成的密封体。试验时将其放入悬浊液中，液面处对应位置的密度计读数值表示密度计浮泡中心位置处悬浊液的密度，则小于其对应的最大粒径 D_{max} 的土颗粒所占的百分含量由下列公式计算得到：

$$X = \frac{100 \cdot V_x}{m_s} C_G [(R_m - 1) + T] \rho_{w20} \qquad (8\text{-}2)$$

式中 X——小于最大粒径 D_{max} 的土颗粒所占的百分含量；

V_x——悬浊液体积（1000mL）；

m_s——干土样总质量（g）；

C_G——土粒比重校正系数，取值见表 8-2；

T——温度校正系数，取值见表 8-3；

R_m——乙种密度计读数；

ρ_{w20}——20℃时水的密度（g/cm³），可查有关物理手册。

最大粒径 D_{max} 按下列公式计算：

$$D_{\max} = \sqrt{\frac{1800\eta}{(G_s - G_w)g\rho_{w4}}} \cdot \sqrt{\frac{L}{t}} = K \cdot \sqrt{\frac{L}{t}} \tag{8-3}$$

式中 G_s——土粒相对密度；

$\quad\quad G_w$——水的相对密度，与温度有关；

$\quad\quad g$——重力加速度（取 981cm/s^2）；

$\quad\quad L$——浮泡中心位置对应平面处，悬浊液中最大粒径土颗粒的有效沉降距离（cm），按公式（8-4）计算；

$\quad\quad t$——沉降时间，即搅拌停止到读数的时间间隔（s）；

$\quad\quad \eta$——水的动力黏滞系数（10^{-6}kPa·s），与温度有关；

$\quad\quad \rho_{w4}$——4℃时水的密度（取 1g/cm^3）。

$\quad\quad K$——粒径计算系数，一般已制成表格，可根据不同温度值查取；

$\quad\quad D_{\max}$——最大粒径（mm）。

$$L = \alpha + \frac{R_m - R_h}{R_l - R_h}l_0 - \frac{V_0}{2F} \tag{8-4}$$

式中 L——有效沉降距离（cm）；

$\quad\quad R_m$——t 时刻密度计读数；

$\quad\quad R_h$——密度计最高刻度（最小刻度）；

$\quad\quad R_l$——密度计最低刻度（最大刻度）；

$\quad\quad l_0$——密度计最高刻度到最低刻度之间的长度（cm）；

$\quad\quad \alpha$——密度计最低刻度到浮泡中心位置之间的长度（cm）；

$\quad\quad V_0$——密度计浮泡体积（cm^3）；

$\quad\quad F$——量筒的截面积（cm^2）。

至此，我们就可以通过 t 时刻密度计的读数 R_m，利用式（8-3）和式（8-4）求得浮泡中心对应位置液体中所含的土颗粒最大粒径 $D_{\max}$，同时可利用式（8-2），求得土样中粒径小于 $D_{\max}$ 的所有土颗粒占土样总质量的百分比 X，这样通过不同时刻的读数，就可以得到一系列不同的 $D_{\max}$ 和对应的百分含量 X。将它们绘制到半对数坐标上并连成光滑曲线就能得到颗粒级配曲线。

（2）试验主要仪器设备及操作要点

1）密度计法的试验设备主要有以下几部分：

①密度计：甲种密度计刻度要求在 $-5°\sim50°$，最小分度为 0.5；乙种密度计刻度要求在 $0.995\sim1.020$，最小分度为 0.0002。

②量筒：1000mL，内径 60mm，高度 420mm 左右。用于制备和盛放悬浊液。

③洗筛漏斗：用于洗筛土样中的粗颗粒，洗筛的孔径为 0.075mm。

④温度计：用于测量试验时，悬浊液的温度。

⑤搅拌器：用于测读前搅拌悬浊液使土颗粒均匀分布。

⑥秒表和其他计时设备：记录规定的测读时间。

⑦天平：称量 1000g，最小分度 0.1g；称量 200g，最小分度 0.01g。

⑧其他设备：如煮沸设备、研钵、锥形瓶、小量筒、分散剂添加设备等。

2）密度计法的主要步骤及技术要点：

①试验的试样宜采用风干试样，当试样中的易溶盐含量超过 0.5％时，应洗盐。易溶盐含量可通过电导法或目测法检验。

②风干试样或洗盐后的试样应过筛（孔径 2mm），然后取 30g 左右倒在锥形瓶中加水浸泡过夜，再置于煮沸设备上煮沸，煮沸时间不能少于 40min。

③将冷却后的悬液移入烧杯中，静置 1min 后通过洗筛漏斗将上部悬液过 0.075mm 的洗筛，将遗留杯底的沉淀物用带橡皮头的研棒研散，再加适量水搅拌，静置 1min 后通过洗筛漏斗再将上部悬液过 0.075mm 的洗筛。如此反复多次，直到杯底的砂粒洗净，将杯筛上砂粒和杯中砂粒合并洗入蒸发皿中，烘干称重并进行细筛分析。

④将过筛悬浊液倒入 1000mL 量筒内（要用蒸馏水多次清洗烧杯，以免土颗粒残留），加入 4％六偏磷酸钠 10mL，再注纯水至 1000mL。

⑤将搅拌器放入量筒内上下、往复搅拌悬浊液，时间不能少于 1min，取出搅拌器，放入密度计同时启动秒表，测读 0.5、1、2、5、15、30、60、120、1440min 的密度计读数。每次读数应在规定时间前 10～20s 将密度计放入悬浊液中，以保证读数时，密度计已比较稳定，每次读数后，应取出密度计以免影响土颗粒的继续沉降分选。放入和取出密度计时，动作要轻，以尽量减少对悬浊液的扰动。密度计的读数应以弯液面的上缘为准。

8.2.2　土粒相对密度试验

土粒相对密度定义为土粒在 105～110℃温度下烘至恒量时的质量与同体积 4℃时纯水质量的比值。土粒相对密度是土的三相比例指标中三个基本指标之一（另外两个是土的密度和含水率），有了这三个基本指标，就可以通过换算得到其余所有的三相比例指标，如干密度、饱和密度、孔隙比、孔隙率等。因此土粒相对密度是一个重要的指标，实际上土粒相对密度数值的大小与组成土颗粒的岩石及矿物的成分有关，如组成土颗粒的矿物成分的密度大，则相对密度值也大，反之则小。

土粒相对密度试验的目的就是为了测定土颗粒的相对密度。目前测定土颗粒相对密度共有三种方法：相对密度瓶法、浮称法和虹吸筒法。相对密度瓶法适合于测定粒径小于 5mm 的土颗粒组成的土；而浮称法适用于粒径大于或等于 5mm 的土颗粒组成的土，且其中粒径大于 20mm 的土颗粒的质量应小于土总质量的 10％；虹吸筒法也适用于粒径大于或等于 5mm 的土颗粒组成的土，但要求粒径大于 20mm 的土颗粒的质量大于或等于土总质量的 10％。相对密度瓶法及浮称法结果比较稳定，而虹吸筒法结果不稳定，因此本书主要分别介绍前两种试验方法。

8.2.2.1 相对密度瓶法

（1）试验原理及方法

该方法先将相对密度瓶加满纯水称量得到瓶加水的质量为 m_{bw}，然后将相对密度瓶内水倒出，烘干相对密度瓶后，加入已知质量 m_s 的烘干土样，经过加水（加半瓶水）、煮沸排气（或采用抽真空的方法排气）、冷却至原来温度后，再加纯水至相对密度瓶满为止，再称量得到瓶加水加土样的总质量为 m_{bws}。

设相对密度瓶质量为 m_b，加土样再加满水后，瓶中水的质量为 m_w，则容易得到下列关系式：

$$m_b + m_w + m_s = m_{bws} \tag{8-5}$$

再设试验温度下土粒相对密度为 G_s，同样温度下水的相对密度为 G_w，如果将上式中的土样质量 m_s 换成同体积水的质量 $\dfrac{m_s}{G_s}G_w$，则式子左边三项之和即等于相对密度瓶灌满纯水的质量：

$$m_b + m_w + \frac{m_s}{G_s}G_w = m_{bw} \tag{8-6}$$

将上述两式相减，再进行整理可以得到土粒相对密度的表达式如下：

$$G_s = \frac{m_s G_w}{m_s + m_{bw} - m_{bws}} \tag{8-7}$$

由此可见，只要测得上述几个相关量，再查表得到试验温度下水的相对密度值，就很容易换算得到土粒相对密度。

（2）试验主要仪器设备及操作要点

1）比重瓶法的主要仪器设备有：

①相对密度瓶：分容积 100mL 和 50mL，长、短颈两种。

②恒温水槽：准确度达 ±1℃。

③天平：称量 200g，最小分度 0.01g。

④温度计：最小分度 0.5℃。

2）相对密度瓶法的技术要点：

①100mL 和 50mL 的相对密度瓶，取干土样质量分别应为 15g 和 10g。

②称量内装水或土样的相对密度瓶质量之前，应将相对密度瓶放入恒温水槽内直至温度稳定。

③土样应采用煮沸和抽真空的方法充分排气，以免土颗粒上带有气泡，影响试验结果的准确性。

④对土中含有可溶盐、有机质和亲水性胶体时，应采用中性液体代替水进行试验，中性液体的相对密度值应实测得到。

8.2.2.2 浮称法

（1）试验原理及方法

该方法用一定规格的铁丝筐盛装已知质量 m_s 的烘干土样，然后分别采用浮

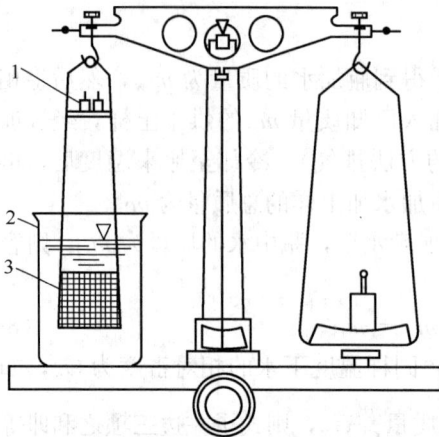

图 8-2　浮称法示意图

1—平衡砝码；2—盛水容器；3—铁丝筐

称天平称量铁丝筐在纯水中的质量 m_1 和铁丝筐加上土样在纯水中的质量为 m_2。浮称法示意图如图 8-2 所示。

则容易得到土颗粒受到水的浮力（排开水的质量）为：$m_s-(m_2-m_1)$

土颗粒的体积即可表示为：

$$\frac{m_s-(m_2-m_1)}{G_w\rho_{w4℃}}$$

土颗粒的密度即为：

$$\frac{m_sG_w\rho_{w4℃}}{m_s-(m_2-m_1)}$$

所以土粒相对密度可得到如下：

$$G_s=\frac{m_sG_w}{m_s-(m_2-m_1)} \qquad (8\text{-}8)$$

（2）试验主要仪器设备及操作要点

1）浮称法的主要仪器设备有：

①铁丝筐：孔径小于 5mm，边长 10～15cm，高 10～20cm。

②盛水容器：尺寸大于铁丝筐。

③浮称天平：称量 2000g，最小分度 0.5g。

④温度计：最小分度 0.5℃。

2）浮称法的技术要点：

①试验前土样表面应洗净（不得带有细颗粒）。

②铁丝筐即土样放入水中称量时，不得带有气泡。

8.2.3　天然含水率试验

土的含水率定义为土试样在 105～110℃温度下烘至恒量时，所失去的水的质量与达恒量时干土质量的比值，以百分数表示。含水率也是土的三相比例指标中的三个基本指标之一。含水率试验的方法有多种，但现行土工试验规范建议的标准方法是烘干法。

（1）试验原理及方法

烘干法的原理非常简单，就是将一定量的土样在烘干前后分别称量其质量，分别得到湿土质量 m_0 和干土质量为 m_s，则含水率的表达式即为：

$$w=\frac{m_0-m_s}{m_s}\times100\% \qquad (8\text{-}9)$$

（2）试验设备及技术要点

1) 试验设备:

①天平:称量 1000g,最小分度 0.1g;称量 200g,最小分度 0.01g。

②电热烘箱:应能控制温度为 105~110℃。

2) 技术要点:

湿土样烘干时间对黏性土、粉土不少于 8h;对砂土不得少于 6h;对有机质含量超过干土质量的 5%时,应将温度控制在 65~70℃的恒温下烘至恒量。

8.2.4 密度试验

土的密度和含水率一样,也是土的三相指标中的三个基本指标之一,其定义为土的单位体积质量,因此只要知道了土样的体积,再称得其质量,则土的密度即可得到。所以从试验原理到试验方法以及试验设备,土的密度试验均是最简单的。试验方法一般有两种,一是环刀法;二是蜡封法。环刀法就是采用已知尺寸、体积的环刀将土样切入环刀内,削平环刀上下两面超出环刀边缘的土样,则环刀内土样体积就是环刀的内体积,再分别称得环刀加土样质量和环刀质量,二者相减即可得到土样质量,比上环刀内体积即可得到土样密度;而对于易于破裂的土和不规则的坚硬土可采用蜡封法,具体做法是,将一定质量 m_0 的代表性土样用熔化的蜡浸没、封好,然后分别称得蜡封土样在空气中的质量 m_n 和在纯水中的浮质量 m_{nw},则土样的密度可用下式计算:

$$\rho = \frac{m_0}{\dfrac{m_n - m_{nw}}{\rho_w} - \dfrac{m_n - m_0}{\rho_n}} \tag{8-10}$$

式中　ρ_n、ρ_w——分别为蜡和纯水在试验温度时的密度(g/cm³)。

8.2.5 界限含水率试验

黏性土的物理状态及力学性质与其含有的水量具有密切的关系。当含水率很小时,黏性土比较坚硬,处于固体或半固体状态而具有较高的力学强度;随着土中含水率的增大,土逐渐变软,表现为在外力作用下可塑造成任意形状,而且在外力撤除后可以维持塑造后的形状,这时的土处于可塑状态;当含水率进一步增加时,土变得非常软弱,以至于不能保持一定的形状而呈流动状态,这时土处于流塑流动状态。土这种由于含水率不同所表现出来的不同物理状态统称为黏性土的稠度状态。而随含水率的变化,黏性土由一种稠度状态转变到另一种稠度状态,相应于转变点的含水率就叫做界限含水率或稠度界限。最重要的界限含水率有两个:一是土由可塑状态转变到流塑、流动状态的界限含水率,称为液限;二是由半固态转变到可塑状态的界限含水率,称为塑限。

我国一般用锥式液限仪法来测定土的液限,美国、日本等国家多采用碟式液限仪来测定土的液限。而塑限的测定在以前一般采用手工滚搓法测定,由于该方法采用手工操作，受人为因素影响较大，试验结果不稳定。后来在锥式液限仪法基础上推出了联合测定法，该方法可同时测定土的液限和塑限。本书主要介绍联合测定法，其他方法作简要介绍。

8.2.5.1 联合测定法测试液限、塑限

（1）试验原理及方法

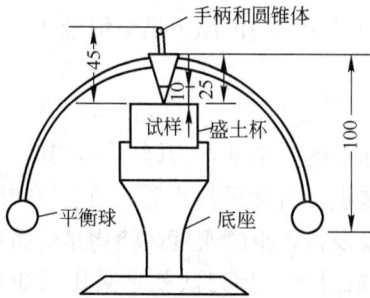

图 8-3 锥式液限仪示意图

该方法是将同一种土配制成多个不同含水率的重塑土样（含水率较高时，土样可调成均匀的糊状），将每个土样逐一放入盛土的杯中进行试验，试验时土杯内土面要刮平，然后将 76g 重的专用圆锥体（参见图 8-3）放在试样表面的中心，使其在自重作用下徐徐沉入土中，经 5s 后测得圆锥体沉入土中的深度。这样每个不同含水率的土样都可以测得一个相应的沉入深度，然后将土样含水率与对应沉入深度关系点在双对数坐标纸上并连成一条直线，则对应于沉入深度 10mm 时的含水率即为液限，而对应于沉入深度 2mm 时的含水率即为塑限。

（2）试验主要仪器设备及操作要点

1）联合测定法的主要仪器设备有：

①联合测定仪：主要是带有刻度的质量为 76g 锥角为 30°的圆锥体及电磁式释放装置。

②盛土杯：内径为 40mm，高 30mm。

2）联合测定法的技术要点：

①土样中水分应调制均匀，填入盛土杯时不能留有空隙，对于较干的土样应充分揉搓，密实地填入盛土杯中。

②圆锥体沉入土体之前均应在锥尖上涂一薄层凡士林。

③每次测得圆锥体沉入深度数值后，要立即测定杯中土样的含水率，测定含水率的试样应在锥尖附近去除凡士林后挖取，试样质量不少于 10g。

8.2.5.2 碟式液限仪法测液限简介

该方法首先将土样调成浓糊状，装在专用碟内，刮平表面，然后用切槽器在土样中间部位切土成槽，然后摇动手柄将碟子抬高 1cm，以 2 次/s 的速度使碟子下落，若连续跌落 25 次，切槽两侧土样合拢长度为 13mm，此时土样含水率即为土的液限。否则要重新制样进行试验，直至符合上述条件为止。碟式液限仪试验装置示意图如图 8-4 所示。

8.2.5.3 滚搓法测塑限简介

滚搓法首先用双手将土样搓成小圆球，然后将小圆球放在毛玻璃板上再用手

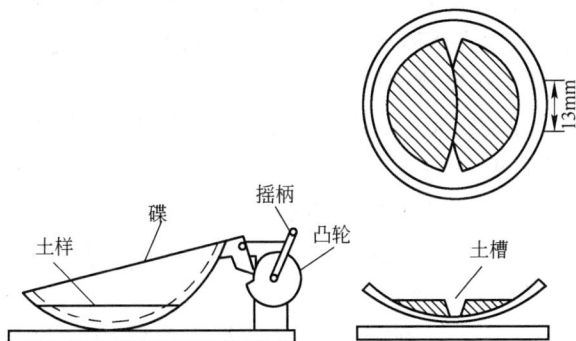

图 8-4 碟式液限仪试验装置示意图

掌慢慢搓成小土条，若土条搓到 3mm 直径时刚好断裂，则此时土样的含水量即为土的塑限。如土条早于或晚于 3mm 直径断裂，则应适当增加或减少土样的含水率，重新制样试验，直至上述条件满足为止。

8.2.6 砂的相对密度试验

黏性土的物理力学性质主要受含水率影响，而砂土的性质则主要受其密实程度的影响，因此对于砂土测定其密实程度是很重要的，由于各种砂的颗粒组成、分选程度、磨圆程度有所区别，对不同种类的砂，用绝对密度指标并不一定能准确反映其密实程度，因此应测试各种砂的相对密度。砂的相对密度试验是分别测试砂的最小干密度和最大干密度，然后利用以下公式计算得到砂土的相对密度：

$$D_r = \frac{e_{max} - e_0}{e_{max} - e_{min}} \tag{8-11}$$

式中　D_r——砂土的相对密度，取值为 0~1 之间，数值越大表示砂土越密实；

　　　e_0——砂土的天然孔隙比；

e_{max}、e_{min}——砂土的最大和最小孔隙比，由公式（8-12）和式（8-13）计算得到；

$$e_{max} = \frac{\rho_w G_s}{\rho_{min}} - 1 \tag{8-12}$$

$$e_{min} = \frac{\rho_w G_s}{\rho_{max}} - 1 \tag{8-13}$$

式中　G_s——砂土颗粒的相对密度；

　　　ρ_w——水的密度（g/cm³）；

　　　ρ_{min}——砂土的最小干密度（g/cm³），由试验测得；

　　　ρ_{max}——砂土的最大干密度（g/cm³），也由试验测得。

因此只要测得砂土的最大、最小干密度以及砂土颗粒相对密度和天然孔隙比

（可根据三个基本指标：相对密度、天然密度、含水率换算得到）即可得到砂土的相对密度。下面就分别介绍砂土的最小干密度和最大干密度试验。

8.2.6.1 砂的最小干密度试验

国标《土工试验方法标准》GB/T 50123—1999 规定，按下列操作过程测得的砂的密度为最小干密度：

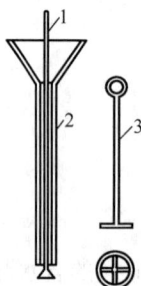

图8-5 漏斗、锥形塞、拂平器示意图

1—锥形塞；
2—长颈漏斗；
3—拂平器

（1）试验设备准备：

1）预备容积 500mL 和 1000mL 量筒各一只，后者的内径应大于 60mm；

2）长颈漏斗一只，要求颈管的内颈为 1.2cm，颈口磨平；

3）直径为 1.5cm 的锥形塞一只，焊接在铁杆上；

4）砂面拂平器一只，采用十字形金属平面焊接在铜杆下端构成。整套测试设备参见图 8-5。

（2）将锥形塞杆自长颈漏斗下口穿入，并向上提起，使锥底堵住漏斗管口，然后一起放入 1000mL 量筒内，使其下端与量筒底部接触。

（3）称取烘干的砂样 700g，均匀缓慢地倒入漏斗中，将漏斗和锥形塞杆同时提高，移动塞杆，使锥体略离开漏斗管口，管口经常保持高出砂面 1～2cm，使砂样缓慢、均匀地落入量筒中。

（4）试样全部落入量筒后，取出漏斗和锥形塞，用砂面拂平器将砂面拂平，测记砂样体积，估读到 5mL。

（5）用手掌或橡皮板堵住量筒口，将量筒倒转并缓慢地回到原来的位置，重复数次，记下砂样所占体积的最大值。

（6）取上述两种方法得到的较大体积值，按下式计算最小干密度：

$$\rho_{\min} = \frac{m_d}{V_{\max}} \tag{8-14}$$

式中　m_d——取干砂试样的质量（g）；

$V_{\max}$——按上述方法得到的干砂试样的体积（cm³）。

注：如试样中不含粒径大于 2mm 的颗粒时，可采用 500mL 的量筒进行试验，其他方法、过程均相同。

8.2.6.2 砂的最大干密度试验

砂的最大干密度试验要求采用振动锤击法测试。按下列操作过程可测得的砂的最大干密度：

（1）试验设备准备：

1）预备容积 250mL 和 1000mL 金属圆筒各一只，两者的内径分别为50mm、100mm，高度均为127mm，并要求附护筒；

2）振动叉一只；

3）击锤一只，锤质量 1.25kg，直径为 5cm，落高 15cm。测试设备参见图 8-6 和图 8-7。

（2）取代表性试样 2000g，拌匀，分三次倒入金属圆筒并进行振击，每层试样宜为圆筒体积的 1/3，试样倒入圆筒后，用振动叉以每分钟往返 150～200 次的频率击打圆筒两侧，并同时用击锤击打试样表面，每分钟 30～60 次，直至试样体积不再改变为止。如此重复第二层和第三层。

（3）取下护筒，刮平砂面，测记砂样体积，称量圆筒和试样的总质量，计算试样的最终质量。

（4）按下式计算最大干密度：

$$\rho_{max} = \frac{m_d}{V_{min}} \qquad (8\text{-}15)$$

式中　m_d——取干砂试样的质量（g）；

　　　V_{min}——按上述方法得到的干砂试样的最小体积（cm³）。

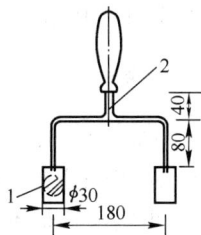

图 8-6　振动叉
1—击球；2—音叉

图 8-7　击锤
1—击锤；2—锤座

8.2.7　有机质含量试验

土中有机质的含量对于土的性质（特别是黏性土）有较大的影响，当有机质含量增大时，饱水时土的含水率也会增大，土的力学性质会变得很差，如有机质含量较高的淤泥或淤泥质土。有机质试验目的是测定土中有机质的含量，以前测定土中有机质含量采用灼烧失重法进行，现行的国标《土工试验方法标准》GB/T 50123—1999 规定，要采用重铬酸钾（$K_2Cr_2O_7$）容量法。具体试验及计算步骤如下：

（1）准备试验设备：

1）分析天平：称量 200g，最小分度值 0.0001g；

2）油浴锅：带铁丝笼，植物油；

3）加热设备：烘箱、电炉；

4）其他设备：温度计（0～200℃，刻度 0.5℃）、试管、锥形瓶、滴定管、小漏斗、洗瓶、玻璃棒、容量瓶、干燥剂、0.15mm 筛子等。

（2）准备试验用试剂：

1）准备邻啡罗啉指示剂：称取邻啡罗啉 1.845g 和硫酸亚铁 0.695g 溶于 100mL 纯水中，储存于棕色瓶中。

2）制备重铬酸钾标准溶液：准确称取预先经 105～110℃烘干并研细的重铬酸钾 44.1231g，溶于 800mL 纯水中（必要时可加热），在不断搅拌下，缓慢加入浓硫酸 1000mL，冷却后移入 2000mL 容量瓶中，用纯水稀释至刻度。此标准溶液的浓度为 0.075mol/L。

3）制备硫酸亚铁标准溶液：称取硫酸亚铁（$FeSO_4 \cdot 7H_2O$）56g，溶于适量纯水中，加 3mol/L c（H_2SO_4）溶液 30mL，然后加纯水稀释至 1L。并按下面方法进行标定：

准确量取重铬酸钾标准溶液 10.00mL 三份，分别置于锥形瓶中，各用纯水稀释至约 60mL，再分别加入邻啡罗啉指示剂 3～5 滴，用硫酸亚铁标准溶液滴定，使溶液由黄色经绿突变至橙红色为终点，记录其用量。3 份平行误差不得超过 0.05mL，取算术平均值。利用下式求硫酸亚铁标准溶液准确浓度：

$$c(FeSO_4) = \frac{c(K_2Cr_2O_7)\ V(K_2Cr_2O_7)}{V(FeSO_4)} \qquad (8\text{-}16)$$

式中　c（$FeSO_4$）——硫酸亚铁标准溶液浓度（mol/L）；

　　　V（$FeSO_4$）——滴定硫酸亚铁溶液用量（mL）；

　　　c（$K_2Cr_2O_7$）——重铬酸钾标准溶液浓度（mol/L）；

　　　V（$K_2Cr_2O_7$）——取重铬酸钾标准溶液体积（mL）。

（3）当试样含有机碳小于 8mg 时，准确称取已除去植物根并通过 0.15mm 筛的风干试样 0.1000～0.5000g，放入干燥的试管底部，用滴定管缓慢滴入重铬酸钾标准溶液 10.00mL，摇匀，于试管口插一小漏斗。

（4）将试管插入铁丝笼中，放入 190℃ 左右的油浴锅内，试管内的液面应低于油面。控制在 170～180℃ 的范围内，从试管内的液体沸腾开始计时，沸腾 5min，取出后稍冷。

（5）将试管内液体倒入锥形瓶中，用纯水洗净试管底部，并使试液控制在 60mL 左右，加入邻啡罗啉指示剂 3～5 滴，用硫酸亚铁标准溶液滴定至溶液由黄色经绿突变至橙红色为终点。记下硫酸亚铁标准溶液的用量，估读至 0.05mL。

（6）试验同时，按上述（3）～（5）条的步骤，以纯砂代替试样进行空白试验。

最后，有机质含量用下式计算：

$$O_m = \frac{c(Fe^{2+})[V'(Fe^{2+}) - V(Fe^{2+})] \times 0.003 \times 1.724 \times (1 + 0.01w)}{m_s} \times 100\%$$

$$(8\text{-}17)$$

式中　O_m——有机质含量（%），计算准确至 0.01%；

　c（Fe^{2+}）——硫酸亚铁标准溶液浓度（mol/L）；

　V（Fe^{2+}）——空白滴定硫酸亚铁溶液用量（mL）；

　V'（Fe^{2+}）——试样测定硫酸亚铁溶液用量（mL）；

　0.003——1/4 硫酸亚铁溶液标准溶液浓度时的摩尔质量（kg/mol）；

1.724——有机碳换算成有机质的系数。

土的物理性质试验还有一些，如渗透试验、击实试验，限于篇幅不能一一介绍。请读者参考相关资料。

8.3 土的固结、压缩试验

地基土在外荷载作用下，土中的孔隙水和气体逐渐排出，土体积缩小的性质称为土的压缩性。描述土的压缩性的指标有：压缩系数、压缩指数、压缩模量、体积压缩系数等，这些指标就是通过压缩试验来测定的。

对于砂土和碎石土，在外荷载的作用下，其压缩变形在很短的时间就可以完成。但对于细粒土特别是黏性土，因为土中孔隙直径很小，渗透性差，孔隙水和气体排出速度较慢，一般而言，土的压缩不是瞬间就能完成的，而是在外荷载作用下，先产生超静孔隙水（气）压力，随着时间的发展，多余的孔隙水（气）逐渐排出，超静孔压逐渐消散，压缩变形逐渐稳定，这一过程就称为土的固结。描述土的固结特性的主要参数是土的固结系数（对具体的土层有垂直向和水平向之分），这一指标就是通过固结试验来测得的。

单向的压缩试验和固结试验常采用同一套试验设备完成，只是测读的内容和要求有所区别，下面分别介绍压缩试验和固结试验：

8.3.1 土的压缩试验

（1）试验方法及原理

土的单向压缩试验采用环刀切取土样，然后放入护环内，土样上、下两面均放有透水石，以便于加压时挤出的水排走。

试验时，由于受环刀及护环限制，可以认为土样不发生侧向变形，因此只要测定在各级规定压力下，土样在竖直方向的稳定变形量（压缩量）经过换算即可得到相应的孔隙比。然后分别在自然坐标下和半对数坐标下绘制孔隙比—压力关系曲线（e-p、e-$\lg p$），利用曲线就可以得到压缩系数、压缩指数、压缩模量、体积压缩系数等有关压缩性指标。

（2）主要试验设备及技术要点

1）主要试验设备：压缩试验的试验设备主要由压缩仪、加压设备、量测设备三部分构成。

①压缩仪也称固结仪，它主要由环刀、护环、透水石（板）、水槽、加压上盖等几部分组成，如图 8-8 所示。环刀是切取和盛装试样的工具，其内径有 61.8mm、79.8mm 两种规格，高度均为 20mm。环刀要求具有一定的刚度，内壁应保持较高的光洁度；透水板应用氧化铝或不受腐蚀的金属材料制成，其透水系数应远大于试样的渗透系数。用固定式容器时，顶部透水板直径应小于环刀内

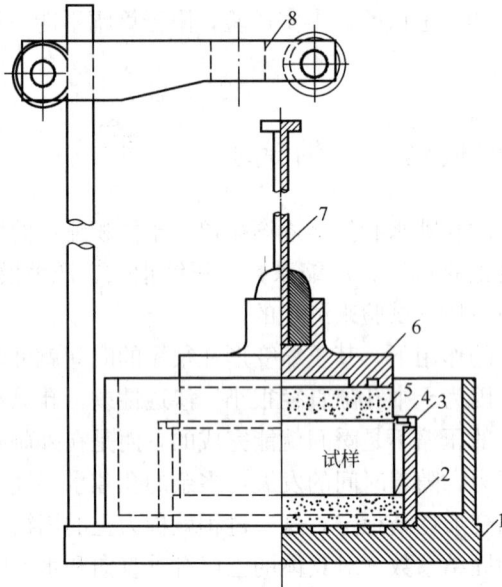

图 8-8 单向压缩仪示意图
1—水槽；2—护环；3—环刀；4—导环；5—透水石；
6—加压上盖；7—位移计导杆；8—位移计架

径 0.2～0.5mm。用浮环式容器时，上、下端透水板直径相同，均应小于环刀内径。

②加压设备：应能垂直地在瞬间施加各级规定的压力，且没有冲击力，压力准确度应符合相关要求。

③变形量测设备：量程 10mm，最小分度值为 0.01mm 的百分表或准确度为全量程 0.2% 的位移传感器。

2）主要步骤及技术要点：

①称量环刀的质量。环刀切取土样前，环刀内壁应涂一薄层凡士林。切取时环刀下压用力要均匀，边压边用刀削除环刀外多余的土，同时尽量不要让环刀发生偏斜，以免环刀内壁与土样间产生空隙。环刀内压满土样后削去环刀上下两面高出环刀边缘的土样，称量环刀加土样的质量（用于计算土样天然密度）。取余下的土样测定其初始含水率、土粒比重。

②在压缩仪内放置底层透水板、护环、导环，然后在环刀内土样上下两面放置湿润的薄层滤纸，将带有滤纸的环刀放入护环内，加上上层透水板及压盖。将压缩仪（固结容器）置于加压框架正中，使加压盖与加压框架中心对准，以免压力偏心。然后安装百分表或位移传感器。

③加 1kPa 左右的预压力，使试样与仪器各上、下部件之间接触，将百分表调整到零，测记初读数。

④确定需要施加的各级压力，一般宜取 12.5、25、50、100、200、400、800、1600、3200kPa。最后一级压力应大于土的自重压力和附加压力之和。如仅测试压缩系数时，最大压力不小于 400kPa 即可。需要确定土的前期固结压力时，初始段的荷重率应小于 1，可取 0.5 或 0.25。施加的压力应使得 e-$\lg p$ 曲线下段出现直线段。对于超固结土，应进行卸压再加压来评价其压缩性。对于饱和试样，在施加第一级压力后，应向水槽中加水淹没试样；对于非饱和土，须用湿棉纱围住加压板周围。

⑤每级压力（p_i）施加后，间隔 24h 测读稳定的变形量（s_i）。需要进行回弹试验时，在某级压力下变形稳定后测读变形量，后可卸压到所需压力，同样每

次卸压后，需间隔24h测读稳定的回弹量。按此步骤直到所有等级的加压压力和卸压试验全部完成。

⑥试验结束后，吸去容器中的水，迅速拆除各仪器部件，取出整块试样测定含水率。

（3）试验结果整理及计算

1）土样的初始孔隙比（加压前）按下式计算：

$$e_0 = \frac{(1+w_0)G_s\rho_w}{\rho_0} - 1 \tag{8-18}$$

式中　e_0——土样初始孔隙比；

　　　ρ_0——土样初始密度或天然密度（g/cm³）；

　　　ρ_w——水的密度（g/cm³）；

　　　w_0——土样初始含水率；

　　　G_s——土粒相对密度。

2）环刀土样中的等效颗粒（骨架）静高度计算：

设土样的初始总高度（h_0，即环刀的高度）由纯土颗粒组成的静高度（h_s）和纯孔隙组成的孔隙高度（h_g）两部分构成，则容易得到：

$$h_s = \frac{h_0}{1+e_0} \tag{8-19}$$

式中　h_s——土样骨架静高度（mm）；

　　　h_0——土样初始高度（mm）。

3）某级压力下对应的孔隙比计算：

设测得某级压力 p_i 下的累计的稳定变形量为 s_i，由于在试验过程中，假定土颗粒本身不可压缩，即土样骨架静高度不变化，因此试样的变形量就等于孔隙高度（h_g）的减小量；此外，由于试样没有侧向变形，即截面积不变，故土样孔隙比就等于孔隙高度与骨架静高度之比，即：

$$e_i = \frac{h_{gi}}{h_s} = \frac{h_g - s_i}{h_s} = e_0 - \frac{s_i}{h_s} \tag{8-20}$$

式中　e_i——土样在某级压力下稳定后的孔隙比；

　　　h_{gi}——某级压力下，土样中孔隙高度（mm）。

4）绘制 e-p、e-$\lg p$ 曲线：

将各级压力下，土样的孔隙比 e_i 与压力 p_i 分别绘制在自然坐标下和半对数坐标上，并连成光滑曲线，即得 e-p、e-$\lg p$ 关系曲线。典型的 e-p、e-$\lg p$ 曲线见图 8-9 和图 8-10。

利用 e-p 曲线可以得到土的压缩系数、压缩模量、体积压缩系数等指标。而由 e-$\lg p$ 曲线可以得到土的压缩指数、回弹指数等指标（具体见后续内容）。此外还可以通过 e-$\lg p$ 曲线确定土的前期固结压力。具体步骤如下：首先在 e-$\lg p$

曲线上找到曲率半径最小点 O，过该点作水平线 OA 和切线 OB；其次作 $\angle AOB$ 的平分线 OD，OD 与 e-$\lg p$ 曲线下段的直线交于 E 点，E 点对应的压力值（横坐标）即为土的前期固结压力。

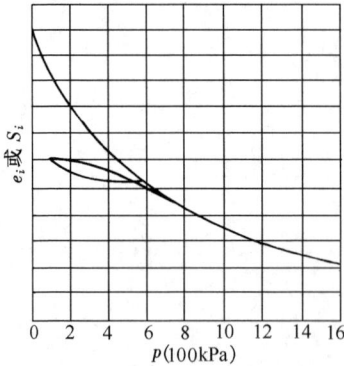

图 8-9　e-p 关系曲线　　　　　　　图 8-10　e-$\lg p$ 关系曲线

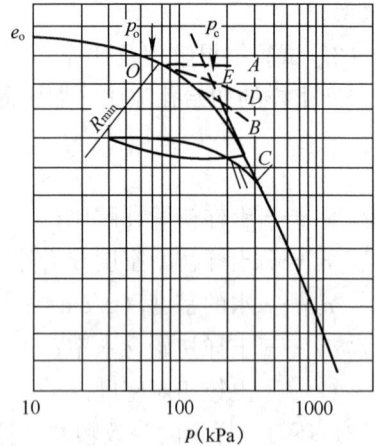

5）按以下公式计算某一荷重范围内，土的压缩系数、压缩模量和体积压缩系数：

$$a_v = \frac{e_i - e_{i+1}}{p_{i+1} - p_i} \tag{8-21}$$

式中　a_v——土样压缩系数（MPa^{-1}）；

p_i——某级压力值（MPa）。

$$E_s = \frac{1 + e_0}{a_v} \tag{8-22}$$

式中　E_s——某级压力下的压缩模量（MPa）。

$$C_c = \frac{e_i - e_{i+1}}{\lg p_{i+1} - \lg p_i} \tag{8-23}$$

式中　C_c——土样压缩指数。回弹指数 C_s 计算公式与 C_c 计算公式相同，只不过取值是在回弹的区间上进行。

$$m_v = \frac{1}{E_s} = \frac{a_v}{1 + e_0} \tag{8-24}$$

式中　m_v——土的体积压缩系数（MPa^{-1}）。

8.3.2　土的固结试验

（1）试验方法及原理

土的固结试验的目的是测定土的固结系数，这里所说的是饱和土的固结试验，其理论基础是太沙基的一维固结理论。试验装置可以采用原压缩试验的设

备，也可以在原压缩试验的基础上加上
测量孔隙压力的装置构成。固结试验关
心的是某一级压力下，土样变形量随时
间发展的情况，或者说是孔隙水压力随
时间消散的情况。试验时，只要测量记
录某级压力下，不同时间的土样变形
量。具体说来，是测定某级压力施加
后，6s、15s、1min、2min15s、4min、
6min15s、9min、12min15s、16min、
20min15s、25min、30min15s、36min、
42min15s、49min、64min、100min、
200min、400min、23h、24h 的变形量，
直至变形稳定为止。

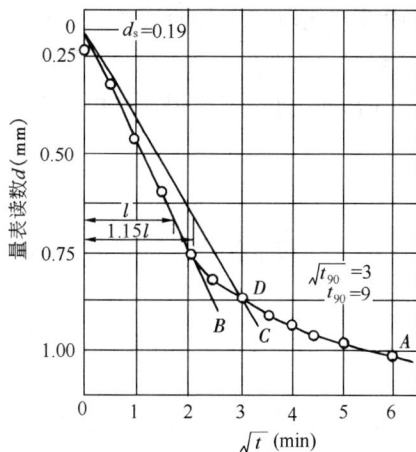

图 8-11　用时间平方根法求 t_{90}

（2）试验成果处理

固结试验的直接成果就是测得的某级压力下，各规定时刻的土样变形量。利
用它们可以求得土的固结系数，方法有两种分别介绍如下：

1）时间平方根法　以某级压力下，土样变形量（mm）为纵坐标轴，时间
（单位 min）的平方根为横轴。绘制变形量与时间平方根关系曲线（见图 8-11）。
延长曲线的初始直线段交纵轴于 O 点（初始直线段记为 OB），过 O 点作直线 OD
（使其斜率为 OB 的 $1/1.15$）交曲线于 D 点，则 D 点的横坐标为固结度达到
90％的时间，特记为 $\sqrt{t_{90}}$。则固结系数可用下式计算：

$$C_V = \frac{0.848}{t_{90}} \overline{h}^2 \tag{8-25}$$

式中　C_V——土固结系数（cm^2/s）；

　　　t_{90}——固结度达到 90％的时间（s）；

　　　$\overline{h}$——最大排水距离，等于某级压力下试样的初始和终了高度的平均值
　　　　　的一半（cm）。

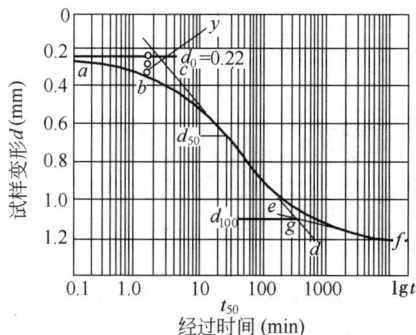

图 8-12　用时间对数法求 t_{50}

2）时间对数法　以某级压力下土样
的变形量（mm）为纵坐标轴，时间（单
位 min）的对数为横轴。绘制变形量与
时间对数关系曲线（见图 8-12）。在曲线
的开始段，选任一时间 t_1 查得相应的变
形量 d_1，再取时间 $t_2 = t_1/4$，查得相应
的变形量 d_2，则 $2d_2 - d_1$ 即为 d_{01}；另取
一时间，按相同方法得到 d_{02}、d_{03}、d_{04}
等，取其平均值作为理论零点 d_0；延长

曲线中部直线段与尾部曲线的切线得到交点，该点的纵坐标为理论终点的纵坐标 d_{100}，取 $d_{50} = (d_0 + d_{100})/2$，则曲线上纵坐标等于 d_{50} 的点，即为固结度达 50% 所需的时间。则固结系数可用下式计算：

$$C_V = \frac{0.197}{t_{50}} \overline{h}^2 \tag{8-26}$$

式中 t_{50}——按上述方法确定的固结度达到 50% 的时间（s）。

8.4 土的抗剪强度试验

土的强度就是指抗剪强度，土的抗剪强度指标有两个，一是内摩擦角；二是黏聚力。土的抗剪强度试验目的就是要测定土的内摩擦角和黏聚力（对于无黏性土，其黏聚力等于 0）。土的抗剪强度室内试验主要有两类，一类是直接剪切试验（简称直剪试验）；另一类是三轴压缩（剪切）试验（简称三轴试验）。下面分别予以介绍：

8.4.1 直接剪切试验

直接剪切试验采用直接剪切仪，直剪仪分为应变控制式和应力控制式，前者是等速推动试样产生位移，同时测定相应的剪切力；后者则是对试件分级施加水平剪应力测定相应的位移。目前我国普遍采用的是应变控制式剪切仪，下面的介绍就是针对采用应变控制式剪切仪进行的：

（1）试验方法及原理

应变控制式剪切仪由固定的上盒和可水平移动的下盒组成（参见图 8-13），试验前，将试验土样装入上、下盒中，土样底部和上部均放有透水石。试验时，通过上盒的加压框架，给试样加上一定的垂直向压力 σ（对剪切面而言为正应力），然后通过传力装置给下盒施加水平推力，使得下盒均匀移动，使土样在上、

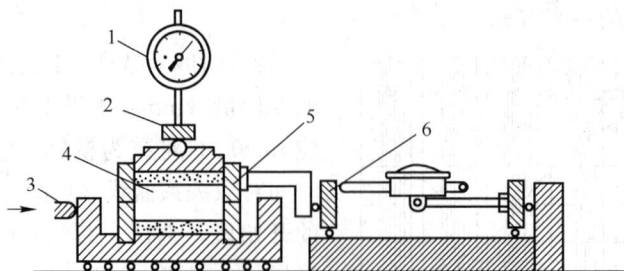

图 8-13 应变控制式直接剪切仪示意图
1—垂直变形测量表；2—垂直加荷框架；3—推动座；
4—试样；5—剪切盒；6—量力环

下盒接触面上产生剪切变形直至破坏，同时测量记录施加的剪切力和剪切位移。以剪切位移为横坐标，剪切应力为纵坐标，绘制剪应力—剪切位移关系曲线（见图 8-14），取曲线的剪应力峰值或稳定值作为土体的抗剪强度值 τ_f。对同一种土至少取 4 个试样，在不同的垂直压力 P_i 下进行剪切试验，可得到不同的抗剪强度值。绘制抗剪强度值 τ_f 与垂直压力 σ 的关系曲线（见图 8-15），则 τ_f—σ 关系接近于直线，该直线的与横坐标轴的夹角即为土的内摩擦角，而直线在纵轴上的截距为土的黏聚力。

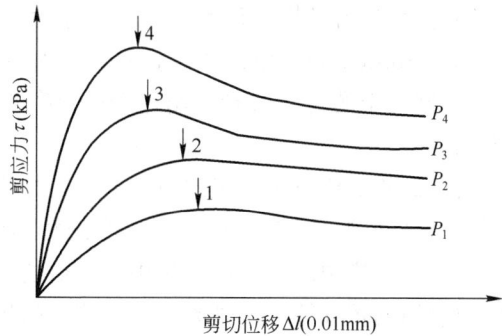

图 8-14 剪应力与剪切位移关系曲线

为了模拟现场的排水条件，直接剪切试验可分为快剪、固结快剪和慢剪三种。快剪试验是在施加竖向压力后，立即快速施加水平剪应力使试样剪切破坏；固结快剪是允许试样在竖向压力下排水固结，然后快速施加水平剪应力使试样剪切破坏；慢剪试验是允许试样在竖向压力下排水固结，然后缓慢地施加水平剪应力使试样剪切破坏。

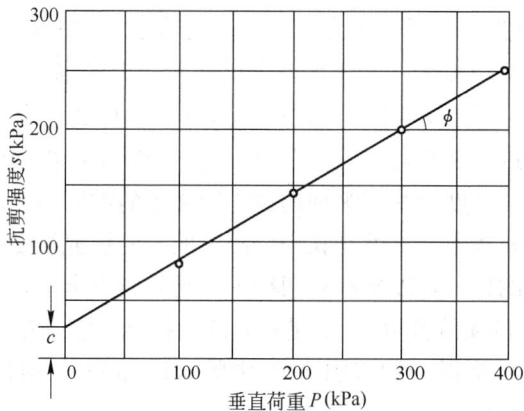

图 8-15 抗剪强度与垂直压力关系曲线

（2）技术要点

1）慢剪或固结快剪时，在施加垂直压力后，每 1h 测读一次垂直向变形，直至试样固结变形稳定。稳定标准为每小时变形不大于 0.005mm。

2）慢剪试验适合于细粒土，其剪切速度应小于 0.02mm/min，试样每产生 0.2～0.4mm 测记水平剪力和剪切位移一次，直到测力计读数出现峰值，应继续剪切至位移为 4mm 时停止剪切，记下破坏值；当测力计不出现峰值时，应剪切至位移为 6mm 时停止，以剪切位移为 4mm 时对应的剪应力为抗剪强度。

3）固结快剪及快剪试验适合于渗透系数小于 10^{-6} cm/s 的细粒土，其剪切速度为 0.8mm/min，使试样在 3～5min 内剪切至破坏。

4）砂类土的直剪试验采用过 2mm 筛的风干砂样进行，砂样要求达到预定的干密度。

直剪试验的优点是，仪器设备简单、操作方便。其缺点是：①剪切面限定在上、下盒之间的平面上，而不是土样最薄弱的面上；②剪切破坏面上，剪应力分布不均，在试样边缘出现应力集中；③剪切过程中，土样剪切面逐渐缩小，而计算时仍按原面积计算；④试验时，不能严格控制试样的排水条件，不能测得孔隙水压力。

8.4.2 三轴剪切试验

（1）试验方法及原理

三轴剪切试验是测定土的抗剪强度的一种较为完善的方法，它可以在很大程度上克服直剪试验的缺点。它是将土样制成圆柱状的试样，用不透水的薄层橡皮膜套好放入充满水的压力室内，通过围压系统给试样施加一定大小的各向相等的围压 σ_3，然后再给试样在垂直方向上分级施加轴向压力 σ_1，使得试样在偏应力 $\Delta\sigma_1 = \sigma_1 - \sigma_3$ 作用下受剪，当偏应力增加到一定程度，试样就会在某个最不利的应力组合面上发生剪切破坏。这样每一个试样在一定的围压下 σ_3 都有一个破坏的大主应力 σ_{1f}，利用它们，就可以在 $\tau \sim \sigma$ 坐标系中得到一个极限应力圆。多组试样在不同围压下进行试验可得到多个极限应力圆，这些极限应力圆的公共切线称为土的强度包线。强度包线在纵轴的截距即为土的黏聚力，而强度包线与横轴的夹角即为土的内摩擦角，这就是我们要测定的土的抗剪强度指标。

三轴试验测得的抗剪强度指标有两种，一是总应力指标，它是根据总应力圆得到的（图 8-16 中的实线部分）；二是有效应力指标，它是根据有效应力（总应力减去孔隙水压力）圆得到的（图 8-16 中的虚线部分）。两种指标究竟如何选用，需根据实际工程情况决定。

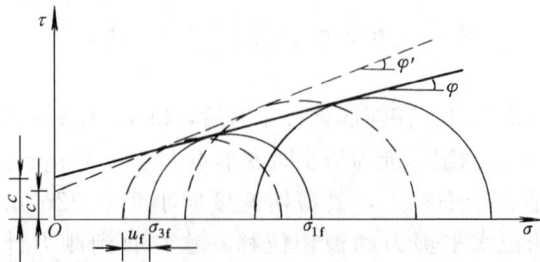

图 8-16 极限应力圆、强度包线、抗剪强度指标

　　根据试验时土样在围压下是否允许固结和剪切过程中是否允许排水，三轴试验又可分为如下三种：

　　1）不固结不排水剪试验（UU）：土样在周围压力下施加轴向压力直至剪切破坏的全过程中均不允许排水；

　　2）固结不排水剪试验（CU）：允许土样在周围压力作用下充分排水固结，但是在施加轴向压力至剪切破坏的过程中不允许土样排水，一般要测定剪切过程中的孔隙水压力；

　　3）固结排水剪试验（CD）：允许土样在周围压力作用下充分排水固结，并且在施加轴向压力至剪切破坏的过程中允许土样充分排水。由于要求在剪切过程中允许土样充分排水，因此要求控制剪切速率，以保证产生的孔隙水压力能及时充分消散。由于试验过程中孔隙水压力始终为0，因此固结排水试验测得的指标为有效应力指标。

　　（2）试验仪器设备

　　三轴试验采用的仪器设备主要由以下几部分构成：

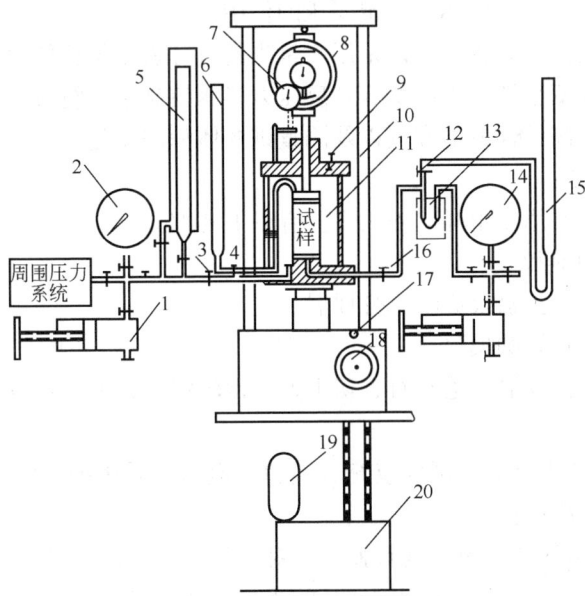

图 8-17　应变控制式三轴剪切仪

1—调压筒；2—周围压力表；3—周围压力阀；4—排水阀；5—体变管；6—排水管；7—轴向变形量表；8—量力环；9—排气孔；10—轴向加荷设备；11—压力室；12—量管阀；13—零位指示器；14—孔隙压力表；15—量管；16—孔隙压力阀；17—离合器；18—手轮；19—马达；20—变速箱

　　1）三轴剪力仪：分为应力控制式和应变控制式两种，一般采用应变控制式

（如图 8-17 所示），由压力室、轴向加压设备、周围压力系统、反压力系统、孔隙水压力测量系统、轴向变形和体积变化测量系统组成，现分别介绍如下：

①三轴压力室：用于试验时，放置试样、施加周围压力和轴向压力的地方。在放置土样的底座上，有排水孔并能测量孔隙水压力，土样上部与土样帽相连，土样帽上端与压力室活塞相连，用以传递上部施加的轴向压力。

②轴向加荷传动系统：用交流电动机带动多级变速的齿轮箱，或采用可控硅无级调速，根据土样性质及试验方法确定加荷速率，通过传动系统将荷载垂直加到土样上，使土样承受轴向荷载。

③轴向压力测量系统：轴向压力测量一般采用经过标定的量力环来测量，用百分表测定量力环的变形，可换算得到轴向压力的大小。在配有自动化数据采集系统的三轴仪上，多用荷重传感器来测定轴向压力。

④周围压力稳定系统：由于在试样的固结及后来整个剪切过程中，均要求土样的周围压力保持稳定，这一功能就是由周围压力稳定系统来完成的。目前大多数仪器采用调压阀控制，当压力室压力低于某一控制压力时，调压阀将对压力室的压力进行自动补偿，而达到稳定围压的作用。

⑤轴向应变测量装置：可以采用大量程的百分表或位移传感器来测量。

⑥反压力体变系统：由体变管及反压力稳压控制系统组成，以模拟土体的实际应力状态或提高试样的饱和度以及测量试样体积的变化。

2）附属设备：

附属设备主要用于土样制备，主要有以下几部分：

①击实器和饱和器。

②切土器、切土盘及原状土分样器。

③承膜筒及对开圆模。

④橡皮膜、橡皮筋、透水石、切土刀、钢丝锯、天平、真空抽气机等。

（3）技术要点

1）进行饱和土试验的试样应充分饱和。饱和可采用抽气饱和、水头饱和及反压力饱和等方法进行。

2）包装土样的橡皮膜应具有弹性，对直径 39.1mm 及 61.8mm 的土样，厚度宜为 0.1～0.2mm；对直径 101mm 的土样，厚度宜为 0.2～0.3mm。橡皮膜应保证不会漏水、漏气。

3）不固结不排水剪试验的剪切速率宜为每分钟应变 0.5％～1.0％。开始试验时，试样每产生 0.3％～0.4％的轴向应变（或 0.2mm 的变形值），测记量力环和轴向位移值一次。当轴向应变大于 3％时，试样每产生 0.7％～0.8％的轴向应变（或 0.5mm 的变形值），测记量力环和轴向位移值一次。当量力环读数出现峰值时，应继续剪切至轴向应变达到 15％～20％为止。

4）固结不排水剪试验的剪切速率，对黏性土宜为每分钟应变 0.05％～0.1％；

对粉土宜为每分钟应变0.1%～0.5%。量力环和轴向位移的读数要求同上。

5）固结排水剪试验的剪切速率为每分钟应变0.003%～0.012%；量力环和轴向位移的读数要求仍同上。

（4）试验成果

1）对不固结不排水剪试验成果有：

①主应力差（$\sigma_1-\sigma_3$）与轴向应变（ε_z）关系曲线（图8-18），根据这一关系曲线，取曲线上的峰值点作为破坏点，如无峰值点，则取轴向应变为15%的主应力差值作为破坏点。由此可以确定某一围压σ_3下，土样剪切破坏的大主应力σ_{1f}，也就可以得到一个极限应力圆。

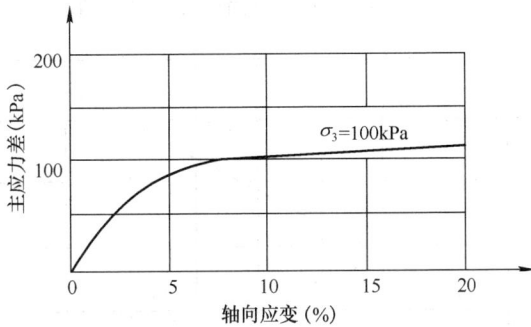

图8-18 主应力差与轴向应变关系曲线

②作不同围压下得到的多个极限应力圆的公切线（强度包线），如图8-19所示，即可得到土的不固结不排水强度指标C_u、ϕ_u。

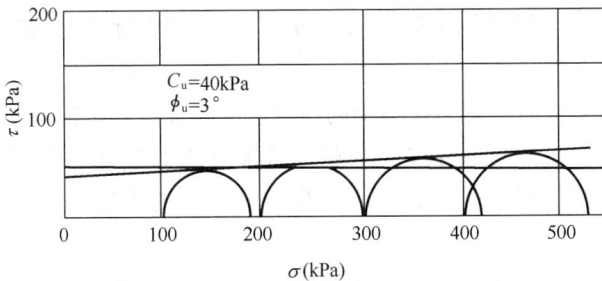

图8-19 不固结不排水剪强度包线

2）对固结不排水剪试验成果有：

①主应力差（$\sigma_1-\sigma_3$）与轴向应变（ε_z）关系曲线（与不固结不排水剪试验类似）。

②有效应力比（σ_1'/σ_3'）与轴向应变（ε_z）关系曲线（图8-20）。

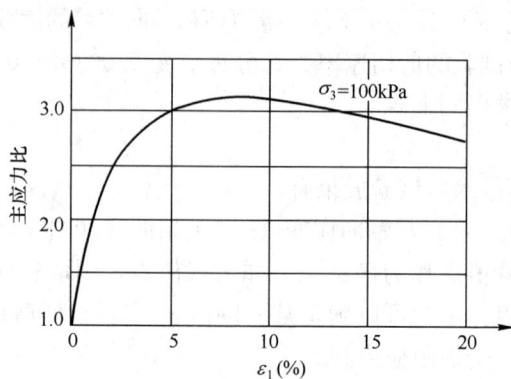

图 8-20　有效主应力比与轴向应变关系曲线

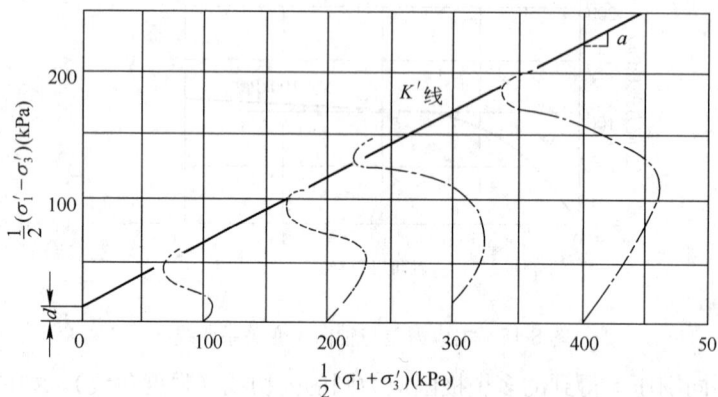

图 8-21　有效应力路径曲线

③以 $(\sigma_1' - \sigma_3')/2$ 为纵坐标，$(\sigma_1' + \sigma_3')/2$ 为横坐标，绘制有效应力路径曲线（图 8-21）。

根据主应力差或有效应力比与轴向应变的关系曲线，取曲线上的峰值点作为破坏点。如无峰值时，则取有效应力路径密集点或轴向应变为 15% 的主应力差值作为破坏点，确定某一围压 σ_3 下，土样剪切破坏的大主应力 σ_{1f}，即可得到一个极限应力圆。

④作不同围压下得到的多个极限应力圆（有总应力圆和有效应力圆之分）的公切线（强度包线），即可得到土的固结不排水强度总应力指标 C_{cu}、ϕ_{cu} 及有效应力指标 C_{cu}'、ϕ_{cu}'（参考图 8-16 的实线和虚线）。

3）固结排水剪试验成果与固结不排水剪试验成果类似，只是它得到的总应力指标和有效应力指标是相同的 C_d、ϕ_d，它们在数值上接近于固结不排水剪试验有效应力指标 C_{cu}'、ϕ_{cu}'。

8.5 土的动力性质试验

土的动力性质试验主要有动三轴试验、动单剪试验及共振柱试验，其试验方法、测试内容及存在问题见表8-4。

土动力特性室内试验方法汇总　　　　　　　　　　　表8-4

试验名称	试验方法	测试内容	存在问题
动三轴试验	将圆柱形试样在给定的压力下固结，然后施加激振力，使土样在剪切面上的剪应力产生周期性交变	1) 动弹性模量、动阻尼比及其与动应变的关系； 2) 既定循环周数下的动应力与动应变关系； 3) 饱和土的液化剪应力与动应力循环周数的关系	应力条件与现场相差较大
动单剪试验	在试样容器内制成一个封闭于橡皮膜的方形试样，其上施加垂直压力，使容器的一对侧壁在交变剪切力作用下作往复运动		试样成形困难、应力分布不均
共振柱试验	试样为空心或实心圆柱形，一端固定，另一端施加周期交变的扭转激振力使土样发生扭转振动	测定小应变时动弹性模量和动阻尼比	试样制备困难，不易密封，操作较繁

由于我国目前常用的是动三轴试验，故本书主要对该试验作进一步介绍。

8.5.1 动三轴试验

（1）动三轴试验的方法及基本原理

动三轴试验采用振动三轴仪进行试验，振动三轴仪与前述常规三轴仪基本类似，其主要区别在于，它能够对土样施加垂直向的呈周期性变化的激振力。

试验主要分两大步，第一步是给试样施加静荷载，让土样在一定压力下固结，荷载的大小视需要而定；第二步是（一般在不排水条件下）施加动荷载，动荷载的频率、振动波形，按预先设定的由小到大变化，进行分级试验。同时记录在动荷载作用下的动荷载及动变形量，用于计算各级动荷载条件下既定振动周数时的动应力和动应变。典型的动应力和动应变记录曲线以及据此得到的动应力、动应变滞回环如图8-22所示。根据应力应变滞回环可以计算土体的动弹性模量和阻尼比（具体可见试验结果整理部分）。

（2）动三轴试验的设备

动三轴试验仪主要由三大部分构成，即试样容器、荷载施加装置及量测部分。其中试样容器部分与静态三轴仪相近，量测部分对于各种动三轴仪也基本相同，不同之处主要在于动荷载施加部分，即动荷载的产生和施加方法的不同。根

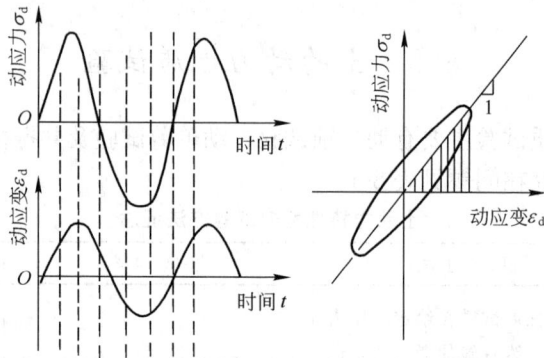

图 8-22　动应力、动应变曲线及应力应变滞回环

据动荷载施加系统的不同，目前国内外常见的振动三轴仪分为如下几种：①电磁激振式振动三轴仪；②惯性激振式振动三轴仪；③液压脉动式振动三轴仪；④气压激振式振动三轴仪等。各种动荷载施加系统的激振力幅值必须平衡稳定、波形规则对称，幅值相对偏差和半周期相对偏差不宜大于 10%。

（3）技术要点

1）试样的制备和饱和必须满足相关规范的要求，饱和土在周围压力下（各向相等应力条件下）的孔隙压力系数不宜小于 0.98。

2）测试时应首先使土样在静力作用下固结稳定后，再在不排水条件下施加动应力或动应变。

3）采用振动三轴仪测定动弹性模量和动阻尼比时，应在固定频率的轴向动力荷载下测得试样的动应力-动应变滞回环，动应力的作用次数不宜大于 5 次。

4）施加动应力或动应变的频率应为工程对象所受实际循环荷载的频率。

（4）试验成果

1）土样动弹性模量的计算

$$E_d = \frac{\sigma_d}{\varepsilon_d} \tag{8-27}$$

式中　E_d——土的动弹性模量（MPa）；

　　　ε_d——动应变幅值，表达式为 $\varepsilon_d = A_1/h_0$，A_1 试样激振端的振幅（mm），

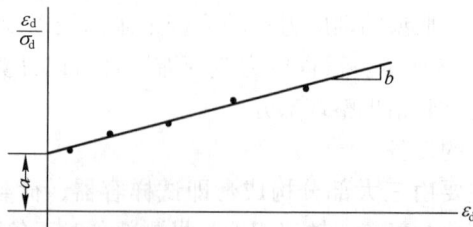

图 8-23　动弹性模量倒数与动应变幅值的关系

h_0 为试样在静荷载下固结稳定后的高度（mm）；

σ_d——动应力幅值（MPa），表达式为 $\sigma_d = F_1/A_0$，F_1 激振力的幅值（N），A_0 为试样在静荷载下固结稳定后的截面积（mm^2）。

根据此前的试验经验，动弹性模量倒数与动应变幅值具有图8-23所示的统计关系。

2）土样动阻尼比的计算

$$\xi_d = \frac{A_{zh}}{\pi A_t} \qquad (8-28)$$

式中　ξ_d——土的动阻尼比；

A_{zh}——土的动应力应变滞回环的面积（cm^2），表示振动一个周期土样消耗的能量；

A_t——图8-24中三角形 abc 的面积（cm^2），表示弹性能。

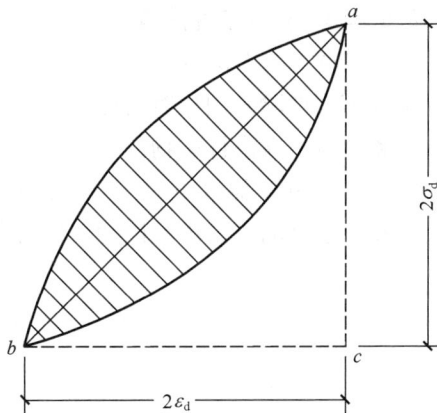

图8-24　动应力-动应变滞回环

一般而言，动阻尼比随动应变幅值增大而增大。

8.6　岩　石　试　验

室内的岩石试验是指岩块试验，其目的是测定岩石的物理力学性质。其中物理性质试验有：含水率试验、颗粒密度和块体密度试验、吸水性试验、膨胀性试验、耐崩解试验；力学性质试验有：单轴抗压强度试验、三轴压缩强度试验、直接剪切试验、抗拉强度试验等。下面摘要介绍上述试验的方法、原理及技术要点：

8.6.1　岩石的物理性质试验

8.6.1.1　含水率试验

（1）试验方法及原理

含水率试验采用烘干失重法，适合于不含结晶水矿物的岩石。即通过称取一定质量具有天然含水率的岩石样品在 105～110℃ 温度下烘至恒量时，称得干燥岩石的质量，将烘干前的岩石质量减去干燥岩石的质量（即蒸发掉的水的质量）比上干燥岩石的质量即得岩石的含水率，一般用百分数表示。

（2）试验技术要点

1）保持天然含水率的试样应在现场采取，不得采用爆破或湿钻法取样。试件在采取、运输、储存、试样制备过程中，含水率变化不应超过 1%。

2) 每个试件的尺寸应大于组成岩石的最大颗粒的 10 倍。

3) 每个试件的质量不小于 40g。

4) 每组试件数量不宜少于 5 个。

8.6.1.2 颗粒密度试验

(1) 试验方法及原理

颗粒密度试验采用相对密度瓶法,适合于所有岩石。即通过粉碎机将岩石粉碎成岩粉(对于含磁性矿物的岩石用研棒研碎),使之全部通过 0.25mm 筛,将岩粉在 105～110℃ 温度下烘干,再冷却至室温,称取一定质量干燥岩粉,采用测土粒相对密度的方法进行试验。岩石颗粒密度采用下面的公式计算:

$$\rho_s = \frac{m_s}{m_1 + m_s - m_2}\rho_0 \tag{8-29}$$

式中　ρ_s——岩石颗粒密度 (g/cm^3);

ρ_0——试验时采用的纯水或中性液体在试验温度下的密度 (g/cm^3);

m_s——干岩粉质量 (g);

m_1——相对密度瓶加满水或中性液体时的质量 (g);

m_2——相对密度瓶加入岩粉后再加满纯水或中性液体时的质量 (g)。

(2) 试验技术要点

除岩石粉碎制样过程之外,其他要求同土粒相对密度试验的要求。

8.6.1.3 块体密度试验

(1) 试验方法及原理

块体密度试验采用量体积法、水中称量法或蜡封法。各种试验方法原理及适用条件如下:

1) 量体积法首先将岩样制成易于测量体积的规则形状(如长方形、正方形、圆柱形等),然后称其质量,测量其体积,两者相比即可得到密度。量体积法可以在其天然状态下测定岩石的天然密度,也可在岩石试件烘干后测其干密度。量体积法对于可以制备成规则形状的试件的各类岩石,均可采用。

2) 水中称重法的具体试验原理及要求见下一部分内容(吸水性试验)的相关部分。该试方法适合于除遇水崩解、溶解及干缩湿胀性岩石之外的各类岩石。

3) 蜡封法采用的原理及方法与测定土样密度的蜡封法试验基本相同。其主要区别在于岩石试验的蜡封法有测天然密度和干密度之分,在测干密度时,需要将试件在 105～110℃ 温度下烘 24h,然后将其放在干燥容器内冷却至室温,再称其质量。其他步骤也基本相同。其计算公式与测定土样密度的蜡封法试验类似:

$$\rho_d = \frac{m_s}{\dfrac{m_1 - m_2}{\rho_w} - \dfrac{m_1 - m_s}{\rho_n}} \tag{8-30}$$

$$\rho = \frac{m}{\dfrac{m_1 - m_2}{\rho_w} - \dfrac{m_1 - m_s}{\rho_n}} \tag{8-31}$$

式中 ρ_d、ρ——分别为岩石的干密度和天然密度（g/cm³）；

ρ_n、ρ_w——分别为蜡和纯水在试验温度时的密度（g/cm³）；

m_s、m——分别为烘干的岩石试件质量和天然湿度岩石试件的质量（g）；

m_1、m_2——分别蜡封试件质量和在水中称得的质量（g）。

（2）试验技术要点

1）量体积法：制成的规则试件尺寸应大于岩石最大颗粒尺寸的 10 倍。试件尺寸应多点量测取其平均值，测量精度应满足要求（高或边长、直径的量测读数应精确至 0.01mm，误差不大于 0.3mm）。质量称量精确至 0.01g。

2）岩石密度蜡封法试验与土样密度的蜡封法试验技术要求基本一致，但要求测定天然密度的岩石试件要进行含水率的测试。

8.6.1.4 吸水性试验

（1）试验方法及原理

岩石的吸水性试验包括岩石吸水率试验和岩石饱和吸水率试验两部分。该试验适合于遇水不崩解的岩石。岩石吸水率试验是测定岩石在自由浸水状态下的吸水率，而岩石饱和吸水率试验是在岩石放在水中煮沸或抽真空状况下测定岩石的吸水率。在测定岩石吸水率或饱和吸水率的同时应采用水中称重法测定岩石块体的密度。岩石吸水性试验可以采用规则形状的岩石试件或不规则形状的岩石试件（形状不规则时岩石试件宜为边长 40~60mm 的浑圆状岩块）。

试验时，首先将岩块在 105~110℃温度下烘 24h，然后将其放在干燥容器内冷却至室温，再称得其质量 m_s。然后，如果是测定吸水率，则将岩石试件至于水中自由浸泡 48h，取出试件沾去表面水分称其质量 m_0；如果是测定饱和吸水率，则需将试件置于煮沸容器中煮沸 6h 以上，然后将试件连同煮沸容器及水一起冷却至室温，（如采用抽真空方法，真空压力表的读数宜为 100kPa，抽真空时间不得少于 4h，直至无气泡逸出为止），取出试件沾去表面水分称其质量 m_p。最后，再将饱和试件重新置于水中称其质量 m_w。则岩石的吸水率 w_a、饱和吸水率 w_{sa}、干密度 ρ_d 分别用下列公式计算：

$$w_a = \frac{m_0 - m_s}{m_s} \times 100\% \tag{8-32}$$

$$w_{sa} = \frac{m_p - m_s}{m_s} \times 100\% \tag{8-33}$$

$$p_d = \frac{m_s}{m_p - m_w} \rho_w \tag{8-34}$$

式中 ρ_w——水在试验温度时的密度（g/cm³）。

（2）技术要点

1）试件在自由浸水时，应逐步浸水淹没，首先浸水至试件高度的 1/4 处，以后每隔 2h 分别浸水至 1/2 及 3/4 高度处，6h 后全部淹没试件，然后再让试件自由浸水 48h 后，方可称量浸水后的质量。

2）如需采用水中称量法测定岩石试块的天然密度，需称量在试样烘干前的质量 m，然后按下式计算岩石试块的天然密度 ρ：

$$\rho = \frac{m}{m_p - m_w} \rho_w \qquad (8\text{-}35)$$

8.6.1.5 膨胀性试验

岩石膨胀性试验包括岩石自由膨胀试验、岩石侧向约束膨胀性试验和岩石膨胀压力试验。岩石自由膨胀试验适用于测定遇水不易崩解的岩石，而岩石侧向约束膨胀性试验和岩石膨胀压力试验适用于各类岩石。

（1）试验方法及原理

岩石自由膨胀试验是将岩块制成圆柱形的试件，然后测定试件在水中自由浸泡稳定（试件尺寸不再有明显增加时为止）后，试件尺寸的变化情况，试件尺寸浸水后的变化率用下列公式计算：

$$V_H = \frac{\Delta H}{H} \times 100\% \qquad (8\text{-}36)$$

$$V_D = \frac{\Delta D}{D} \times 100\% \qquad (8\text{-}37)$$

式中 V_H、V_D——分别为岩石的轴向和径向自由膨胀率（%）；

  H、ΔH——分别为岩石试件的轴向高度和浸水后膨胀变形值（mm）；

  D、ΔD——分别为岩石试件的直径和浸水后膨胀变形值（mm）。

岩石侧向约束膨胀试验是将岩块制成圆柱形的试件，将其置于内径和试件直径相同的内壁涂有凡士林的金属套环内，然后测定试件在水中自由浸泡稳定后，试件高度的变化情况，试件尺寸浸水后的变化率用下列公式计算：

$$V_{HP} = \frac{\Delta H_1}{H} \times 100\% \qquad (8\text{-}38)$$

式中 V_{HP}——岩石侧向约束膨胀率（%）；

  ΔH_1——岩石试件侧向约束条件下浸水后轴向高度膨胀变形值（mm）。

岩石膨胀压力试验，是将岩块制成圆柱形的试件，将其置于内径和试件直径相同的内壁涂有凡士林的金属套环内，然后让试件在水中浸泡，同时在试件轴向施加并调节荷载使得岩石试件高度在整个浸泡过程中（浸泡总时间不少于 48h）高度不发生变化，当施加的荷载稳定后记录荷载的值，则岩石的膨胀压力 P_s 用下式计算：

$$P_s = \frac{F}{A} \qquad (8\text{-}39)$$

式中　P_s——岩石膨胀压力（MPa）；

　　　F——岩石浸水后，保持其高度不变的稳定的轴向荷载（N）；

　　　A——岩石试件截面积（mm²）。

（2）技术要点

1）试件尺寸应满足下列要求：

2）岩石自由膨胀试验或侧向约束膨胀试验时，试件浸水后，测读岩石膨胀变形的千分表读数开始 1h 内应每 10min 测读变形 1 次，以后每 1h 测读 1 次，直至 3 次测读的差不大于 0.001mm 时为止，即可认为岩石膨胀变形已稳定，浸水试验时间不得少于 48h。

3）试验过程中，水位应保持不变，水温变化不大于 2℃。

4）岩石膨胀压力试验时，应在浸水之前施加 0.01MPa 压力的荷载，每 10min 测读变形 1 次，直至 3 次读数不变。试件浸水后，要观测测量变形的千分表读数，当变形量大于 0.001mm 时，要调节施加的荷载，使得试件的高度在试验过程中始终不变。即可认为岩石膨胀变形已稳定，浸水试验时间不得少于 48h。

5）试件浸水后，开始时应每 10min 测读变形 1 次，当连续 3 次测读的差小于 0.001mm 时，改为每 1h 测读 1 次，直至连续 3 次测读的读数差不大于 0.001mm 时，即可认为岩石膨胀变形已稳定，并记录稳定的荷载。

6）试验结束后，应描述试件表面的崩解、泥化和软化现象。

8.6.1.6　耐崩解试验

岩石耐崩解试验适用于测定黏土类岩石和风化岩石，这类岩石在水的作用下，会有一部分岩石崩解成细小的岩石碎块，耐崩解试验就是要测定岩石抵抗崩解的能力。

（1）试验方法及原理

试验时，首先将不少于 10 块，每块质量为 40～60g 的浑圆状岩块试样放入高 100mm、直径 140mm、筛孔直径 2mm 的专用圆柱状筛筒中，再将其在 105～110℃ 温度下烘干至恒量，然后放在干燥容器内冷却至室温，称得其质量 m_s；然后，将烘干冷却后的筛筒连同岩块试样放入水槽中，注水至筛筒滚动轴上 20mm 后，滚动转轴，使筛筒在水中以每分钟 20 转的速度转动滚筛，这样岩块试样崩解成直径 2mm 以下的碎块部分将被筛出筛筒，转动 10min 后，停止滚筛，将滚筛筒和残留的试样取出在 105～110℃ 温度下烘干至恒量，然后放在干燥容器内冷却至室温，再称得残余岩石试样的质量。重复上述过程（根据需要可进行 5 个循环），称得最后残余试样的烘干质量 m_r，则表征岩石耐崩解性的定量指标的耐崩解系数用下式计算：

$$I_{d2} = \frac{m_r}{m_s} \times 100\% \tag{8-40}$$

式中　I_{d2}——岩石（二次循环）耐崩解系数（%）；

m_s——岩石原试件烘干质量（g）；

m_r——残余岩石试件烘干质量（g）。

（2）技术要点

1）岩石试样应在现场采取，并使其保持天然含水率。

2）试验过程中，水温应保持在 $20\pm2℃$ 范围内。

8.6.2 岩石的力学性质试验

岩石的室内力学试验主要包括：单轴抗压强度试验、单轴压缩变形试验、三轴压缩强度试验、抗拉强度试验、直剪试验等。

8.6.2.1 单轴抗压强度试验

（1）试验方法及原理

单轴压缩强度试验适合于能制成规则试件的各类岩石。一般将试件制成一定尺寸，两端具有平整平面的圆柱状，然后将其放在压力试验机上，以每秒 $0.5\sim1.0MPa$ 的速度加荷直至破坏，同时记录破坏荷载和加荷过程中试件出现的情况。然后按下式计算岩石单轴抗压强度：

$$R = \frac{P}{A} \tag{8-41}$$

式中 R——岩石单轴抗压强度（MPa）；

P——试件破坏荷载（N）；

A——试件截面积（mm^2）。

（2）试验技术要点

1）试件可用岩芯或岩块加工而成。试件在采取、运输、制备过程中应避免产生裂缝。

2）试件尺寸应符合下列要求：圆柱体直径宜为 $48\sim54mm$，含大颗粒的岩石，试件直径应大于岩石最大颗粒直径的 10 倍；试件高度与直径之比宜为 $2.0\sim2.5$。

3）试件精度应符合下列要求：两端面的平整度误差不得大于 0.05mm，端面应垂直于试件轴线，最大偏差不大于 0.25°；沿试件高度的直径误差不大于 0.3mm。

4）试件的含水状态可根据需要选择：天然含水状态、烘干状态、饱和状态等。同一含水状态下，每组试验试件数量不得少于 3 个。

8.6.2.2 单轴压缩变形试验

（1）试验方法及原理

单轴压缩变形试验也是适合于能制成规则试件的各类岩石。试件制作及采用压力试验机加荷的过程与单轴压缩强度试验基本相同，不同的是要采用电阻应变片及相应的电桥电路（常用惠斯顿电桥）测量和记录加荷过程中试件的应变发展情况，并绘制试验试件的荷载-轴向应变及横向应变关系曲线。然后按下式计算岩石的平均弹性模量和平均泊松比：

$$E_{av} = \frac{\sigma_b - \sigma_a}{\varepsilon_{lb} - \varepsilon_{la}} \tag{8-42}$$

$$\mu_{av} = \frac{\varepsilon_{db} - \varepsilon_{da}}{\varepsilon_{lb} - \varepsilon_{la}} \tag{8-43}$$

式中　E_{av}——岩石平均弹性模量（MPa）；

μ_{av}——岩石平均泊松比；

σ_a、σ_b——应力-轴向应变关系曲线上直线段始点和终点对应的应力值（MPa）；

ε_{la}、ε_{lb}——应力与轴向应变关系曲线上直线段始点和终点对应的应变值；

ε_{da}、ε_{db}——应力为 σ_a、σ_b 时对应的横向应变值。

最后要说明的是，也可以利用破坏时的轴向荷载计算得到岩石的单轴抗压强度。

（2）试验技术要点

1）试件的要求、加载要求及含水率的要求和单轴抗压强度试验相同。

2）试验时，电阻应变片应满足下列要求：①电阻片阻栅长度应大于岩石颗粒直径的 10 倍，并应小于试件的半径；②同一试件所选定的工作片与补偿片的规格、灵敏度系数应相同，电阻差值不应大于 ±0.2Ω；③电阻应变片应牢固粘贴于试件中部表面，并应避开裂隙或斑晶。纵向或横向的应变片数量不得少于两片，其绝缘电阻应大于 200MΩ。

8.6.2.3 三轴压缩强度试验

（1）试验方法及原理

岩石三轴压缩强度试验适合于能制成圆柱形试件的各类岩石。岩石三轴试验的方法和原理与土的三轴压缩（剪切）试验十分相似，它也是通过在不同侧向压力下测定一组岩石试件的轴向极限压力，从而在 $\tau\sigma$ 坐标图上得到一组极限应力圆，这组极限应力圆的公切线就是强度包线，利用强度包线在纵轴上的截距和倾角就可以得到岩石的三轴抗压强度参数 c、φ 值。

（2）试验技术要点

1）圆柱形试件的直径应为承压板直径的 0.98～1.00，试件的端面平整度、精度及其他要求同单轴抗压强度试验要求。

2）试验时，同一含水状态下，每组试件数量不少于 5 个。

3）以每秒 0.05MPa 的加荷速度同时施加侧向压力和轴向压力至试验预定的侧向压力值，并使得侧向压力在后续试验过程中始终保持不变。

4）每秒 0.5～1.0MPa 的速度施加轴向荷载，直至试件完全破坏，记录破坏荷载。当试件破坏时有完整破坏面时，应量测破坏面与最大主应力作用面（一般即水平面）的夹角。

8.6.2.4　抗拉强度试验

（1）试验方法及原理

岩石抗拉强度试验适合于能制成规则试件的各类岩石。抗拉强度试验采用劈裂法，是在试件直径方向上施加一对线性荷载，使试件沿直径方向破坏。试验时，采用压力试验机的专用夹头，对半夹住试件的两端，以每秒 0.3～0.5MPa 的速度施加拉力荷载，直至试件断裂破坏，记录破坏荷载，然后按下式计算岩石的抗拉强度：

$$\sigma_t = \frac{P}{A} \tag{8-44}$$

式中　σ_t——岩石单轴抗压强度（MPa）；

P——试件破坏荷载（N）；

A——试件受拉截面积（mm^2）。

（2）试验技术要点

1）圆柱形试件的直径宜为 48～54mm，试件的高度或厚度宜为直径的 0.5～1.0 倍。其他要求同单轴抗压强度试验要求。

2）试件破裂应以出现贯穿于整个试件截面的破裂面为准，凡出现局部脱落的试件均为无效试件。

8.6.2.5　直剪试验

（1）试验方法及原理

岩石直剪试验适合于岩块、岩石结构面以及混凝土与岩石胶结面的剪切试验。岩石直剪试验的方法原理与土的直剪试验相类似。试验时，将制备好的岩石试件装入上、下剪切盒中，并使预定剪切面位于上、下盒的交界面处，试件与剪切盒之间的空隙要用填料填实。然后对试件施加一定的垂直向荷载并使之在后续剪切过程中保持不变，最后施加水平剪切荷载，使岩石试件沿预定剪切面发生剪切破坏。水平剪切荷载的施加应分级进行，每级荷载为预估最大剪切荷载的 1/12～1/8，每级荷载施加后，测读稳定的剪切位移和法向位移，直至试件剪切破坏为止。在不同的法向压力下重复上述试验，即可得到不同法向压力下，剪切面上的破坏剪应力。将它们绘制在 $\tau\sigma$ 坐标图上，并连成一条直线，该直线在纵轴上的截距和倾角就是岩石直接剪切试验的抗剪强度参数 c、φ。

（2）试验技术要点

1）岩石试件的直径不得小于 50mm，试件的高度应与直径或边长相等。如对岩石结构面进行剪切试验，则结构面应位于试件中部，并与端面基本平行；混凝土与岩石胶结面剪切试验的试样应为方块体，边长不宜小于 150mm，其胶结面也应位于试件中部。混凝土骨料的最大粒径不得大于试件边长的 1/6。

2）每组试件数量不应少于 5 个。

思　考　题

8.1　室内土工试验方法主要有哪几种？

8.2　砂土、粉土、黏性土各需要进行哪几种物理性质试验？

8.3　密度计法颗粒分析试验的原理是什么？

8.4　土粒相对密度试验有哪几种？其原理是什么？

8.5　联合测定法测定土的液限和塑限是如何进行的？

8.6　什么叫做砂的最大干密度和最小干密度？它们是如何通过试验测得的？

8.7　土的压缩试验可以得到哪些指标？固结系数是怎样得到的？

8.8　土的三轴剪切试验有哪几种方法？不同方法得到的土的抗剪强度指标有何关系？

8.9　土的动力性质试验有哪几种方法？它们能得到土的哪些力学指标？

8.10　室内岩石试验有哪几种方法？它们能得到哪些指标？

8.11　岩石三轴压缩强度试验有什么技术要求？

第9章 房屋建筑与构筑物的勘察与评价

随着城市建设的发展，高层建筑以及各种构筑物大量涌现，要求地基和基础为上部结构提供足够的承载力，以保证在建（构）筑物荷载作用下不会发生局部或整体剪切破坏，从而影响建（构）筑物的安全与正常使用。同时在满足承载力要求的前提下，对于地基基础设计等级为甲级、乙级和部分丙级的建（构）筑物要按地基变形设计，必须对地基的变形进行控制。这里地基的变形是广义的，包括有沉降量——独立基础或刚性很大的基础中心的沉降量；沉降差——相邻两个柱基的沉降量之差；倾斜——独立基础在倾斜方向基础两端点的沉降差与其距离的比值；局部倾斜——砖石承重结构沿纵墙 6～10m 内基础两点的沉降差与其距离的比值；平均沉降——由三个以上独立基础（或条形基础的几个地方）的沉降量按基础底面积加权所得沉降；相对弯曲——砖石承重结构和基础板的弯曲部分的矢高与其长度之比值。

对于建（构）筑物的岩土工程评价，经常遇到的问题有：①区域地壳稳定性问题。区域地壳稳定性是在可行性研究勘察阶段进行选址时必须考虑的问题。一般地说，区域地壳稳定性是指工程建设地区，在地球内外动力的综合作用下，现今地壳其表层的相对稳定程度，以及这种稳定程度与工程建筑之间的相互作用和影响。在可行性研究勘察阶段，是对拟建场地的稳定性和适宜性作出评价，在初步勘察阶段，则是对场地内拟建建筑地段的稳定性作出评价。②地基稳定性。地基的稳定性直接影响到建筑物的安全和正常使用，是勘察评价的一个重要方面。在详细勘察阶段，要在查明建筑物范围内岩土层的类型、深度、分布、工程特性的基础上，分析和评价地基的稳定性。地基的稳定性涉及承载力和变形两个方面，承载力要求在上部荷载作用下，地基土不发生剪切破坏和丧失稳定，变形要求地基变形值不超过地基变形允许值。③设计与施工方案的建议。地基基础设计首先涉及基础类型的选择，在选择过程中要做到经济、合理，避免不必要的浪费，同时在城市建设中由于建筑场地狭小，周围建（构）筑物离场地距离近，而高层建筑多带有地下室，开挖深度大，这就要求在基坑开挖过程中采用合理的围护类型，一方面保持基坑本身的稳定，同时又要保证基坑周围建筑物的安全使用功能。在基坑开挖过程中有时需要降低地下水位，以使地下水位位于基坑开挖面以下，施工在无水条件下进行。地下水位降低的土层产生一个附加应力，土层固结产生沉降，对周围的建筑物、道路、地下管线会产生不良影响。当地基土性质差，不能满足上部结构的要求时，要根据建筑物地基土的性质提出合适的地基处理方案，以形成满足要求的人工地基。④不良地质作用防治的建议。地壳上部的岩土层在各种各样的内外动力地质作用下，如地壳运动、地震、流水作用以及人类活动等，形成了不同的地质现象，对工程的安全和使用功能会产生不良影响。这些地质现象虽然不是每个建筑场地都会发生，但在部分场地是存在的，而且对工程建筑物的影响是严重的。比如滑坡、泥石流的发生引起的后果往往是灾难性的。因此要查明不良地质作用的类型、成因、分布范围、发展趋势和危害程度，提出整治方案的建议。

9.1 区域地壳稳定性

区域地壳稳定性研究的目的是评价地震、现代火山、断层位错和地壳运动等形成的山崩、滑坡等灾害对工程建筑安全的影响程度，从而选择相对稳定的地区作为工程建设的基地和场址。我国地域辽阔，地质构造条件复杂多变，在复杂的地质条件下进行工程建设，如大型水库、核电站、引水工程以及公路、铁路的建设时，地壳稳定条件成为重要的因素。地震烈度高、活动断裂发育、高应力地带以及由断裂活动引起的滑坡、山崩、地裂缝区等均是不利于工程建设的地区。

我国地壳经过多期构造阶段的演化，形成了现今的构造格局。根据地质构造、地壳近代活动性、重力场及地震活动等，以贺兰山、龙门山、横断山为界，可将中国地壳分为东西两大区域。东部地区以元古代形成的大陆地壳为主，一部分地区为古代洋壳区，因此东部大部分地区地壳活动性低，稳定性良好，但由于中生代和新生代时期太平洋板块向欧亚大陆板块下的俯冲作用及地幔上涌，导致岩石圈开裂，产生裂谷和边缘海断陷。在近代太平洋板块作用下，这些构造带成为现代地壳活动带。西部地区除塔里木、柴达木、扬子等断块是元古界固化的断块外，其余地区均属古生代和中生代大洋地壳区，西藏还有新生代洋壳区，这些地区深断裂发育，由于在新生代期间印度次大陆板块与欧亚板块碰撞，使西部地区深断裂复活，地壳剧烈上升。因此我国西部较东部地区近代地壳活动性大，地震活动频繁，山崩、滑坡发育。

9.1.1 研究的内容和方法

区域地壳稳定性是由内力造成的地质灾害对工程建筑影响程度的综合反映，研究内容可分为两个方面：岩石圈的结构及其动力条件；内力的灾害地质现象及其对建筑安全的影响。因此区域地壳稳定性研究就是要研究地壳的演化过程、现代动力条件，分析它们产生的地质现象与工程建筑的相互关系，在较大的区域内，分析和研究不同地区、地段的地壳现代活动程度，选择稳定性良好的地区作为规划建设地段，具体的研究和评价内容如图 9-1 所示。

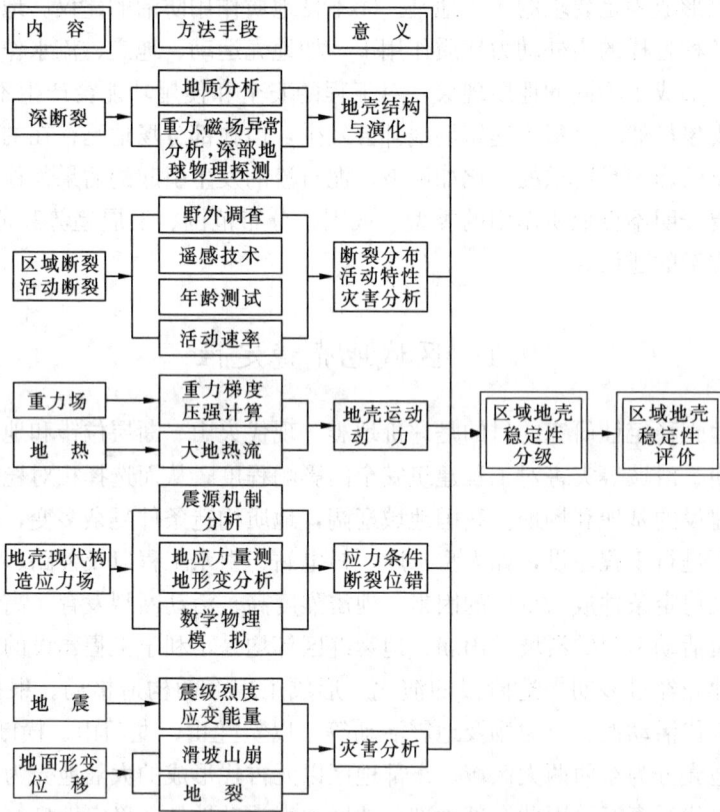

图 9-1　区域地壳稳定性研究内容和方法

9.1.2　控制区域地壳稳定性的因素

地壳演化的动力主要来自重力均衡和热对流。按重力平衡地球岩石圈的各部分在横向上要力求达到平衡，不平衡产生时，就以地幔上升或下降、地壳变薄或变厚以达到平衡，这就是重力均衡调整。重力均衡就是在具有流动性的地幔物质和地壳中的某一等深面上，其上部物质造成的静压力处处相等。一般地，可以采用式（9-1）计算地壳某一深度处的静压力 p：

$$p = \sum_{i=1}^{n} h_i \rho_i \tag{9-1}$$

式中　p——地面下某一深度处的静压力；

　　　h_i——计算点以上各物理层的厚度；

　　　ρ_i——计算点以上各物理层的密度。

物理层是指沉积盖层、花岗岩层、玄武岩层和上地幔的各层。如果两点计算出的静压力相等，则表示重力均衡程度高；若两点计算出的静压力不相等，则需要进行调整补偿。这种补偿是通过上地幔物质上升、地面剥蚀，或上地幔物质下降、地面堆积来实现的。在压强差大的地区由于重力均衡补偿，成为地壳活动带、地震带，在压强差小的地区地壳活动性小，相对稳定。在裂谷区和山区平原交界处，由于地壳厚度的差别，形成较大的压强差，需要进行重力均衡补偿，因而成为地壳活动带。重力均衡作用是产生岩石圈构造运动的重要原因，在进行区域地壳稳定性分析评价时，要考虑重力场特征及其均衡补偿。

热对流也是地壳运动源之一，Joey 于 1923 年提出：地幔放射物产生的热引起地幔的全部熔融，使地壳产生对流热脉冲，高的对流传导热导致地幔迅速冷却和再固结。从新生代和近代大陆和海洋裂谷的热流值高可以看出热对流对岩石圈破坏的影响，即热对流是形成大陆裂谷的动力之一。通过观测地球热对流值，表明现今裂谷的热对流值比两侧山区高 1.5～2.7 倍，表明上升的热流正在活动。热流值高的地带，地幔上升，地壳拉张，厚度减薄；热流值低的地方热流下降，上地幔下降，地壳受挤压，地壳加厚。表明地热和热对流是地壳构造运动的重要动力源。

我国地壳现今的构造格局是经过多期构造阶段的演化形成的，其中第四纪是距今约 200 万年前至今的最新的地质历史时期。在这一时期，地壳运动继承了前第四纪地壳演化的某些特征，但又区别于后者。此间大陆和大洋地壳在全球的分布格局已定，地壳运动的类型与古老时期相类似，但强度减弱了，大陆和大洋板块运动以及大陆板块内部的形变、破裂占优势。由于大洋板块作用的应力影响到大陆板块，因此产生了大陆板块内的形变、破裂。而这些变形影响到区域地壳活动性及地震和大地热流，因而裂谷带、活动断裂带的地壳近代活动性大，稳定性差。比较均一、破碎程度低的地壳区，地壳近代活动性小，稳定条件良好。因此在工程建设中需要研究分析第四纪构造运动特性和活动断裂、构造形变类型及它们对地壳活动性的影响。

综上所述，重力和热对流是产生构造运动的动力因素，历史上和近代的构造运动是由地球重力变化和热对流作用导致地壳与地幔相互作用，新生代和第四纪地壳运动和构造变形还受新生代以前形成的岩石圈内的各种软弱带制约。近代重力均衡补偿和热膨胀、热对流则是近代地壳形变的动力源。这些因素和正在进行的地质地球物理作用影响和控制着地壳的近代活动性。现代海沟是板块的削减带，这里地震强烈，而大陆板块内部的地震带正是近代活动的深断裂或新生代裂谷带，近代火山也是沿板块边界产生的，断裂和其他类型的软弱带，其形变、位错可造成地壳表层的地质灾害，如由地震、活动断裂位错引起的地裂、滑坡等，对人类和工程的安全形成威胁。因此在区域地壳稳定性的评价和分析中，需要研究地壳结构和演化、深断裂和地壳现代应力场等因素及其作用（图 9-2）。

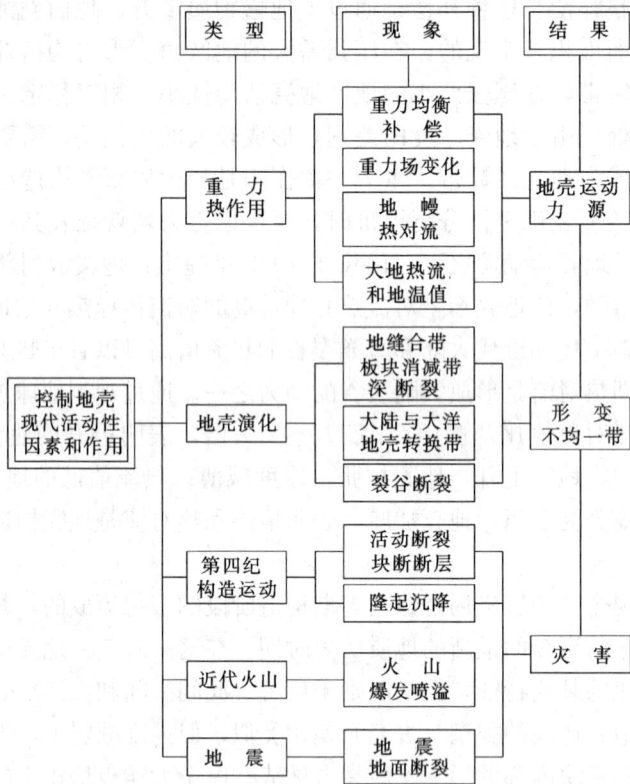

图 9-2   控制地壳现代活动性的因素

9.1.3   稳定性分级和评价

地壳稳定性分级就是将一个区域划分成不同稳定程度的区供工程设计部门利用，以便于选择条件好的地区和制定合理的建设、规划方案。

以地震震害为主，结合工程抗震要求将地壳稳定性分为四个等级（表 9-1）。

地壳稳定性分级与地震指标   表 9-1

等级划分	基本烈度 I（度）	震 级	地面最大水平加速度 K	建筑条件
稳定区	$\leqslant Ⅵ$	$\leqslant 21/4$	$\leqslant 0.063g$	适 宜
基本稳定区	Ⅶ	$11/2 \sim 23/4$	$0.125g$	适 宜
次稳定区	Ⅷ、Ⅸ	$6 \sim 7$	$0.250g$，$0.500g$	不完全适宜
不稳定区	$\geqslant Ⅹ$	$\geqslant 29/4$	$\geqslant 1.000g$	不适宜

注：表中 g 为重力加速度。

另外可采用多指标综合评定一个地区的地壳活动性。一个地区的地壳近代活动性决定于该区的地质作用和地球物理作用，这两种作用控制着地壳近代活动性，所表现出来的现象是相互联系、制约的。综合这些现象可以用来判定一个地区的近代地壳活动性，在缺乏历史地震的地区或地震周期很长时，利用综合指标判定区域地壳稳定性更有实用价值。这些指标见表9-2。

地壳稳定性的综合指标   表9-2

作用 \ 指标	指 标	研 究 和 分 析 内 容
地 质	地壳结构与深断裂	地壳结构类型，深断裂的延伸长度及组合形式
	新生代地壳变形	新生代裂谷，深断裂复活，第三纪和第四纪地壳拉张、沉降、上升速率
	第四纪块断和断裂	第四纪断块作用，第四纪断裂性质、方向、年龄，地堑、断陷盆地特征
	第四纪和现代构造应力场	第四纪构造应力场，主应力方向，叠加断裂作用，地块应力集中和分布
	第四纪火山和地热	第四纪火山年龄、分布，大地热流值，温泉及其与深断裂的关系
	地面形变位错	地壳活动（上升）区、活动断裂带引起的地面裂缝、滑坡、山崩
地球物理	重力场	重力异常梯级带，重力均衡，压强变化
	地壳地震应变能量	最高单个地震能量，总计能量值
	地震	震级，烈度

9.1.4 地震及液化评价

地震可直接导致建筑物和地基破坏，同时诱导滑坡、山崩等不良地质现象的发生，危害人类及工程的安全。因此地震是区域地壳稳定性评价和分级中最重要的因素。

地震是由于地球内动力作用而发生在地壳表层岩石圈内的一种快速颤动现象。当组成地壳的岩石在地球内力作用下产生构造运动而发生弹性应变，岩石以弹性应变的形式把应变能量积蓄起来，而一旦超过岩体弹性变形极限强度时，岩体就会发生剪切破坏或沿原有破裂带重新滑动，积蓄的应变能突然释放，以弹性波形式传播出去而引起地震。我国是个多地震的国家之一，处于世界两大地震带之间（东临环太平洋地震带，南北接欧亚地震带），地震相当强烈，烈度在Ⅶ度以上的地震区约占全国总面积的一半以上。

9.1.4.1   地震震级与地震烈度

地震震级（M）是表示地震本身大小的尺度，是以地震过程中释放出来的能量总和来衡量的。震级（M）与震源释放能量（E）之间存在如下关系式：

$$\lg E = 11.8 + 1.5M \tag{9-2}$$

地震烈度是指地面各类建筑物遭受地震破坏的程度。震级越大，地震烈度不一定越高，地震烈度的高低还与震源的深浅、震中距离、地震波的传播介质以及地震地质构造有关。如一次地震，距震中远的地方，烈度低，而距震中近的地方，烈度高；相同震级的地震，因震源深浅不同，地震烈度也不相同，震源浅者对地表的破坏就大，而震源深者由于地震波的传播距离远，一部分能量在传播过程中消耗于地层中，相对破坏性就小一些。因此一次地震只有一个震级，而烈度却随地方而不同。

为了评价地震的影响程度，需要有一个评定地震烈度的标准，这个标准是根据宏观现象（人的感觉、器物反映、建筑物及地表破坏等）和地震加速度等定量指标来判定出来的，称为地震烈度表，我国采用的是 12 级的烈度表。地震基本烈度是指某个地区在未来一定时期内，一定场地条件和超越概率水平下可能遭遇的地震影响的最大程度。

9.1.4.2   地震效应

地震效应包括有地震力效应、地震破裂效应、地震液化效应和地震引发的地质灾害效应。

（1）地震力效应

地震力是由地震波直接产生的惯性力，可使建筑物发生变形和破坏，地震力是由于地震波在传播过程中使质点做简谐振动引起的，所以它的大小决定于这种简谐振动引起的加速度。地震时，地震加速度包括水平方向和垂直方向，因而地震力也是有方向性的，据资料统计，一般垂直加速度为水平加速度的 1/3～1/2。

（2）地震破裂效应

在震源处以地震波的形式传播于周围的地层上，引起相邻岩石的振动，这种振动具有很大的能量，它以力的形式作用于岩石上，当这些作用力超过岩石的强度时，岩石就会发生突然破裂和位移，形成断层和地裂缝，引起建筑物变形和破坏。

（3）地震激发地质灾害的效应

强烈的地震作用能激发斜坡上岩土体松动、失稳，发生滑坡和崩塌等不良地质现象，如果遇上大雨，在地震诱导下往往会发生泥石流、滑坡，可以摧毁建筑物、堵塞道路和河道，对人民生命财产造成很大损失。

（4）地震液化效应

砂土在地震时，每个颗粒都受到地震力反复作用，这种周期性的作用使砂土颗粒处于运动状态，由于运动使它们之间的相互位置必然产生调整，以降低其总势能达到稳定状态。位于地下水面以下的疏松饱水砂土，必须要排水才能趋于密实程度，当饱水的砂土颗粒细小，排水不良时，瞬时振动变动需要从孔隙中排出来的水来不及排出砂土体外，必然会使砂体中孔隙水压力上升，导致砂土颗粒间的有效应力降低，当孔隙水压力上升到使砂粒间的有效应力成为零时，则砂粒在水中完全处于悬浮状态，砂体就会完全丧失强度的承载力，这就是砂土液化现象。

饱和砂层受到外力时，砂与水共同承担和传递，按式（9-3）进行分配。

$$\sigma = \sigma' + u \tag{9-3}$$

式中　σ——外力引起的总应力；

　　　σ'——砂骨架中产生的应力，称为有效应力；

　　　u——水所承受的压力，称为孔隙水压力。

在地震前，上部结构的力全部由砂骨架来承担，水只承受其本身的压力，而不能承受剪力，这时的砂层处于稳定状态。在地震过程中，在地震力的反复作用下，砂粒间产生位移，改变排列状态。由于地震历时短和排水不畅，而饱和砂土体积保持不变，应力势必由砂骨架转移到水，从而引起孔隙水压力升高。在振动作用下，孔隙水压力由两部分组成：一部分是由弹性变形引起的可恢复的孔隙水压力，称为波动孔隙水压力，另一部分是由塑性变形引起的不可恢复的孔隙水压力，称为残余孔隙水压力。在地震过程中，多次循环振动使残余孔隙水压力逐渐积累，有效应力相应降低，当残余水压力积累到一定程度，砂层开始失稳，如果残余孔隙水压力进一步发展，结果全部应力由砂骨架转移到水，使式（9-3）中有效应力（σ'）等于零，这时就会产生液化。砂土的液化会引起土体和建筑物产生严重的破坏，其破坏形式主要有四种：一是涌砂，涌出的砂掩盖农田，压死农作物，使沃土盐碱化，同时河床、渠底和井筒淤塞；二是滑塌，土层产生大规模的滑移，导致建于其上的建筑物破坏和地面裂缝；三是沉陷，指地面下沉，同时在沉陷区边缘产生大量边缘裂缝；四是浮起，砂土液化使某些构筑在地下的轻型结构物如同罐体类结构浮出地面。

9.1.4.3　液化效应

（1）影响液化的因素

影响液化的因素包括下面三个方面：

1）砂土的相对密度

砂土的相对密度是影响砂土液化的主要因素之一，疏松的砂土易发生液化，密实的砂土不易发生液化。据统计，相对密度小于50％的疏松砂在地震作用下很容易发生液化，而相对密度大于80％时不易液化。砂土的粒度组成是判定在地震作用下砂土能否产生液化的一个重要指标，均匀级配的砂土易产生液化。

2）地震强度及其持续时间

根据大量震灾调查表明，一般在Ⅴ～Ⅵ度地震烈度区很少见到有砂土液化现象，Ⅶ度地区只能见到疏松的粉、细砂层液化，Ⅸ度以上地区才能使颗粒较粗的或含有一定黏粒较为密实的砂层发生液化，所以说振动强度是产生砂土液化的重要因素，只有地震强度达到一定界限值才能在土中引起足够剪应力，并使饱水砂土中的孔隙水压力升高到砂土液化的程度。

3）饱水砂土的埋藏条件

由前述可知，当孔隙水压力大于砂粒间有效应力时，才可能产生砂土液化。同时有效应力是由土体自重压应力决定的，自重应力随埋藏深度的增加而增大，但在地下水面以下的砂层，由于水的浮力使自重减小，因此露出地表的饱水砂土最易液化。

（2）砂土液化的判别

1）初步判断

在进行岩土工程勘察时，首先要判断场地有无液化的可能性，当场地存在液化可能性时，再作进一步的判断。按照《建筑抗震设计规范》GB 50011—2010对于饱和砂土或粉土（不含黄土），当符合下列条件之一时，可初步判别为不液化或可不考虑液化影响：

①地质年代为第四纪晚更新世（Q_3）及以前时，7度、8度时可判为不液化；

②粉土的黏粒（粒径小于0.005mm的颗粒）含量百分率，7度、8度和9度时分别不小于10、13和16时，可判为不液化土（用于液化判别的黏粒含量系采用六偏磷酸钠作分散剂测定，采用其他方法时应按有关规定换算）；

③浅埋天然地基的建筑，当上覆非液化土层厚度和地下水位深度符合下列条件之一时，可不考虑液化影响：

$$\left.\begin{array}{l} d_u > d_0 + d_b - 2 \\ d_w > d_0 + d_b - 3 \\ d_u + d_w > 1.5d_0 + 2d_0 - 4.5 \end{array}\right\} \tag{9-4}$$

式中 d_w——地下水位深度（m），宜按设计基准期内年平均最高水位采用，也可按近期内年最高水位采用；

d_u——上覆盖非液化土层厚度（m），计算时宜将淤泥和淤泥质土层扣除；

d_b——基础埋置深度（m），不超过2m时采用2m；

d_0——液化土特征深度（m），可按表9-3采用。

液化土特征深度 d_0 表 9-3

饱和土类别	烈 度		
	7度	8度	9度
粉　土	6	7	8
砂　土	7	8	9

注：当区域的地下水位处于变动状态时，应按不利的情况考虑。

2）进一步判断

当初步判断认为存在液化可能时，需进一步进行判别。

①采用标准贯入试验判别法判别地面下 20m 深度范围内的液化，但对不进行天然地基及基础的抗震承载力验算的各类建筑，可只判别地下 15m 范围内土的液化。当饱和土的标准贯入击数（未经杆长修正）小于或等于液化判别标准贯入锤击数临界值时，应判为液化土。

在地面 20m 深度范围内，液化判别标准贯入锤击数临界值按下式计算：

$$N_{cr} = N_0 \beta \left[\ln(0.6d_s + 1.5) - 0.1d_w \right] \sqrt{3/\rho_c} \qquad (9\text{-}5)$$

式中　N_0——液化判别标准贯入锤击数基准值，按表 9-4 采用；

　　　β——调整系数，设计地震第一组取 0.80，第二组取 0.95，第三组取 1.05；

　　　d_s——饱和土标准贯入点深度（m）；

　　　d_w——地下水位深度（m）；

　　　ρ_c——黏粒含量百分率，当小于 3 或者是砂土时，均应取 3。

液化判别标准贯入锤击数基准值 N_0　　　　　　　　　　表 9-4

设计基本地震加速度（g）	0.10	0.15	0.20	0.30	0.40
液化判别标准贯入锤击数基准值	7	10	12	16	19

②《铁路工程抗震设计规范》和《铁路工程地质原位测试规程》采用静力触探成果来判断液化，适用于饱和砂土和粉土的判别。当实测计算比贯入阻力 p_s 或实测计算锥尖阻力 q_c 小于液化比贯入阻力临界值 p_{scr} 或液化锥尖阻力临界值 q_{ccr} 时，应判别为液化土。临界值分别按下列公式计算：

$$p_{scr} = p_{s0} \alpha_w \alpha_u \alpha_p \qquad (9\text{-}6)$$

$$q_{ccr} = q_{c0} \alpha_w \alpha_u \alpha_p \qquad (9\text{-}7)$$

$$\alpha_w = 1 - 0.065(d_w - 2) \qquad (9\text{-}8)$$

$$\alpha_u = 1 - 0.05(d_u - 2) \qquad (9\text{-}9)$$

式中　p_{scr}、q_{ccr}——分别为饱和土静力触探液化比贯入阻力临界值及锥尖阻力临界值（MPa）；

　　　p_{s0}、q_{c0}——分别为地下水位深度 $d_w = 2m$，上覆非液化土层厚度 $d_u = 2m$，$d_p = 1$ 时，饱和土液化判别比贯入阻力基准值和液化判别锥尖阻力基准值（MPa），按表 9-5 取值；

　　　α_w——地下水位埋深修正系数，地面常年有水且与地下水有水力联系时，取 1.13；

α_u——上覆非液化土层厚度修正系数，对深基础，取 1.0；

d_w——地下水位深度（m）；

d_u——上覆盖非液化土层厚度（m），计算时应将淤泥和淤泥质土层厚度扣除；

α_p——与静力触探摩阻比有关的土性修正系数，按表 9-6 取值。

比贯入阻力和锥尖阻力
基准值 p_{s0}、q_{c0}　表 9-5

抗震设防烈度	7 度	8 度	9 度
p_{s0}（MPa）	5.0～6.0	11.5～13.0	18.0～20.0
q_{c0}（MPa）	4.6～5.5	10.5～11.8	16.4～18.2

土性修正系数 α_p 值　表 9-6

土　类	砂　土	粉　土	
静力触探摩阻比 R_f	$R_f \leqslant 0.4$	$0.4 < R_f \leqslant 0.9$	$R_f > 0.9$
α_p	1.00	0.60	0.45

③石兆吉研究员根据 Dobry 刚度法原理和我国现场资料推演出用剪切波波速判别地面下 15m 范围内饱和砂土和粉土的地震液化的方法：实测剪切波速 v_s 大于按式（9-10）计算的临界剪切波速时，可判为不液化。

$$v_{scr} = v_{s0}(d_s - 0.0133d_s^2)^{0.5}\left[1.0 - 0.185\left(\frac{d_w}{d_s}\right)\right]\left(\frac{3}{\rho_c}\right)^{0.5} \tag{9-10}$$

式中　v_{scr}——饱和砂土或饱和粉土液化剪切波速临界值（m/s）；

v_{s0}——与烈度、土类有关的经验系数，按表 9-7 取值；

d_s——剪切波速测点深度（m）；

d_w——地下水深度（m）。

与烈度、土类有关的经验系数 v_{s0}　　　　表 9-7

土　类	v_{s0}（m/s）		
	7 度	8 度	9 度
砂　土	65	95	130
粉　土	45	65	90

3）液化等级

对存在液化砂土层、粉土层的地基，应探明各液化土层的深度和厚度，按式（9-11）计算每个钻孔的液化指数。

$$I_{lE} = \sum_{i=1}^{n}\left(1 - \frac{N_i}{N_{cri}}\right)d_i W_i \tag{9-11}$$

式中　n——判别深度范围内每一个钻孔标准贯入试验点的总数；

N_i、N_{cri}——分别为 i 点标准贯入锤击数的实测值和临界值，当实测值大于临界值时取临界值，当只需要判别 15m 范围以内的液化时，15m 以下的实测值可按临界值采用；

d_i——第 i 点所代表的土层厚度（m），可采用与该标准贯入试验点相邻的上、下两标准贯入试验点深度差的一半，但上界不高于地下水位深度，下界不深于液化深度；

W_i——第 i 层单位土层厚度的层位影响权函数（m^{-1}），当该层中点深度不大于 5m 时应采用 10，等于 20m 时应取零值，5～20m 时应按线性内插法取值。

计算出液化指数 I_{lE} 后，再按表 9-8 划分地基的液化等级。

液化等级划分 表 9-8

液化等级	液化指数 I_{lE}	地面震害	建筑物震害
轻 微	$0 < I_{lE} \leqslant 6$	地面无喷水冒砂，或仅有零星喷水冒砂点	液化危害小，一般不致引起震害
中 等	$6 < I_{lE} \leqslant 18$	喷水冒砂的可能性很大，从轻微到严重的喷水冒砂均有，但多属中等	液化危害性较大，可造成不均匀沉降或开裂，有时地面不均匀沉降可达 20cm
严 重	$I_{lE} > 18$	喷水冒砂一般都很严重，地面变化很明显	液化危害大，一般可造成大于 20cm 的不均匀沉降，高重心结构可能造成不容许的倾斜

注：括号内数字适用于液化判别深度 20m 的情况。

9.1.4.4 场地分类

在抗震设防烈度等于或大于 6 度的地区进行勘察时，应划分场地类别，划分对抗震有利、一般、不利和危险地段（表 9-9）。

有利、一般、不利和危险地段的划分 表 9-9

地段类别	地形、地质、地貌
有利地段	稳定基岩、坚硬土或开阔平坦、密实均匀的中硬土等
一般地段	不属于有利、不利和危险的地段
不利地段	软弱土，液化土，条状突出的山嘴，高耸孤立的山丘，陡坡，陡坎，河岸和边坡边缘，平面分布上成因、岩性、状态明显不均匀的土层（如古河道、疏松的断层破碎带、暗埋的塘浜沟谷及半挖半填地基），高含水量的可塑黄土，地表存在结构性裂缝等
危险地段	地震时可能发生滑坡、崩塌、地陷、地裂、泥石流等及发震断裂带上可能发生地表错位的部位

按照土层等效剪切波速和场地覆盖层厚度，建筑场地的类别划分为四类，如表 9-10 所示。其中Ⅰ类分为 I_0、I_1 两个亚类。当有可靠的剪切波速和覆盖层厚度且其值处于表 9-10 所列场地类别的分界线附近时，应允许按插值方法确定地震作用计算所用的特征周期。

各类建筑场地覆盖层厚度（m） 表 9-10

岩石的剪切波速或土的等效剪切波速（m/s）	场地类别				
	I_0	I_1	II	III	IV
$v_s > 800$	0				
$800 \geqslant v_{se} > 500$		0			
$500 \geqslant v_{se} > 250$		<5	≥5		
$250 \geqslant v_{se} > 150$		<3	3~50	>50	
$v_{se} \leqslant 150$		<3	3~15	15~80	>80

注：表中 v_s 系岩石的剪切波速。

土层的等效剪切波速按下式计算：

$$v_{se} = d_0 / t \tag{9-12}$$

$$t = \sum_{i=1}^{n} (d_i / v_{si}) \tag{9-13}$$

式中 v_{se}——土层等效剪切波速（m/s）；

d_0——计算深度（m），取覆盖层厚度和 20m 二者的较小值；

t——剪切波在地面至计算深度之间的传播时间；

d_i——计算深度范围内第 i 土层的厚度（m）；

v_{si}——计算深度范围内第 i 土层的剪切波速（m/s）；

n——计算深度范围内土层的分层数。

对丁类建筑及丙类建筑中层数不超过 10 层、高度不超过 24m 的多层建筑，当无实测剪切波速时，可根据岩土名称和性状，按表 9-11 划分土的类型，再利用当地经验在表 9-11 所确定的剪切波速范围内估算各土层的剪切波速。

土的类型划分和剪切波速范围 表 9-11

土的类型	岩土名称和性状	土层剪切波速范围（m/s）
岩石	坚硬、较硬且完整的岩石	$v_s > 800$
坚硬土或软质岩石	破碎和较破碎的岩石或软和较软的岩石，密实的碎石土	$800 \geqslant v_s > 500$
中硬土	中密、稍密的碎石土，密实、中密的砾、粗、中砂，$f_{ak} > 150$ 的黏性土和粉土，坚硬黄土	$500 \geqslant v_s > 250$
中软土	稍密的砾、粗、中砂，除松散外的细、粉砂，$f_{ak} \leqslant 150$ 的黏性土和粉土，$f_{ak} > 130$ 的填土，可塑新黄土	$250 \geqslant v_s > 150$
软弱土	淤泥和淤泥质土，松散的砂，新近沉积的黏性土和粉土，$f_{ak} \leqslant 130$ 的填土，流塑黄土	$v_s \leqslant 150$

注：f_{ak} 为由载荷试验等方法得到的地基承载力特征值（kPa）；v_s 为岩土剪切波速。

对于场地覆盖层厚度的确定，应符合下列要求：一般情况下，应按地面至剪切波速大于 500m/s 且其下卧各层岩土的剪切波速均不小于 500m/s 的土层顶面的距离确定；当地面 5m 以下存在剪切波速大于其上部各土层剪切波速 2.5 倍的土层，且该层及其下卧各层岩土的剪切波速均不小于 400m/s 时，可按地面至该土层顶面的距离确定；剪切波速大于 500m/s 的孤石、透镜体，应视同周围土层；土层中的火山岩硬夹层，应视为刚体，其厚度应从覆盖土层中扣除。

9.1.4.5 地震影响

建筑所在地区遭受的地震影响，应采用相应于抗震设防烈度的设计基本地震加速度和设计特征周期来表征。

设计基本地震加速度值是指 50 年设计基准期超越概率 10% 的地震加速度的设计取值，抗震设防烈度和设计基本地震加速度取值的对应关系应符合表 9-12 的关系。

设防烈度与设计基本地震加速度对应关系　　　　　　　表 9-12

抗震设防烈度	6	7	8	9
设计基本地震加速度	0.05g	0.10 (0.15) g	0.20 (0.30) g	0.40g

建筑的设计特征周期即设计所用的地震影响系数特征周期，应根据其所在地的设计地震分组和场地类别确定（表 9-13），建筑工程的设计地震分组分为三组，可根据《中国地震动反应谱特征周期区划图》来确定。

特征周期值（s）　　　　　　　　　　　　表 9-13

设计地震分组	场 地 类 别				
	I$_0$	I	II	III	IV
第一组	0.20	0.25	0.35	0.45	0.65
第二组	0.25	0.30	0.40	0.55	0.75
第三组	0.30	0.35	0.45	0.65	0.90

9.1.4.6 地震场地的勘察与评价

抗震设防烈度等于或大于 6 度时，应进行场地和地基地震效应的岩土工程勘察，并提出勘察场地的设防烈度、设计基本地震加速度和设计特征周期分区。

进行岩土工程勘察首先应划分场地类别，划分对抗震有利、不利或危险地段；其次对需要采用时程分析的工程提供土层剖面、覆盖层厚度和剪切波速度等参数；然后进行液化判别；还要对场地附近的滑坡、崩塌、泥石流、采空区等不良地质现象进行专门勘察，分析评价在遭受地震作用时的稳定性。

为划分场地类别而布置的勘探孔，当缺乏资料时，其深度应大于覆盖层厚度，当覆盖层厚度大于 80m 时，勘察孔深度应大于 80m，并分层测定剪切波速。10 层和高度 30m 以下的丙类建筑无实测剪切波速时，可按现行国标《建筑抗震设计规范》GB 50011—2010 的规定，按土的名称和性状估计土的剪切波速。当场地覆盖层厚度已大致掌握并符合以下条件时，为测量土层剪切波速的勘探孔可不必穿过覆盖，而只需达到 20m 即可：对于中软土覆盖层厚度可以肯定不在 50m 左右；对于软弱土，覆盖层厚度肯定不在 80m 左右。

关于测量剪切波速的勘探孔数量，《建筑抗震设计规范》GB 50011—2010 是这样规定的：在场地初步勘察阶段，对大面积的同一地质单元，测量土层剪切波速的钻孔数量，应为控制性钻孔数量的 1/5～1/3，山间河谷地区可适量减少，但不宜少于 3 个；在场地详细勘察阶段，对单幢建筑，测量土层剪切波速的钻孔数量不宜少于 2 个，数据变化较大时可适量增加，对小区中处于同一地质单元的密集高层建筑群，测量土层剪切波速的钻孔数量可适当减少，但每幢高层建筑下不得少于 1 个。

地震液化的勘察包括三个方面的内容：一是场地有无液化的可能；二是评价液化等级和危害程度；三是提出抗液化的措施。场地液化的初步判别，宜采用下列内容进行综合判别：1）分析场地地形、地貌、地层、地下水等与液化有关的场地条件；2）当场地及其附近存在历史地震液化遗迹时，宜分析液化重复发生的可能性；3）倾斜场地或液化层倾向水面或临空面时，应评价液化引起土体滑移的可能。

地震液化的进一步判别应在地面以下 15m 的范围内进行；对于桩基和基础埋深大于 5m 的天然地基，判别深度应加深至 20m。对判别液化而布置的勘探点不应少于 3 个，勘探孔深度应大于液化判别深度。当采用标准贯入试验判别液化时，应按每个试验孔的实测击数进行，在需作判别的土层中，试验点的竖向间距定为 1.0～1.5m，每层土的试验点数不宜少于 6 个。

9.1.5 活断裂

活断裂是指目前还在持续活动的断裂，或者是以前曾经活动过，在不久的将来还有可能重新活动的断裂。考虑到工程安全的实际需要，《岩土工程勘察规范》GB 50021—2001（2009 年版）将活断裂分为全新活动断裂和非全新活动断裂。

全新活动断裂：在全新地质时期（一万年）内有过地震活动或近期正在活动，在今后 100 年有可能继续活动的断裂。全新活动断裂中、近期（近 500 年来）发生过地震震级 $M \geqslant 5$ 级的断裂，或在今后 100 年内可能发生 $M \geqslant 5$ 级的断裂，可定为发震断裂。

非全新活动断裂：一万年前活动过，一万年以来没有发生过活动的断裂。

活断裂的活动对工程建筑有很大影响，一方面断层两侧的水平错动、拉开会破坏跨越断层或断层附近的建（构）筑物，另一方面活断层往往伴随有地震发生。

（1）活动特性

根据构造应力状态及断层两盘相对位移关系，活断裂可分为正断裂、逆断裂和平移断裂。活断裂活动的方式有两种：一是伴随地震的剧烈位移运动（地震断层活动）；二是不发生地震的缓慢位移运动（蠕动断层运动）。但是对于一个断裂，由于位置不同、时间不同，运动方式也会不同。我国唐山地震时，产生了水平错距达 3m 的地震断层运动，而美国加利福尼亚州的帕克菲尔德地震，在主震前 10 天就出现了前兆性蠕动断层运动。

（2）基本特征

1）深大断裂复活运动是产生活动断裂的基础。活动断裂往往是深大断裂的现代复活运动造成的，在已确定的现代地壳构造应力作用下，前期形成的深断裂，有一些在应力场作用下重新活动起来。

2）继承性活动是活断裂最基本特性。活断层往往是继承老的断裂活动历史而继续发展的，继承性活动的实质反映了地壳动力学条件长期趋于稳定。

3）位移速率。位移速率是活断层的一个重要特性，同时活断层的位移速率并不都是均匀的，在断层的某些地段可能是持续缓慢的蠕动，而另一些地段则可能不产生蠕动，而是经过若干年间隔产生一次伴有地震的突然错动。产生蠕动的活断层，当其在临震之前，位移速率往往加快，而在地震后又逐渐减慢，活动断裂的速率用平均速率来表示。

4）活动周期。活断层发生地震或断层错动具有周期性，周期性依赖于断层周围地壳应变速度的断层面强度。应变速率小，则应力达到破坏断层面的强度时间（地震周期）就长；断层面强度低，即使应变速率小，也能在较短时间内达到极限强度而发生地震。利用式（9-14）估计断层一定段落的地震重复周期。

$$R = D/S \tag{9-14}$$

式中　R——重复时间；

　　　D——伴随地震的位移，经统计两次地震时的最大位移为基础进行估算；

　　　S——平均位移速率。

（3）活动断层的鉴定

活动断层的鉴定包括定性和定量两个方面，活动断裂既然是第四纪以来构造运动的反映，它便显示出新的构造活动形迹，塑造了现代地形地貌形态，形成现代地球物理异常，这样我们可以用地质学和地貌学方法定性研究活动断裂，同时可以借助于现代科技手段，对活动断裂的活动特性进行定量测试研究。

1）地质构造鉴定活动断裂。地形地貌特征：活断裂的活动塑造出了独具特色的差异地形、地貌形态和景观，例如沿活动断裂带呈线性分布和叠次出现的断层三角面、断层崖、断层陡坎、断层高陡型与阶梯状山坡、断层垭口和"V"形峡谷，由断裂活动造成的破碎而陡峻的地形地貌形态和物理地质现象；活动断裂往往构成不同地貌单元分界线，并加强各地貌单元之间的差异性；活动断裂经常造成同一地貌单元或地貌系统的差异、分解和异常；沿活动断裂的下降盘（断块）一侧，经常出现一系列特定的地貌景观，如线性排列的洪积扇群、泥石流群、滑坡群，串珠湖沼和洼地及崩塌堆积群等。构造形变观测：观测活动断裂的地质露头，抓住被错断的新地层和活断层本身的地质构造特征，进行直接观测，取样测试掌握活动断裂的直接证据。现代地形变形观测和地球物理特征：由大地显示出的某些现代地形变的异常带或者陡然分界线，往往是活动断裂的位置；沿活动深断裂带有某些现代地球物理异常，如重力、地磁、地热等。

2) 地震地质分析鉴定活动断裂。活动断裂与现代地震带是一致的，历史和现在地震活动带直接地证明了活动断裂的存在，这样历史上有关地震和地表错断的记录，就成了鉴别活断裂的依据。

3) 活动断裂的定量化研究。活动参数包括断裂活动的力学机制、方式、方向、速率、年代和年龄、周期以及活动断裂目前的应力状态和活动趋势。

(4) 活断裂的勘察与评价

活动断裂的勘察和评价是重大工程选址时应进行的一项重要工作，大型工业建设场地或者《建筑抗震设计规范》GB 50011—2010 规定的甲类、乙类和部分重要的丙类建筑，应属于重大工程。抗震设防烈度等于 7 或者大于 7 度的重大工程场地应进行活动断裂勘察。

1) 勘察

①搜集资料。搜集和分析有关文献档案资料，包括卫星航空照片、区域地质构造、强震震中分布、地应力和地形变、历史和近期地震等。②工程地质测绘。除常规内容外，还应包括以下三个方面内容：一是地形地貌特征：山区或高原不断上升剥蚀或有长距离的平滑分界线；非岩性影响的陡坡、峭壁，深切的直线形河谷，一系列滑坡、崩塌和山前叠置的洪积扇；定向断续线性分布的残丘、洼地、沼泽、芦苇地、盐碱地、湖泊、跌水、泉、温泉等；水系定向展布或同向扭曲错动等。二是地质特征：近期断裂活动留下的第四纪错动，地下水和植被的特征；断层带的破碎和胶结特征等；深色物质宜采用放射性碳 14（C^{14}）法，非深色物质宜采用热释光法或铀系法，测定已错断层位或未错断层位的地质年龄，并确定断裂活动的最新时限。三是地震特征：与地震有关的断层、地裂缝、崩塌、滑坡、地震湖、河流改道和砂土液化等。

2) 评价

①全新活动断裂分级。全新活动断裂的规模、活动性质、地震强度、运动速率差别大，对工程稳定性的影响不同，分级可参考表 9-14。

②对工程的影响。大型工业建设场地，在可行性研究勘察时，应建议避让全新活动断裂的发震断裂。避让距离应根据断裂的等级、规模、性质、覆盖层厚度、地震烈度等因素，按有关标准综合确定。非全新活动断裂可不采取避让措施，但当浅埋且破碎带发育时，可按不均匀地基处理。

全新活动断裂分级 表 9-14

断裂分级 ＼ 指标	活 动 性	平均活动速率（mm/a）	历史地震震级 M
I　强烈全新活动断裂	中晚更新世以来有活动，全新世活动强烈	$v>1$	$M \geqslant 7$
II　中等全新活动断裂	中晚更新世以来有活动，全新世活动较强烈	$1 \geqslant v \geqslant 0.1$	$7>M \geqslant 6$
III　微弱全新活动断裂	全新世有微弱活动	$v<0.1$	$M<6$

9.2 地基承载力的确定

地基承载力是指地基土单位面积上能够承受荷载的能力，在进行工程设计时必须限制基础底面处的压力，使其低于地基承载力特征值，以保证地基土不会发生剪切破坏而失去稳定。地基承载力特征值的确定可采用载荷试验或其他原位测试、公式计算、并结合工程实践经验等方法综合确定。当基础直接砌置在未经处理的天然土层上时，这种地基称为天然地基。当天然地基的承载力不能满足上部结构的要求，须经人工处理，这种经人工处理后的地基称为人工地基。当然，地基承载力是否满足要求是相对的，取决于上部结构和地基土本身的性质。

9.2.1 载荷试验

关于用静载试验确定地基承载力的方法详见本书第 7 章岩土工程原位测试的相关内容。

9.2.2 理论公式

当偏心距小于或等于 0.033 倍基础底面宽度时，可以根据土的抗剪强度指标确定地基承载力特征值，按下式计算：

$$f_a = M_b \gamma b + M_d \gamma_m d + M_c c_k \tag{9-15}$$

式中　　f_a——由土的抗剪强度指标确定的地基承载力特征值；

M_b、M_d、M_c——承载力系数，由表 9-15 确定；

b——基础底面宽度，大于 6m 时按 6m 取值，对于砂土小于 3m 时按 3m 取值；

c_k——基底下一倍短边宽深度内土的黏聚力标准值；

d——基础埋置深度（m），一般自室外地面标高算起。在填方整平时，可自填土地面标高算起，但填土在上部结构施工后完成时，应从天然地面标高算起。对于地下室，如采用箱形基础或筏基时，基础埋置深度自室外地面标高算起。当采用独立基础或条形基础时，应从室内地面标高算起。

承载力系数 M_b、M_d、M_c 表 9-15

土的内摩擦角标准值 φ_k（°）	M_b	M_d	M_c
0	0	1.00	3.14
2	0.03	1.12	3.32
4	0.06	1.25	3.51
6	0.10	1.39	3.71
8	0.14	1.55	3.93
10	0.18	1.73	4.17
12	0.23	1.94	4.42
14	0.29	2.17	4.69
16	0.36	2.43	5.00
18	0.43	2.72	5.31
20	0.51	3.06	5.66
22	0.61	3.44	6.04
24	0.80	3.87	6.45
26	1.10	4.37	6.90
28	1.40	4.93	7.40
30	1.90	5.59	7.95
32	2.60	6.35	8.55
34	3.40	7.21	9.22
36	4.20	8.25	9.97
38	5.00	9.44	10.80
40	5.80	10.84	11.73

注：φ_k——基底下一倍短边宽深度内土的内摩擦角标准值。

9.2.3 承载力修正

当基础的宽度大于 3m 或埋置深度大于 0.5m 时，以载荷试验或其他原位测试、经验值等方法确定的地基承载力特征值还需要根据实际的基础的宽度 b 与埋置深度 d 进行修正，按下式进行修正：

$$f_a = f_{ak} + \eta_b \gamma (b - 3) + \eta_d \gamma_m (d - 0.5) \tag{9-16}$$

式中 f_a——修正后的地基承载力特征值；

f_{ak}——地基承载力特征值；

η_b、η_d——基础宽度和埋深的地基承载力修正系数，按基底下土的类别查表 9-16 取值；

γ——基础底面以下土的重度，地下水位以下取浮重度；

b——基础底面宽度（m），当基宽小于 3m 按 3m 取值，大于 6m 按 6m 取值；

γ_m——基础底面以上土的加权重度，地下水位以下取浮重度；

d——基础埋置深度（m），一般自室外地面标高算起。

承载力修正系数　　　　　　　　　　　　　　　　　表 9-16

土 的 类 别		η_b	η_d
淤泥和淤泥质土		0	1.0
人工填土 e 或 I_L 大于等于 0.85 的黏性土		0	1.0
红黏土	含水比 $a_w > 0.8$	0	1.2
	含水比 $a_w \leqslant 0.8$	0.15	1.4
大面积压实填土	压实系数大于 0.95、黏粒含量 $\rho_c \geqslant 10\%$ 的粉土，最大干密度大于 2.1t/m³ 的级配砂石	0 0	1.5 2.0
粉 土	黏粒含量 $\rho_c \geqslant 10\%$ 的粉土	0.3	1.5
	黏粒含量 $\rho_c < 10\%$ 的粉土	0.5	2.0
e 及 I_L 均小于 0.85 的黏性土		0.3	1.6
粉砂、细砂（不包括很湿与饱和时的稍密状态）		2.0	3.0
中砂、粗砂、砾砂和碎石土		3.0	4.4

注：1. 强风化和全风化的岩石，可参照所风化成的相应土类取值，其他状态下的岩石不修正；

2. 地基承载力特征值按深层平板载荷试验确定时 η_d 取 0；

3. 含水比是指土的天然含水量与液限的比值；

4. 大面积压实填土是指填土范围大于两倍基础宽度的填土。

9.2.4 岩石地基的承载力

岩石地基的承载力特征值可根据平板载荷试验确定，根据平板载荷试验成果 p-s 曲线确定岩石地基承载力：1）对应于 p-s 曲线上起始直线段的终点为比例界线，符合终止加载条件的前一级荷载为极限荷载；2）将极限荷载除以安全系数 3，所得值与对应于比例界限的荷载值相比较，取小值作为岩石地基承载力；3）每个场地静载荷试验的数量不少于 3 个，取最小值作为岩石地基承载力特征值；4）岩石地基承载力不再进行宽度和深度的修正。

对完整、较完整和较破碎的岩石地基承载力特征值，可根据室内饱和单轴抗压强度按下式进行计算：

$$f_a = \psi_r \cdot f_{rk} \tag{9-17}$$

式中　f_a——岩石地基承载力特征值（kPa）；

　　　f_{rk}——岩石饱和单轴抗压强度标准值（kPa）；

　　　ψ_r——折减系数，根据岩体完整程度以及结构面的间距、宽度、产状和组合，由地区经验确定。当无经验时，对完整岩体可取 0.5，对较完整的岩体可取 0.2～0.5，对较破碎岩体可取 0.1～0.2。

注：1. 上述折减系数值未考虑施工因素及建筑物使用后风化作用的继续；

2. 对于黏土质岩，在确保施工期及使用期不致遭水浸泡时，也可采用天然湿度的试样，不进行饱和处理。

岩石饱和单轴抗压强度指标 f_{rk} 由岩石单轴抗压强度试验取得，试料可用钻孔的岩芯或坑、槽探中采取的岩块，岩样尺寸一般为 $\phi 50 \times 100mm$，数量不应少于 6 个，进行饱和处理。根据参加统计的一组试样的试验值计算其平均值、标准差、变异系数，取岩石饱和单轴抗压强度的标准值为：

$$f_{rk} = \psi \cdot f_{rm} \tag{9-18}$$

$$\psi = 1 - \left(\frac{1.704}{\sqrt{n}} + \frac{4.678}{n^2} \right) \delta \tag{9-19}$$

式中 f_{rm}——岩石饱和单轴抗压强度平均值；

f_{rk}——岩石饱和单轴抗压强度标准值；

ψ——统计修正系数；

n——试样个数；

δ——变异系数。

对破碎、极破碎的岩石地基承载力特征值，可根据地区经验取值，无地区经验时，可根据平板载荷试验取值。

9.3   地基沉降计算

9.3.1   土的压缩性

地基在荷载作用下，土层产生压缩变形，使建筑物产生沉降。土在压力作用下体积减小的特性称为土的压缩性。在一般的工程压力 $100 \sim 600kPa$ 作用下，土颗粒和水的压缩很小，可以忽略不计，所以土的压缩可看作是由于孔隙水和空气被挤出，使土中孔隙体积减小产生的。描述土的压缩性的指标主要有压缩系数、压缩指数、压缩模量等，可通过土的压缩试验结果分析得到，具体过程参见本书第 8 章室内试验的有关内容。

9.3.2   土中应力计算

土中应力分为自重应力和附加应力。由上覆土体自重引起的应力称为自重应力，由建筑荷载引起的应力称为附加应力。自重应力一般按下式计算：

$$\sigma_z = \sum_{i=1}^{n} \gamma_i h_i \tag{9-20}$$

式中 σ_z——自重应力；

γ_i——第 i 层土体的平均重度，地下水位以下，计算有效自重应力时用水下重度，计算总自重应力时用饱和重度；

h_i——第 i 层土体的厚度；

n——计算土层数。

计算附加应力时，要先计算建筑物基础和土体之间的接触压力，即基底压力。基底平均附加应力设计值 p_0 按下式计算：

$$p_0 = p - \sigma_z = p - \gamma_0 d \qquad (9\text{-}21)$$

式中　p——基底平均压力设计值；

σ_z——土体中自重应力；

γ_0——基础底面标高以上天然土层的加权平均重度，$\gamma_0 = (\gamma_1 h_1 + \gamma_2 h_2 + \cdots + \gamma_n h_n) / (h_1 + h_2 + \cdots + h_n)$，其中地下水位以下的重度取有效重度；

d——基础埋深，从天然地面算起。

有了基底附加应力，即可把它作为作用在弹性半无限空间表面上的局部荷载，根据弹性力学理论求解出地基中的附加应力。

对于矩形基础下的均质地基，可用下式求得矩形荷载 p_0 下角点的地基附加应力：

$$\sigma_z = \sigma_c \cdot p_0 \qquad (9\text{-}22)$$

式中 σ_c 为均布矩形荷载角点下的竖向附加应力集中系数。令 $m = l/b$，$n = z/b$，b 为矩形荷载短边长，l 为长边长，则角点应力系数可表达为：

$$\sigma_c = \frac{1}{2\pi}\left[\frac{mn(m^2 + 2n^2 + 1)}{(m^2 + n^2)(1 + n^2)\sqrt{m^2 + n^2 + 1}} + \arctan\frac{m}{n\sqrt{m^2 + n^2 + 1}}\right]$$
$$(9\text{-}23)$$

角点集中系数计算烦琐，可按 m 及 n 值查《建筑地基基础设计规范》GB 50007—2011 的有关表格得到，也可以编程计算。

根据叠加原理应用式（9-22）可计算矩形荷载作用下地基土中任一点 M 处的竖向应力分量。若 M 点在荷载作用面以下，平面位置如图 9-3（a）所示，可将矩形 $abcd$ 分为以 M 点为公共角点的 4 个矩形，则 M 点由矩形 $abcd$ 荷载产生的竖向应力可通过 4 个矩形（Ⅰ、Ⅱ、Ⅲ、Ⅳ）荷载在 M 点产生的竖向应力分量相加得到：

$$\sigma_{z,m} = (\sigma_{z,m})_{\text{Ⅰ}} + (\sigma_{z,m})_{\text{Ⅱ}} + (\sigma_{z,m})_{\text{Ⅲ}} + (\sigma_{z,m})_{\text{Ⅳ}} \qquad (9\text{-}24)$$

如果 M 点在矩形荷载以外，如图 9-3（b）所示，可将荷载作用面扩大至 $beM'h$，荷载密度不变，在矩形（$abcd$）荷载作用下 M 点竖向应力分量 $\sigma_{z,m}$ 可通过下式得到：

$$\sigma_{z,m} = (\sigma_{z,m})_{M'ebh} - (\sigma_{z,m})_{M'eag} - (\sigma_{z,m})_{M'fch} + (\sigma_{z,m})_{M'fdg} \qquad (9\text{-}25)$$

上述求解附加应力的方法常称为角点法。

对于均布条形基础下的附加应力，可以看作特殊的矩形均布荷载（荷载面积的长宽比 $l/b \geqslant 10$），应用上述方法求解。对于矩形、条形面积上的三角形分布荷载下的附加应力，可作相应的改变。

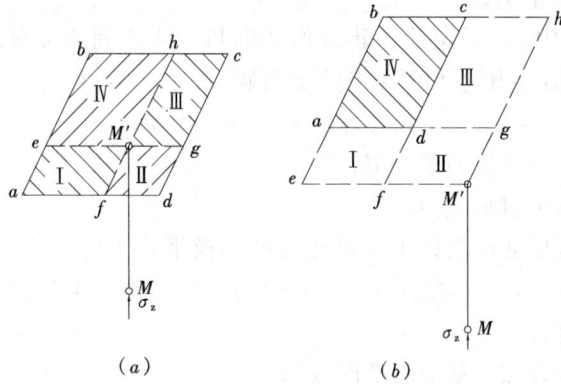

（a）   （b）

图 9-3   角点法叠加原理示意图

9.3.3   地基沉降计算

建筑物建造后，在地基土中产生附加应力，一般天然土层在自重应力作用下的固结变形已经结束，附加应力使地基土发生新的变形、沉降，对于地基基础设计为甲级、乙级和部分丙级的建筑物，均应按变形进行设计。

沉降计算的目的是为了保证建筑物的地基变形计算值不应大于地基变形允许值。地基变形特征可分为沉降量、沉降差、倾斜、局部倾斜，不同类型的建筑物对应于不同的地基变形特征。在计算地基变形时，由于建筑地基不均匀、荷载差异很大、体形复杂等因素引起的地基变形，对于砌体承重结构应由局部倾斜值控制；对于框架结构和单层排架结构应由相邻桩基的沉降差控制；对于多层或高层建筑和高耸结构应由倾斜值控制，必要时应当控制平均沉降量；在必要情况下，需要分别预估建筑物在施工期间和使用期间的地基变形值，以便预留建筑物有关部分的净空，选择连接方法和施工顺序。表 9-17 列出了不同类型建筑物的地基允许变形值。在同一整体大面积基础上建有多栋高层和低层建筑，应该按照上部结构、基础与地基共同作用进行变形计算。

建筑物的地基允许变形值   表 9-17

变　形　特　征	地 基 土 类 别	
	中、低压缩性土	高压缩性土
砌体承重结构基础的局部倾斜	0.002	0.003
工业与民用建筑相邻桩基的沉降差 （1）框架结构 （2）砌体墙填充的边排柱 （3）当基础不均匀沉降时不产生附加应力的结构	0.002l 0.0007l 0.005l	0.003l 0.001l 0.005l
单层排架结构（柱距为 6m）柱基的沉降量（mm）	（120）	200

续表

变 形 特 征	地 基 土 类 别	
	中、低压缩性土	高压缩性土
桥式吊车轨道的倾斜（按不调整轨道考虑） 纵向 横向	0.004 0.003	
多层和高层建筑的总体倾斜 $H_g \leqslant 24$ $24 < H_g \leqslant 60$ $60 < H_g \leqslant 100$ $H_g > 100$	0.004 0.003 0.0025 0.002	
体型简单的高层建筑基础的平均沉降量（mm）	200	
高耸结构基础的倾斜 $H_g \leqslant 20$ $20 < H_g \leqslant 50$ $50 < H_g \leqslant 100$ $100 < H_g \leqslant 150$ $150 < H_g \leqslant 200$ $200 < H_g \leqslant 250$	0.008 0.006 0.005 0.004 0.003 0.002	
高耸结构基础的沉降量（mm） $H_g \leqslant 100$ $100 < H_g \leqslant 200$ $200 < H_g \leqslant 250$	400 300 200	

注：1. 本表数值为建筑物地基最终变形允许值；

2. 有括号者仅适用于中压缩性土；

3. l 为相邻桩基的中心距离（mm）；H_g 为自室外地面起算的建筑物高度（m）；

4. 倾斜指基础倾斜方向两端点的沉降差与其距离的比值；

5. 局部倾斜指砌体承重结构沿纵向 6～10m 内基础两点的沉降差与其距离比值。

地基沉降的计算常采用分层总和法，即将压缩层范围内的地基土层分成若干层，分层计算土体竖向压缩量，然后求和得到总竖向压缩量，即总沉降量。分层总和法是一类计算方法的总称，常用的有单向压缩法、规范法、考虑先期固结压力沉降计算等，下面分别予以介绍：

9.3.3.1 单向压缩法

单向压缩法计算步骤如下：

（1）地基土分层。将压缩层范围内的地基土分层，由于不同土层的压缩性和重度不同，成层土的层面及地下水面是当然的分界面。另外分层厚度一般不大于 $0.4b$（b 为基础的宽度，附加应力沿深度的变化是非线性的，土的 e-p 曲线也是非线性的，因此分层厚度太大将产生较大误差）。

（2）计算各分层界面处土的自重力，土自重力应从天然地面算起，地下水位以下取有效重度。

（3）计算各分层界面处基底轴线下竖向附加有效应力。由于该法采用侧限条件下的土的压缩性指标计算沉降，即假定了地基土受压缩时不允许侧向变形。为了弥补这样计算出来的沉降量值偏小的缺点，因此取基底轴线下竖向附加应力。

（4）计算各分层的压缩量 ΔS_i：

$$\Delta S_i = \varepsilon_i H_i = \frac{e_{1i} - e_{2i}}{1 + e_{1i}} H_i = \frac{\alpha_i(p_{1i} - p_{2i})}{1 + e_{1i}} H_i = \frac{\Delta p_i}{E_{si}} H_i \qquad (9\text{-}26)$$

式中　ε_i——第 i 分层土的平均压缩形变；

　　　H_i——第 i 分层土的厚度；

　　　e_{1i}——第 i 分层土上、下层面自重应力值的平均值 $p_{1i} = \dfrac{\sigma_{c(i-1)} + \sigma_{ci}}{2}$ 从土的

　　　　　压缩曲线上得到的孔隙比；

　　　e_{2i}——第 i 分层土自重应力平均值 p_{1i} 与上下层面附加应力值的平均值 Δp_i

　　　　　$= \dfrac{\sigma_{z(i-1)} + \sigma_{zi}}{2}$ 之和 $p_{2i} = p_{1i} + \Delta p_i$ 从土的压缩曲线上得到的孔隙比；

　　　α_i——第 i 分层对 $p_{1i} \sim p_{2i}$ 段的压缩系数；

　　　E_{si}——第 i 分层对 $p_{1i} \sim p_{2i}$ 段的压缩模量。

9.3.3.2　规范法

《建筑地基基础设计规范》GB 50007—2011 推荐的沉降计算方法，属于分层总和法中的一种。沉降计算公式为：

$$s = \psi_s s' = \psi_s \sum_{i=1}^{n} \frac{p_0}{E_{si}} (z_i \bar{\alpha}_i - z_{i-1} \bar{\alpha}_{i-1}) \qquad (9\text{-}27)$$

式中　s——地基最终变形量（mm）；

　　　s'——按分层总和法计算出的地基变形量；

　　　ψ_s——沉降计算经验系数，根据地区沉降观测资料及经验确定，无地区经
　　　　　验时可采用表 9-18 的数值；

　　　n——地基计算变形深度范围内所划分的土层数（图 9-4）；

　　　p_0——对应于荷载效应准永久组合时的基础底面处的附加应力（kPa）；

　　　E_{si}——基础底面下第 i 层土的压缩模量（MPa），应取土的自重应力至土的
　　　　　自重应力与附加应力之和的压缩段计算；

z_i、z_{i-1}——基础底面至第 i 层土、第 $i-1$ 层土底面的距离（m）；

$\bar{\alpha}_i$、$\bar{\alpha}_{i-1}$——分别为基础底面计算点至第 i 层土、第 $i-1$ 层土底面范围内平均附
　　　　　加应力系数，可查规范取得。

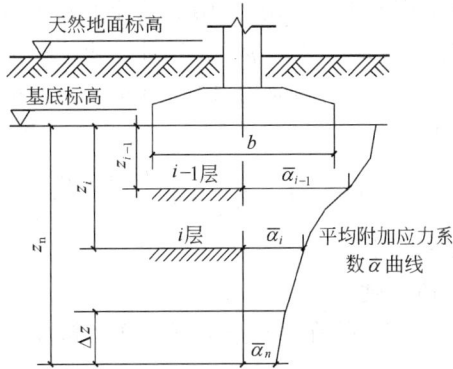

图 9-4 基础沉降计算分层示意图

沉降计算经验系数 ψ_s 表 9-18

基底附加压力 ＼ $\overline{E}_s$（MPa）	2.5	4.0	7.0	15.0	20.0
$p_0 \geqslant f_{ak}$	1.4	1.3	1.0	0.4	0.2
$p_0 \leqslant 0.75 f_{ak}$	1.1	1.0	0.7	0.4	0.2

注：$\overline{E}_s$ 为变形计算深度范围内压缩模量的当量值，按式计算：

$\overline{E}_s = \dfrac{\Sigma A_i}{\Sigma \dfrac{A_i}{E_{si}}}$，式中 A_i 为第 i 层土附加应力系数沿土层厚度的积分值。

当建筑物地下室基础埋置较深时，需要考虑开挖基坑地基土的回弹，该部分回弹变形量可按下式计算：

$$s_c = \psi_c \sum_{i=1}^{n} \frac{p_c}{E_{ci}}(z_i \overline{\alpha}_i - z_{i-1}\overline{\alpha}_{i-1}) \tag{9-28}$$

式中 s_c——地基的回弹变形量；

ψ_c——回弹量计算的经验系数，无地区经验时可取 1.0；

p_c——基坑底面以上土的自重压力（kPa），地下水位以下应扣除浮力；

E_{ci}——土的回弹模量，按现行国家标准中土的固结试验回弹曲线的不同应力段计算。

9.3.3.3 考虑先期固结压力的计算方法

当地基土体为超固结土，其压缩曲线如图 9-5 所示，p_c 为先期固结压力，p_0 为上覆地基土体重量。当 $p < p_c$ 时，$e\text{-}\log p'$ 曲线斜率为 C_e（回弹指数）；当 $p > p_c$ 时，$e\text{-}\log p'$ 曲线斜率为 C_c（压缩指数）。

采用分层总和法计算沉降，在计算各土

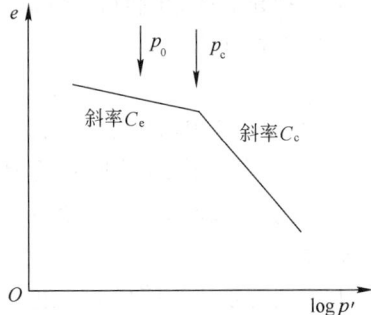

图 9-5 超固结土压缩曲线

层压缩时，应判断土体在附加应力 Δp 作用下是处于超固结状态（$\Delta p < p_c - p_0$），还是已进入正常固结状态（$\Delta p > p_c - p_0$）。现计算第 i 层土体压缩量 ΔS_i。设 $p_c > p_0$，即土体为超固结土，当附加应力 $\Delta p < (p_c - p_0)$ 时，即土体在 Δp 作用下还处于超固结状态时：

$$\Delta S_i = H_i \frac{C_e}{1+e_0} \log \frac{p_0 + \Delta p}{p_0} \tag{9-29}$$

式中　e_0——土体初始孔隙比；

　　　H_i——第 i 层土体厚度。

当 $\Delta p > p_c - p_0$ 时，即土体在 Δp 作用下，已由超固结状态转变为正常固结状态时，其压缩分二段计算：

$$\Delta S_i = \frac{H_i}{1+e_0}\left(C_e \log \frac{p_c}{p_0} + C_e \log \frac{p_0 + \Delta p}{p_c}\right) \tag{9-30}$$

得到各土层压缩量后，分层求和就得到总沉降。

需要说明的是采用分层总和法计算沉降时，需要确定沉降计算深度，也称为压缩层厚度。

《建筑地基基础设计规范》GB 50007—2011 规定了沉降计算深度 z_n 的确定方法：

由深度 z_n 向上取表 9-19 所规定的计算厚度 Δz 所得的压缩量 $\Delta s'_n$ 不大于 z_n 范围内总的压缩量 s' 的 2.5%，即应满足下式的要求（包括考虑相邻荷载的影响）：

$$\Delta s'_n \leqslant 0.025 \sum_{i=1}^{n} \Delta s'_i \tag{9-31}$$

计算深度 Δz　　　　　　　　　　　　　　　　表 9-19

b	$b \leqslant 2$	$2 < b \leqslant 4$	$4 < b \leqslant 8$	$8 < b$
Δz	0.3	0.6	0.8	1.0

若式（9-32）确定的计算深度 z_n 以下还有软土层，尚应向下继续计算，直至软土层中按规定厚度 z_n 计算的压缩量满足式（9-31）为止。

当无相邻荷载影响时，基础宽度在 1~30m 范围内时，基础中点地基沉降深度也可按下式计算：

$$z_n = b(2.5 - 0.4\ln b) \tag{9-32}$$

式中，b 为基础宽度。在沉降计算深度范围内存在基岩时，z_n 可取至基岩表面为止；当存在较厚的坚硬黏性土层，其孔隙比小于 0.5、压缩模量大于 50MPa，或存在较厚的密实砂卵石层，其压缩模量大于 80MPa 时，z_n 可取至该层土表面。

上述规定是从位移场的角度考虑的，也可以从应力场角度考虑，如有的地区习惯上常用附加应力 $\sigma_z < 0.1 p_{oz}$（p_{oz} 为土的自重应力）的方法确定沉降计算

深度。

9.4 基 坑 工 程

随着城市建设的发展，对地下空间的开发利用的需求越来越高，如高层建筑的多层地下室、地下铁道、地下商场、地下仓库以及各种各样的地下民用和工业设施等，由此产生了大量深基坑工程，而且规模和开挖深度不断刷新，同时对勘察也提出了更高要求。对于需要进行基坑设计的工程，在勘察时应进行基坑工程方面的勘察，由于目前基坑的勘察一般与地基勘察一并完成，在进行基坑工程的勘察时要针对基坑工程的特点和要求，提供满足基坑围护设计要求的勘察成果。以下对基坑的围护设计进行简单介绍。

9.4.1 基坑围护体系的作用

对基坑围护体系的要求可以分为三个方面：一是保证基坑四周边坡的稳定性，满足地下室施工有足够空间的要求。也就是说，基坑围护体系要能起到挡土的作用，这是土方开挖和地下室施工的必要条件；二是保证基坑四周相邻建筑物、构筑物和地下管线在基坑工程施工期间不受损害。这要求在围护体系施工，土方开挖及地下室施工过程中控制土体的变形，使基坑周围地基沉降和水平位移控制在容许范围以内；三是保证基坑工程施工作业面在地下水位以上。围护体系通过截水、降水、排水等措施，保证基坑工程施工作业面在地下水位以上。

9.4.2 围护结构的形式及适用范围

基坑围护体系一般包括两部分：挡土体系和止水降水体系。基坑围护结构一般要承受土压力和水压力，起到挡土和挡水的作用，而围护结构和止水帷幕共同形成止水体系。围护结构常用的形式包括有放坡开挖、悬臂式围护结构、重力式围护结构、内撑式围护结构、拉锚式围护结构、土钉墙围护结构等。

（1）放坡开挖

放坡开挖是选择合理的基坑边坡以保证在基坑开挖过程中边坡的稳定性，如图 9-6 所示。放坡开挖适用于土质较好、开挖深度不深以及施工现场有足够放坡场所的工程。放坡开挖一般费用较低，能采用放坡开挖尽量采用放坡开挖。有时虽有足够放坡的场所，但挖土及回填土方量大，考虑工期、工程费用并不合理，也不宜采用放坡开挖。

（2）悬臂式围护结构

悬臂式围护结构如图 9-7 所示，通常采用钢筋混凝土排桩墙、木板桩、钢板桩、钢筋混凝土板桩、地下连续墙等形式。悬臂式围护结构依靠足够的入土深度和结构的抗弯能力来维持整体稳定和结构的安全。悬臂式结构所受土压力分布是开挖深度的一次函数，其剪切力是深度的二次函数，弯矩是深度的三次函数，因此结构对开挖深度很敏感，容易产生较大变形，对邻近建筑物产生不良影响。悬臂式围护结构适用于土质较好、开挖深度较浅的基坑工程。

（3）水泥土重力式围护结构

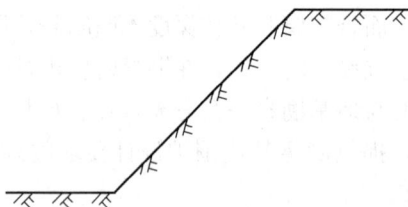

图 9-6　放坡开挖示意图

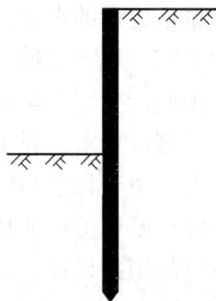

图 9-7　悬臂式围护
结构示意图

如图 9-8 所示，工程上常采用深层搅拌法或高压旋喷法形成水泥土重力式围护结构，为节省投资，可采用格构体系（图 9-9），水泥土与包围的天然土形成重力式挡墙支撑周围土体，保持基坑边坡稳定。水泥土抗拉强度低，水泥土重力式围护结构适用于较浅的基坑，其变形也比较大。

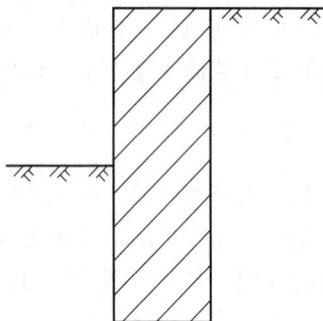

图 9-8　水泥土重力式
围护结构示意图

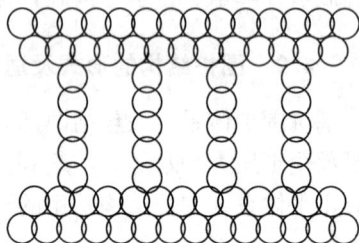

图 9-9　水泥土重力式
围护结构示意图

（4）内撑式围护结构

内撑式围护结构由围护结构体系和内撑体系两部分组成，围护结构体系常采用钢筋混凝土桩排桩墙和地下连续墙形式。内撑体系可采用水平支撑和斜支撑，根据不同开挖深度又可采用单层水平支撑、二层水平支撑及多层水平支撑，如图 9-10 所示。当基坑平面面积很大，而开挖深度不太大时，宜采用单层斜支撑。内支撑常采用钢筋混凝土支撑和钢管支撑两种，钢筋混凝土支撑的优点是刚度好、变形小，而钢管支撑的优点是可以回收，且加预压力方便。内撑式围护结构适用范围广，可适用于各种土层和基坑深度。

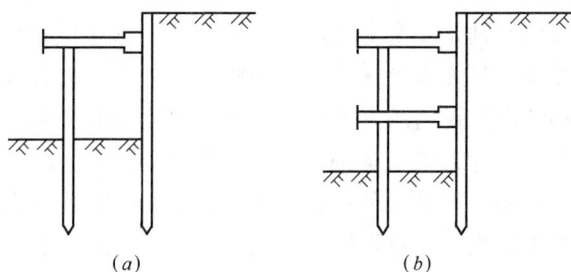

图 9-10 内撑式围护结构示意图

（5）拉锚式围护结构

由围护结构体系和锚固体系两部分组成。围护结构体系同于内撑式围护结构，常采用钢筋混凝土排桩和地下连续墙两种，锚固体系可分为锚杆式和地面拉锚式两种，随基坑深度不同锚杆式可分为单层锚杆、二层锚杆和多层锚杆，地面拉锚式围护结构和双层锚杆式围护结构如图 9-11 所示。地面拉锚式需要有足够的场地用来设置锚桩或其他锚固物，锚杆式需要地基土能提供锚杆较大的锚固力，较适用于砂土地基或黏土地基，对于软黏土则很少使用。

（6）土钉墙围护结构

土钉一般通过钻孔、插筋和注浆来设置，在杂填土等不稳定土层中也采用打入式设置土钉。边开挖基坑，边在土坡中设置土钉，在坡面上铺设钢筋网，并通过喷射混凝土形成混凝土面层，形成土钉墙围护结构，如图 9-12 所示。土钉墙围护适用于地下水位以上或人工降水后的黏性土、粉土、杂填土及非松散砂土、卵石土等，一般不适用于淤泥质土。

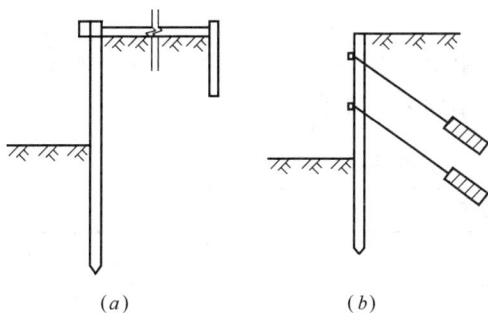

图 9-11 拉锚式围护结构示意图
（a）地面拉锚式；（b）双层锚杆式

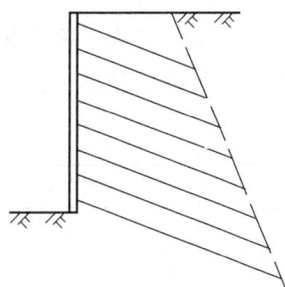

图 9-12 土钉墙围护示意图

9.4.3　围护体系的选用原则

围护体系的选用原则是安全、经济、方便施工，选用围护体系要因地制宜。安全不仅指围护体系本身安全，保证基坑开挖、地下结构施工顺利，而且要保证邻近建（构）筑物和市政设施的安全和正常使用；经济不仅指围护体系的工程费用，而且要考虑工期，考虑挖土是否方便，考虑安全储备是否足够，应采用综合分析，确定围护方案是否经济合理；方便施工也是围护体系的选用原则之一，方便施工可以降低挖土费用，而且可以节约工期、提高围护体系的可靠性。

9.4.4　基坑的设计计算

9.4.4.1　基坑降水

为了保证土方开挖和地下室施工处于干燥状态，常常要通过降低地下水位或配以设置止水帷幕使地下水位在基坑底面 0.5～1.0m 以下，降低地下水位减小了作用于围护体系上的压力，也有利于围护结构的稳定，防止流土、管涌、坑底隆起引起破坏。对于渗透性很小的地基可不降低地下水位，而只是在基坑开挖过程中产生的少量积水用明沟排水处理。

（1）止水帷幕常用的有三种形式：深层搅拌法水泥土止水帷幕、高压旋喷注浆法止水帷幕和素混凝土地下连续墙止水帷幕。

深层搅拌水泥土止水帷幕视土层条件可采用一排、两排或数排水泥搅拌桩相互叠合形成，如图 9-13 所示。深层搅拌法水泥土止水帷幕适用于黏土、淤泥质土和粉质地基。高压旋喷注浆法水泥土止水帷幕一般有两种形式，一种是单独形成止水帷幕，采用单排旋喷桩相互搭接形成或采用摆喷法形成；二是与排桩共同形成止水帷幕，平面如图 9-14 所示。高压旋喷注浆法水泥土止水帷幕适用于黏土、淤泥质土、粉土、砂土及碎石土等地基；素混凝土地下连续墙止水帷幕，采用冲水成槽，壁厚常用 200～300mm。

（2）降水措施常采用井点降水，常用的有轻型井点、电渗井点、喷射井点、管井井点和降压井点，各井点适用范围如表 9-20 所示。

各类井点适用范围　　　　　　　　　　　　　　　　　　表 9-20

井点类型	适用岩性	渗透系数（m/d）	降低水位深度（m）	备　注
轻型井点	粉质黏土、粉土、细砂、中细砂	0.1～50 （0.5～10）	3～12	当渗透系数较大时降水深度宜小
电渗井点	黏性土、淤泥质土、粉土	＜0.1	＜6	
喷射井点	砂土、粉土	0.1～50 （1～20）	8～20	

续表

井点类型	适用岩性	渗透系数（m/d）	降低水位深度（m）	备 注
管井井点	砂 土、碎 石 类 土、岩石	>3 （>5）	不限	
降压井点	砂土、碎石类土	>1 （>5）	不限	用于降低承压水压力

注：括号内为效果较好的范围。

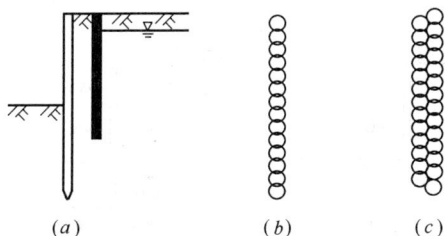

图 9-13　深层搅拌法水泥土桩止水帷幕
（a）止水帷幕剖面；（b）单排
水泥土桩；（c）两排水泥土桩

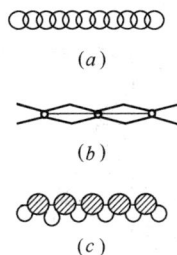

图 9-14　高压喷射注浆法水泥土止水帷幕
（a）单排旋喷桩搭接形成；（b）摆喷形成；
（c）与排桩共同形成

9.4.4.2　围护结构的内力与变形分析

（1）等值梁法

等值梁法是一种被广泛应用以计算围护结构内力的计算方法，下面以单道支撑为例说明。对于插入深度较大的单道围护结构，由于墙下段的土压力大小和方向未定，因此是一种超静定结构，对于超静定结构的求解须引入变形协调条件，而等值梁法是一种不考虑土与结构变形的近似计算方法，因此必须对结构受力作出近似假定以便求解。

图 9-15 表示一均质无黏性土的土压力分布示意图，图中 OE 为主动土压力，BF 为被动土压力，阴影部分表示作用于墙上的净土压力，C 点的净土压力为零。取墙 OBC 段为分离体，则 C 点将作用有剪力 P_0 及弯矩 M_c，实践表明一般 M_c 不大。为此等值梁法作出近似假设，令 $M_c=0$，也就是假设 C 点为一铰节点，只有剪力而无弯矩，因此等值梁法也称为假想铰法。引入 C 点为铰点假定后，OBC 段成为静定梁，只要净土压力 $\triangle OGC$（三角形面积）确定，即可按照静力平衡条件求解 OBC 段梁的内力。

设计计算的步骤如下：1）计算墙后与墙前土压力的分布，计算深度在未确定前可暂取插入深度等于开挖总深度；2）计算净土压力的零点深度 Y；3）计算支撑力，取 OBC 段为分离体，对 C 点取矩，令 $M_c=0$，可得支撑力 R_A；4）计算 OBC 段剪力为零点的位置，即墙最大弯矩位置；5）求 C 点的剪力 P_0，$P_0=$

$\triangle OGC-R_A$；6）求 C 点以下必要的插入深度 x，该插入深度是为了发挥墙前的净被动土压力对 D 点的力矩以平衡 P_0。插入深度求得后，一般要乘以一个安全系数作为实际插入深度。

（2）弹性地基梁法

等值梁法基于极限平衡状态理论，假定支挡结构前后受极限状态的主、被动土压力作用，因而并不能反映支挡结构的变形情况，也就无法预估开挖对周边建筑物的影响。弹性地基梁法则能够考虑支挡结构的平衡条件和结构与土的变形协调，并可有效地计入基坑开挖过程中多种因素的影响。

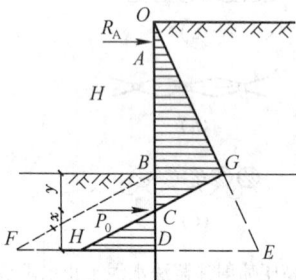

图 9-15 等值梁法示意图   图 9-16 弹性地基梁法的计算图示

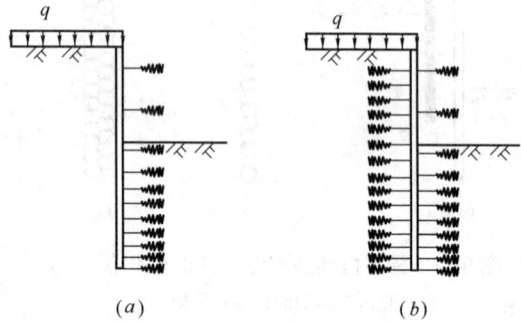

基坑工程弹性地基梁法取单位宽度的挡墙作为竖直放置的弹性地基梁，支撑简化为与截面积和弹性模量、计算长度等有关的二力杆弹簧，一般采用图 9-16 所示两种计算模型。图 9-16（a）中，基坑内侧视为土弹簧，外侧作用已知土压力和水压力；图 9-16（b）中基坑内外侧均视作土弹簧，便于对土压力从两侧受静止压力的基准状态开始，在主动土压力和被动土压力范围内反复调整计算，考虑了挡墙两侧土压力与变形之间相互作用的影响，也称为共同变形法。支挡结构的抗力（土基反力）用土弹簧来模拟，则地基反力的大小与挡墙的变形有关，地基反力可以用水平地基反力系数同该深度挡墙变形的乘积来确定。按地基反力系数沿深度的分布不同形成几种不同的方法，图 9-17 给出了地基反力系数的 5 种分布图示，用下式表示：

$$K_h = A_0 + Kz^n \tag{9-33}$$

式中 z——地下或开挖面以下深度；

   K——比例系数；

   n——指数，反映地基反力系数随深度而变化的情况；

   A_0——地面或开挖面处土的地基反力系数，一般取为零。

根据 n 的取值而将采用图 9-17（a）、（b）、（d）分布模式的计算方法分别称为张氏法、C 法和 K 法。在图 9-17（c）中取 $n=1$，则有：

$$K_h = Kz \tag{9-34}$$

式（9-34）表明水平地基反力系数沿深度按线性规律增大，通常采用 m 来表示比例系数，即 $K_h = mz$，常称为 m 法。相应地采用 m 法时土对支挡结构的水平地基反力 f 可表示为 $f = mzy$，式中 y 为计算点处挡墙的水平位移。

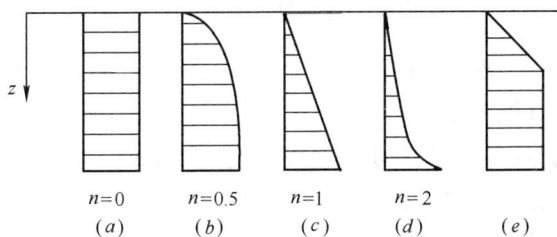

图 9-17　地基反力系数沿深度的分布图示

水平地基反力系数 K_h 和比例系数 m 的取值原则上宜按现场试验确定，也可以参照当地经验及相应的规范。

9.4.4.3　稳定性分析

（1）整体稳定性分析

对于不设围护结构条件下的边坡稳定可参考第 11 章边坡稳定分析部分。对于内支撑结构的整体稳定性分析，当围护墙与支撑梁间只能受压，不能受拉时，在进行稳定分析时可不考虑支撑的作用。如果围护墙与支撑之间拉结牢固，则当围护结构发生整体滑动破坏时，支撑梁在靠近梁端处常被剪断或拉脱，但因竖向剪力与圆心 O 的水平距离较小，通常忽略由剪力而产生的抵抗矩，从偏于安全的角度考虑，也可不计支撑梁的作用；对于土钉墙支护，当滑弧通过土钉时要考虑土钉对抗滑力矩的贡献；对于设有围护桩的围护结构，一般地危险滑弧总是通过围护桩底滑动，对于通过围护桩身的滑动，则要考虑围护桩对阻止滑动的作用，一是围护桩本身受弯破坏，二是围护桩本身没有破坏，滑动土体通过围护桩中间位移。

（2）抗隆起稳定分析

在深厚的软土层中，当基坑开挖深度较大时，则作用在坑外侧的坑底水平面上的荷载相应增大，此时就需要验算坑底土的承载力，承载力不足时可能会导致坑底土的隆起。坑底土抗隆起稳定的计算方法很多，下面简单介绍同时考虑 c、φ 的抗隆起稳定验算方法。

参考 Prandtl 和 Terzaghi 地基承载力公式，将墙底面的平面作为求极限承载力的基准面，滑动面形状如图 9-18 所示。由于上述地基承载力公式中同时考虑了土体 c、φ，

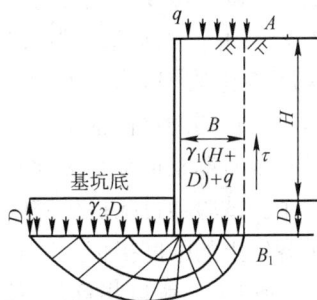

图 9-18　滑动面形状

因此这种方法较仅给出纯黏性土（$\varphi=0$）或纯砂土（$c=0$）的抗隆起安全系数更为完善。安全系数可表示为：

$$K_s = \frac{\gamma_2 D N_q + C N_c}{\gamma_1 (H+D) + q} \qquad (9\text{-}35)$$

式中　D——墙体入土深度（m）；

$\quad\quad H$——基坑开挖深度（m）；

γ_1、γ_2——分别为墙体外侧和坑底土体重度（kN/m³）；

$\quad\quad q$——地面超载（kN/m²）；

N_c、N_q——地基承载力系数。

用 Prandtl 地基承载力公式时，N_c、N_q 分别为：

$$\left.\begin{array}{l} N_{cP} = (N_{qP} - 1) \cdot \dfrac{1}{\tan\varphi} \\[3mm] N_{qP} = \tan^2\left(45° + \dfrac{\varphi}{2}\right) e^{\pi\tan\varphi} \end{array}\right\} \qquad (9\text{-}36)$$

用 Terzaghi 地基承载力公式时，N_c、N_q 分别为：

$$\left.\begin{array}{l} N_{cT} = (N_{qT} - 1) \cdot \dfrac{1}{\tan\varphi} \\[4mm] N_{qT} = \dfrac{1}{2}\left[\dfrac{e^{\left(\frac{3}{4}\pi - \frac{\varphi}{2}\right)\tan\varphi}}{\cos\left(45° + \dfrac{\varphi}{2}\right)}\right]^2 \end{array}\right\} \qquad (9\text{-}37)$$

9.4.5　基坑勘察要求与评价

　　建筑地基基础设计主要考虑地基承载力和建筑物沉降，而基坑工程设计要求围护体系能起到挡土作用。一是围护结构保持稳定，并能控制其变形和发展；二是止水体系能不漏水，地下开挖能够干作业。基坑工程的勘察应能满足上述设计内容对工程地质和水文地质资料的要求。勘察的范围和深度根据场地条件和设计要求确定，勘察深度一般宜为开挖深度的 2～3 倍，勘察的平面范围宜超出开挖边界外 2～3 倍，对周边以调查研究、搜集原有勘察资料为主。在深厚软土地区，勘察深度和范围应适当扩大。

　　基坑工程的勘察包括工程地质勘察和水文地质勘察两个方面的内容。

　　工程地质勘察可采用多种原位测试和室内试验，各项测试和试验的数量不应少于 6 个。试验项目除提供密度、含水量、孔隙比、液限、塑限等常规指标外，应提供各层土的强度指标。不同的试验方法（有效应力法或总应力法、直剪或三轴、UU 或 CU）强度指标值不同，勘察时应根据设计所依据的规范、标准进行试验，提供相应的数据，表 9-21 列出了不同标准对土压力计算的规定。

不同规范、规程对土压力计算的规定　　　　　　　　　　　表 9-21

规范规程标准	计 算 方 法	计 算 参 数	土 压 力 调 整
建设部行标	采用朗肯理论，砂土、粉土水土分算，黏性土有经验时水土合算	直剪固结峰值 c、φ 或三轴 c_{cu}、φ_{cu}	主动侧开挖面以下土自重压力不变
冶金部行标	采用朗肯或库仑理论按水土分算原则计算，有经验时对黏性土也可以水土合算	分算时采用有效应力指标 c'、φ' 或用 c_{cu}、φ_{cu} 代替，合算时采用 c_{cu}、φ_{cu} 乘以 0.7 的强度折减系数	有邻近建筑基础时 $K_{ma} = (K_0 + K_a)/2$；被动区不能充分发挥时 $K_{mp} = (0.3 \sim 0.5)K_p$
湖北省规定	采用朗肯理论，黏性土、粉土水土合算，砂土水土分算，有经验时也可水土合算	分算时采用有效应力指标 c'、φ'；合算时采用总应力指标 c、φ；提供有强度指标的经验值	一般不作调整
深圳规范	采用朗肯理论，水位以上水土合算；水位以下黏性土水土合算，粉土、砂石、碎石土水土分算	分算时采用有效应力指标 c'、φ'；合算时采用总应力指标 c、φ	无规定
上海规程	采用朗肯理论，以水土分算为主，对水泥土围护结构水土合算	水土分算采用 c_{cu}、φ_{cu}；水土合算采用经验主动土压力系数 η_a	对有支撑的围护结构开挖面以下土压力为矩形分布。提出动用土压力概念，提高的主动土压力系数界于 $K_0 \sim (K_a + K_0)/2$ 之间，降低的被动土压力系数界于 $(0.5 \sim 0.9)K_p$ 之间
广州规定	采用朗肯理论，以水土分算为主，有经验时对黏性土、淤泥可水土合算	采用 c_{cu}、φ_{cu}，有经验时可采用其他参数	开挖面以下采用矩形分布模式

　　对黏性土、淤泥和淤泥质土应测定其灵敏度，如有暗滨、溶洞、古井、地下碎石块等障碍物，应查明其分布及其对基坑工程的影响。

　　水文地质勘察应查明地下水类型、埋藏条件、施工过程中地下水条件变化对基坑工程和相邻建筑物的影响，对流土、管涌等可能性作出预估。为满足基坑降水或隔渗设计的需要，可布置水文地质试验孔和观测孔，详细查明各含水层（上层滞水、潜水、承压水）的层位、埋深和分布条件，同时查明隔水层及过滤层的层位、埋深和分布情况，对于土层的渗透系数，其中砂性土可通过抽水试验测定，黏性土可采用注水试验或室内渗透试验测定。

基坑工程的勘察还应查明下述环境条件资料：建筑总平面图；拟建建筑物上部结构类型、荷载以及可能采取的基础类型；基坑的深度、坑底标高、基坑的尺寸等；场地及周围环境条件，查明邻近建筑物和地下设施的现状、结构特点以及对开挖变形的承受能力，在城市地下管网密集分布区，可通过地理信息系统或其他档案资料了解管线的类型、平面布置、埋深和规模，必要时应采用有效方法进行地下管线探测。

9.5 桩 基 础

桩基础属于深基础，其作用是将上部结构荷载传递到土的深部较坚硬、压缩性小的土层或岩层上。由于桩基具有承载力高、稳定性好、沉降及差异变形小、沉降稳定快及适应各种复杂地质条件而得到了广泛应用。一般在如下情况下可考虑桩基：采用天然地基或地基加固处理不能满足建筑物对地基承载力要求，或地基变形值超过允许值时；经技术经济指标、工程质量、施工条件等方面进行比较，采用桩基础比天然地基或地基加固处理优越时；高耸建筑物对整体有严格限制时；重要、大型精密设备的基础对地基变形有严格限制时。对于采用桩基础方案的工程，需进行相应的岩土工程勘察和评价，以满足设计和施工的需要。

9.5.1 桩基类型与选择

9.5.1.1 桩的类型

（1）按桩的承载性状，即桩侧阻力和桩端阻力的发挥程度和分担荷载比，分为摩擦型桩和端承型桩两大类。摩擦型桩是指在竖向极限荷载作用下，桩顶荷载全部或主要由桩侧阻力承担。端承型桩是指在竖向极限荷载作用下，桩顶荷载全部或主要由桩端阻力承担，桩侧阻力相对桩端阻力较小或可忽略不计的桩。

（2）按桩的使用功能分为：竖向抗压桩、竖向抗拔桩、水平受荷桩、复合受荷桩。

（3）按桩身材料分为：混凝土桩、钢桩、组合材料桩。混凝土桩可分为灌注桩和预制桩两类，在现场采用机械或人工成孔，就地灌注混凝土成桩，称为灌注桩；预制桩是在工厂或现场预制成型的混凝土桩，有实心方桩、管桩等；钢桩主要有钢管桩、H形钢桩等；组合材料桩是指采用两种材料组合的桩，比如钢管桩内充填混凝土。

（4）按成桩方法分为非挤土桩、部分挤土压和挤土桩。

9.5.1.2 桩型的选择

不同的桩具有各自的优点，有其适用的条件，选择桩型应根据穿越土层条件、桩端持力层类型、地下水位、建筑结构类型、上部荷载性质、施工设备、施工环境、桩的供应、工期要求、经济合理等等条件综合评定。

（1）预制混凝土桩。优点是承载力高（单方混凝土），对于松散土层，由于挤密效应可使承载力提高；桩身质量易于保证和控制，制作方便，并能根据需要制成不同形状、不同尺寸的截面和长度，且不受地下水位影响；桩身混凝土密度大，抗腐蚀能力强；成桩速度快，不存在泥浆排放问题，特别适合于大面积施工。缺点是单价较灌注桩高，用钢量较高；采用锤击沉桩时，噪声大，对周围土层的扰动大，由于挤土效应会引起地面隆起、桩产生水平位移或挤断、邻桩上浮等问题；受起吊设备能力及运输限制，单节长度不大，因而设计要求使用长桩时，接桩时间长、用钢量增加；不易穿透较厚的坚硬土层到达设计标高，往往需要通过射水或预钻孔等助沉措施沉桩。

（2）灌注桩。与预制桩相比优点是可适用于各类土层，桩长、桩径可灵活调整；含钢量一般较低，比预制桩经济。存在的缺点是成桩质量不易控制和保证，容易形成断桩、缩颈、沉渣、混凝土灌注出现蜂窝等质量问题；对于泥浆护壁灌注桩，存在泥浆排放造成的环境污染问题。

（3）钢桩。优点是材料强度高，能承受强大的冲击力，穿透硬土层的能力强，能有效地打入坚硬土层，获得较高的承载力，有利于建筑物的沉降控制；能根据持力层深度起伏变化灵活调整桩长；重量轻，装卸运输方便；能承受较大水平力，与上部结构连接简单。缺点是造价相对较高，抗腐蚀性能差。桩的类型与适用条件可参考《建筑桩基技术规范》附表 A 选用。

9.5.2　桩基承载力计算

对于单桩竖向极限承载力标准值，现行《建筑桩基技术规范》规定：设计等级为甲级的建筑桩基，应通过单桩静载试验确定；设计等级为乙级的建筑桩基，当地质条件简单时，可参照地质条件相同的试桩资料，结合静力触探等原位测试和经验参数综合确定，其余均应通过单桩静载试验确定，设计等级为丙级的建筑桩基，可根据原位测试和经验参数确定。

（1）静载试验

静载试验的成果常用荷载—沉降（Q-s）曲线来表示，单桩极限承载力可按下列方法综合确定：1）对于陡降型 Q-s 曲线，取 Q-s 曲线发生明显陡降的起始点对应的荷载值；2）根据沉降量确定极限承载力，对于缓变型 Q-s 曲线，一般可取 $s=40\text{mm}$ 对应的荷载值，当桩长大于 40m 时，宜考虑桩身弹性压缩量，对于直径大于或等于 800mm 的桩，可取 $s=0.05D$（D 为桩端直径）对应的荷载值；3）根据沉降随时间的变化特征确定取 s-$\lg t$ 曲线尾部出现明显向下弯曲的前一级荷载值。

按上述方法确定 n 根正常条件下试桩的极限承载力实测值 Q_{ui}，按下式计算

n 根试桩实测极限承载力平均值 Q_{um}：

$$Q_{um} = \frac{1}{n} \sum_{i=1}^{n} Q_{ui} \tag{9-38}$$

按下式计算每根试桩的极限承载力实测值与平均值之比 α_i：

$$\alpha_i = Q_{ui}/Q_{um} \tag{9-39}$$

用下式计算 α_i 的标准差：

$$S_n = \sqrt{\sum_{i=1}^{n} (\alpha_i - 1)^2 / (n-1)} \tag{9-40}$$

确定单桩竖向极限承载力标准值 Q_{uk}：当 $S_n \leqslant 0.15$ 时，$Q_{uk} = Q_{um}$；当 $S_n > 0.15$ 时，$Q_{uk} = \lambda Q_{um}$。

式中 λ 为折减系数，可按下列方法确定：当桩数 $n = 2$ 时，按表 9-22 确定；当桩数 $n = 3$ 时按表 9-23 取值；当桩数 $n \geqslant 4$ 时，按式（9-41）进行计算。

折减系数 λ （$n=2$）　　　表 9-22

$\alpha_2 - \alpha_1$	0.21	0.24	0.27	0.30	0.33	0.36	0.39	0.42	0.45	0.48	0.51
λ	1.00	0.99	0.97	0.96	0.94	0.93	0.91	0.90	0.88	0.87	0.85

折减系数 λ （$n=3$）　　　表 9-23

α_2 ＼ $\alpha_3 - \alpha_1$	0.30	0.33	0.36	0.39	0.42	0.45	0.48	0.51
0.84							0.93	0.92
0.92	0.99	0.98	0.98	0.97	0.96	0.95	0.94	0.93
1.00	1.00	0.99	0.98	0.97	0.96	0.95	0.93	0.92
1.08	0.98	0.97	0.95	0.94	0.93	0.91	0.90	0.88
1.16							0.86	0.84

$$A_0 + A_1\lambda + A_2\lambda^2 + A_3\lambda^3 + A_4\lambda^4 = 0 \tag{9-41}$$

式中 $A_0 = \sum_{i=1}^{n-m} \alpha_i^2 + \frac{1}{m} \left(\sum_{i=1}^{n-m} \alpha_i \right)^2$；$A_1 = -\frac{2n}{m} \sum_{i=1}^{n-m} \alpha_i$；$A_2 = 0.27 - 1.127n + \frac{n^2}{m}$；$A_3 = 0.147 \times (n-1)$；$A_4 = -0.042 \times (n-1)$，取 $m = 1, 2, \cdots\cdots$ 满足式（9-44）的 λ 值即为所求。

（2）静力触探法

用静力触探法预估单桩承载力的方法参见本书第 7 章相关内容。

（3）土的物理指标

土的物理指标与单桩承载力标准值之间存在如下关系：

$$Q_{uk} = Q_{sk} + Q_{pk} = u \sum q_{sik} l_i + q_{pk} A_p \tag{9-42}$$

式中 q_{sik}——桩侧第 i 层土的极限侧阻力标准值，无经验时可参考表 9-24 取值；

q_{pk}——极限端阻力标准值，无经验时可按表 9-27 取值。

桩的极限侧阻力标准值 q_{sik}（kPa）   表 9-24

土的名称	土的状态		混凝土预制桩	泥浆护壁钻（冲）孔桩	干作业钻孔桩
填土			22～30	20～28	20～28
淤泥			14～20	12～18	12～18
淤泥质土			22～30	20～28	20～28
黏性土	流塑	$I_L>1$	24～40	21～38	21～38
	软塑	$0.75<I_L\leqslant1$	40～55	38～53	38～53
	可塑	$0.50<I_L\leqslant0.75$	55～70	53～68	53～66
	硬可塑	$0.25<I_L\leqslant0.50$	70～86	68～84	66～82
	硬塑	$0<I_L\leqslant0.25$	86～98	84～96	82～94
	坚硬	$I_L\leqslant0$	98～105	96～102	94～104
红黏土	$0.7<\alpha_w\leqslant1$		13～32	12～30	12～30
	$0.5<\alpha_w\leqslant0.7$		32～74	30～70	30～70
粉土	稍密	$e>0.9$	26～46	24～42	24～42
	中密	$0.75\leqslant e\leqslant0.9$	46～66	42～62	42～62
	密实	$e<0.75$	66～88	62～82	62～82
粉细砂	稍密	$10<N\leqslant15$	24～48	22～46	22～46
	中密	$15<N\leqslant30$	48～66	46～64	46～64
	密实	$N>30$	66～88	64～86	64～86
中砂	中密	$15<N\leqslant30$	54～74	53～72	53～72
	密实	$N>30$	74～95	72～94	72～94
粗砂	中密	$15<N\leqslant30$	74～95	74～95	76～98
	密实	$N>30$	95～116	95～116	98～120
砾砂	稍密	$5<N_{63.5}\leqslant15$	70～110	50～90	60～100
	中密（密实）	$N_{63.5}>15$	116～138	116～130	112～130
圆砾、角砾	中密、密实	$N_{63.5}>10$	160～200	135～150	135～150
碎石、卵石	中密、密实	$N_{63.5}>10$	200～300	140～170	150～170
全风化软质岩		$30<N\leqslant50$	100～120	80～100	80～100
全风化硬质岩		$30<N\leqslant50$	140～160	120～140	120～150
强风化软质岩		$N_{63.5}>10$	160～240	140～200	140～220
强风化硬质岩		$N_{63.5}>10$	220～300	160～240	160～260

注：1. 对于尚未完成自重固结的填土和以生活垃圾为主的杂填土，不计算其侧阻力；

  2. α_w 为含水比，$\alpha_w=w/w_l$，w 为土的天然含水量，w_l 为土的液限；

  3. N 为标准贯入锤击数，$N_{63.5}$ 为重型圆锥动力触探击数；

  4. 全风化、强风化软质岩和全风化、强风化硬质岩系指其母岩分别为 $f_{rk}\leqslant15$MPa、$f_{rk}>30$MPa 的岩石。

根据土的物理指标确定大直径桩（$d \geqslant 800$）单桩竖向极限承载力标准值时，可按下式计算：

$$Q_{uk} = Q_{sk} + Q_{pk} = u \sum \psi_{si} q_{sik} l_i + \psi_p q_{pk} A_p \tag{9-43}$$

式中 q_{sik}——桩侧第 i 层土的极限桩侧摩阻力标准值，无经验时可按表 9-24 取值，对于扩底桩变截面以上 $2d$ 长度范围不计侧阻力；

q_{pk}——桩径为 800mm 的极限端阻力标准值，对于干作业挖孔（清底干净）可采用深层载荷板试验确定，当不能进行深层载荷板试验时，可按表 9-25 取值；

ψ_{si}、ψ_p——分别为大直径桩侧阻、端阻尺寸效应系数，按表 9-26 取值；

u——桩身周长，当人工挖孔桩桩周护壁为振捣密实的混凝土时，桩身周长可按护壁外直径计算。

干作业挖孔桩（清底干净，$D = 800mm$）极限端阻力标准值 q_{pk} 表 9-25

土名称		状 态		
黏性土		$0.25 < I_L \leqslant 0.75$	$0 < I_L \leqslant 0.25$	$I_L \leqslant 0$
		$800 \sim 1800$	$1800 \sim 2400$	$2400 \sim 3000$
粉 土			$0.75 \leqslant e \leqslant 0.9$	$e < 0.75$
			$1000 \sim 1500$	$1500 \sim 2000$
砂土、碎石类土		稍密	中密	密实
	粉砂	$500 \sim 700$	$800 \sim 1100$	$1200 \sim 2000$
	细砂	$700 \sim 1100$	$1200 \sim 1800$	$2000 \sim 2500$
	中砂	$1000 \sim 2000$	$2200 \sim 3200$	$3500 \sim 5000$
	粗砂	$1200 \sim 2200$	$2500 \sim 3500$	$4000 \sim 5500$
	砾砂	$1400 \sim 2400$	$2600 \sim 4000$	$5000 \sim 7000$
	圆砾、角砾	$1600 \sim 3000$	$3200 \sim 5000$	$6000 \sim 9000$
	卵石、碎石	$2000 \sim 3000$	$3300 \sim 5000$	$7000 \sim 11000$

注：1. 当桩进入持力层的深度分别为：

    $h_b \leqslant D$，$D < h_b \leqslant 4D$，$h_b > 4D$ 时，q_{pk} 可相应取较低值、中值、较高值；

   2. 砂土密实度可根据标贯击数判定，$N \leqslant 10$ 为松散，$10 < N \leqslant 15$ 为稍密，$15 < N \leqslant 30$ 为中密，$N > 30$ 为密实；

   3. 当桩的长径比 $l/d \leqslant 8$ 时，q_{pk} 宜取较低值；

   4. 当对沉降要求不严时，q_{pk} 可取高值。

大直径灌注桩侧阻力尺寸效应系数 ψ_{si} 和端阻力尺寸效应系数 ψ_p 表 9-26

土类别	黏性土、粉土	砂土、碎石类土	土类别	黏性土、粉土	砂土、碎石类土
ψ_{si}	$\left(\dfrac{0.8}{d}\right)^{1/5}$	$\left(\dfrac{0.8}{d}\right)^{1/3}$	ψ_p	$\left(\dfrac{0.8}{D}\right)^{1/4}$	$\left(\dfrac{0.8}{D}\right)^{1/3}$

桩的极限端阻力标准值 q_{pk} (kPa) 表 9-27

土名称	土的状态（桩型）		混凝土预制桩桩长 l (m)			
			$l \leqslant 9$	$9 < l \leqslant 16$	$16 < l \leqslant 30$	$l > 30$
黏性土	软塑	$0.75 < I_L \leqslant 1$	210~850	650~1400	1200~1800	1300~1900
	可塑	$0.50 < I_L \leqslant 0.75$	850~1700	1400~2200	1900~2800	2300~3600
	硬可塑	$0.25 < I_L \leqslant 0.50$	1500~2300	2300~3300	2700~3600	3600~4400
	硬塑	$0 < I_L \leqslant 0.25$	2500~3800	3800~5500	5500~6000	6000~6800
粉土	中密	$0.75 \leqslant e \leqslant 0.9$	950~1700	1400~2100	1900~2700	2500~3400
	密实	$e < 0.75$	1500~2600	2100~3000	2700~3600	3600~4400
粉砂	稍密	$10 < N \leqslant 15$	1000~1600	1500~2300	1900~2700	2100~3000
	中密、密实	$N > 15$	1400~2200	2100~3000	3000~4500	3800~5500
细砂	中密、密实	$N > 15$	2500~4000	3600~5000	4400~6000	5300~7000
中砂			4000~6000	5500~7000	6500~8000	7500~9000
粗砂			5700~7500	7500~8500	8500~10000	9500~11000
砾砂	中密、密实	$N > 15$	6000~9500		9000~10500	
角砾、圆砾		$N_{63.5} > 10$	7000~10000		9500~11500	
碎石、卵石		$N_{63.5} > 10$	8000~11000		10500~13000	
全风化软质岩		$30 < N \leqslant 50$	4000~6000			
全风化硬质岩		$30 < N \leqslant 50$	5000~8000			
强风化软质岩		$N_{63.5} > 10$	6000~9000			
强风化硬质岩		$N_{63.5} > 10$	7000~11000			

土名称	土的状态	桩型	泥浆护壁钻（冲）孔桩桩长 l（m）			
			$5{\leqslant}l{<}10$	$10{\leqslant}l{<}15$	$15{\leqslant}l{<}30$	$l{\geqslant}30$
黏性土	软塑	$0.75{<}I_L{\leqslant}1$	150~250	250~300	300~450	300~450
	可塑	$0.50{<}I_L{\leqslant}0.75$	350~450	450~600	600~750	750~800
	硬可塑	$0.25{<}I_L{\leqslant}0.50$	800~900	900~1000	1000~1200	1200~1400
	硬塑	$0{<}I_L{\leqslant}0.25$	1100~1200	1200~1400	1400~1600	1600~1800
粉土	中密	$0.75{\leqslant}e{\leqslant}0.9$	300~500	500~650	650~750	750~850
	密实	$e{<}0.75$	650~900	750~950	900~1100	1100~1200
粉砂	稍密	$10{<}N{\leqslant}15$	350~500	450~600	600~700	650~750
	中密、密实	$N{>}15$	600~750	750~900	900~1100	1100~1200
细砂	中密、密实	$N{>}15$	650~850	900~1200	1200~1500	1500~1800
中砂			850~1050	1100~1500	1500~1900	1900~2100
粗砂			1500~1800	2100~2400	2400~2600	2600~2800
砾砂		$N{>}15$	1400~2000		2000~3200	
角砾、圆砾	中密、密实	$N_{63.5}{>}10$	1800~2200		2200~3600	
碎石、卵石		$N_{63.5}{>}10$	2000~3000		3000~4000	
全风化软质岩		$30{<}N{\leqslant}50$	1000~1600			
全风化硬质岩		$30{<}N{\leqslant}50$	1200~2000			
强风化软质岩		$N_{63.5}{>}10$	1400~2200			
强风化硬质岩		$N_{63.5}{>}10$	1800~2800			

续表

土名称	土的状态	桩型	干作业钻孔桩桩长 l (m)		
			$5 \leqslant l < 10$	$10 \leqslant l < 15$	$l \geqslant 15$
黏性土	软塑	$0.75 < I_L \leqslant 1$	200~400	400~700	700~950
	可塑	$0.50 < I_L \leqslant 0.75$	500~700	800~1100	1000~1600
	硬可塑	$0.25 < I_L \leqslant 0.50$	850~1100	1500~1700	1700~1900
	硬塑	$0 < I_L \leqslant 0.25$	1600~1800	2200~2400	2600~2800
粉土	中密	$0.75 \leqslant e \leqslant 0.9$	800~1200	1200~1400	1400~1600
	密实	$e < 0.75$	1200~1700	1400~1900	1600~2100
粉砂	稍密	$10 < N \leqslant 15$	500~950	1300~1600	1500~1700
	中密、密实	$N > 15$	900~1000	1700~1900	1700~1900
细砂	中密、密实	$N > 15$	1200~1600	2000~2400	2400~2700
中砂			1800~2400	2800~3800	3600~4400
粗砂			2900~3600	4000~4600	4600~5200
砾砂		$N > 15$	3500~5000		
角砾、圆砾	中密、密实	$N_{63.5} > 10$	4000~5500		
碎石、卵石		$N_{63.5} > 10$	4500~6500		
全风化软质岩		$30 < N \leqslant 50$	1200~2000		
全风化硬质岩		$30 < N \leqslant 50$	1400~2400		
强风化软质岩		$N_{63.5} > 10$	1600~2600		
强风化硬质岩		$N_{63.5} > 10$	2000~3000		

注：1. 砂土和碎石类土中桩的极限端阻力取值，宜综合考虑土的密实度，桩端进入持力层的深径比 h_b/d，土越密实，h_b/d 越大，取值越高；

2. 预制桩的岩石极限端阻力指桩端支承于中、微风化基岩表面或进入强风化岩、软质岩一定深度条件下极限端阻力；

3. 全风化、强风化软质岩和全风化、强风化硬质岩指其母岩分别为 $f_{rk} \leqslant 15MPa$、$f_{rk} > 30MPa$ 的岩石。

9.5.3　桩基沉降计算

群桩基础的变形与荷载、桩长、桩距、桩排列及各土层的物理力学性质有关,《建筑桩基技术规范》将 Mindlin 解与等代墩基的布氏解之间建立关系, 采用等效作用分层总和法计算桩基沉降, 称为等效作用分层总和法。为简化计算, 将等效作用荷载面积规定为桩端平面, 等效平面即为桩承台投影面积, 并基于基桩自重所产生的附加应力较小, 可忽略不计。因此等效作用面的附加应力即相当于计算天然地基时承台板底面的附加应力。桩端平面下的应力分布采用 Boussinesq 解, 这样在桩基沉降计算时, 除了桩基等效沉降计算系数外, 其余计算与天然地基的计算完全一致。

桩基内任一点的最终沉降量可按角点法用下式来计算：

$$s = \psi \cdot \psi_e \cdot s' \tag{9-44}$$

式中　s——最终沉降量（mm）；

　　　s'——按分层总和法计算出的桩基沉降量（mm）；

　　　ψ——桩基础沉降计算经验系数, 当无当地可靠经验时, 桩基础沉降计算经验系数 ψ 可按表 9-28 选用, 对于采用后注浆施工工艺的灌注桩, 桩基沉降计算经验系数应根据桩端持力土层类别, 乘以 0.7（砂、砾、卵石）～0.8（黏性土、粉土）的折减系数；饱和土中采用预制桩（不含复打、复压、引孔沉桩）时, 应根据桩距、土质、沉桩速率和顺序等因素, 乘以 1.3～1.8 的挤土效应系数, 土的渗透性低、桩距小、桩数多、沉降速率快时取大值；

桩基沉降计算经验系数 ψ　　　　　　　　　　　表 9-28

$\overline{E}_s$（MPa）	≤10	15	20	35	≥50
ψ	1.2	0.9	0.65	0.50	0.40

注：1. $\overline{E}_s$ 为沉降计算深度范围内压缩模量的当量值, 可按下式计算：$\overline{E}_s = \sum A_i / \sum \dfrac{A_i}{E_{si}}$, 式中 A_i 为第 i 层土附加压力系数沿土层厚度的积分值, 可近似按分块面积计算；

　　2. ψ 可根据 $\overline{E}_s$ 内插取值。

　　　ψ_e——桩基等效沉降系数, 按下式进行计算：

$$\psi_e = C_0 + \frac{n_b - 1}{C_1 (n_b - 1) + C_2} \tag{9-45}$$

$$n_b = \sqrt{n \cdot B_c / L_c} \tag{9-46}$$

式中, n_b 为矩形布桩时的短边布桩数, 当布桩不规则时可按式（9-46）近似计算, 当 n_b 计算值小于 1 时, 取 n_b 为 1；C_0、C_1、C_2 为根据群桩不同距径比（桩中心距与桩径之比）s_a/d、长径比 l/d 及基础长宽比 L_c/B_c 确定的系数, 可查有关规范；L_c、B_c、n 分别为矩形承台的长、宽及总桩数。

在计算桩基沉降变形时，会涉及沉降量、沉降差、倾斜和局部倾斜等指标，对于不同的建筑结构，由不同的变形指标进行控制。由于土层厚度与性质不均匀、荷载差异、体型复杂等因素引起的地基变形，对于砌体承重结构由局部倾斜控制；对于框架结构应由相邻柱基的沉降差控制；对于多层或高层建筑和高耸结构应由倾斜值控制。计算出的桩基变形值不应大于桩基变形允许值，建筑物的桩基变形容许值无当地经验时可参考表 9-29 选用。

9.5.4 桩负摩阻力

当桩周土体发生下沉，其沉降速率大于桩的下沉速率时，桩侧土体将对桩产生向下的摩阻力，从而增加了桩的负荷。由于负摩阻力的出现，建筑物可能会出现过量沉降、倾斜、开裂等，有的则无法使用而拆除。因此对于可能出现负摩阻力的桩基在设计中要予以考虑并采取相应措施。

建筑物桩基础变形允许值 表 9-29

变 形 特 征	容 许 值
砌体承重结构基础的局部倾斜	0.002
各类建筑相邻柱（墙）基础的沉降差 （1）框架、框架-剪力墙、框架-核心筒结构 （2）砌体墙填充的边排柱 （3）当基础不均匀沉降时不产生附加应力的结构	$0.002l_0$ $0.0007l_0$ $0.005l_0$
单层排架结构（柱距为 6m）柱基的沉降量（mm）	120
桥式吊车轨面的倾斜（按不调整轨道考虑） 纵向 横向	0.004 0.003
多层和高层建筑的整体倾斜 $H_g \leqslant 24$ $24 < H_g \leqslant 60$ $60 < H_g \leqslant 100$ $H_g > 100$	0.004 0.003 0.0025 0.002
高耸结构桩基础的整体倾斜 $H_g \leqslant 20$ $20 < H_g \leqslant 50$ $50 < H_g \leqslant 100$ $100 < H_g \leqslant 150$ $150 < H_g \leqslant 200$ $200 < H_g \leqslant 250$	0.008 0.006 0.005 0.004 0.003 0.002
高耸结构基础的沉降量（mm） $H_g \leqslant 100$ $100 < H_g \leqslant 200$ $200 < H_g \leqslant 250$	350 250 150
体型简单的剪力墙结构高层建筑 桩基础最大沉降量（mm） —	200

注：l_0 为相邻柱（墙）基础二测点间距离（mm）；H_g 为自室外地面算起的建筑物高度（m）。

下列情况下会出现负摩阻力：1）桩周土在自重作用下固结沉降或浸水导致土体结构破坏，强度降低而固结。比如当桩穿过欠固结的松散填土或新沉积的欠固结土而支承于较硬土层中，欠固结土层固结产生下沉。在湿陷性黄土、季节性冻土或可能液化的土层中的桩，因黄土湿陷、冻土溶化或受地震等动力荷载作用而液化的土重新固结产生下沉。2）外界荷载作用导致桩周土固结沉降，比如在桩附近地面大面积堆载而引起地面下沉。3）降水导致有效应力增大而固结。

由于桩侧负摩阻力的产生，形成一个下拉荷载，对桩基的承载力和沉降产生影响。影响负摩阻力的因素很多，比如桩侧与桩端土的变形与强度性质、土层的应力历史、地面堆载的大小与范围、桩的类型、成桩工艺等。可用式（9-47）来计算单桩负摩阻力标准值：

$$q_{si}^n = \xi_{ni}\sigma_i' \tag{9-47}$$

当填土、自重湿陷性黄土湿陷、欠固结土层产生固结和地下水降低时：

$$\sigma_i' = \sigma_{\gamma i}' \tag{9-48}$$

当地面分布大面积荷载时：

$$\sigma_i' = p + \sigma_{\gamma i}' \tag{9-49}$$

$$\sigma_{\gamma i}' = \sum_{m=1}^{i-1} \gamma_m \Delta z_m + \frac{1}{2}\gamma_i \Delta z_i$$

式中　q_{si}^n——第 i 层土桩侧负摩阻力标准值；

ξ_{ni}——桩周第 i 层土负摩阻力系数，可按表 9-30 取值；

σ_i'——桩周第 i 层土平均竖向有效应力；

$\sigma_{\gamma i}'$——由土自重引起的桩周第 i 层土平均竖向有效应力，桩群外围桩自地面算起，桩群内部桩自承台算起；

γ_i、γ_m——分别为第 i 计算土层和其上第 m 土层的厚度，地下水位以下取浮重度；

Δz_i、Δz_m——第 i 层土、第 m 层土的厚度；

p——地面均布荷载。

负摩阻力系数 ξ_n 表 9-30

土类	ξ_n	土类	ξ_n
饱和软土	0.15～0.25	砂　土	0.35～0.50
黏性土、粉土	0.25～0.40	自重湿陷性黄土	0.20～0.35

注：1. 在同一类土中，对于打入桩或沉管灌注桩，取表中较大值，对于钻（冲）挖孔灌注桩，取表中较小值；

2. 填土按其组成取表中同类土的较大值；

3. 当 q_{si}^n 计算值大于正摩阻力时，取正摩阻力值。

群桩中任一基桩的下拉荷载标准值按下式计算：

$$Q_{\mathrm{g}}^{\mathrm{n}} = \eta_{\mathrm{n}} \cdot u \sum_{i=1}^{n} q_{\mathrm{si}}^{\mathrm{n}} l_i \tag{9-50}$$

$$\eta_{\mathrm{n}} = s_{\mathrm{ax}} \cdot s_{\mathrm{ay}} \bigg/ \left[\pi d \left(\frac{q_{\mathrm{s}}^{\mathrm{n}}}{\gamma_{\mathrm{m}}'} + \frac{d}{4} \right) \right] \tag{9-51}$$

式中　n——中性点以上土层数；

$\quad\quad l_i$——中性点以上各土层的厚度；

$\quad\quad \eta_{\mathrm{n}}$——负摩阻力群桩效应系数；

s_{ax}、s_{ay}——分别为纵横向桩的中心距；

$\quad\quad q_{\mathrm{s}}^{\mathrm{n}}$——中性点以上桩周土层厚度加权平均负摩阻力标准值；

$\quad\quad \gamma_{\mathrm{m}}'$——中性点以上桩周土厚度加权平均重度（地下水以下取浮重度）。

注：对于单桩基础或按式（9-51）计算群桩基础的 $\eta_{\mathrm{n}} > 1$ 时，取 $\eta_{\mathrm{n}} = 1$。

桩的中性点是指桩土相对位移为零处，在该点既没有正摩阻力，也没有负摩阻力，因此中性点深度 l_{n} 应按桩周土层沉降与桩沉降相等的条件计算确定，也可参考表 9-31 确定。

中 性 点 深 度 l_{n} 　　　　表 9-31

持力层性质	黏性土、粉土	中密以上砂	砾石、卵石	基岩
中性点深度比 l_{n}/l_0	0.5～0.6	0.7～0.8	0.9	1.0

注：1. l_{n}、l_0 分别为自桩顶算起的中性点深度和桩周软弱土层下限深度；

$\quad\quad$2. 桩穿越自重湿陷性黄土层时，l_{n} 按表列值增大 10%（持力层为基岩除外）；

$\quad\quad$3. 当桩周土层固结与桩基固结沉降同时完成时，取 $l_{\mathrm{n}} = 0$；

$\quad\quad$4. 当桩周土层计算沉降量小于 20mm 时，l_{n} 应按表列值乘以 0.4～0.8 折减。

9.5.5　桩基础的勘察与评价

桩基的工程勘察一般是在初步勘察工作的基础上，掌握了场地地基土的基本情况，结合建筑物特点和使用要求，确定采用桩基础方案后才进行的，主要提供为选定桩的类型、桩长、确定单桩承载力及群桩的沉降以及选定相应的施工方法所需的工程地质资料。

9.5.5.1　桩基础的勘察

（1）勘察的内容包括：查明场地各层岩土的类型、深度、分布、工程特性和变化规律；当采用基岩作为桩的持力层时，应查明基岩的岩性、构造、岩面变化、风化程度，确定其坚硬程度、完整程度和基本质量等级，判定有无洞穴、临空面、破碎岩体或软弱岩层；查明水文地质条件，评价地下水对桩基设计和施工的影响，判定水质对建筑材料的腐蚀性；查明不良地质作用，可液化土层和特殊性岩土的分布及其对桩的危害程度，并提出防治措施的建议；评价成桩可能性，论证桩的施工条件及其对环境的影响。

（2）勘探方法：桩基础的勘察可结合当地经验，宜采用钻探和触探以及其他原位测试相结合的方式进行，对软土、黏性土、粉土和砂土的测试，宜采用静力触探和标准贯入试验；对碎石土宜采用重型或超重型圆锥动力触探。

（3）勘探点间距：勘探时要求查明拟建建筑物范围内的地层分布、岩性的均匀性，要求勘探点布置在柱列线的位置上，对群桩应根据建筑物的体型布置在建筑物轮廓的角点、中心和周边位置上。勘探点的间距取决于岩土条件的复杂程度，对端承桩宜为 12～24m，相邻勘探孔揭露的持力层层面高差宜控制为 1～2m；对摩擦桩宜为 20～35m。当地层条件复杂，影响成桩或设计有特殊要求时，勘探点应适当加密。复杂地基的一柱一桩工程，宜每柱设置勘探点。

（4）勘探孔深度：勘探孔的深度既要满足持力层的需求，又要满足计算基础沉降的要求。勘探孔深度的确定可按桩端深度、桩径和持力层顶板深度控制，应符合以下规定：一般性勘探孔的深度应达到预计桩长以下（3～5）d（d 为桩径），且不得小于 3m，对大直径桩，不得小于 5m；控制性勘探孔深度应满足下卧层验算要求，对需验算沉降的桩基，应超过地基变形计算深度；钻至预计深度遇软弱层时，应予加深，在预计勘探孔深度内遇稳定坚实岩土时，可适当减小；对嵌岩桩，应钻入预计嵌岩面以下（3～5）d，并穿过溶洞、破碎带，到达稳定地层；对可能有多种桩长方案时，应根据最长桩方案确定。

9.5.5.2　桩基础的评价

（1）单桩竖向和水平承载力，应根据工程等级、岩土性质和原位测试成果并结合当地经验估算岩土的基桩侧阻力和端阻力，必要时提出估算的竖向和水平承载力及抗拔承载力。对地基基础设计等级为甲级的建筑物和缺乏经验的地区，应建议做静载荷试验。试验数量不宜少于工程桩数的 1％，且每个场地不少于 3个。对承受较大水平荷载的桩，应建议进行桩的水平荷载试验；对承受上拔力的桩，应建议进行抗拔试验。当存在软弱下卧层时，验算软弱下卧层强度。

（2）需要计算沉降的工程，提供沉降计算所需的岩土层的变形参数，必要时可估算沉降。

（3）根据场地地层和地基的特征，提供可供选择的桩基类型和桩端持力层，建议相应的桩长、桩径。

（4）对欠固结土和有大面积堆载的工程，应分析桩侧产生负摩阻力的可能性及其对桩基承载力的影响，并提供负摩阻力系数和减少负摩阻力措施的建议。

（5）分析成桩的可能性，成桩和挤土效应的影响，成桩对周围环境的影响，并提出保护措施建议。成桩可能性受到多种因素的制约，与锤击能量、桩身材料强度、地层特性、桩群密集程度、施工顺序、地层条件都存在关系，要综合分析才能确定。必要时可通过试桩进行分析，对于灌注桩要说明在软土中发生桩身缩径或产生空穴的可能性；在饱和砂土中震动法灌注施工时，混凝土发生翻浆、骨料离析的可能性。对预制桩等挤土桩，打桩产生的振动以及桩挤土产生的很高的超静孔隙水压力，对周围建筑物、地下管线的影响，挖孔桩排水引起的地面沉降的评价。

（6）持力层为倾斜地层，基岩面凹凸不平或岩土中有洞穴时，应评价桩的稳定性，并提出处理措施的建议。

思　考　题

9.1　简述影响区域稳定性的主要因素。

9.2　简述砂土液化的判别方法。

9.3　简述基坑围护结构的主要形式和适用范围。

9.4　单桩承载力的确定方法，对于一级、二级和三级建筑桩基分别可采用哪些方法来确定承载力？

9.5　什么是桩的负摩擦力和桩负摩擦力产生的原因？在哪些情况下可能会产生桩的负摩擦力？

第10章 地下洞室的勘察与评价

埋置于地下岩土体内的各种构筑物，统称为地下洞室。地下洞室在铁路、公路、矿冶、国防、城市地铁、城市建设等领域都有应用，铁路和公路的隧道，矿山开采的地下巷道，国防建设中的地下仓库、掩体和指挥中心，城市的地下铁道、地下商场、地下体育馆、地下游泳池等。地下工程具有广泛的应用，且应用的范围和规模都在不断扩大。

地下洞室的开挖，破坏了原始岩土体的初始平衡应力条件，导致岩土体内应力的重新分布。当围岩性质较差时，往往会发生不同程度的变形与破坏，严重的还可以危及地下工程的安全和使用；另一方面，即使地下洞室本身是稳定的，围岩的变形也可以对周围环境造成不利影响，如地面沉陷造成附近建筑物的倾斜、开裂等，两者的影响是相互的。因此在设计前，进行详细的岩土工程勘察提供设计所需的地质资料，掌握地下洞室所在岩体、土体的地质情况和稳定程度以及周围的环境情况，有十分重要的意义。

10.1 初始应力、围岩应力和山岩应力

地下洞室施工前就已经存在于岩体中的应力称为初始应力。在岩体内开挖地下洞室，破坏了原先处于相对平衡状态的地应力场，从而在一定范围内引起地应力重新分布，结果围岩将在径向和切向发生引张及压缩变形，使得原来的径向压应力降低，切向压应力升高。这种压应力降低和升高现象随着远离洞室壁而逐渐减弱，达到一定距离后消失。通常将这种应力重分布所波及的岩石称为围岩，围岩中重新分布后的地应力状态叫围岩应力。当围岩坚硬完整时，围岩中的重分布应力没有达到围岩的强度，这时围岩仅仅发生弹性变形；当围岩中的重分布应力达到或超过岩体的强度极限时，围岩除了发生弹性变形外，还将出现较大的塑性变形，当这种变形发展到一定程度时，就会造成围岩失稳、破坏，而这是工程所不允许的。为此必须实施一定的支护结构，以阻止围岩的过大变形，支护结构也因此而承受围岩的压力，这种围岩作用于支护结构上的力即为山岩压力，也称为围岩压力、地层压力。

由此可以看出，初始应力是山岩压力的基础，是力的来源。围岩应力既取决于初始应力，又取决于洞体的形态、规模以及岩体的结构与特性。山岩压力来自围岩压力，但围岩应力要转化为山岩压力，必须通过岩体结构失稳的变形、破坏来实现。围岩应力与岩体特性的矛盾决定了山岩压力的大小和特征。

10.1.1 初始应力

岩体中的初始应力状态是相当复杂的，要受到地质构造、岩性、地形地貌等多种因素的影响。目前对岩体中初始应力的大小及其分布规律的研究，还缺乏系统完善的理论，对岩体中初始地应力还无法进行正确计算，只能依靠实际测量来建立岩体中的初始应力场。初始应力可以划分为自重应力场和构造应力场。

10.1.1.1 自重应力

由岩体重量所产生的地应力称为自重应力。通常在计算岩体自重应力时，假定岩体为各向均质同性的连续介质，这样就可以引用连续介质力学理论。

大量的实测地应力资料表明，对于未经受构造作用，产状较为平缓的岩层，其应力状态十分接近于由弹性理论所确定的应力状态。

对于以坐标面 xy 为平面，z 轴垂直向下的半无限体，在深度为 z 处的垂直应力 σ_z，可以按下式计算：

$$\sigma_z = \gamma z \tag{10-1}$$

式中，γ 为岩体的重度。半无限体中的任一微分单元体上的正应力 σ_x、σ_y、σ_z 显然都是主应力，而且水平方向的两个应力与应变应该彼此相等，其值为：

$$\sigma_z = \sigma_y = K_0 \sigma_z \tag{10-2}$$

式中　K_0——岩石的静止侧压力系数，$K_0 = \mu/(1-\mu)$；

　　　μ——岩石的泊松比，一般条件下，岩石的泊松比在 $0.2 \sim 0.3$ 之间，相应的静止侧压力系数的变化范围为 $0.25 \sim 0.4$。

当静止侧压力系数等于 1 时，就出现侧向水平应力和垂直应力相等的情况。根据大量的实测水平应力与垂直应力资料，在很多地区的岩体中，水平应力往往高于竖向地应力数值，这种情况并不符合上述对地应力的计算，造成这种现象的主要原因在于构造变形的作用，构造运动往往以水平运动为主，形成了水平应力占主导地位的情况。

10.1.1.2 构造应力

由于岩石圈的构造运动，不仅在岩体中产生各种变形形迹，而且还在岩体中引起一定的构造残余应力。在构造活动带，不同板块拼合带以及平原与山区交汇部位等地区都是构造应力产生区，这些地区由于构造应力的影响形成高水平地应力区，对地下工程造成危害。比如地下施工中由于高应力的突然释放形成的岩爆以及隧道偏压引起的工程事故。由于构造变形及构造应力作用方式人们是无法见到其实际发生过程，这给研究构造应力带来较大困难。确定构造应力的主要手段还是进行实测，并结合构造变形的形迹加以分析。

10.1.2 围岩应力

地下洞室开挖以后，打破了原有的地应力平衡状态，洞室周围岩体中的应力进行重新分布。当围岩应力小于岩体强度时，围岩仅发生弹性变形，地下洞室处于稳定状态；当围岩应力大于岩体强度极限时，围岩不仅发生弹性变形，还会发生塑性变形、破坏，导致地下洞室失稳，围岩应力的大小与地下洞室的稳定有直接关系。下面假定岩体是均匀连续的线弹性体，同时地下洞室相当于半无限体中横断面不变的长洞，其延伸长度远大于横断面尺寸，所以能够用平面应变问题进行处理。当然洞室岩体内存在各种各样的结构面，并非理想的均匀、连续、各向同性的线弹性材料。所以应用弹性力学来计算围岩压力会有一定的误差，故在地下洞室的稳定计算中往往采用较大安全系数。

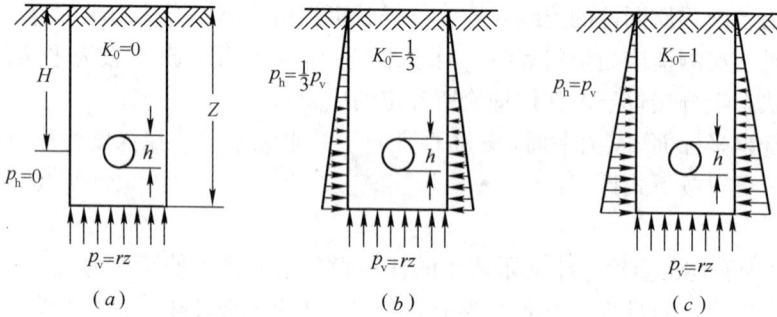

图 10-1　岩体中的三种初始应力场

（1）三种初始应力场

在没有经受构造运动影响的岩体中，由岩体自重形成的初始应力场。其侧压力系数 $K_0 = \mu/(1-\mu)$。图 10-1 中给出了对应于三种不同侧压力系数 $K_0 = 0$、$K_0 = 1/3$、$K_0 = 1$ 的初始应力场，分别对应于三种不同的情况。一般情况，距地表较浅的岩体由于地表裂隙等的存在，水平应力已经被释放，对应于 $K_0 = 0$ 的情况；而在没有经历构造运动作用的深部岩体中会出现 $K_0 = 1/3$ 的初始应力场；在很深的岩体中则会出现 $K_0 = 1$ 的初始应力场。

根据资料分析表明，在岩体的自重应力场中，当洞室的埋置深度 H 大于洞室高度 h 的三倍时，这时就可以忽略沿洞室高度方向应力的变化，假定洞室上、下方的垂直应力相等，其值为 $p_v = \gamma H$；洞室两侧的水平应力均匀分布，其值为 $p_h = K_0 p_v$，如图 10-2 所示。下面针对这三种应力场对圆形洞室、椭圆形洞室等进行讨论：

（2）圆形洞室

当圆形洞室承受图 10-2 所示作用时，这时围岩中的径向应力 σ_r，切向应力 σ_θ 以及剪应力 $\tau_{r\theta}$ 可采用弹性力学中有孔板在周围外荷载作用下的公式写出：

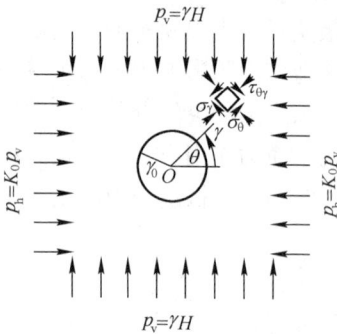

图 10-2　围岩应力计算简图

$$\sigma_r = \left(\frac{p_h + p_v}{2}\right)\left(1 - \frac{r_0^2}{r^2}\right) + \left(\frac{p_h - p_v}{2}\right)\left(1 - \frac{4r_0^2}{r^2} + \frac{3r_0^4}{r^4}\right)\cos 2\theta$$

$$\sigma_\theta = \left(\frac{p_h + p_v}{2}\right)\left(1 + \frac{r_0^2}{r^2}\right) - \left(\frac{p_h - p_v}{2}\right)\left(1 + \frac{3r_0^4}{r^4}\right)\cos 2\theta \qquad (10\text{-}3)$$

$$\tau_{r\theta} = -\left(\frac{p_h - p_v}{2}\right)\left(1 + \frac{2r_0^2}{r^2} - \frac{3r_0^4}{r^4}\right)\sin 2\theta$$

式中　r_0——洞室半径（m）；

　　　r——自洞室中心算起的径向距离（m）；

　　　θ——自水平轴算起的极坐标中的角度（°）；

　　　p_v——垂直方向的压应力（MPa）；

　　　p_h——水平方向的压应力（MPa）。

式（10-3）中没有出现岩石的弹性模量和泊松比，表明围岩中的应力与岩石的弹性常数没有关系，同时式中包括了洞室半径 r_0 与矢径长度 r 的比值，表明围岩中应力与此比值有关，而与洞室尺寸没有直接关系。同时由于开挖以后，在洞室径向方向失去支撑，因此在洞室边界附近径向应力减小，直至洞壁处为零，而切向应力增大，在洞室边界附近切向应力产生集中现象。

表 10-1 针对三种初始应力场在洞壁处（$r_0 = r$）的应力集中现象进行了讨论。

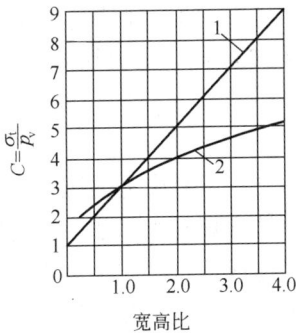

圆形洞室洞壁处切向应力　表 10-1

侧压力系数 K_0	切向应力表达式	应力集中系数	
		最大值	最小值
0	$\sigma_\theta = p_v + 2p_v\cos 2\theta$	3	-1
1/3	$\sigma_\theta = \frac{4}{3}p_v + \frac{4}{3}p_v\cos 2\theta$	$\frac{8}{3}$	0
1	$\sigma_\theta = 2p_v$	2	2

注：应力集中系数为切向应力 σ_θ 与垂直初始应力 p_v 的比值。

图 10-3　椭圆形（包括圆形）、矩形在 $K_0 = 0$ 时的洞边最大切向应力集中系数
1—椭圆形；2—矩形

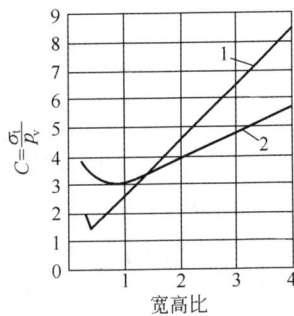

图 10-4　椭圆形（包括圆形）、矩形在 $K_0 = 1/3$ 时的洞边最大切向应力集中系数
1—椭圆形；2—矩形

（3）其他洞室

地下洞室由于其用途不同，常常根据需要开挖成不同的形状，在非圆形洞室的转角部位常常会出现很高的应力集中现象。

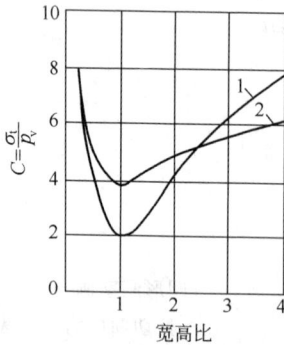

图 10-5　椭圆形（包括
圆形）、矩形在 $K_0=1$ 时
的洞边最大切向应力
集中系数
1—椭圆形；2—矩形

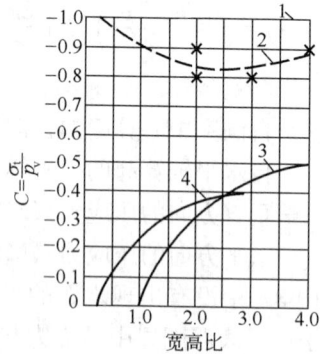

图 10-6　椭圆形（包括
圆形）、矩形在 $K_0=0$ 以
及 $K_0=1/3$ 时的洞边
最大切向拉应力集中系数
1—椭圆 $K_0=0$；2—矩形 $K_0=0$；
3—椭圆 $K_0=1/3$；4—矩形 $K_0=1/3$

由于对洞室围岩稳定性起决定作用的是切向应力，且围岩中最大切向应力发生在洞壁边界上，因此在洞室的稳定性计算中，经常要计算洞室边界处的切向应力。另外非圆形洞室的围岩应力计算复杂，为便于应用，根据各种洞形的计算结果，直接绘制这些洞形边界上的最大切向应力与宽高比的关系。图 10-3、图 10-4、图 10-5 是按照侧压力系数分别为 0、1/3、1 的三种情况绘制的洞室边界上的最大切向压应力与宽高比关系曲线，图 10-6 绘出了最大切向拉应力曲线。

10.1.3　山岩压力

山岩压力是由于洞室的变形和破坏而作用在支护或衬砌上的压力，所以对山岩压力的正确估算直接关系到支护和衬砌结构设计合理与否。如果山岩压力估计过大，则设计出来的支护或衬砌尺寸必然很大，造成浪费；如果山岩压力估计过小，则设计出来的支护或衬砌就会被压坏，造成事故。但目前山岩压力的正确估算尚没有获得圆满解决，山岩压力不仅与岩石性质和洞室形状有关，而且还与初始应力场、衬砌或支护的刚度以及施工性质有关。以下介绍的山岩压力的计算公式和理论是在一定条件下简化得到的，应用时必须注意其特定的应用前提条件。

一般地，由于岩体隧洞内的变形作用于支护或衬砌上的压力称为变形压力，岩体因破坏而松动作用于支护或衬砌上的压力称为松动压力。以下简单介绍几种山岩压力的计算方法：

（1）压力拱理论

洞室开挖以后，围岩应力重新分布，洞室顶部往往会出现拉应力，如果拉应力超过了岩石的抗拉强度，则顶部岩石破坏而向下逐渐坍落。工程实践和模型试验的结果表明，这种坍落并不是没有止境的，当坍落进行到一定程度后，由岩块组成的上部围岩体可以处于新的平衡状态，称为自然平衡拱（压力拱）。而实际地下洞室的施工并不等待自然平衡拱形成后才浇筑衬砌，所以作用于衬砌上的垂直山岩压力就可以认为是压力拱与衬砌之间岩石的重量。这样正确决定压力拱的形状就成为计算山岩压力的关键。

对于压力拱形状的假设不同，计算出的山岩压力也不相同。通常采用普罗托奇耶可诺夫的压力拱理论，简称为普氏压力拱理论。该理论将洞室周围的岩石看作是没有黏聚力的散粒体，计算出洞室上方任何一点的垂直压力为：

$$q=(h-y)\gamma=\frac{\gamma b_2}{f_k}-\frac{\gamma x^2}{b_2 f_k} \qquad (10\text{-}4)$$

式中　b_2——压力拱跨度之半；

(x,y)——压力拱上任一点 M 的坐标，拱顶为坐标原点；

　　γ——岩石重度；

　　f_k——坚固性系数，因为普氏理论将围岩看作为散粒体，对于具有黏聚力的岩石，$f_k=c/\sigma+\tan\varphi$；对于砂土及其他松散材料，$f_k=\tan\varphi$；对于整体性岩石，可采用经验公式，$f_k=R_c/10$，R_c 是岩石的单轴抗压强度。

侧向山岩压力采用朗肯土压力公式计算，两侧的山岩压力呈梯形分布，梯形顶面高程处单位面积侧向压力为：

$$e_1=\gamma h\tan^2\left(45°-\frac{\varphi_k}{2}\right) \qquad (10\text{-}5)$$

洞底底面高程处的单位面积侧向压力为：

$$e_2=\gamma(h+h_0)\tan^2\left(45°-\frac{\varphi_k}{2}\right) \qquad (10\text{-}6)$$

式中　$\varphi_k=\arctan f_k$；h_0 为洞室高度；ψ_k 为等效内摩擦角。

侧向山岩压力就等于梯形的面积。

压力拱理论要求洞室上方的岩石能够形成自然平衡拱，因此要求洞室上方有足够厚度且相当稳定的岩体，对于洞室埋藏浅、围岩为粉砂或饱和软黏土等情况不能应用压力拱理论。

（2）弹塑性理论

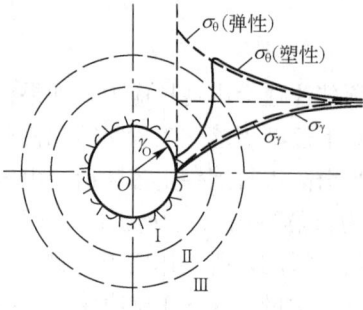

图 10-7　围岩内的弹塑性应力分布

以弹塑性理论为基础研究围岩的应力和稳定情况以及山岩压力。洞室开挖后，围岩中的应力重新分布，结果导致洞壁处的切向应力增加，而径向应力减小。当洞壁处的切向应力增大到一定数值时，洞壁岩石就进入塑性平衡状态，产生塑性变形，进而产生破坏。洞室周边破坏后，该处围岩的应力降低，岩体向洞内产生塑性松胀。这种塑性松胀的结果，使得原来洞壁附近岩石承受的应力的一部分转移给邻近的岩体，因而邻近的岩体也产生塑性变形，当应力足够大时，塑性变形的范围会向深部逐渐扩展。由于这种塑性变形的结果，在洞室周围形成一个圈，称为塑性松动圈。计算表明，靠近洞壁处切向应力大大减小，而在岩体深处出现了一个应力增高区，在应力增高区外，岩石仍处于弹性状态。总地说来，在洞室四周形成了一个半径为 R 的塑性松动区和松动区以外的天然应力区Ⅲ，而在塑性松动区内又分为应力降低区Ⅰ和应力升高区Ⅱ，见图 10-7。

洞室开挖后，随着塑性松动圈的扩展，对支护产生的压力用下式计算：

$$p_i = -c\cot\varphi + \left[c\cot\varphi + p_0 \left(1 - \sin\varphi \right) \right] \left(\frac{r_0}{R} \right)^{N_\varphi - 1} \tag{10-7}$$

$$p_a = -c\cot\varphi + c\cot\varphi \left(\frac{r_0}{R} \right)^{N_\varphi - 1} + \frac{\gamma r_0}{N_\varphi - 2} \left[1 - \left(\frac{r_0}{R} \right)^{N_\varphi - 2} \right] \tag{10-8}$$

式中　r_0——洞室半径；

　　　p_0——初始应力；

　　　R——塑性圈半径；

　　　N_φ——塑性指数，$N_\varphi = \dfrac{1 + \sin\varphi}{1 - \sin\varphi}$；

　c、φ——岩石的黏聚力和内摩擦角；

　　　γ——岩石重度。

式（10-7）称为芬纳公式，式（10-8）称为卡柯公式。两者都是根据应力平衡条件推导的，区别在于推导过程中芬纳公式未考虑岩石自重，而卡柯公式则考虑了岩石的自重作用。

（3）地质分析法

由于地质条件的复杂多变，有些情况无法应用现有的理论公式来进行计算，而可以采用地质分析法。其关键在于判明岩体中软弱结构面的发育特征和组合关系，确定分离体的形状和高度，然后分析滑动力和抗滑力之间的平衡关系，计算围压。图 10-8 和图 10-9 是两种特殊情况。

图 10-8 中洞顶围岩被断层、节理等切割成悬空体，这时作用于衬砌或支护上的压力就等于悬空体的重量，山岩压力就可以根据悬空体的重量来计算。图 10-9 中洞顶围岩被两条倾斜节理切割，但分离体还没有悬空。这时悬块 ABCD 有可能沿着一个弱面方向滑移，此时的山岩压力可以由下滑力与抗滑力的差值来计算：

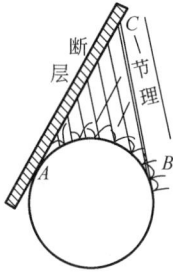

图 10-8　洞顶有悬
空体的洞室

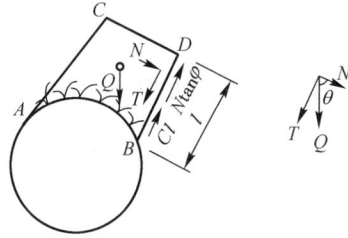

图 10-9　洞顶有结构面滑移的
山岩压力计算分析简图

$$P = T - (N\tan\varphi_j + c_j l) \tag{10-9}$$

式中　P——山岩压力（MN），方向与岩块滑移方向一致；

　　　T——岩块的重量 Q 在滑移面上产生的下滑力（MN），$T = Q\sin\theta$；

　　　N——岩块的重量 Q 在滑移面上产生的法向压力（MN），$N = Q\cos\theta$；

　　　φ_j——滑移面上的摩擦角（°）；

　　　c_j——滑移面上的黏聚力（MPa）；

　　　l——滑移面长度（m）；

　　　θ——断层、节理面或软弱面 BD 的倾角（°）。

10.2　围岩的变形和破坏形式

岩体的变形、破坏机制在不同性质类型的岩体中是不同的，因此工程设计和施工应当对不同的破坏形式进行讨论。表 10-2 列出了岩体常见的变形、破坏形式及其特征。

岩体的破坏形式　　　　　　　　　　　　　　　　　　表 10-2

序 号	变形机制	变形方式	变形特征	岩体结构条件
1	脆性破裂	岩爆 开裂	表现为地下开挖围岩岩爆，或岩柱劈裂	整体状及块状岩体，岩性坚硬

序 号	变形机制	变形方式	变形特征	岩体结构条件
2	块体运动	滑落 滑动 转动	表现为块体沿结构面拉开或滑动，向洞内位移，在拱顶一般为崩塌，在洞壁为滑动，在动载作用下可产生倒塌或抛掷	裂隙块状岩体，受贯穿结构面切割的块状岩体，层状岩体中显著的软弱结构面切割
3	弯曲折断	弯曲挤入 折断塌落	表现为岩层向临空面弯曲、折断并崩塌，在边墙上可表现为倾倒	层状岩体，薄层及软硬互层岩体
4	松动解脱	塌落 边墙垮坍	表现为崩塌或塌滑，岩石碎块体松动、解脱而散开	块状夹泥碎裂结构、镶嵌结构岩体
5	塑性变形	塑性挤入 剪切破坏 底鼓收缩	表现为围岩的塑性变形，洞体收缩，或局部挤出和剪切破坏	碎块碎裂结构及层状碎裂结构，松软结构

10.2.1　脆性破坏

整体状结构及块状结构岩体，在一般开挖条件下表现稳定，仅产生局部掉块，但在高应力地区，洞周应力集中可引起岩爆，属于脆性破坏，岩石成为碎片射出可发出破裂响声。产生这种破坏的岩体结构条件为坚硬整体或块状岩体，易变形的软弱结构面不发育，但有节理等短小的刚性接触的裂隙发育。在一定的应力状态下，裂隙扩展、沟通，达到不稳定延展，释放能量，这和坚硬岩石在单轴抗压试验中所显示的破裂响声及破坏碎片发射是相类似的。

10.2.2　块体运动

当块状或层状岩体受明显的少数软弱结构面切割，形成块体或数量有限的块体时，这种块体和围岩的联系很弱，在自重力和围岩应力的作用下有向临空面运动的趋势，逐渐形成块体运动的失稳方式。

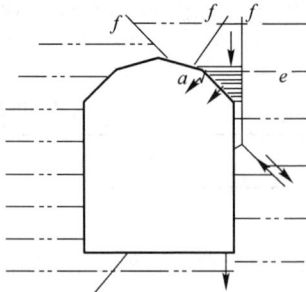

图 10-10　导流洞的块体失稳

块体运动包括块体塌落、滑动和转动、倾倒以及块体挤出等，块体挤出也属于滑动，但这是块体受围岩应力作用产生的运动。在许多情况下，当块体产生一定位移后，逐渐脱离与围岩的联系，而以自重力继续滑动或塌落。图 10-10 为一工程导流洞中拱脚块体塌落示意图。这里几条小断层与石英片岩的片理面组合形成了不稳定体。在隧道全长 683m 中，造成了三次塌方。在洞内衬砌和围岩间有较大空隙而未回填，或回填之前，块体的塌落可能产生动态冲击荷载，而使衬砌损坏。在爆破或其他冲击荷载作用下块体可产生抛掷运动。

10.2.3 弯曲折断破坏

弯曲折断破坏是层状，尤其是夹软弱夹层的互层岩体所特有的，但是在大型地下工程中受一组很发育的结构面所构成的似层状岩体也可产生类似的条块状的折断和倒塌。

层状岩体由于层间结合力差，易于滑动，层状岩体的抗弯能力不强，在洞顶的岩层受到力作用下沉弯曲，进而开裂、折断，形成塌落体。在侧向水平应力作用下，岩层弯曲变形也可产生对衬砌的压力。陡倾的层状岩体在边墙上则可能出现弯曲倾倒破坏或弯曲鼓出破坏。图 10-11 为一巷道工程，洞体围岩是泥盆系石英砂岩及板岩互层，产状平缓，洞形为城门洞形。开挖中拱脚以上塌落，形成超挖，成为平板顶，洞体变为梯形断面。当掌子面开挖向前推进 20m 后，顶部出现开裂，有两、三组纵向节理显著张开，并且局部渗水。

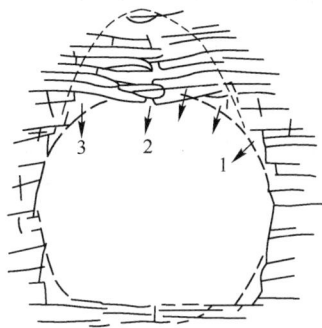

图 10-11 层状岩体变形
1—倒塌；2—弯折下沉；3—塌落

10.2.4 松动解脱

碎裂结构岩体基本上为碎块组合，在泥质软弱结构面含量较少的情况下有一定的承载压力的能力，但是在张力、单轴压力及振动力作用下容易松动，解脱成为碎块散开或脱落。一般在洞顶呈现崩塌，而在边墙则为碎块滑塌、坍塌。比如在有些压碎岩带，虽然岩石很破碎，但是挤压很紧，而且有的胶结良好，无泥质物充填，施工起来很是顺利，有些节理密集带，岩石被切割成条块状，互相压紧咬合，也不易塌方。如果节理裂隙间有较多泥质充填，裂隙张开，岩石松动，则塌方的可能性就比较大，尤其是在地下水及震动力作用下较易失稳。

10.2.5 塑性变形和剪切破坏

松散结构岩体或碎裂结构岩体中含软弱结构面较多的情况下，在开挖临空及围岩应力作用下产生塑性变形及剪切破坏，往往表现为塌方、边墙挤入洞内、底鼓以及洞体收缩等。变形的时间效应比较突出，衬砌受压开裂往往延长很久。有些含蒙脱石或硬石膏等的膨胀岩体或软弱结构面，遇水膨胀，并向洞

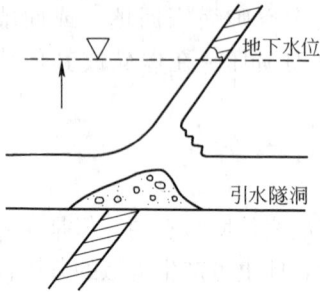

内挤入，膨胀破坏时也具有塑性变形和破坏的类似特点，产生边墙及洞底的鼓起，衬砌受力开裂。图 10-12 为隧道断层的塌方，其塌方高度和地下水位有密切关系，主要是因为断层带充填大量蒙脱石矿物，遇水膨胀破坏而失稳。据试验室测定，该地区火山岩断层的膨胀压力达到了 7kg/cm²。

岩石的变形破坏机制有时往往相互联系，难以绝对分开，但是不同机制的变形、破坏毕竟具有不同的特征，应采取不同的评价分析方法及处理对策。比如松软及碎裂岩体要注意其泥质物含量，主要评价其塑性变形及整体抗剪强度；对层状岩体，则应抓住层面特征、产状、层厚等，因为岩层弯曲变形是它的特殊现象；对于块状岩体，一般就是抓不稳结构体，在这里块体崩塌或滑动是主要的问题。

图 10-12　断层膨胀物质塌方

10.3　围　岩　分　类

地下洞室的修建会遇到各种各样的地质条件，如从松软的土层到坚硬的岩层，从较完整的岩体到破碎的断裂构造带，从含水量较少的岩层到涌水量很大的岩溶地段等等。对于这些不同的地质条件，将会有不同的稳定状态，比如在坚硬完整且不易风化的岩体中开挖洞室，由于岩体强度高，稳定性好，开挖后不需要支护就会稳定。相反在破碎或松软的围岩中开挖隧道，暴露出来的围岩就很不稳定，这时就需要立即支护以保持洞室稳定。我们可以把洞室围岩按其地质条件分为若干类，即把稳定性相似的一些围岩划为一类，这种划分就是围岩分类。由此可以看出围岩分类是进行工程设计和施工的依据。

目前国内外已提出的围岩分类方案多达数十种，总的可以分为两大类：一是以围岩强度的单一指标作为分类依据；二是综合多个指标作为分类的依据。以下列出一些分类标准，在实际勘察工作中可根据具体的工程地质条件和设计所采用的规范等条件选用。

10.3.1　围岩分级

《锚杆喷射混凝土支护技术规范》GB 50086—2001 根据岩石坚硬性、岩体完整性、结构面特征、地下水和地应力状况等，将围岩分为五类，同时给出了毛洞稳定情况（表 10-3）。

围岩分级 表 10-3

围岩类别	主要工程地质特性							毛洞稳定情况
	岩体结构	构造影响程度，结构面发育情况和组合状态	岩石强度指标		岩体声波指标		岩体强度应力比	
			单轴饱和抗压强度（MPa）	点荷载强度（MPa）	岩体纵波速度（km/s）	岩体完整性指标		
Ⅰ	整体状及层间结合良好的厚层状结构	构造影响轻微，偶有小断层。结构面不发育，仅有2～3组，平均间距大于0.8m，以原生和构造节理为主，多数闭合，无泥质充填，不贯通，层间结合良好，一般不出现不稳定块体	＞60	＞2.5	＞5	＞0.75	—	毛洞跨度5～10m时，长期稳定，无碎块掉落
Ⅱ	同Ⅰ类围岩结构	同Ⅰ类围岩特征	30～60	1.25～2.5	3.7～5.2	＞0.75	—	毛洞跨度5～10m时，围岩能较长时间（数月至数年）维持稳定，仅出现局部小块掉落
	块状结构及层间结合较好的中厚层或厚层状结构	构造影响严重，有少量断层。结构面发育，一般为3组，平均间距0.4～0.8m，以原生和构造节理为主，多数闭合，偶有泥质充填，贯通性较差，有少量软弱结构面。层间结合较好，偶有层间错动和层面张开现象	＞60	＞2.5	3.7～5.2	＞0.5	—	
Ⅲ	同Ⅰ类围岩结构	同Ⅰ类围岩特征	20～30	0.85～1.25	3.0～4.5	＞0.75	＞2	毛洞跨度5～10m时，围岩能维持1个月以上的稳定，主要出现局部掉块、塌落
	同Ⅱ类围岩块状结构和层间结合较好的中厚层或厚层状结构	同Ⅱ类围岩块状结构及层间结合较好的中厚层或厚层状结构特征	30～60	1.25～2.5	3.0～4.5	0.5～0.75	＞2	
	层间结合良好的薄层和软硬岩互层结构	构造影响严重。结构面发育，一般为3组，平均间距0.2～0.4m，以构造节理为主，节理面多数闭合，少有泥质充填，岩层为薄层或以硬岩为主的软硬岩互层，层间结合良好，少见软弱夹层、层间错动和层面张开现象	＞60（软岩，＞20）	＞2.5	3.0～4.5	0.3～0.5	＞2	

续表

围岩类别	主要工程地质特性							毛洞稳定情况
	岩体结构	构造影响程度，结构面发育情况和组合状态	岩石强度指标		岩体声波指标		岩体强度应力比	
			单轴饱和抗压强度 (MPa)	点荷载强度 (MPa)	岩体纵波速度 (km/s)	岩体完整性指标		
Ⅲ	碎裂镶嵌结构	构造影响严重。结构面发育，一般为3组以上，以构造节理为主，节理面多数闭合，少量有泥质充填，块体间牢固咬合	>60	>2.5	3.0~4.5	0.3~0.5	>2	毛洞跨度5~10m时，围岩能维持1个月以上的稳定，主要出现局部掉块、塌落
Ⅳ	同Ⅱ类围岩块状结构和层间结合较好的中厚层或厚层状结构	同Ⅱ类围岩块状结构及层间结合较好的中厚层或厚层状结构特征	10~30	0.42~1.25	2.0~3.5	0.5~0.75	>1	毛洞跨度5m时，围岩能维持数日到1月的稳定，主要失稳形式为冒落、片帮
	散块状结构	构造影响严重。一般为风化卸荷带。结构面发育，一般为3组，平均间距0.4~0.8m，以构造节理、卸荷、风化裂隙为主，贯通性好，多数张开、夹泥，夹泥厚度一般大于结构面的起伏高度，咬合力弱，构成较多不稳定块体	>30	>1.25	>2.0	>0.15	>1	
	层间结合不良的薄层、中厚层和软硬岩互层结构	构造影响严重。结构面发育，一般为3组以上，平均间距0.2~0.4m，以构造、风化节理为主，大部分微张（0.5~1.0mm），部分张开（>1.0mm），有泥质充填，层间结合不良，多数夹泥，层间错动明显	>30（软岩，>10）	>1.25	2.0~3.5	0.2~0.4	>1	
	碎裂状结构	构造影响严重，多数为断层影响带或强风化带。结构带发育，一般为3组以上，平均间距0.2~0.4m，大部分微张（0.5~1.0mm），部分张开（>1.0mm），有泥质充填，形成许多碎块体	>30	>1.25	2.0~3.5	0.2~0.4	>1	

续表

围岩类别	主要工程地质特性							毛洞稳定情况
	岩体结构	构造影响程度，结构面发育情况和组合状态	岩石强度指标		岩体声波指标		岩体强度应力比	
			单轴饱和抗压强度（MPa）	点荷载强度（MPa）	岩体纵波速度（km/s）	岩体完整性指标		
V	散体状结构	构造影响严重，多数为破碎带、全强风化带、破碎带交汇部位。构造及风化节理密集，节理面及其组合杂乱，形成大量碎块体。块体间多数为泥质充填，甚至呈石夹土状或土夹石状	—	—	<2.0	—	—	毛洞跨度5m时，围岩稳定时间很短，约数小时至数日

注：1. 围岩按定性分级与定量指标分级有差别时，一般应以低者为准；

2. 本表声波指标以孔测法测试值为准，如果用其他方法测试时，可通过对比试验，进行换算；

3. 层状岩体按单层厚度划分为：厚层，大于 0.5m，中厚层 0.1～0.5m，薄层小于 0.1m；

4. 一般条件下确定围岩类别时，应以岩石单轴湿饱和抗压强度为准；当洞跨小于 5m，服务年限小于 10 年的工程，确定围岩级别时，可采用点荷载强度指标代替岩块单轴饱和抗压强度指标，可不做岩体声波指标测试；

5. 测定岩石强度，做单轴抗压强度后，可不做点荷载强度；

6. 岩体完整性指标为岩体完整性系数 K_v，按下式计算：

$$K_v = \left(\frac{v_{pm}}{v_{pr}}\right)^2 \tag{10-10}$$

式中　v_{pm}——隧洞岩体纵波速度（km/s）；

　　　v_{pr}——隧洞岩石（岩块）纵波速度（km/s），当无条件进行声波实测时，也可用岩体体积节理数 J_v，按表 10-4 确定：

J_v 与 K_v 对照表　　　　　　　　　　　　表 10-4

J_v（条/m³）	<3	3～10	10～20	20～35	≥35
K_v	>0.75	0.75～0.55	0.55～0.35	0.35～0.15	≤0.15

7. 岩体强度应力比按下式计算：

$$S_m = \frac{k_v \cdot \sigma_{ow}}{\sigma_1} \tag{10-11}$$

式中，σ_{ow} 为岩石单轴饱和抗压强度（kN/m²）；σ_1 为垂直洞轴线平面的较大主应力，无地应力实测数据时，$\sigma_1 = \rho g H$（kN/m²）[ρ 为岩体密度（kg/m³）；g 为重力加速度（m/s²）；H 为覆盖层厚度（m）]；

8. 对Ⅲ、Ⅳ类围岩，当地下水较发育时，应根据地下水类型、水量大小、软弱结构面多少及其危害程度，适当降级；

9. 对Ⅱ、Ⅲ、Ⅳ级围岩，当洞轴线与主要断层或软弱夹层的夹角小于 30°时，应降一级。

10.3.2 岩体分级

《工程岩体分级标准》GB 50218—2014 采用定性与定量相结合的方法,分两步确定岩体级别,先确定岩体基本质量,再结合具体工程特点确定岩体级别。

(1) 定性分析

定性分析中岩体的基本质量指标由岩石坚硬程度和岩体完整性两个因素来确定。

1) 岩石的坚硬程度,按表 10-5 进行划分。

2) 完整性,按表 10-7 进行划分。

岩石坚硬程度的定性划分　　　　　　　　　　　　　　　　　表 10-5

<table>
<tr><th colspan="2">坚硬程度</th><th>定性鉴定</th><th>代表性岩石</th></tr>
<tr><td rowspan="2">硬质岩</td><td>坚硬岩</td><td>锤击声清脆,有回弹,振手,难击碎;
浸水后,大多无吸水反应</td><td>未风化—微风化的:
花岗岩、正长岩、闪长岩、辉绿岩、玄武岩、安山岩、片麻岩、硅质板岩、石英岩、硅质胶结的砾岩、石英砂岩、硅质石灰岩等</td></tr>
<tr><td>较坚硬岩</td><td>锤击声较清脆,有轻微回弹,稍振手,较难击碎;
浸水后,有轻微吸水反应</td><td>1. 中等(弱)风化的坚硬岩;
2. 未风化—微风化的:
熔结凝灰岩、大理岩、板岩、白云岩、石灰岩、钙质砂岩、粗晶大理岩等</td></tr>
<tr><td rowspan="3">软质岩</td><td>较软岩</td><td>锤击声不清脆,无回弹,较易击碎;
浸水后,指甲可刻出印痕</td><td>1. 强风化的坚硬岩;
2. 中等(弱)风化的较坚硬岩;
3. 未风化—微风化的:
凝灰岩、千枚岩、砂质泥岩、泥灰岩、泥质砂岩、粉砂岩、砂质页岩等</td></tr>
<tr><td>软岩</td><td>锤击声哑,无回弹,有凹痕,易击碎;
浸水后,手可掰开</td><td>1. 强风化的坚硬岩;
2. 中等(弱)风化—强风化的较坚硬岩;
3. 中等(弱)风化的较软岩;
4. 未风化的泥岩、泥质页岩、绿泥石片岩、绢云母片岩等</td></tr>
<tr><td>极软岩</td><td>锤击声哑,无回弹,有较深凹痕,手可捏碎;
浸水后,可捏成团</td><td>1. 全风化的各种岩石;
2. 强风化的软岩;
3. 各种半成岩</td></tr>
</table>

注:表中的风化程度按表 10-6 确定。

岩石风化程度的划分   表 10-6

风化程度	风 化 特 征
未风化	岩石结构构造未变，岩质新鲜
微风化	岩石结构构造、矿物成分和色泽基本未变，部分裂隙面有铁锰质渲染或略有变色
中等（弱）风化	岩石结构构造部分破坏，矿物成分和色泽较明显变化，裂隙面风化较剧烈
强风化	岩石结构构造大部分破坏，矿物成分和色泽明显变化，长石、云母和铁镁矿物已风化蚀变
全风化	岩石结构构造完全破坏，已崩解和分解成松散土状或砂状，矿物全部变色，光泽消失，除石英颗粒外的矿物大部分风化蚀变为次生矿物

岩体完整程度的定性划分   表 10-7

完整程度	结构面发育程度		主要结构面的结合程度	主要结构面类型	相应结构类型
	组数	平均间距（m）			
完整	1~2	>1.0	结合好或结合一般	节理、裂隙、层面	整体状或巨厚层状结构
较完整	1~2	>1.0	结合差	节理、裂隙、层面	块状或厚层状结构
	2~3	1.0~0.4	结合好或结合一般		块状结构
较破碎	2~3	1.0~0.4	结合差	节理、裂隙、劈理、层面、小断层	裂隙块状或中厚层状结构
	≥3	0.4~0.2	结合好		镶嵌碎裂结构
			结合一般		薄层状结构
破碎	≥3	0.4~0.2	结合差	各种类型结构面	裂隙块状结构
		≤0.2	结合一般或结合差		碎裂结构
极破碎	无序		结合很差		散体状结构

注：平均间距指主要结构面（1~2 组）间距的平均值。

表 10-7 中结构面的结合程度，可以根据结构面的特征，按表 10-8 确定。

结构面结合程度的划分   表 10-8

名 称	结 构 面 特 征
结合好	张开度小于 1mm，为硅质、铁质或钙质胶结，或结构面粗糙，无充填物； 张开度 1~3mm，为硅质或铁质胶结； 张开度大于 3mm，结构面粗糙，为硅质胶结
结合一般	张开每小于 1mm，结构面平直，钙泥质胶结或无充填物； 张开度 1~3mm，为钙质胶结； 张开度大于 3mm，结构面粗糙，为铁质或钙质胶结

续表

名　称	结　构　面　特　征
结合差	张开度 1~3mm，结构面平直，为泥质胶结或钙泥质胶结； 张开度大于 3mm，多为泥质或岩屑充填
结合很差	泥质充填或泥夹岩屑充填，充填物厚度大于起伏差

（2）定量指标及两者的对应关系

1）岩石坚硬程度的定量指标，采用岩石单轴饱和抗压强度 R_c，与定性划分的岩石坚硬程度存在表 10-9 所示的对应关系。

R_c 与定性划分的岩石坚硬程度的对应关系　　　　　表 10-9

R_c（MPa）	>60	60~30	30~15	15~5	≤5
坚硬程度	硬质岩		软质岩		
	坚硬岩	较坚硬岩	较软岩	软岩	极软岩

也可用实测的岩石点荷载强度指数 $I_{s(50)}$ 的换算值，用下式进行换算：

$$R_c = 22.82 I_{s(50)}^{0.75} \tag{10-12}$$

2）岩体完整性程度的定量指标，采用岩体完整性指数 K_v，与定性划分的岩体完整性程度间存在表 10-10 所示的对应关系。

K_v 与定性划分的岩体完整性程度的对应关系　　　　　表 10-10

K_v	>0.75	0.75~0.55	0.55~0.35	0.35~0.15	≤0.15
完整程度	完整	较完整	较破碎	破碎	极破碎

当无条件实测完整性指数 K_v 时，也可用岩体体积节理数 J_v，两者的对应关系可参考表 10-4。

（3）确定基本质量等级

岩体基本质量等级 BQ，用下式表示：

$$BQ = 100 + 3R_c + 250K_v \tag{10-13}$$

应用式（10-13）时，当 $R_c > 90K_v + 30$ 时，应以 $R_c = 90K_v + 30$ 和 K_v 代入计算 BQ 值；当 $K_v > 0.04R_c + 0.4$ 时，应以 $K_v = 0.04R_c + 0.4$ 和 R_c 代入计算 BQ 值。

根据岩体基本质量的定性特性和岩体基本质量指标 BQ 相结合，根据表 10-11 确定岩体基本质量分级。

岩体基本质量分级　　　　　表 10-11

基本质量等级	岩体基本质量的定性特征	岩体基本质量指标（BQ）
Ⅰ	坚硬岩，岩体完整	>550
Ⅱ	坚硬岩，岩体较完整； 较坚硬岩，岩体完整	550~451

续表

基本质量等级	岩体基本质量的定性特征	岩体基本质量指标（BQ）
Ⅲ	坚硬岩，岩体较破碎； 较坚硬岩，岩体较完整； 较软岩，岩体完整	450～351
Ⅳ	坚硬岩，岩体破碎； 较坚硬岩，岩体较破碎—破碎； 较软岩，岩体较完整—较破碎； 软岩，岩体完整—较完整	350～251
Ⅴ	较软岩，岩体破碎； 较岩，岩体较破碎—破碎； 全部极软岩及全部极破碎岩	≤250

（4）修正

当存在地下水、围岩处于高初始应力状态及岩体稳定性受软弱结构面影响且由一组起控制作用时，岩体基本质量指标按下式进行修正：

$$[BQ] = BQ - 100(K_1 + K_2 + K_3) \tag{10-14}$$

式中　$[BQ]$——岩体基本质量指标修正值；

　　　　BQ——岩体基本质量指标；

　　　　K_1——地下水影响修正系数；

　　　　K_2——主要软弱结构面产状影响修正系数；

　　　　K_3——初始应力状态影响修正系数。

修正系数 K_1、K_2、K_3 的值可分别按照表 10-12、表 10-13、表 10-14 确定，如果没有表中所列情况，则修正系数取零。

地下水影响修正系数 K_1　　　　　　　　　　　　　表 10-12

地下水出水状态	BQ				
	＞550	550～451	450～351	350～251	≤250
潮湿或点滴状出水 $p≤0.1$ 或 $Q≤25$	0	0	0～0.1	0.2～0.3	0.4～0.6
淋雨状或线流状出水 $0.1＜p≤0.5$ 或 $25＜Q≤125$	0～0.1	0.1～0.2	0.2～0.3	0.4～0.6	0.7～0.9
涌流状出水 $p＞0.5$ 或 $Q＞125$	0.1～0.2	0.2～0.3	0.4～0.6	0.7～0.9	1.0

注：1. p 为地下工程围岩裂隙水压（MPa）；

　　2. Q 为每 10m 洞长出水量[L/(min·10m)]。

主要软弱结构面产状影响修正系数 K_2　　　　表 10-13

结构面产状及其与洞轴线的组合关系	结构面走向与洞轴线夹角<30° 结构面倾角 30°～75°	结构面走向与洞轴线夹角>60° 结构面倾角>75°	其他组合
K_2	0.4～0.6	0～0.2	0.2～0.4

初始应力状态影响修正系数 K_3　　　　表 10-14

围岩强度应力比 $\left(\dfrac{R_c}{\sigma_{max}}\right)$	BQ				
	>550	550～451	450～351	350～251	≤250
<4	1.0	1.0	1.0～1.5	1.0～1.5	1.0
4～7	0.5	0.5	0.5	0.5～1.0	0.5～1.0

应用修正后的岩体基本质量指标按表 10-11 进行评定,确定岩体级别。

确定了岩体级别后,各级岩体的物理力学参数和围岩自稳能力按表 10-15 和表 10-16 进行评价。

岩体物理力学参数　　　　表 10-15

岩体基本质量级别	重力密度 γ（kN/m³）	抗剪断峰值强度		变形模量 E（GPa）	泊松比 ν
		内摩擦角 φ（°）	黏聚力 c（MPa）		
I	>26.5	>60	>2.1	>33	<0.20
II		60～50	2.1～1.5	33～16	0.20～0.25
III	26.5～24.5	50～39	1.5～0.7	16～6	0.25～0.30
IV	24.5～22.5	39～27	0.7～0.2	6～1.3	0.30～0.35
V	<22.5	<27	<0.2	<1.3	>0.35

地下工程岩体自稳能力　　　　表 10-16

岩体类别	自　稳　能　力
I	跨度≤20m,可长期稳定,偶有断块,无塌方
II	跨度 10～20m,可基本稳定,局部可发生掉块或小塌方; 跨度<10m,可长期稳定,偶有掉块
III	跨度 10～20m,可稳定数日至 1 月,可发生小—中塌方; 跨度 5～10m,可稳定数月,可发生局部块体位移及小—中塌方; 跨度<5m,可基本稳定

续表

岩体类别	自　稳　能　力
IV	跨度>5m，一般无自稳能力，数日至数月内可发生松动变形、小塌方，进而发展为中—大塌方。埋深小时，以拱部松动破坏为主，埋深大时，有明显塑性流动变形的挤压破坏； 跨度≤5m，可稳定数日至1月
V	无自稳能力

注：1. 小塌方：塌方高度小于3m或塌方体积小于30m³；
　　2. 中塌方：塌方高度3～6m或塌方体积30～100m³；
　　3. 大塌方：塌方高度大于6m或塌方体积大于100m³。

10.3.3 RMR 分类

由比尼奥斯基（Z.T.Bieniawski）根据南非矿山开采经验提出的通过对岩体质量进行评分，来对岩体工程分类，分为两步：

第一步，根据表 10-17 按照完整岩石强度、RQD 值、节理的间距、状态以及地下水状况 5 个方面内容逐一鉴定，给出评分，然后将 5 个单项因素的分数累加起来得到 RMR 初值。

RMR 岩体工程分类参数及评分标准　　　　　表 10-17

1	完整岩石强度（MPa）	点荷载强度	>10	4～10	2～4	1～2	<1		
		单轴抗压强度	>250	100～250	50～100	25～50	5～25	1～5	<1
	评分		15	12	7	4	2	1	0
2	RQD（%）		90～100	75～90	50～75	25～50	<25		
	评分		20	17	13	8	3		
3	节理间距（cm）		>200	60～200	20～60	6～20	<6		
	评分		20	15	10	8	5		
4	节理状态		节理面很粗糙，闭合，两壁岩石新鲜	节理面稍粗糙，张开宽度<1mm，两壁岩石轻度风化	节理面稍粗糙，张开宽度<1mm，两壁岩石高度风化	节理连通，夹泥厚度<5mm，或张开宽度为1～5mm	节理连通，夹泥厚度>5mm，或张开宽度>5mm		
	评分		30	25	20	10	0		
5	围岩含水性	洞室每10m长段涌水量（L/min）	0.0	0.0～0.1	0.1～0.2	0.2～0.5	>0.5		
		洞室干燥程度	干燥	稍潮湿	潮湿	滴水	涌水		
	评分		15	10	7	4	0		

表 10-17 中 RQD 值为岩石质量指标，是由修正的岩芯采取率决定的。

第二步，修正：根据节理裂隙的产状，按表 10-18 对 RMR 值进行修正。

RMR 修正评分值　　　　　　　　　　　表 10-18

节理产状对洞室工程影响	节理走向垂直于洞室轴线				节理走向平行于洞室轴线		当节理倾角为 $0°\sim20°$ 时，不考虑节理走向与洞室轴线关系
	顺节理倾向开挖		逆节理倾向开挖				
	节理倾角						
	$45°\sim90°$	$20°\sim45°$	$45°\sim90°$	$20°\sim45°$	$45°\sim90°$	$20°\sim45°$	
	最有利	有利	尚可	不利	最不利	尚可	不利
修正评分值	0	-2	-5	-10	-12	-5	-10

经过修正后的岩体总评分就是岩体质量综合评判标准，根据这个值将岩体分为 5 类（表 10-19）。

RMR 岩体工程分类　表 10-19

岩体等级	岩体质量	RMR
Ⅰ	最好	$81\sim100$
Ⅱ	好	$61\sim80$
Ⅲ	较好	$41\sim60$
Ⅳ	差	$21\sim40$
Ⅴ	最差	<20

10.3.4　Q 分类

由挪威学者 Barton 等于 1974 年提出的 Q 值评分方法，主要考虑了岩石质量指标（RQD）、节理组数目（J_n）、节理粗糙度数值（J_r）、节理蚀化系数（J_a）、节理含水折减系数（J_w）以及应力折减系数（SRF）6 个参数，由下式确定岩体质量 Q：

$$Q=\left(\frac{RQD}{J_n}\right)\left(\frac{J_r}{J_a}\right)\left(\frac{J_w}{SRF}\right) \tag{10-15}$$

其中各个参数的取值可参看有关书籍。岩体质量 Q 的变化范围从 $0.001\sim1000$，相当于从严重破碎的糜棱岩化岩体到完整坚硬的岩体，根据 Q 值将岩体质量分为 9 类（表 10-20）。

岩体质量分类　　　　　　　　　　　　　表 10-20

岩体质量	特别好	极好	良好	好	中等	不良	坏	极坏	特别坏
Q	$400\sim1000$	$100\sim400$	$40\sim100$	$10\sim40$	$4\sim10$	$1\sim4$	$0.1\sim1.0$	$0.01\sim0.1$	$0.001\sim0.01$

根据求得的 Q 值以及地下开挖的类型、洞室形状和尺寸，便可查找有关图表，确定洞室支护设计的有关参数。

10.3.5　RSR 分类

由 G. E. Wickham 提出，由地质构造、节理特征及地下水 3 个参数构成，用下式表示：

$$RSR = A + B + C \tag{10-16}$$

式中各个参数按表 10-21 取值。

参数 *A*、*B*、*C* 取值 表 10-21

参数 *A*—地质	岩石类型					地质构造			
		硬质	中等	软质	破碎	整体的	轻微断裂或褶皱	中等断裂或褶皱	强烈断裂或褶皱
	火成岩	1	2	3	4	30	22	15	9
	变质岩	1	2	3	4	27	20	13	8
	沉积岩	2	3	4	4	24	18	12	7
						19	15	10	6

参数 *B*—地质	节理状态	走向垂直轴向					走向平行轴向		
		掘进方向							
		两个方向	顺沿倾角		对着倾角		两个方向		
		控制节理倾角							
		平缓	倾斜	陡倾	倾斜	陡倾	平缓	倾斜	陡倾
	极密集节理	9	11	13	10	12	9	9	7
	密集节理	13	16	19	15	17	14	14	11
	中等节理	23	24	28	19	22	23	23	19
	中等→块体	30	32	36	25	28	30	28	24
	块状→整体	36	38	40	33	35	36	34	28
	整　体	40	43	45	37	40	40	38	34

参数 *C*—地质	预计涌水量（加仑/分/千英尺）	参数"*A*+*B*"合计值					
		13~44			44~75		
		节理状态					
		好	一般	差	好	一般	差
	无	22	18	12	25	22	18
	少量（<200）	19	15	9	23	19	14
	中等（200~1000）	15	11	7	21	16	12
	大量（>1000）	10	8	6	18	14	10

根据这一评价岩体 *RSR* 的变化范围为 25~100。

10.4　地下洞室稳定性评价

围岩发生超过允许范围的变形、发生局部性的破坏或整体性的破坏，称之为围岩的失稳。对于围岩稳定性除去根据地质条件，进行围岩分类，从定性上对围岩的稳定性作出评价外，应尽可能根据围岩的应力状态、岩体的性质、岩体结构的类型、结构面尤其是软弱结构面在洞内围岩中的具体部位，以及有关参数，对围岩的稳定性进行分析，作出定量的评价，作为隧道设计施工的依据。下面介绍几种定量的评价方法：

10.4.1　强度应力比方法

强度应力比方法就是采用弹性理论的分析，通过重点考察洞室围岩周边关键点上的应力和围岩强度的比值，来评价洞室围岩稳定性的方法。当围岩周边上该关键点的应力小于岩体的强度时，围岩在该点不致发生破坏，因而围岩是稳定的；当该关键点的应力超过岩体的强度时，则围岩将在该点发生破坏，因而认为围岩是不稳定的。这种方法主要用来评价裂隙不发育的、较为完整的围岩。

切向压力受压、受拉的最大值均发生在洞室周边的不同部位上，而洞室周边的径向应力 σ_r 又等于零，因而可采用围岩岩体强度 R 与周边切向应力 σ_t 的比值 R/σ_t 来评价洞室围岩的稳定性。

（1）圆形洞室

洞室周边关键点的切向应力 σ_t 可以由下式变换得到：

$$\sigma_t = \sigma_v \left[(1+K_v) + 2 (1-K_v) \cos2\theta \right] \tag{10-17}$$

式中　σ_v——岩体中垂直方向的初始应力；

　　　θ——关键点的极坐标角（从右边墙中心逆时针计算）；

　　K_v——静止侧压力系数。

（2）非圆形洞室

各关键点（洞室顶点 A 和边墙中点 B）切向应力用下式表示：

$$\left. \begin{array}{l} \text{顶点} A \quad \sigma_t = \sigma_v (\alpha \cdot K_v - 1) \\ \text{边墙中点} B \quad \sigma_t = \sigma_v (\beta - K_v) \end{array} \right\} \tag{10-18}$$

式中系数 α 及 β 按表 10-22 取值。

系数 α、β 取值表　　　　　　　　　　表 10-22

形状									
α	5.0	4.0	3.9	3.2	3.1	3.0	2.0	1.9	1.8
β	2.0	1.5	1.8	2.3	2.7	3.0	5.0	1.9	3.9

用围岩岩体强度与求得的切向应力相比较，便可以判断洞室周边各个关键点是否会发生破坏，从而评定围岩的稳定性。但是在实际工作中，围岩中的应力值以及岩体的强度都要受到多种因素的影响，变化较大，因此在评定围岩的稳定性时，需考虑较大的安全系数。

10.4.2　块体平衡理论

对于在洞室围岩中被结构面切割形成的块体，由于洞室开挖，有可能产生滑移或坠落的变形破坏，这类块体在洞室围岩中的稳定性可以在对结构面的特征研究的基础上，采用块体平衡理论来进行分析。

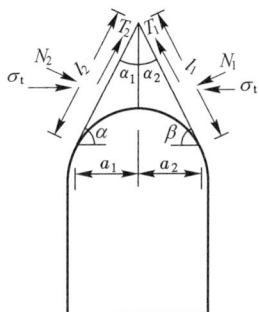

图 10-13　拱顶块体稳定分析　　　　　　　图 10-14　边墙块体稳定分析

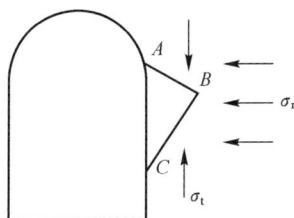

图 10-13 显示了洞顶由平行于洞室轴向的两个结构面的切割，形成了可能失稳的人字形块体，其稳定性可由下式来衡量：

$$K = \frac{\left[(T_1 + N_1 \tan\phi_{j1} + c_{j1}l_1) \cos\alpha_1 + (T_2 + N_2 \tan\phi_{j2} + c_{j2}l_2) \cos\alpha_2 \right]}{W}$$

$$(10\text{-}19)$$

式中　W——可能失稳的块体的重量。

对于边墙上的块体，如图 10-14 所示。显然 AB 为切割面，BC 为滑动面。当岩体稍一滑动块体在 AB 面便从岩体脱落，因而作用在该块体上的围岩重分布应力（σ_t、σ_r）便因此而释放，因此在块体分析中可不予考虑。α 为滑动面 BC 的倾角，由此块体的稳定性由下式计算：

$$K = \frac{W\cos\alpha \cdot \tan\phi_j + c_j l}{W\sin\alpha}$$

$$(10\text{-}20)$$

10.4.3　水平层状围岩的稳定性

靠近洞室顶部的水平层状岩体，有脱离围岩主体而形成独立梁的趋势，如果存在水平应力，并且梁跨高比相当大，那么这种梁是稳定的。但是一般情况下，洞室顶部的层状岩体有可能塌落下来。图 10-15 显示了一个位于洞室顶部的水平层状岩体的塌落过程。首先洞室顶部的水平层状岩体与其之上的岩体脱开而向下弯曲，并在其两端上表面及中部下表面形成张性裂隙，其中位于端部的张性裂缝首先形成，端部倾斜的应力轨迹线导致张性裂缝在对角线方向上逐步展开，最后造成位于洞室顶部的水平层状岩体塌落。这种水平状岩体坍落后留下一对悬臂梁，可能成为其上水平层状岩体（梁）的基座。因此随着水平层状岩体坍落作用由洞壁开始向洞顶之上围岩内部逐层发生，洞室之上水平层状岩体梁的跨度将逐渐减小。这些水平状岩体梁的连续破坏与坍落，最后形成一个稳定的梯形洞室，这也是在水平层状岩体中修建梯形洞室的原因。

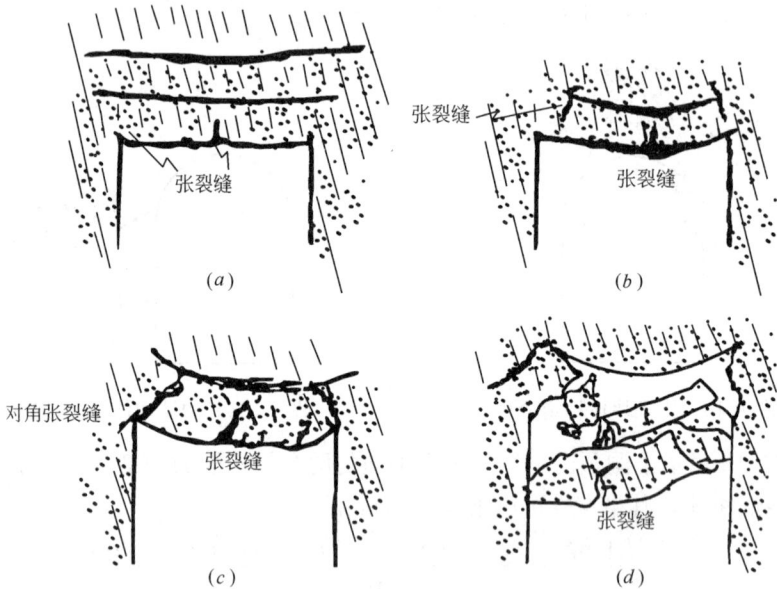

图 10-15　位于洞室顶壁水平薄层状岩体逐步塌落过程示意图

位于洞室顶部之上的水平层状岩体可以看作为两端固定的水平梁，梁的最大拉应力 σ_{max} 出现于两端的顶面处，用下式表示：

$$\sigma_{max} = \frac{\gamma L^2}{2t} \tag{10-21}$$

式中　L——梁长度（洞室跨度）；

　　　t——梁厚度（高度）；

　　　γ——岩体重度。

若水平层状岩体两端受到水平地应力 σ_h 作用，则梁上拉应力可以降低。此时最大拉应力 σ_{max} 可用下式表示：

$$\sigma_{max} = \frac{\gamma L^2}{2t} - \sigma_h \tag{10-22}$$

为安全起见，可以假定 σ_h 为零，则由式（10-21）计算出的最大拉应力 σ_{max}

若小于岩体抗拉强度极限,那么是安全的,否则洞室便会失稳,必须采取一定的结构加固措施。

10.4.4 图解法

如图 10-16 在倾斜的层状结构中开挖一圆形隧洞,根据结构面上作用力与结构面交角的大小和结构面间摩擦角间的关系,可以对隧洞围岩在周边的稳定性作出判断。

设围岩周边的切向应力 σ_t 与结构面法线的夹角为 α,结构面间的摩擦角为 ϕ_j,从安全考虑假定结构面的黏聚力 $c_j = 0$,因而可以判断:当 $\alpha > \phi_j$ 时,结构面间发生滑动;$\alpha = \phi_j$ 结构面处于极限平衡状态;$\alpha < \phi_j$ 结构面处于稳定状态。

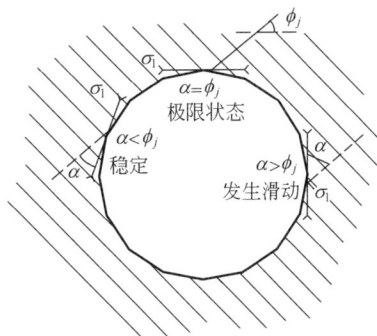

图 10-16 洞室周边围岩体沿结构面滑移稳定分析

10.4.5 数值解法

地下洞室分析常用的数值方法有有限单元法、边界元法、离散元法和块体理论等,其中有限元是应用较早且比较广泛的一种方法。由于大多地下洞室在轴线方向尺寸远大于断面尺寸,因此常按平面应变问题进行计算,下面以平面有限元为主按分析步骤进行简单讨论:

（1）确定计算范围

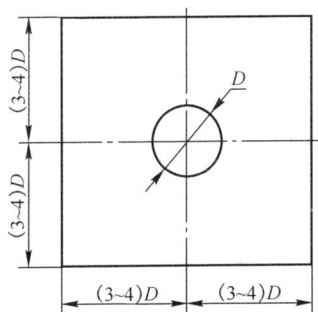

图 10-17 计算范围的确定

大多数地下工程都涉及无限域或半无限域,而有限元法处理通常是在有限区域离散化,为了使这种方法不致产生较大误差,离散区必须有足够的范围,并使区域外边界条件尽可能接近实际状态。理论分析表明,在均质弹性半无限域中开挖的圆形洞室,由于荷载释放引起的洞周介质应力和位移变化,在 5 倍洞径范围之外将小于 1%,三倍洞径之外约小于 5%。考虑工程的需要和有限元离散误差以及计算误差,一般选计算范围沿洞径各方向均不小于 3～4 倍洞径为好,如图 10-17 所示。计算实践表明,对非圆形洞室或各向异性岩体材料中开挖的洞室,则计算范围应当适当扩大或取上限尺寸。

（2）网格剖分

目前大多的有限元软件都支持网格自动剖分功能,用户只需要输入子区域的材料属性、网格大小参数等就可以了。在剖分时要注意单元划分的疏密、大小和形状会影响计算精度。一般来说，在应力变化梯度大以及荷载突变区域，应加密网格以获得较高的计算精度，而在其他部位可稀疏一些，以节约计算时间和内存。

（3）边界条件和初始应力场

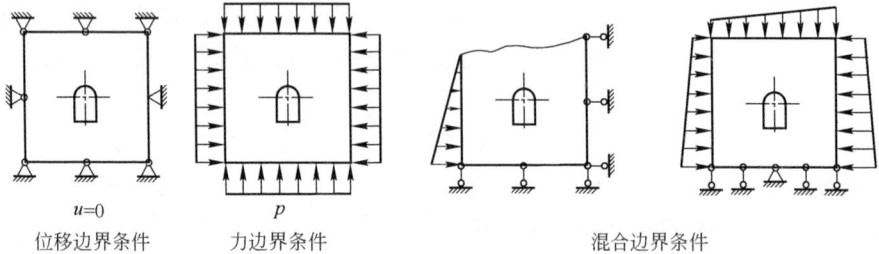

图 10-18　计算范围边界条件的不同形式

计算范围的外边界可采取两种处理方式：一是位移边界条件，即一般假定边界点位移为零或某一定值；二是假定为力边界条件，包括自由边界条件。还可以给定混合边界条件，即节点的一个自由度给定位移，另一个自由度给定节点力。图 10-18 给出了几种边界形式。

为了确定边界条件，必须先确定岩体中的初始应力场，如前所述初始应力场由自重应力场和构造应力场两部分组成，且分布不均匀，常用的现场地应力测量只能给出计算范围中少数几个点的应力值。根据少数几个点的地应力数值，可采用两个方法来确定初始应力场：一是根据自重应力场及构造应力场的特点，确定较符合计算区域地质特点的力边界条件，并利用部分实测数据进行调整和修正；二是利用实测点的地应力值对非均匀地应力场进行回归分析。

（4）施工过程的模拟

开挖过程的荷载释放：计算出开挖面上各个点的等效节点力，将开挖释放的等效节点力反加于开挖边界，同时对已"挖去"的单元材料赋一小值，使其模量很小，形成所谓"空单元"，就完成了开挖过程的模拟。

浇筑建造过程：在开挖之后某一规定的时期内，将浇筑部分对应的"空单元"重新赋予衬砌材料的参数，重新进行计算。

锚喷支护：不考虑其设置对岩体整体刚度的影响，作为一种附加荷载施加于相应位置的节点上，尤其是端部锚固的锚杆，通过计算两锚固点间的相对位移，得到锚杆内的拉应力，乘以锚杆断面面积得到锚固节点力，反加到节点上进行下一期计算。喷混凝土较厚时可采用壳单元或一般的四节点等参元模拟，较薄时可采用杆单元模拟。

（5）岩体材料模型的选择

按岩体结构特征不同，岩体可以分为图 10-19 所示几种类型。

A 类为完整岩体中具有若干节理和断裂面，有限元中则把断裂面之间的完整岩体划分为一般各向同性均质单元，并通过改变单元的力学参数 E 和 v 来模拟材料非均质，对于节理和断层面采用节理单元来模拟；B 类为由一组节理切割或沉积形成的层状岩体，这类岩体可处理为横观同性材料；C 类岩体是由两组或三组正交节理裂隙切割的岩体，可处理为正交各向异性材料；D 类为具有随机分布的裂隙的岩体，可以利用损伤力学、断裂力学等方法进行处理，但如果裂隙分组不明显或节理优势不强，一般可取折减的力学参数按一般各向同性连续体计算，要注意的是这种材料一般假定为不能承受任何拉应力。

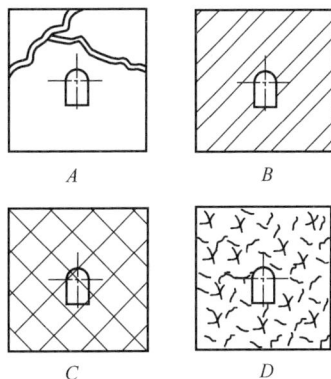

图 10-19　岩体类型示意图

（6）相关的几个问题

横观各向同性岩体：弹性体在平行于某一平面的所有各个方向，即所谓"横向"，都具有相同的弹性常数，这样任意一个横向都是一个弹性主向，而垂直于各个横向的那个"纵向"也是一个弹性主向。由于岩石在形成过程中有层理、片理等特性，或者在某一方向有非常发育的节理系统。因此沿着岩体层面方向和垂直层面方向具有不同的弹性模量。这种岩体作为横观各向同性体来处理是比较合适的。

节理单元：也称为 Goodman 单元，用于断层、裂隙和软弱夹层的分析，当软弱夹层很薄时，采用普通的单元会产生较大误差。节理单元实质上是一种理想化的矩形单元，单元模型由两片长度为 l 的接触面组成，两接触面之间为无数微小的弹簧所连接，在受力前两接触面吻合，即单元没有厚度，只有长度。

无拉应力分析：岩体内总是分布着许多节理和裂隙，导致岩体几乎不能承受拉应力，而同样的岩体却可以承受压应力，并且近似符合线性应力应变关系。当用弹性有限元分析计算出来的岩体内有一部分出现拉应力时，则这部分拉应力实际上是不存在的，这时就需要对岩体内的应力进行重新调整分布。在重新分布调整的过程中可能又会有局部地方产生拉应力，则岩体内的应力再度进行调整，这样不断调整直至岩体内最终出现一部分开裂区域，其中应力为零，其他区域为压应力区域，调整的过程一般采用应力迁移法。

10.5　地下洞室位址和方向的选择

地下洞室的选址必须考虑一系列因素，工程地质条件是主要依据。对于一般的地下洞室来说，选址的主要依据是岩体的稳定，围绕岩体的稳定，其基本的要求如下：

10.5.1   地形条件的选择

地形上要求山形完整，洞室周围包括洞顶及傍山一侧应有足够厚度，要求洞顶上方留有足够厚度的新鲜岩层，其厚度可以在节理裂隙面上产生足够的正压力，以便拱顶可以自承。在硬岩地区，当洞室跨度为 20m 时，在理论最大破碎区以上，若有大于 5m 的完好新鲜岩石，则认为是合适的；避免地形条件不良给施工造成困难以及洪水期间地表沟谷中的水倒流灌入地下洞室；尽量避免埋深过大，造成深部的高地应力作用。高地应力状态，尤其是不等向的地应力状态，常容易引起岩爆，若岩性较软弱，则容易造成较大变形。在深谷地区，在鼻状突出部位，水平地应力可能较小，在走向平行河谷，倾角很陡的软弱带外侧也可能是应力较低的地区，而在软弱带旁则是地应力高度不等向的地方。

10.5.2   岩性条件选择

岩性条件应选择比较坚硬、完整，力学性能较好且风化轻微的岩体，特别注意岩体强度的选择。岩体强度主要受各种软弱结构面控制，其中软弱薄层状围岩最易产生变形与破坏，应尽量绕避。对于易于软化、泥化和溶蚀的岩体及膨胀性和塑性岩体，也不利于围岩稳定。层状岩体则以厚层结构为好，遇软硬及厚薄相间岩体，则应尽量将洞室顶板置于厚层坚硬岩体中，同一岩体内的压性断裂，往往上盘比较破碎，而下盘比较完整，应将洞室置于下盘岩体中。

10.5.3   地质构造条件的选择

地质构造上，应选择断裂少且规模较小及岩体结构比较简单的地区。较大的断层破碎带、裂隙密集带等软弱带，对地下工程围岩的稳定性影响甚大，在施工过程中可能会遇到突发性涌水。因此一般应尽量避开，若实在不能绕避，则应以最短距离穿过构造带，尽量使地下洞室轴向与其走向呈 45°～60°夹角为宜。

在隧道穿过地质构造时，可按下列原则选择：

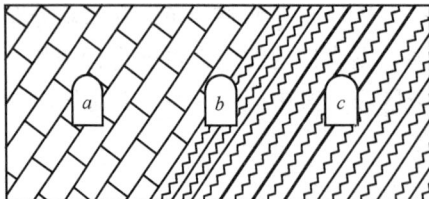

图 10-20   单斜岩层中隧道位置的选择
a—在同一地层中；b—不同岩层交界处；c—软弱夹层处

（1）在单斜岩层中，当隧道轴向与岩层走向平行时：1）在倾斜岩层中，隧道位置尽可能避开不同岩层交界处、软弱夹层和层间结合不好等部位，如图 10-20 所示。因为这些部位的岩层之间连接较差，易于受地下水的影响，岩体强度较低，在隧道开挖过程中，容易发生塌方，并可能在这些部位产生剪力，造成偏压。否则应加强衬砌，采取必要的措施，确保施工安全和洞身的稳定。2）在岩层直立的情况下，更应注意避开岩层间连接较差的部位，并限制一次开挖的长度，以避免产生塌方事故。3) 在水平岩层（倾角小于 10°）中，若岩层很薄，层间连接较弱或具有软弱结构面的情况，常由于隧道拱顶的拉应力超过岩层的抗拉强度而发生破坏、坍塌的现象。因而隧道位置易选在层间结合紧密的水平岩层中或拱顶通过厚层岩层为好。

（2）在单斜岩层中，当隧道轴向垂直岩层走向时，各岩层受力条件有利，围岩压力也均布，开挖后易于成拱不塌。岩层倾角大时，各岩层不需要依靠相互间的摩擦力及粘聚力就可以完全稳定。若岩层倾角较缓、层厚较薄或夹有软弱层，在有垂直或斜交层面隙裂的情况下，则隧道拱顶容易产生局部塌落的现象。

（3）当隧道通过褶皱地带时，要尽可能避免沿褶曲轴部设置隧道。因为褶曲轴部纵张裂隙发育，岩体完整性差。但背斜岩层是上部受拉、下部受压，而向斜则恰恰相反。对背斜岩层被纵张裂隙切割成岩块的尖端向下，开挖时不易塌方落块。向斜则相反，并且容易汇集地下水，更给施工造成困难，如图 10-21 所示。因而与向斜比较而言，背斜轴部坑道的稳定性较好。

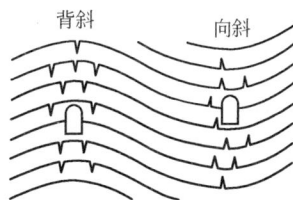

图 10-21 褶曲地带
隧道位置的选择

（4）在断层地带，由于断层是岩层在构造变动下发生的断裂，因而在断裂面处有较大的剪应力，在区域性大断裂中，常伴有继承性的新构造运动及强烈地震活动，因而易于活动变形。由于岩层发生断裂，断裂处岩层被挤压破碎，多成块石、碎石角砾及断层泥，因而岩体强度低，开挖时易坍塌。加之断层往往是地下水活动的通道和储存的场所，容易形成突然涌水。所以在断裂地带选择隧道位置时应极为慎重，一般均应避开断层。当不易避开时，隧道宜横穿或采用较大的角度穿过断裂带，最好交角不小于 30°。当隧道在断层旁平行断层通过时，应避开断层破碎带一定距离，并考虑断层性质及倾角的影响。

10.5.4 水文地质条件的选择

地下工程干燥无水时，有利于围岩稳定，因此在地下工程选址时，最好选择地下水位以上的干燥岩体或地下水量不大、无高压含水层的岩体内，应尽可能避开饱水的松散土层、富水的断层破碎带及岩溶化碳酸盐岩层。

10.5.5 地应力方向的选择

一般情况下，洞室轴向应与最大主应力方向垂直，以改善洞室周边的应力状态，但当最大主应力很大时，则洞轴向最好与之平行，以保证边墙的稳定。

10.5.6   进出口位置的选择

进出口的边坡应选在山体雄厚、施工条件好的岩坡陡壁下，并避开地表径流汇水区，同时注意进出口边坡的稳定性，尽量将进出口置于新鲜、完整、坚硬的岩质边坡上，避免将进出口边坡布置在可能滑动岩体及断层破碎岩体上。

地下工程位置和方向的选择，常常不是对某个条件的评价和选择，而是在全面综合研究各种地形地质因素的基础上，结合地下工程不同部位的特点和要求进行综合评价，从而选出较好的岩体、洞口位置和洞轴线方向。

10.6   地 下 采 空 区

地下矿层开采后形成的空间称为采空区。按照当前的开采现状分为老采空区、现采空区和未来采空区。老采空区指已经停止开采的采空区，或开采已达充分采动，沉陷盆地内的各种变形已经稳定的采空区；现采空区是目前正在开采的采空区，开采未达充分采动，地表移动呈尖底，盆地内的各种变形仍在继续发展的采空区；未来采空区指计划开采而尚未开采矿层，预计将形成的采空区。

当地下矿层被采空后，上覆岩层失去支撑，原始平衡状态被破坏，就会产生移动变形。对于小窑采空范围较窄，开采深度较浅，以巷道开采为主，且巷道大多不支撑或使用临时支撑，地表多产生较大的裂缝和陷坑。对于较大空间的开采，则往往形成地表移动盆地，危及地面建筑物安全。另外对于地下采空区场地，不同部位的变形大小和类型是不相同的，并且随时间也是变化的，这种变形对建（构）筑物的选址有重要的影响，比如高速公路、铁路、大型引水工程选线、工业与民用建筑都必须考虑地下采空区的变形特性和未来发展对建（构）筑物可能产生的影响。因为老采空区已停止开采，而现采空区和未来采空区处于现正在开采和未开发阶段，因此勘察内容要有所侧重，对于老采空区主要是查明采空区的分布范围、埋深、充填情况和密实程度等，评价其上覆岩层的稳定性；对现采空区和未来采空区应预测地表移动的规律，计算变形特征值。以此来判定其作为建筑场地的适宜性和对建筑物的影响程度。

10.6.1   地表移动规律及特征

（1）上部岩层变形的垂直分带

当地下矿层被采空后，矿层以上一定范围内的岩层在自重及上覆岩层重力作用下，产生移动变形，当岩层所受应力大大超过本身强度时，岩层就会发生破碎、塌落，堆积于采空区。塌落部分称为冒落带；冒落带上部的岩层在重力作用下，移动变形较大，所受应力超过本身强度，岩层产生裂隙或断裂，但尚未塌落，形成裂隙带；裂隙带上部的岩层在重力作用下，变形较小，所受应力未超过其本身强度，未产生裂隙，仅出现连续平缓的弯曲变形，称为弯曲带，此带岩层的整体性未遭破坏。处于弯曲带上部的地表各点向采空区中心方向移动，形成了地表移动盆地，如图 10-22 所示。

（2）地表变形特征

采空区地表变形形成了移动盆地，移动盆地面积一般比采空区面积大，其位置和形状与岩层的倾角大小有关。矿层倾角平缓时，盆地位于采空区的正上方，形状对称于采空区；矿层倾角较大时，盆地在沿矿层走向仍对称于采空

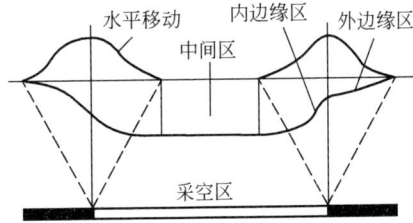

图 10-22 地表移动盆地

区，而沿倾斜方向随着倾角的增大，盆地中心愈向倾斜的方向偏移。

随着采空区上方岩层变形的不断扩大而逐渐向上发展，往往会波及地表，使地表产生移动变形，地表变形一般具有以下特征：1）连续的地表变形：变形在空间和时间上是连续发生的，开始地表形成凹地，随着采空区不断的扩大，凹地不断扩展而形成凹陷盆地即移动盆地，连续的地表变形常形成较规则的移动盆地；2）不连续的地表变形：变形在空间和时间上都不连续，地表不出现较规则的盆地，而常出现塌陷坑、台阶以及不规则的大裂缝等；3）不明显的地表变形：地表变形不明显，仅有少量地面下沉或小裂缝，对地表建筑物不产生明显影响。

（3）地表移动盆地的分区

根据地表变形值的大小和变形特征，自移动盆地中心向边缘分为三个区：均匀下沉区（中间区），移动盆地中心的平底部分，当盆地尚未形成平底时，该区即不存在。在区内地表下沉均匀，地面平坦，一般无明显裂缝；移动区（内边缘区或危险变形区），区内地表变形不均匀，变形种类较多，对建筑物破坏作用较大，当出现裂缝时，又称为裂缝区；轻微变形区（外边缘区），地表变形值较小，一般对建筑物不起破坏作用，该区与移动区的分界，一般是以建筑物的容许沉降值来划分的。

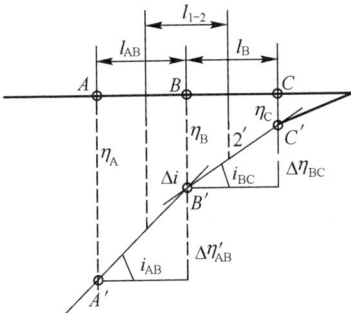

图 10-23 倾斜变形示意图

在既定采深条件下，回采区段尺寸较小，一般情况下达不到（0.9～2.2）H（取决于上覆岩层厚度，H 为采深）时，地表最终下沉盆地剖面形状呈碗形，最大下沉值随工作面尺寸的增大而增大，这种开采规模叫非充分采动或次临界采动；随着回采尺寸的增加，当回采区段尺寸大于（0.9～2.2）H，地表最终最大下沉值达到极限值时的开采规模叫充分采动或临界采动；当回采尺寸继续增加，下沉盆地的中央出现平底，最大

下沉和其他最大移动变形不再增大的开采规模叫超充分采动或超临界采动。

（4）地表变形的分类

地表的变形包括有两种移动和三种变形，两种移动是垂直移动和水平移动，垂直移动是指盆地内任一点铅直方向的位移分量，也称为下沉；水平移动是盆地内任一点水平方向的位移分量。三种变形是倾斜、弯曲和水平变形（伸张和压缩）。倾斜是指盆地内任意两点的沉降差与两点间水平距离的比值，如图 10-23 所示。

AB 段的倾斜为 $i_{AB} = \dfrac{\eta_A - \eta_B}{L_{AB}}$，相当于 A、B 中点 1 处的倾斜。

BC 段的倾斜为 $i_{BC} = \dfrac{\eta_B - \eta_C}{L_{BC}}$，相当于 B、C 中点 2 处的倾斜。

1、2 两处的倾斜差 Δi，除以 1、2 两点间的间距 L_{1-2}，即得到平均的倾斜变化，并以此为平均曲率，得到 B 点的曲率 K_B 为：

$$K_B = \frac{i_{AB} - i_{BC}}{L_{1-2}} = \frac{\Delta i}{L_{1-2}} \tag{10-23}$$

水平变形是指盆地内任意两点水平位移之差与两点间水平距离的比值。

10.6.2   地表移动变形的计算

对现采空区和未来采空区可通过计算来预测地表的移动和变形。

（1）对于缓倾斜（倾角小于 25°）矿层地表移动和变形预测，可按表 10-23 所列公式进行计算。

（2）矿层倾角近于水平或缓倾斜且开采已达充分采动时，最大变形值可按表 10-24 所列公式进行计算。

（3）开采倾斜矿层达充分采动时，最大下沉按下式计算：

$$S_0 = q_0 m \cos\alpha \tag{10-24}$$

式中 m——矿层法向开采厚度（m）；

α——矿层倾角（°）。

（4）开采矿层为非充分采动时，最大下沉按下式进行计算：

$$S_0 = q_0 m \cos\alpha \sqrt{n_1 n_2} \tag{10-25}$$

式中 n_1、n_2——分别为采空区沿矿层倾斜方向和走向的采动系数，n_1、n_2 均小于 1.0，如大于 1.0 时，即表明已达到充分采动：

$$n_1 = \frac{KD_1}{H} \tag{10-26}$$

$$n_2 = \frac{KD_2}{H} \tag{10-27}$$

式中 D_1、D_2——分别为沿矿层倾向和走向采空区的水平投影的长度（m）；

K——岩性系数，岩性由软到硬可在 0.7～0.9 范围内选取。

地表移动和变形预测计算公式 表 10-23

项目	最大移动变形量	任一点（x）的变形量	式中符号
下沉 W (mm)	$W_{max}=q_0m$	$W_x=\dfrac{W_{max}}{r}\displaystyle\int_0^\infty e^{-\pi\left(\frac{\eta-x}{r}\right)^2}\mathrm{d}\eta$	q_0—下沉系数，与矿层、开采方法和顶板管理方法有关，宜取 0.01～0.95； m—矿层的开采厚度（m）； r—主要影响半径（m）； b—水平移动系数，宜取 0.25～0.35
倾斜 T (mm/m)	$T_{max}=\dfrac{W_{max}}{r}$	$T(x)=\dfrac{W_{max}}{r}e^{-\pi\left(\frac{x}{r}\right)^2}$	
曲率 K (mm/m²)	$K_{max}=\pm1.52\dfrac{W_{max}}{r^2}$	$K(x)=\pm2\pi\dfrac{W_{max}}{r^2}\left(\dfrac{x}{r}\right)e^{-\pi\left(\frac{x}{r}\right)^2}$	
水平移动 U (mm)	$U_{max}=bW_{max}$	$U(x)=bW_{max}e^{-\pi\left(\frac{x}{r}\right)^2}$	
水平变形 ε	$\varepsilon_{max}=\pm1.52b\dfrac{W_{max}}{r}$	$\varepsilon(x)=\pm2\pi b\dfrac{W_{max}}{r}\left(\dfrac{x}{r}\right)e^{-\pi\left(\frac{x}{r}\right)^2}$	

地表最大变形经验式 表 10-24

类别	煤科总院北京开采研究所	煤科总院唐山分院	式中符号
最大下沉	$s_0=q_0D$	$S_0=q_0D$	S_0—最大下沉量（mm）； i_0—最大倾斜（mm/m）； K_0—最大曲率（mm/m²）； u_0—最大水平移动（mm）； ε_0—最大水平变形（mm/m）； q_0—下沉系数，根据不同顶板处理方法而取值不同，一般取 0.02～0.8 之间； r—主要影响半径（m），$r=H/\tan\beta$； H—开采深度（m）； β—移动角，$\tan\beta$ 一般取 1.5～2.5； L—盆地中心（最大下沉点）到下沉曲线拐点的距离（m）； D—开采厚度（m）； b—水平移动系数，根据煤田资料 $b=0.2～0.4$，一般取 0.3； K_H—系数，一般取 10～12
最大倾斜	$i_0=\dfrac{S_0}{r}$	$i_0=0.9\dfrac{S_0}{r}$	
最大曲率	$K_0=\pm1.52S_0/r^2$	$K_0=1.39S_0/L^2$	
最大水平位移	$u_0=bs_0$	$u_0=0.9K_HS_0/L$	
最大水平变形	$\varepsilon_0=\pm1.52bi_0$	$\varepsilon_0=1.39K_HS_0/L^2$	

10.6.3 采空区的勘察与评价

10.6.3.1 勘察内容

采空区的勘察以搜集资料，调查访问为主。对老采空区和现采空区，当工程地质调查不能查明采空区特征时，应进行物探和钻探，必要时再辅以地表移动的观测。

一般大面积的采空区均做过矿山地质勘探工作，有大量资料可供搜集利用。通过搜集资料、调查访问要查明的内容有：1）矿层的分布、层数、厚度、深度、埋藏特征和上覆岩层的岩性、构造等；2）矿层开采的范围、深度、厚度、时间、方法和顶板管理，采空区的塌落、密实程度、空隙和积水等；3）地形变形特征和分布，包括地表陷坑、台阶、裂隙的位置、形状、大小、深度、延伸方向及其与地质构造、开采边界、工作面推进方向等的关系；4）地表移动盆地的特征，划分中间区、内边缘区和外边缘区，确定地表移动和变形的特征值；5）采空区附近的抽水和排水情况及其对采空区稳定的影响；6）搜集建筑物变形和防治措施的经验。

需进行地表移动观测时，按下列原则进行：观测线宜平行和垂直矿层走向呈直线布置，其长度应超过移动盆地的范围；平行矿层走向的观测线，应有一条布置在最大下沉值的位置；垂直矿层走向的观测线，一般不应少于 2 条；观测线上观测点的间距，应大致相等，并根据开采深度按表 10-25 确定；观测周期可按地表变形速度由式（10-28）来计算；在观测地表变形的同时，应观测地表裂缝、陷坑、台阶的发展和建筑物的变形等情况。

观测点的间距取值 表 10-25

开采深度 H（m）	观测点间距 L（m）	开采深度 H（m）	观测点间距 L（m）
＜50	5	200～300	20
50～100	10	300～400	25
100～200	15	＞400	30

$$t = \frac{Kn\sqrt{2}}{S}$$

（10-28）

式中 t——观测周期（月）；

n——水准测量平均误差（mm）；

S——地表变形的月下沉量（mm/月）；

K——系数，一般为 2～3。

10.6.3.2 采空区的评价

采空区场地的建筑适宜性评价：

采空区宜根据开采情况、地表移动盆地特征和变形大小，划分为不宜建筑的场地和相对稳定的场地，一般须符合下列规定：

不宜作为建筑场地的地段：1) 在开采过程中出现非连续变形的地段；2) 地表移动活跃的地段；3) 特厚矿层和倾角大于 55°的厚矿层露头地段；4) 由于地表移动和变形引起边坡失稳和山崖崩塌的地段；5) 地表倾斜大于 10mm/m，地表曲率大于 0.6mm/m² 或地表水平变形大于 6mm/m 的地段。

下列地段作为建筑场地须评价其适宜性：1) 采空区采深采厚比小于 30 的地段；2) 采深小，上覆岩层极坚硬，并采用非正规开采方法的地段；3) 地表倾斜为 3~10mm/m，地表曲率为 0.2~0.6mm/m² 或地表水平变形为 2~6mm/m 的地段。

10.6.3.3 小窑采空区的勘察和稳定性评价

（1）变形特征

小窑采空区一般采空范围较窄，开采深度浅，采空区一般分布无规律或呈网格状，且多不支撑或设临时支撑，任其自由跨落，其地表变形规律为：由于开采范围窄，一般不形成移动盆地。但由于开采深度小，且任其自由跨落，因此地表变形剧烈，大多产生较大的裂隙和陷坑；地表裂缝的分布常与开采工作面的前进方向平行，随开采工作面的推进，裂缝也不断向前发展，形成互相平行的裂缝。裂缝一般上宽下窄，两边无显著高差出现。

（2）勘察内容

小窑采空区一般没有进行地质勘探工作，搜集资料的方法主要是进行调查访问，并进行测绘、物探和钻探工作，查明下列内容：矿层的分布范围，开采和停采时间，开采深度、厚度和开采方法，主巷道的位置、大小和塌落、支撑、回填、充水情况以及开采计划和规划等；地表陷坑、裂缝的位置、形状大小、深度、延伸方向及其与采空区和地质构造的关系；采空区附近的工、农业抽水和水利工程建设对采空区的影响。

（3）稳定性评价

1) 地表产生裂缝和塌陷地段，属于不稳定地段，不适于建筑。在附近建筑时，需有一定的安全距离。安全距离的大小可根据建筑物的等级、性质确定，一般应大于 5~15m。

2) 对次要建筑且采空区采厚比大于 30，地表已经稳定时可不进行稳定性评价；当采深采厚比小于 30，可根据建筑物的基底压力、采空区的埋深、范围和上覆岩层的性质等评价地基的稳定性，并根据矿区经验提出处理措施的建议。

当建筑物已在影响范围内时，可参考下面公式来验算地基稳定性：

假定建筑物基底压力为 p_0，则作用在采空区顶板上的压力 Q 可用下式来计算：

$$Q = G + Bp_0 - 2f = \gamma H \left[B - H \tan\varphi \tan^2 \left(45° - \frac{\varphi}{2} \right) \right] + Bp_0 \qquad (10\text{-}29)$$

式中 G——巷道单位长度顶板上岩层所受的总重力（kN/m），$G=\gamma BH$；

   B——巷道宽度（m）；

   f——巷道单位长度侧壁的摩阻力（kN/m）；

   H——巷道顶板的埋藏深度（m）。

当 H 增大到某一深度，使顶板岩层恰好保持自然平衡，即 $Q=0$ 时，此时 H 称为临界深度 H_0：

$$H_0=\frac{B\gamma+\sqrt{B^2\gamma^2+4B\gamma p_0\tan\varphi\tan^2\left(45°+\frac{\varphi}{2}\right)}}{2\gamma\tan\varphi\tan^2\left(45°-\frac{\varphi}{2}\right)} \tag{10-30}$$

当 $H<H_0$ 时，地基不稳定；$H_0<H<1.5H_0$ 时，地基稳定性差；$H>1.5H_0$ 时，地基稳定。

10.7   地下洞室的勘察要点

地下工程进行岩土工程勘察的目的，是为了给建设方案的选择、地下洞室的设计、施工提供可靠的基础资料，因此整个勘察工作与设计工作是相适应地分阶段进行的，各个勘察阶段的要求如下：

10.7.1   可行性研究勘察

可行性研究勘察的主要工作是搜集区域地质资料，现场踏勘和调查，了解拟选方案的地形地貌、地层岩性、地质构造、工程地质、水文地质和环境条件，做出可行性评价，选择合适的洞址和洞口。

10.7.2   初步勘察

（1）勘察内容

通过工程地质测绘和调查，初步查明下列问题：1）地貌形态和成因类型；2）地层岩性、产状、厚度、风化程度；3）断裂和主要裂隙的性质、产状、充填、胶结、贯通及组合关系；4）不良地质作用的类型、规模和分布；5）地震地质背景；6）地应力的最大主应力作用方向；7）地下水类型、埋藏条件、补给、排泄和动态变化；8）地下水体的分布及与地下水的关系，淤积物的特征；9）洞室穿越地面建筑物、地下构筑物、管道等既有工程时的相互影响。

（2）勘察方法

以工程地质测绘为主，辅以物探、钻探和测试工作。工程地质测绘的比例尺一般是 1：2000～1：1000，对工程地质条件复杂和工程的重要地段部位，可选择 1：1000～1：500 的大比例尺，重点地段的纵横剖面比例尺可采用 1：200～1：2000。

物探：采用浅层地震剖面法或其他有效方法圈定隐伏断裂、构造破碎带，查明基岩埋深，划分风化带；必要时可进行钻孔弹性波或声波测试、钻孔地震 CT 或钻孔电磁波 CT 测试，获得弹性波速或声波波速，提供岩体动力参数，用于划分围岩类别等。

钻探：针对工程地质测绘的疑点和工程物探的异常点布置。宜沿洞室外侧交叉布置，勘探点间距宜为 100～200m，采取试样和原位测试勘探孔不宜少于勘探孔总数的 2/3；控制性勘探孔深度，对岩体基本质量等级为Ⅰ级和Ⅱ级的岩体宜钻入洞底设计标高下 1～3m；对Ⅲ级岩体宜钻入 3～5m，对Ⅳ级、Ⅴ级岩体和土层，勘探孔深度宜根据实际情况确定。

测试：每一主要岩层和土层均应采取试样，当有地下水时应采取水试样；当洞区存在有害气体或地温异常时，应进行有害气体成分、含量或地温测定，对高地应力地区，应进行地应力量测。进行室内岩石试验和土工试验为围岩分类和稳定性评价提供参数。

（3）评价内容

初步查明选定方案的地质条件和环境条件，初步确定岩体质量等级（围岩类别），对洞口和洞址的稳定性做出评价。

10.7.3　详细勘察

详细勘察是在初步勘察阶段选出的建筑场地上进行，其目的是为了确定地下工程轴线位置和方向，为设计支护结构和确定施工方案提供资料。

（1）勘察内容

1）查明地层岩性及其分布，划分岩组和风化程度，进行岩石物理力学性质试验；2）查明断裂构造和破碎带的位置、规模、产状和力学属性，划分岩体结构类型；3）查明不良地质作用的类型、性质、分布，并提出防治措施的建议；4）查明主要含水层的分布、厚度、埋深，地下水的类型、水位、补给排泄条件，预测开挖期间出水状态、涌水量和水质的腐蚀性；5）城市地下洞室需降水施工时，应分段提出工程降水方案和有关参数；6）查明洞室所在位置及邻近地段的地面建筑和地下构筑物、管线状况，预测洞室开挖可能产生的影响，提出防护措施。

（2）勘察方法

采用钻探、孔内物探和测试，必要时可结合施工导洞布置洞探。工程地质测绘可根据需要作一些补充性调查。

钻探：勘探点宜在洞室中线外侧 6～8m 交叉布置，山区地下洞室按地质构造布置，且勘探点间距不应大于 50m；城市地下洞室的勘探点间距，岩土变化复杂的场地宜小于 25m，中等复杂的宜为 25～40m，简单的宜为 40～80m。采集试样和原位测试勘探孔数量不应少于勘探孔总数的 1/2。第四系中的控制性勘探孔深度应根据工程地质、水文地质条件、洞室埋深、防护设计等需要确定；一般性勘探孔可钻至基底设计标高下 6～10m；控制性勘探孔深度可参考初步勘察的要求。

物探：采用浅层地震勘探和孔间地震 CT 或孔间电磁波 CT 测试等方法，详细查明基岩埋深、岩石风化程度、隐伏体（如溶洞、破碎带等）的位置，在钻孔中进行弹性波波速测试，为确定岩体质量等级（围岩级别）、评价岩体完整性，计算动力参数提供资料。

测试：除满足初步勘察的要求外，对于城市地下洞室的勘察还应进行下列试验：1）采用承压板边长为 30cm 的载荷试验测求地基基床系数；2）采用面热源法或热线比较法进行热物理指标试验，计算热物理参数，包括导温系数、导热系数和比热容；3）当需提供动力参数时，可用压缩波波速 v_p 和剪切波波速 v_s 计算求得，必要时，可采用室内动力性质试验，提供动力参数。

工程地质测绘：一般不再单独进行，主要是根据新的勘探资料补充和校核已有的图件，测绘比例尺一般外围地区采用 1：1000～1：500，洞区为 1：2000，洞口、轴线及其他重点部位为 1：500，测绘路线的长度和观测点密度根据洞区地质条件复杂程度确定。

（3）评价内容

划分岩体质量等级（围岩分类），地下洞室围岩质量分级应与洞室设计采用的标准一致，无特殊要求可根据现行国家标准《工程岩体分级标准》执行；提出洞址、洞口、洞轴线的建议；评价洞口、洞体的稳定性；提出支护方案和施工方案的建议；对地面变形和既有建筑物的影响进行评价。

10.7.4　施工勘察

施工勘察应配合导洞或毛洞开挖进行，当发现与勘察资料有较大出入时，应提出修改设计和施工方案的建议。

思　考　题

10.1　试述初始应力、围岩应力和山岩压力间的相互关系及其相互影响。

10.2　试述围岩的破坏形式。

10.3　常用地下洞室稳定性评价有哪些方法试分别进行简述。

10.4　小窑采空区与一般采空区在地表变形特征方面有什么不同？

第11章 边坡工程的勘察与评价

边坡包括由于建筑物和市政工程开挖或填筑施工所形成的人工边坡和对建筑物安全稳定有影响的自然边坡。自然边坡是长期内外地质作用的结果，坡体在各种营力作用下，内部应力在不断发生变化，一旦坡体部分岩土失去平衡，比如工程建设中的开挖路堑、渠道和基坑开挖、填方筑坝等人为因素和风化、剥蚀等自然因素的作用，就会引起边坡不同形式和规模的变形和破坏，由此给工程建设带来危害，给人民生命财产带来灾害。因此稳定性是边坡工程的主要问题，做好岩土工程勘察工作，正确评价和预测边坡的稳定性，对可能失稳的边坡提出防护措施和建议，具有十分重要的意义。

边坡工程按照其失稳后可能造成的破坏后果（危及人的生命、造成经济损失、产生社会不良影响）的严重性、边坡类型和坡高等因素分为一、二、三级边坡（表 11-1）。

边坡工程安全等级　　　　　　　　　　　　表 11-1

边坡类型		边坡高度 H（m）	破坏后果	安全等级
岩质边坡	岩体类型为Ⅰ或Ⅱ类	$H \leqslant 30$	很严重	一级
			严重	二级
			不严重	三级
	岩体类型为Ⅲ或Ⅳ类	$15 < H \leqslant 30$	很严重	一级
			严重	二级
		$H \leqslant 15$	很严重	一级
			严重	二级
			不严重	三级
土质边坡		$10 < H \leqslant 15$	很严重	一级
			严重	二级
		$H \leqslant 10$	很严重	一级
			严重	二级
			不严重	三级

注：1. 一个边坡工程的各段，可根据实际情况采用不同的安全等级；

2. 对危害性极严重、环境和地质条件复杂的边坡工程，其安全等级应根据工程情况适当提高；

3. 很严重：造成重大人员伤亡或财产损失，严重：可能造成人员伤亡或财产损失，不严重：可能造成财产损失。

11.1 边坡破坏类型和影响稳定性的因素

11.1.1 土质边坡

11.1.1.1 破坏类型

边坡在动静荷载、地下水、雨水、重力和各种风化营力作用下，可能会发生变形和破坏。变形和破坏可以分为两类：一是小型的坡面破坏；二是较大规模的边坡整体性破坏。

（1）小型的坡面局部破坏

包括剥落、冲刷和表层滑塌等类型。表层土的松动和剥落是这类变形破坏的常见现象，是由于水的浸润与蒸发、冻结与融化、日光照射等风化营力对表层土所产生的复杂的物理化学作用所致；边坡冲刷是当雨水在边坡上形成的径流，因动力作用携带走边坡上较松散的颗粒，形成条带状的冲沟；表层滑塌是由于边坡上有地下水出露，形成点状或带状湿地，产生的表层滑塌现象，这类破坏由雨水浸湿、冲刷也能产生。

（2）较大规模的边坡整体性破坏

边坡的整体坍滑和滑坡均属这类边坡变形破坏，其特征表现在土质边坡顶部或边坡上部出现连续的拉张裂缝并产生下沉，或者在边坡的中、下部出现鼓胀现象。对于一般地区，多发生在雨期或雨期后，对于有软弱基底的情况，则边坡破坏常与基底的破坏连同在一起。

11.1.1.2 影响因素

影响土质边坡稳定性的因素很多，包括有土的成因类型、地表水和地下水、边坡坡度和高度、气温、人为因素等。

（1）土的成因类型。土体是在长期的自然历史过程中形成的，其形成的时代和成因类型各不相同，土的结构构造、密实程度、物质成分和相应的物理化学性质也就不同，决定了边坡的稳定性也不相同。

（2）水的影响。水不仅对土发生冲蚀、溶滤作用，破坏土的结构，降低土的强度，还可能引起土的含水量增加，容重增大。对于黏性土来说，当土的含水量增大时，增厚了附着在黏土颗粒表面的结合水膜，降低了颗粒间的相互作用，从而降低了土的抗剪强度。

（3）边坡坡度和高度。在重力作用下，土质边坡的稳定性随其高度及边坡坡度而变化，高度愈大，坡度愈陡，其稳定性越差。

11.1.2 岩质边坡

11.1.2.1 破坏类型

（1）松弛张裂。松弛张裂是指边坡岩体由于卸荷回弹而出现的张开裂隙的现象，这是边坡应力调整过程中的变形。比如河谷的不断下切，在陡峻的河谷岸坡上形成的卸荷裂隙，路堑边坡的开挖可使岩体中原有的卸荷裂隙得到进一步的发展，或者由于开挖也可形成新的卸荷裂隙。这种裂隙常与河谷坡面、路堑边坡面相平行（图 11-1）。而在坡顶，则由于卸荷引起的拉应力作用形成张裂带，边坡越高越陡，张裂带越宽。

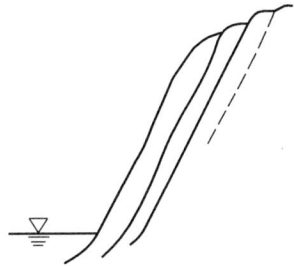

图 11-1 松弛张裂

岩体的松弛张裂变形是长期缓慢地进行的，岩体一旦出现张裂隙，裂隙两侧的岩体即不再传递应力了。了解松弛张裂隙的变形发展过程，对于认识边坡应力的变化规律及变形破坏发展趋势有重要意义。

（2）蠕动。蠕动是指边坡岩体在重力作用下长期缓慢的变形。这类变形常发生在塑性薄层岩体中或软硬交互岩体中，常形成挠曲型变形。如当边坡岩体为反坡向的塑性薄层岩层，向临空面的一侧发生弯曲，形成"点头弯曲"（图 11-2），却很少折断。边坡岩体为顺坡向的塑性岩层时，在斜坡下部产生揉皱型弯曲（图 11-3），甚至发生岩层倒转。

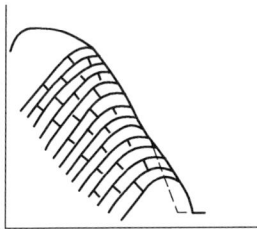

图 11-2 "点头弯曲"变形

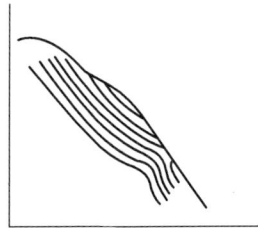

图 11-3 揉皱变形

（3）剥落。剥落指的是边坡岩体在长期风化作用下，表层岩体破坏成岩屑和小石块，并不断向坡下滚落，最后堆积在坡脚，而边坡岩体基本上是稳定的。产生剥落的原因主要是各种物理风化作用使岩体结构发生破坏，如光照、温度、湿度的变化、冻胀循环等，都是表层岩体不断风化破碎的重要因素。对于软硬相间的岩石边坡，由于软弱易风化的岩石常常先风化破碎，所以首先发生剥落，从而使坚硬岩石在边坡上逐渐突出出来，这种情况下，突出的岩石可能会发生崩塌。因此风化剥落在软硬互层边坡上可能引起崩塌。

（4）滑移破坏。滑移破坏是指边坡上的岩体沿一定的面或带向下移动的现象，多表现为顺层滑动和双面楔形滑动。

（5）崩塌落石。崩塌是指陡坡上的巨大岩体在重力作用下突然向下崩落的现象。落石则是指个别岩块向下崩落的现象。

（6）错落。错落是指陡峻边坡上的岩土体在重力作用下，突然向下整体错动的现象。错落时岩体的垂直位移大于水平位移，岩体不发生倾倒、翻滚、跳跃、岩块相互碰撞等情况。错落有以下几种情况：不稳定岩体底部的岩土体松散，在自重作用下，先行压密而引起岩体向下错动；由于岩体底部被地下水潜蚀、溶蚀，导致岩体悬空并向下错动；由于河流冲刷侵蚀岩体底部，引起岩体整体下错；在重力作用下底部软岩产生塑流挤出，引起上部岩体向下错动。

11.1.2.2　影响岩质边坡稳定性的因素

影响岩石边坡稳定性的因素很多，归纳起来有地层岩性、地质构造、岩体结构、水的作用、风化作用、地震及人为因素等，边坡的变形破坏是这些因素综合作用的结果，因此在分析岩石边坡的稳定性时，应在深入分析研究这些因素与边坡稳定性的基础上，才能对边坡的稳定性做出正确评价。

（1）地层因素。不同成因的地层，具有不同的地质特征，对边坡稳定性的影响也就各不相同。沉积岩的层理面，常成为岩石边坡的滑动面，尤其是当岩层的产状与边坡一致时，在一定的条件下更易沿层面发生滑动。对于岩浆岩，大多岩性单一，物理力学指标高，这类岩石边坡的稳定性好，可以形成较高较陡的边坡，但由于岩浆岩的原生节理比较发育，加之风化作用，以致有的花岗岩也会强烈风化破碎，因而使强度大大降低，对边坡的稳定不利。而变质岩的种类繁多，岩性间的差异较大，如片岩的矿物成分极为复杂，工程地质性质有显著不同，其中结晶片岩及硅质片岩的岩性坚硬，具有较好的稳定性。而绿泥石片岩、炭质片岩、滑石片岩等岩性松软，易于风化，且具有滑感，构成的边坡多不稳定。其他含有黏土质矿物的片岩，则具有与黏土岩相似的一些性质。有的片麻岩强度虽然较高，却由于节理裂隙发育，在风化作用下往往形成网状结构，对边坡的稳定性不利。

一般情况下，岩浆岩比沉积岩的强度高，由沉积岩变成的变质岩较原岩强度高，因而构成的边坡可以较高、较陡；单一岩性比复杂岩性稳定；颗粒细的岩石边坡比颗粒粗的岩石边坡稳定；块状的较片状的稳定；含石英、长石多的较含云母多的片麻岩稳定。

（2）地质构造。地质构造的复杂程度对边坡岩体的稳定性有明显影响。在区域地质构造比较复杂、褶皱比较强烈、大的断裂比较发育、新构造运动比较活跃的地区，边坡的稳定性差。

（3）岩体结构。对于硬质岩石构造的边坡，其破坏变形主要受到岩体结构的控制：1）结构面产状的影响。对于同向缓倾边坡（结构面倾向和边坡面倾向相同，倾角小于坡角）的稳定性比反向坡差，并且岩层倾角越大，稳定性越差。当倾向不利的结构面走向与坡面走向平行时，边坡岩体具有向临空面滑动的条件，对边坡岩体的稳定最为不利。而结构面走向与坡面走向夹角越大，对边坡稳定性越不利。2）结构面组数和密度的影响。结构面的组数和密度决定着边坡岩体被切割的程度。结构面的组数较多时，边坡岩体自由变形的余地更大，并且在岩体中形成了更多的切割面和滑移面。因此可能失稳的岩块也就更多。而结构面的组数和密度又决定着岩体被切割的大小，直接影响边坡的稳定性和边坡变形破坏的形式。此外，当结构面组数较多、密度较大时，还给地下水的活动提供了有利条件，因而不利于稳定。3）结构面延伸长度和贯通度的影响。结构面在边坡上的延伸长度和贯通度决定着边坡岩体沿结构面破坏时的滑移面的强度和失稳岩体的规模。因而与边坡岩体的稳定性有着密切的关系。有时陡坡上的危岩看起来要滑动，但多年并未活动，这往往是结构面延伸长度不大，节理没有完全贯通所致。4）结构面性质和张开度的影响。结构面的粗糙起伏程度对结构面的抗剪强度影响很大。结构面越粗糙，起伏度越大的，抗剪强度越大，而光滑、平直的结构面的抗剪强度则较小。当结构面中有软土等软弱物质充填时，且充填物厚度大于结构面起伏高度时，结构面的抗剪强度则由软弱充填物的抗剪强度所控制。此外，结构面的张开程度对其稳定性也有一定影响，一般地说，结构面张开越大，岩体越不稳定。

（4）水的作用。水对边坡岩体稳定性的影响主要表现在静水压力、动水压力，增大了边坡不稳定岩体的下滑力和对岩石的软化作用。尤其是黏土质岩类遇水易于膨胀和崩解，软弱结构面在水的作用下，其抗剪强度大为降低。所以很多边坡岩体的变形破坏多发生在降雨或雨后的过程中。

（5）风化作用。风化作用使岩体强度减小，边坡稳定性降低，促进边坡的变形破坏。边坡岩体风化越严重，边坡的稳定性越差。同一地区，不同岩性，由于其抗风化能力不同，其风化程度也不同，如黏土质岩石比硬砂岩易风化，因而风化层厚度较大，坡角较小；节理裂隙发育的岩石比裂隙少的岩石风化层深；具有周期性干湿变化地区的岩石易于风化，风化速度快，边坡稳定性差。因此在研究风化作用对边坡稳定性的影响时，必须研究组成边坡的各种岩石的抗风化能力和风化条件的差异，从而预测边坡的发展趋势，以采取正确的保护措施。

11.2 崩 塌

崩塌是陡坡上的岩体在重力作用下，突然向下崩落的现象。崩塌的过程是岩土体顺坡猛烈地翻滚、跳跃，相互撞击，最后堆于坡脚，形成岩堆。在崩塌过程中，崩塌体的运动不沿固定的面或带发生；崩塌体在运动后，原来的整体性遭到完全破坏；崩塌的垂直位移大于水平位移。

11.2.1 崩塌形成的条件

崩塌落石是在一定的地质条件下形成的，它的形成受到许多条件如地形地貌、地层岩性和地质构造的控制，而崩塌的发生、发展和规模又受到许多因素如地下水、风化作用以及人为因素的影响。

（1）地形地貌条件。峡谷陡坡常常是发生崩塌落石的地段。这是因为峡谷两岸的山坡地貌具有明显的新构造运动的特征，主要特点是山坡部分突出，往往并非一坡到顶，在坡地上部常具有一定高度的阶坎地形。从地貌学观点来看，具有多层地形特征，说明该类地区上升速度超过下切和旁蚀的速度；峡谷岸坡陡峻，坡度大；在高陡的峡谷岸坡上，常具有与河流平行而张开的卸荷裂隙；峡谷岸坡基岩裸露，多为坚硬岩石。

河曲凹岸常是崩塌落石集中的地点。在河曲凹岸，因水流的冲蚀作用强，山坡坡度陡，为崩塌发生创造了有利条件。山区冲沟岸坡、山坡陡崖常产生崩塌。

（2）地层岩性条件。由于岩性不同，其强度、抗风化和抗冲刷的能力不同，且其构造也不相同。沉积岩具有层理构造，层与层之间的岩性可能不同。如果河谷陡坡由软硬相间的岩层组成，当软岩在下，且其分布高度与水位线一致时，软岩易于被河水冲刷破坏，上部岩体常发生大规模的倾倒式崩塌；如果河谷陡坡下部由可溶性岩石如石灰岩组成时，由于河流的冲蚀和溶解作用，下部可溶性岩石将不断被掏空，形成崩塌；对于岩浆岩，当垂直节理发育并有倾向线路的构造裂隙面时，易产生大型崩塌；当岩浆岩中有晚期岩脉、岩墙穿插时，岩体中形成不规则的接触面，这些接触面往往成为岩体中的薄弱面，为崩塌落石提供有利条件；在动力变质的片岩、板岩和千枚岩的边坡上常有褶曲发育，故弧形结构面发育，当其倾向线路时，多发生沿弧形结构面的滑移式崩塌。

（3）地质构造条件。区域性断裂构造对崩塌落石的分布起控制作用。当线路方向和区域性断裂的方向平行时，对崩塌落石的产生最有利，沿线路会发生严重的崩塌。在断层密集分布时岩层破碎，尤其是几组断裂交汇处，往往崩塌会频繁发生。

褶皱对崩塌落石的分布也起到控制作用。各种不同的褶皱部位岩层所遭到的破坏也不相同，相应的产生崩塌的情况也有所不同。褶皱核部岩层常强烈弯曲，脆性岩层在曲率最大处常会折断，在垂直节理层面方向会产生大量的张节理，使岩层破碎，为崩塌产生创造了条件。在褶皱的两翼为单斜岩层，当岩层倾向线路时，易于产生滑移式崩塌，特别是当岩层内有软弱夹层，岩体两侧又有构造节理切割时易产生大规模崩塌。

据统计和观察，沿构造节理发生的崩塌最多，但其规模一般不大，多属于沿节理面产生的滑移式崩塌落石。根据节理面的形状和组合，常有平面、弧形、楔形三种滑移式崩塌落石。倾向线路的节理被开挖切断后，节理裂缝以上岩层的稳定情况和节理倾角大小有关，还在很大程度上受节理充填物和节理粗糙度的影响。如果节理缝内充填黏土或风化的矿物，易受雨水浸润而软化，则易于崩塌。

（4）地下水。裂隙中的水及其流动对潜在崩落体产生静水压力和动水压力；裂隙充填物在水的浸泡下抗剪强度降低；裂隙中的水，对潜在崩落体产生的上浮力。所有这些都会对崩塌起到促进作用。

（5）风化作用。边坡上的岩体在各种风化营力的长期作用下，其稳定性和强度会不断降低，最后导致崩塌等发生。风化对崩塌的形成主要有以下几个作用：在边坡坡度、高度相同的情况下，岩石的风化程度越高，其强度越低，发生崩塌的可能性越大；边坡上不同岩体的差异性风化在边坡上形成许多空洞，使岩体局部倒悬，可能导致崩塌；边坡上不稳定岩体下部有倾向线路的结构面，如果发生泥化作用或被黏土质风化物充填，将导致边坡不稳定岩体的崩塌；高陡边坡如果切割山坡上的风化壳，可能沿完整岩石产生崩塌。

11.2.2 崩塌的分类

崩塌的突然产生是岩体长期蠕变和不稳定因素不断积累的结果，崩塌的发生有一个孕育和发展的过程，这个过程遵循一定的模式，通常有以下几种：

（1）倾倒—崩塌。在河流的峡谷区，在黄土冲沟地段、岩溶区以及其他陡坡上，常见有巨大而直立的岩体，以垂直节理或裂隙与稳定岩体分开，如图 11-4 所示。这种岩体在断面上的特点是长柱形，横向稳定性差，如果坡脚遭受不断的冲刷掏蚀，在重力作用下，岩体将会不断倾斜，最后产生倒塌；或者遭受较大的水平力比如地震力作用，岩体也可倾倒产生突然崩塌。这类

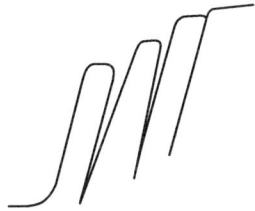

图 11-4　倾倒—崩塌

崩塌的特点是崩塌体失稳时，以坡脚的某一点为转点，发生转动性倾倒。

（2）滑移—崩塌。在某些陡坡上，不稳定的岩体下部有向坡下倾斜的光滑结构面或软弱面，如图 11-5 所示的三种情况。

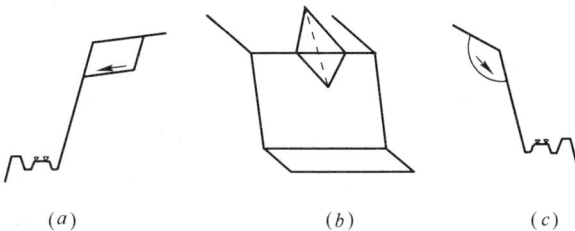

| *(a)* | *(b)* | *(c)* |

图 11-5　滑移—崩塌

这种崩塌能否产生，关键在于开始时的滑移。一旦岩体重心滑出陡坡，突然的崩塌就会产生，导致这类崩塌的发生除重力因素外，还有连续大雨渗入岩体的裂缝中所产生的静水压力和动水压力，以及雨水软化软弱面，都是岩体滑移的诱发因素。

（3）鼓胀—崩塌。当陡坡上不稳定岩体之下有较厚的软弱岩层，或不稳定岩体本身就是松软岩层，而且有长大的垂直节理把不稳定岩体和稳定岩体分开时，当有连续大雨或有地下水补给的情况下，下部较厚的软弱岩层被软化。在上部岩体的重力作用下，当压应力超过软岩天然状态下的抗压强度时，软岩将被挤出，

发生向外鼓胀，随着鼓胀的不断发展，不稳定岩体将会不断地下沉和外移，同时发生倾斜，一旦重心移出坡外，崩塌即会发生。

（4）拉裂—崩塌。当陡坡是由软硬相间的岩层组成时，由于风化作用和河流的冲刷掏蚀作用，上部坚硬岩层在断面上常以悬臂梁形式突出来，如图 11-6 所示。在突出的岩体上，通常发育有构造节理或风化节理，在图 11-6 的 AB 面上，剪力弯矩最大，在 A 点附近承受最大拉应力。在长期重力作用下，A 点附近的节理会逐渐扩大和发展，导致拉力更进一步集中，一旦拉力超过了这部分岩体的抗拉强度时，拉裂缝就会迅速向下发展，突出的岩体就会产生突然的向下崩落。除重力长期作用外，震动、各种风化作用，尤其是寒冷地区的冰劈作用，都会促进这类崩塌的发展。

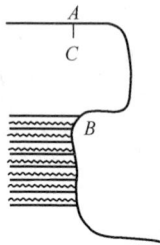

图 11-6　拉裂—崩塌　　　　　图 11-7　错断—崩塌

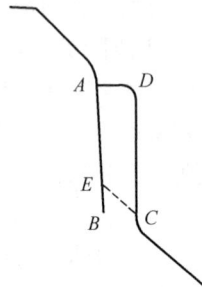

（5）错断—崩塌。陡坡上长柱状和板状的不稳定岩体，当无倾向坡外的不连续面，并且下部无较厚的软弱岩层时，发生滑移—崩塌、鼓胀—崩塌的可能性较小。在某些因素作用下，不稳定岩体的重量增加或其下部断面面积减小，都会使长柱状或板状不稳定岩体的下部被剪断，从而发生错断—崩塌，如图 11-7 所示。可见错断—崩塌是由于岩体自重力在下部产生的剪应力超过了岩石的抗剪强度，比如由于地壳的上升，下切作用加强，使垂直节理不断加深，这样长柱状和板状岩体的自重不断增加，产生较大的剪应力；岩体在冲刷和其他风化剥蚀作用下，岩体下部断面不断减小，从而导致岩体被剪断；由于人工开挖边坡过高过陡，使下部岩体被剪断而产生崩塌。

11.2.3　稳定性计算

滑移式崩塌的稳定性计算可参考滑动稳定性计算，以下介绍倾倒式崩塌和拉裂式崩塌稳定性的计算方法：

（1）倾倒式崩塌。倾倒式崩塌的基本图式如图 11-8 所示，图 11-8 （a）表示不稳定岩体的上、下各部分和稳定岩体之间均有裂隙分开。一旦发生倾倒，将以 A 点为转动点转动。在稳定性验算中，应考虑各种可能的附加力的最大不利组合，比如在雨期，张开裂缝可能被暴雨充满，应考虑静水压力；当地震力超过 7

度时，地震力应考虑，绘出简单的受力图 11-8 (*b*)。如果不考虑其他力，则崩塌体的抗倾覆稳定安全系数 K 可按下式计算：

$$K = \frac{W \cdot a}{F \cdot \frac{h}{3} + P \cdot \frac{h}{2}} \tag{11-1}$$

式中　F——静水压力合力，静水压力按三角形分布；

　　　h——崩塌体高；

　　　P——地震力，$P = W \cdot n$；

　　　W——崩塌体重量；

　　　n——水平地震系数（由地震烈度查表得到）；

　　　a——转点 A 至重力延长线的垂直距离（崩塌体宽度一半）。

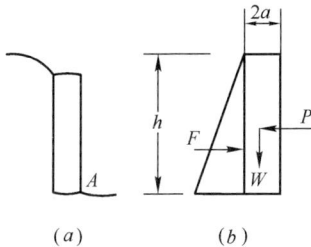

图 11-8　倾倒式崩塌计算示意图　　　图 11-9　拉裂式崩塌计算示意图

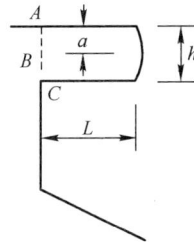

（2）拉裂式崩塌。拉裂式崩塌的典型情况如图 11-9 所示，以悬臂梁形式突出的岩体，在 AC 面上承受最大的弯矩和剪力，岩层的顶部受拉，底部受压，A 点的拉应力最大。将安全系数 K 定义为岩石的允许抗拉强度与 A 点所承受的拉应力比值：

$$K = \frac{[\sigma_{拉}]}{\sigma_{A拉}} = \frac{(h-a)^2 \cdot [\sigma_{拉}]}{3L^2 \gamma h} \tag{11-2}$$

式中　h——岩层厚度；

　　　L——岩层长度；

　　　a——裂缝深度。

11.2.4　崩塌的勘察与评价

11.2.4.1　崩塌的勘察

崩塌的勘察宜在可行性或初步勘察阶段进行，应查明产生崩塌的条件及其规模、类型、范围，并对工程建设适宜性作出评价，提出防治工程的建议。

对崩塌进行勘察的主要方法是工程地质测绘和调查，工程地质测绘的比例尺宜采用 1:1000~1:500，崩塌方向主剖面的比例尺宜采用 1:200。工程地质测绘和调查的内容除满足常规要求外，尚应查明以下内容：1）地形地貌及崩塌类型、规模、范围、崩塌体大小和崩落方向；2）岩体基本质量等级、岩性特征和风化程度；3）地质构造，岩体结构类型，结构面的产状、组合关系、闭合程度、力学属性、延展及贯穿情况；4）气象（主要是降水）、水文、地震和地下水的活动；5）崩塌前的迹象和崩塌原因；6）当地防治崩塌的经验。

当需判定危岩的稳定性时，宜对张裂缝进行监测。对有较大危害的大型危岩，应结合监测结果，对可能发生崩塌的时间、规模、滚落方向、途径、危害范围等做出预报。

对危岩的监测可按下列步骤实施：1）对危岩及裂隙进行详细编录；2）在岩体裂隙的主要部位设置伸缩仪，记录其水平位移量和垂直位移量；3）绘制时间与水平位移、时间与垂直位移的关系曲线；4）根据位移随时间的变化曲线，求得移动速度。必要时可在伸缩仪上连接报警器，当位移量达到一定值或位移突然增大时，可发出警报。

11.2.4.2　崩塌的评价

崩塌的岩土工程评价应在查明形成崩塌的基本条件的基础上，圈出可能产生崩塌的范围和危险区，评价作为工程场地的适宜性，并提出相应的防治措施。对于规模大，破坏后果很严重，难于治理的，不宜作为工程场地，线路应绕避；对于规模较大，破坏后果严重的，应对可能产生的崩塌危险进行加固处理，线路应采取防护措施；对于规模小，破坏后果不严重的，可作为工程场地，但应对不稳定危岩采取治理措施。

11.3　滑　　坡

岩土体沿着一定的软弱面向下滑动的现象，称为滑坡。滑坡具有明显的特征以区别于其他边坡破坏类型：一是岩土体移动的整体性，除滑动体边缘外滑体上各部分的位置和相互关系在滑动前后变化不大；二是滑动体是沿着一个或数个软弱面（带）滑动，这个面可以是各种成因的结构面，如岩层层面、不整合面、断层面（或破碎带）、贯通的节理裂隙面等，也可以是不同成因的第四系松散堆积界面、老地面、含水层顶底板等。

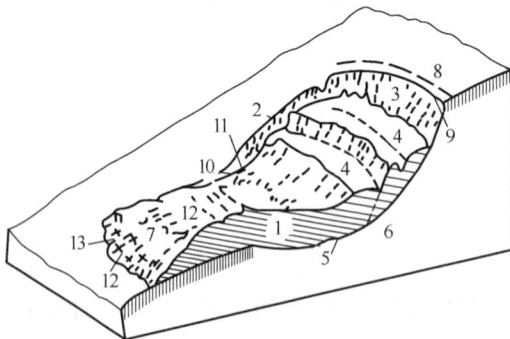

图 11-10　滑坡形态要素

1—滑坡体；2—滑坡周界；3—滑坡后壁；4—滑坡台阶；5—滑动面（带）；6—滑坡床；7—滑坡舌；8—后缘拉张缝；9—主裂缝；10—羽毛状裂缝；11—剪切裂缝；12—鼓张裂缝；13—扇形裂缝

对于一个发育完全的滑坡，其形态特征和内部结构如图 11-10 所示。

11.3.1 滑坡的形成条件

边坡不是固定不变的，而是在一定条件下由于各种自然和人为因素的影响而不断发展和变化的。滑坡的形成和发展是在一定的地貌、岩性条件下，由于自然地质或人为因素影响的产物。对于某一个滑坡，其发生和发展的每一个阶段，常是几个条件和因素起主导作用，所以在勘察时，对某一滑坡应找出起主导作用的条件和因素，以利于分析判断滑坡的发展阶段、稳定程度，据此制定正确的防治措施。

(1) 地形地貌条件。斜坡的高度、坡度和斜坡的形态、成因与斜坡的稳定性有着密切的关系。在斜坡地质条件基本相同的条件下，高陡斜坡失去稳定性比低缓斜坡容易。斜坡的成因、形态反映了斜坡的形成历史、稳定程度和发展趋势，对其进行分析可有助于了解滑坡的形成和发展。

(2) 地层岩性条件。地层岩性是滑坡形成的物质基础。在一些地层中滑坡比较发育：第四系的各种黏性土、黄土以及各种成因的堆积土；第三系、白垩系及侏罗系的砂岩、页岩、泥岩和砂页岩互层，煤系地层；石炭系的石灰岩和页岩、泥岩互层；泥质岩的变质岩，如千枚岩、板岩、云母片岩、绿泥石片岩和滑石片岩等。这些岩层中易发生滑坡，在于这些岩层本身岩性软弱，在水和其他营力作用下，易形成滑动带，具备了滑坡产生的基本条件。

(3) 地质构造条件。地质构造与滑坡的形成及发展的关系主要表现在以下三个方面：一是在大的断裂构造带附近，岩体破碎，构成破碎岩层滑坡的滑体。因此在断裂带附近滑坡往往会成群出现；二是各种构造结构面（断层面、岩层面、节理面、片理面及不整合面）控制了滑动面的空间位置及滑坡的范围；三是地质构造决定了滑坡区地下水的类型、分布、状态和运动规律，从而不同程度地影响着滑坡的产生和发展。

(4) 水文地质条件。各种软弱层、松散风化带容易积水，如果山坡上方或侧面有丰富的地下水补给时，则易促进滑坡的形成和发展，其主要作用有：地下水或地表水渗入滑体，增加滑体重量，并且润湿滑动带中的土使之强度降低；地下水在隔水层汇集成含水层，会对上覆岩层产生浮托力，降低抗滑力；地下水和周围岩体长期作用，不断改变周围岩土的性质和强度，从而引起滑坡的滑动；地下水的升降还会产生很大的静水压力和动水压力。所有这些都有利于滑坡的发生。

(5) 地震的影响。地震是诱发滑坡的重要因素之一。地震诱发滑坡首先是使斜坡土石结构破坏，在地震力的反复振动冲击下，沿原有软弱面或新产生的软弱面产生滑动。由于地震产生裂缝和断崖，助长了其后降雨或降雪的渗透，因此地震以后常因降雨或降雪而发生滑坡。

(6) 人为因素的影响。人工开挖边坡，坡体上部加载，改变了斜坡的外形和应力状态，增大了下滑力，相对减小了斜坡的支撑力，从而引起滑坡。

11.3.2　滑坡的分类

合理的滑坡分类对于认识和治理滑坡是必要的，从不同的观点和分类原则出发有不同的分类。

11.3.2.1　按滑动性质划分

(1) 牵引式滑坡，由斜坡下部首先失去平衡发生滑动，继而上部岩土体被牵引也跟着滑动的滑坡；(2) 推动式滑坡，斜坡上部首先失去平衡，随着不稳定的岩土体向下滑动，挤压下部岩土体造成下部滑动的滑坡；(3) 混合式滑坡，上述两种情况皆有的滑坡。

11.3.2.2　按滑动面特征和地质特征划分

(1) 均质滑坡，发生在均质岩层中的滑坡，比如发生在较均质的黄土或其他黏性土中的滑坡，滑动面往往是曲面，如图 11-11 (a)、(b) 所示；(2) 顺层滑坡，沿着由于某些地质作用早已形成的面而产生滑坡，比如岩层层面、裂隙面、堆积物与基岩的交界面、透水层与不透水层的交界面以及岩层不整合面等，如图 11-11 (c)、(d) 所示；(3) 切层滑坡，滑坡面与层面相切割的滑坡，如图 11-11 (e) 所示。

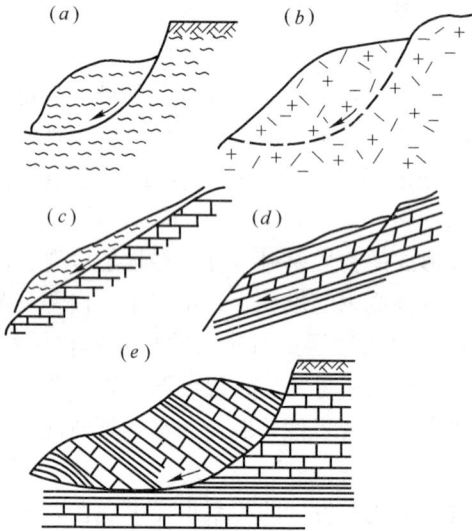

图 11-11　滑坡类型

(a) 均质黏性土滑坡；(b) 均质岩石滑坡；(c) 岩层面顺层滑坡；(d) 岩层顺层滑坡；(e) 切层滑坡

11.3.3　滑坡的稳定性分析

滑坡的稳定性分析应符合下列要求：正确选择有代表性的分析断面，正确划分牵引段、主滑段和抗滑段；正确选用强度指标，宜根据测试成果、反分析和当地经验综合确定；有地下水时，应计入浮托力和水压力；根据滑面（滑带）条件，按平面、圆弧或折线，选用正确的计算模型；当有局部滑动可能时，除验算整体稳定外，尚应验算局部稳定；当有地震、冲刷、人类活动等影响因素时，应计及这些因素对稳定的影响。

11.3.3.1　稳定性计算

对于圆弧形滑动可参考边坡的稳定性计算。《岩土工程勘察规范》GB 50021—2001（2009 年版）推荐当滑动面为折线形时，采用下面方法计算稳定安全系数：

$$F_s = \frac{\sum\limits_{i=1}^{n-1} \left(R_i \prod\limits_{j=1}^{n-1} \psi_j \right) + R_n}{\sum\limits_{i=1}^{n-1} \left(T_i \prod\limits_{j=1}^{n-1} \psi_j \right) + T_n} \tag{11-3}$$

$$\psi_j = \cos(\theta_i - \theta_{i+1}) - \sin(\theta_i - \theta_{i+1})\tan\varphi_{i+1} \tag{11-4}$$

$$R_i = N_i \tan\varphi_i + c_i L_i \tag{11-5}$$

式中　F_s——稳定系数；

$\quad\quad \theta_i$——第 i 块段滑动面与水平面的夹角（°）；

$\quad\quad R_i$——作用于 i 块段的抗滑力（kN/m）；

$\quad\quad N_i$——第 i 块段滑动面的法向分力（kN/m）；

$\quad\quad \varphi_i$——第 i 块段土的内摩擦角（°）；

$\quad\quad c_i$——第 i 块段土的黏聚力（kPa）；

$\quad\quad L_i$——第 i 块段滑动面长度（m）；

$\quad\quad T_i$——作用于第 i 块段滑动面上的滑动分力（kN/m），出现与滑动方向相反的滑动分力时，T_i 应取负值；

$\quad\quad \psi_j$——第 i 块段的剩余下滑动力传递至 $i+1$ 块段时的传递系数（$j=i$）。

计算模型如图 11-12 所示。

计算出的稳定系数应符合下式：

$$F_s \geqslant F_{st} \tag{11-6}$$

式中　F_{st}——滑坡稳定安全系数，取值根据研究程度及其对工程的影响确定。

11.3.3.2　滑坡的推力

滑坡推力是滑体下滑力与抗滑力的差值。滑坡推力的正确计算，是滑坡治理成败以及是否经济合理的重要依据。滑坡推力是在滑动面确定后，根据所取的计算指标用力学计算的方法取得。

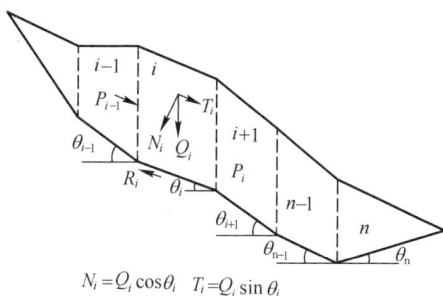

$N_i = Q_i\cos\theta_i \quad T_i = Q_i\sin\theta_i$

图 11-12　滑坡稳定系数计算

当滑动面为折线形时，滑坡推力可按下式计算：

$$F_n = F_{n-1}\psi + \gamma_t G_{nt} - G_{nn}\tan\varphi_n - c_n l_n \tag{11-7}$$

$$\psi = \cos(\beta_{n-1} - \beta_n) - \sin(\beta_{n-1} - \beta_n)\tan\varphi_n \tag{11-8}$$

式中　F_n、F_{n-1}——第 n 块、第 $n-1$ 块滑体的剩余下滑力；

$\quad\quad\quad \psi$——传递系数；

$\quad\quad\quad \gamma_t$——滑坡推力安全系数；

$\quad\quad G_{nt}$、G_{nn}——第 n 块滑体自重沿滑动面、垂直滑动面的分力；

$\quad\quad\quad \varphi_n$——第 n 块滑体沿滑动面土的内摩擦角标准值；

c_n——第 n 块滑体沿滑动面土的黏聚力标准值；

l_n——第 n 块滑体沿滑动面的长度。

计算模型如图 11-13 所示。在进行滑坡推力计算时，如果滑动体有多层滑动面（带），应取推力最大的滑动面（带）确定滑坡推力。滑坡推力的作用点，可取在滑体厚度的 1/2 处。

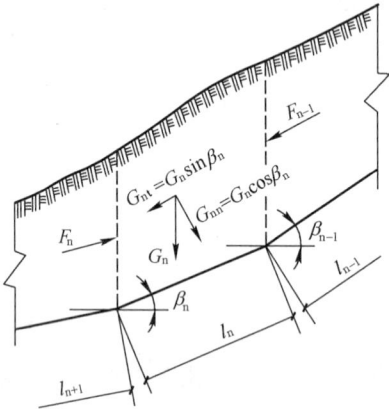

图 11-13　滑坡推力计算示意图

11.3.4　滑坡的防治

防治滑坡，必须根据工程地质、水文地质条件以及施工影响等因素，找出影响滑坡的主要因素，采取有针对性的措施。

（1）对于大型的滑坡或滑坡群，其工程量大，防治工程造价高，工期长，在勘察阶段可以采取绕避，将线路放置于安全地带。

（2）排水。滑坡的移动多与地表水或地下水有关，滑坡的防治要排除地表水或地下水的影响，地下水的排除往往可以起到防止或减缓滑坡恶化的效果。

排除地表水的目的是拦截滑坡范围以外的地表水流入滑体和使滑体范围内的地表水排出滑体，地表排水可采用截水沟（图 11-14）和排水沟。排除地下水是用地下建筑物拦截、疏干地下水以及降低地下水位等，来防止或减少地下水对滑坡的影响。根据地下水的类型、埋藏条件和工程的施工条件，可采用截水盲沟、支撑盲沟、边坡渗沟、排水隧洞以及设有水平管道的垂直渗井、水平钻孔群和渗管疏干等工程措施。

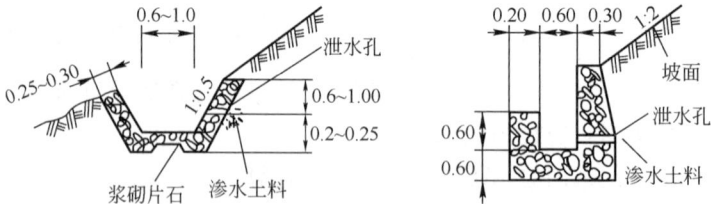

图 11-14　截水沟

（3）改变滑坡体的力学平衡条件。根据滑坡的稳定状态，用减小下滑力增大抗滑力的方法来改变滑体的力学平衡条件，使滑坡体稳定。常用的方法有抗滑挡土墙、抗滑桩、刷方减载、堆填反压等方案。

1）抗滑挡土墙。抗滑挡土墙施工时对山体破坏轻，稳定滑坡收效快，对于小型滑坡可单独采用，对于大型滑坡可作为综合措施的一部分。设置挡墙时要弄清楚滑坡的滑动范围、滑动面层数及位置、推力方向及大小等，并要查清挡墙基底情况，否则会造成挡墙变形，甚至挡墙随滑体变形，造成工程失败。

　　抗滑挡土墙与一般挡土墙的主要区别在于它所受土压力的大小、方向和作用点不同。由于滑坡的滑动面已形成，所以抗滑挡墙受力与挡墙高度和墙背形状无关，主要由滑坡的推力所决定。其受力方向与墙背较长一段滑动面方向有关，即平行墙后的一段滑动面的倾斜方向。推力的分布为矩形，合力作用点为矩形的中点。因此重力式抗滑挡墙有胸坡缓，外形矮胖的特点，如图 11-15 所示。为了保证施工安全，修筑抗滑挡墙最好在旱季进行，并于施工前做排水工程，施工时须跳槽开挖，禁止全拉槽。开挖一段应立即砌筑回填，以免引起滑动。施工时应从滑体两边向中间进行，以免中部因推力集中推毁已成挡墙。

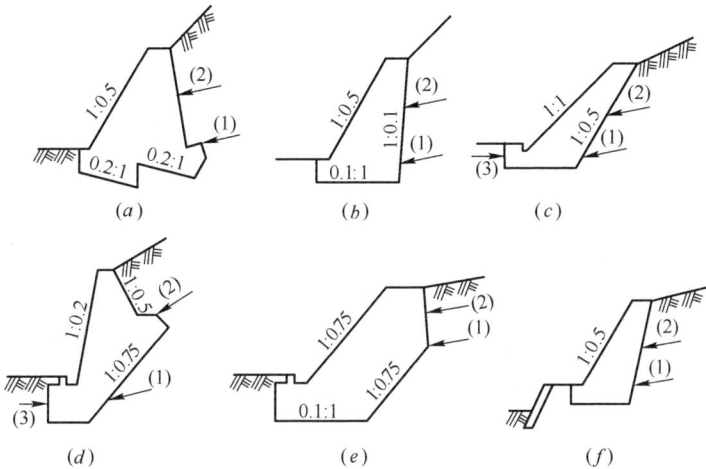

图 11-15　抗滑挡墙主要结构形式
(1)—滑动面；(2)—滑坡推力；(3)—被动土压力

　　2) 抗滑桩。抗滑桩是在滑体和滑床间打入一系列铆钉，使两者成为一个整体，从而使滑体稳定。桩的材料可以有木桩、钢管桩、混凝土桩和钢筋混凝土桩。

　　抗滑桩的布置取决于滑体的密实程度、含水情况、滑坡推力大小等因素，通常按照需要布置成一排或数排，如图 11-16 所示。

　　3) 刷方减载。在滑坡后部主滑地段减重，减重时须经过滑坡推力计算，求出各滑动面的推力，才能判断各段滑体的稳定，减重后还要验算是否有可能沿某些软弱处重新滑出。

　　4) 堆填反压。滑坡前段确实存在抗滑地段，才能在此地段施压，增加抗滑能力，否则会起到相反的作用。尤

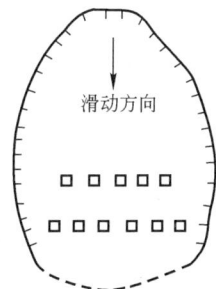

图 11-16　抗滑桩
平面布置

其是不可在牵引地段加压,增加下滑力促进滑动加剧。与刷方减载一样,在前部增重反压也须经过计算,以达到稳定滑坡的目的。

11.3.5 滑坡的勘察与评价

拟建工程场地或其附近存在对工程安全有影响的滑坡或有可能滑坡时,应进行专门的滑坡勘察。

11.3.5.1 滑坡的勘察

滑坡勘察阶段的划分,应根据滑坡的规模、性质和对拟建工程的可能危害确定。比如有的滑坡规模大,对拟建工程影响严重,即使在初步设计阶段,对滑坡也要进行详细的勘察。滑坡的勘察主要进行以下几方面工作:一是查明各层滑坡面(带)的位置;二是查明各层地下水的位置、流向和性质;三是在滑坡体、滑坡面(带)和稳定地层中采取土试样进行试验。

滑坡的勘察包括工程地质测绘和调查、钻探、触探和一定数量的探井。

工程地质测绘和调查范围包括滑坡及其邻近地段。比例尺选用 1:1000～1:200,用于整治时比例尺选用 1:500～1:200。调查内容除常规内容外,尚应包括下列内容:搜集地质、水文、气象、地震和人类活动等相关资料;滑坡的形态要素和演化过程,圈定滑坡周界;地表水、地下水、泉和湿地等的分布;树木的异态、工程设施的变形等;当地治理滑坡的经验。对滑坡的重点部位应摄影或录像。

钻探主要用于了解滑坡内部构造、滑动面的埋深以及水文地质条件。勘探孔的深度应穿过最下一层滑面,进入稳定地层,控制性勘探孔应深入稳定地层一定深度,满足滑坡治理需要;布置适量的探井可以直接观察滑动面,并采取滑动面的土样;动力触探、静力触探常有助于发现和寻找滑动面,适当布置动力触探、静力触探孔对搞清楚滑坡是有益的。

勘探线和勘探点的布置应根据工程地质条件、地下水情况和滑坡形态确定。除沿主滑方向应布置勘探线外,在其两侧滑体外也应布置一定数量勘探线。勘探点间距不宜大于40m,在滑坡体转折处预计采取工程措施的地段,应有一定数量的探井。

滑坡稳定性计算和推力计算需要强度指标,对滑坡勘察,土的强度试验须符合下列要求:

1) 采用室内、野外滑面重合剪,滑带宜做重塑土或原状土多次剪试验,并求出多次剪和残余剪的抗剪强度;2) 采用与滑动受力条件相似的方法;3) 采用反分析方法检验滑动面的抗剪强度指标。

11.3.5.2 滑坡的评价

滑坡稳定性的综合评价,应根据滑坡的规模、主导因素、滑坡前兆、滑坡区的工程地质和水文地质条件以及稳定性验算结果进行,并应分析发展趋势和危害程度,提出治理方案的建议。

11.4　边坡工程的稳定性分析

边坡工程岩土体稳定分析的方法很多，归纳起来主要有定性的工程地质类比法和定量的计算分析方法。

11.4.1　工程地质类比法

工程地质类比法主要是应用自然历史分析方法去认识了解形成稳定的自然边坡的工程地质因素，用它与人工开挖边坡的工程地质因素进行对比，提出在相似条件下的稳定边坡的有关参数，作为工程设计的依据。

（1）影响岩质边坡稳定的工程地质因素对比

人工边坡与自然边坡稳定性的影响因素有共同性，也有差异性，要认清两者之间的共同性和差异性，并分清哪些是主要因素，哪些是次要因素。一般情况下，岩石性质、岩体结构、水的作用和风化作用是主要因素，而地震作用和气候条件则是次要因素。

1）自然边坡的坡度与岩性关系密切。坚硬或半坚硬的岩石常形成直立陡峻的自然边坡；抗风化能力低的岩石，形成的自然边坡平缓；层状岩石由于抵抗风化能力不同，常形成阶梯山坡；均一岩石，如黏土质岩石为凹状缓坡。所以在进行对比时，要查清自然边坡的形态、陡缓与岩性间的关系。

2）边坡的结构类型也是边坡对比时要分析的一个重要方面。首先要分清岩体结构类型的特点，并结合岩石边坡结构类型进行对比，其次应考虑结构面与边坡坡向间的关系。

3）关于水的作用，主要是注意水在岩体中的埋藏条件、流量及动态变化，同时要注意在边坡上不下渗的条件。

4）关于风化作用，主要是分析风化层厚度的变化与自然山坡坡度的关系，以便进行对比。

5）另外边坡方位、地震作用、气候条件等，都要加以考虑。

采用工程地质类比法进行分析时，要从以上这些因素进行分析，以确定合理边坡坡角及其稳定性。

（2）边坡的成因类型与对比的关系

进行边坡对比时，已有边坡的成因类型也很重要，因为不同成因的边坡坡度和外貌都有很大的差别。因此，认识边坡的成因类型，才能选出合适的稳定坡角，以供对比。

（3）对比原则

要进行对比，前提是进行对比的边坡间有相似性。相似性主要包括了两个方面，一是组成边坡的岩性和岩体结构的相似性，二是边坡类型的相似性。

岩性的相似是成岩条件的相似，如陆相砂岩和海相砂岩有很大差别；岩石形成的时代不同，其性质也不相同。所以考虑岩性条件和地质时代是岩性对比的重要问题。岩体结构的相似性，这里应注意的是结构面的组合关系，如一组结构面组成的边坡可与另一组结构面组成的边坡进行对比，二组的同二组的对比，在对比中还要考虑结构面的成因、性质和产状等。

边坡类型的相似性，这是在岩性、岩体结构的相似条件下的对比。

除上述相似条件外，还有地震作用、气候条件等因素的相似性，可以因地而宜，根据具体情况，考虑具体的相似条件。依此对比，分析得出的边坡坡角则是比较合理的。

11.4.2　定量分析方法

（1）碎石类边坡的稳定性计算

当边坡由碎石土、砾、砂等组成时，黏聚力忽略不计。从图 11-17 可知当 A 点处于极限平衡状态时有：

$$\tan\beta = \tan\varphi, \quad \beta = \varphi$$

因此边坡角 β 小于土的内摩擦角 φ 时则稳定。碎石类边坡的稳定安全系数 K 可表示为：

$$K = \frac{\tan\varphi}{\tan\beta} \tag{11-9}$$

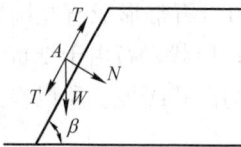

图 11-17　砂土边坡示意图

（2）黏土类边坡的稳定性计算

常采用圆弧滑动法，即将边坡滑动破坏时的滑动面近似为圆柱面，在断面上视为一圆弧。圆弧的位置在出现滑动前并不明确，主要取决于土体的性质、边坡的形态等因素。在稳定计算时，先假定若干滑弧，经验算后，以稳定系数最小的滑弧为可能的滑弧。圆弧滑动法中常用的计算方法是采用土力学中的条分法，根据对土条间简化模型的不同而分为瑞典圆弧法、毕肖普法以及普遍条分法等。

瑞典圆弧滑动法不考虑土条两侧的作用力，安全系数定义为每一土条在滑裂面上所能提供的抗滑力矩之和与外荷载及滑动土体在滑裂面上所产生的滑动力矩和之比，以下式来表示：

$$F_s = \frac{\sum[c_i'l_i + (W_i\cos\alpha_i - u_il_i)\tan\varphi_i']}{\sum W_i\sin\alpha_i} \tag{11-10}$$

式中　W_i——土条本身的重量；

$\quad\quad l_i$——土条底部的长度；

$\quad c_i'、\varphi_i'$——有效抗剪强度指标；

$\quad\quad \alpha$——土条的倾角；

$\quad\quad u_i$——孔隙压力，下标 i 表示土条的序号。

毕肖普考虑了条间力的作用，并将安全系数 F_s 定义为沿整个滑裂面的抗剪强度 τ_f 与实际产生的剪应力 τ 之比，即

$$F_s = \frac{\tau_f}{\tau}$$

如图 11-18 所示，E_i 及 X_i 分别表示法向及切向条间力，W_i 为土条间自重，N_i、T_i 分别为土条底部的总法向力（包括有效法向力及孔隙应力）和切向力，推出安全系数计算式：

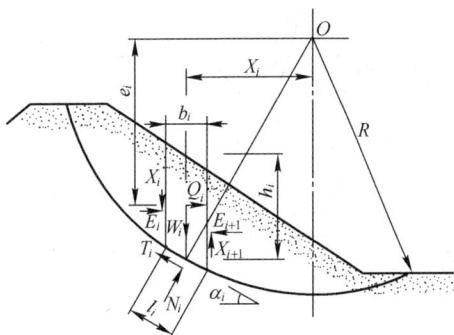

图 11-18 毕肖普法

$$F_s = \frac{\sum \dfrac{1}{m_{ai}} [c'_i b_i + (W_i - u_i b_i)\tan\varphi'_i]}{\sum W_i \sin\alpha_i + \sum Q_i \dfrac{e_i}{R}} \tag{11-11}$$

$$m_{ai} = \cos\alpha_i + \frac{\tan\varphi'_i \sin\alpha_i}{F_s} \tag{11-12}$$

（3）岩质边坡的稳定性计算

1）沿单个平面剪切滑动

大多数岩坡在滑动前坡顶上或在坡面上出现张裂缝，如图 11-19 所示。张裂缝中不可避免地充有水，从而产生侧压力。为了分析方便起见，常作下列假定：滑动面及张裂缝的走向平行于坡面；张裂缝垂直，其中充水深度为 Z_w；水沿张裂缝底进入滑动面渗漏，张裂缝底与坡趾间的长度内水压力按线性变化至零；滑块体重量 W、滑动面上水压力 U 和张裂缝中水压力 V 三个均通过滑体的重心，即没有使岩块转动的力矩，坡体破坏只能是滑动。

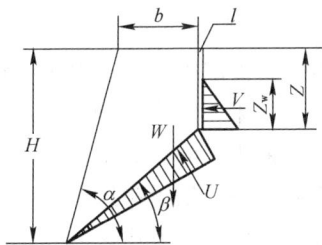

图 11-19 平面滑动分析简图
1—张裂缝

安全系数 F_s 定义为总抗滑力与总滑动力之比：

$$F_s = \frac{c_j L + (W\cos\beta - U - V\sin\beta)\tan\varphi_j}{W\sin\beta + V\cos\beta} \tag{11-13}$$

式中　L——滑动面长度（每单位宽度内的面积）（m），$L = (H-Z)/\sin\beta$。

2）楔体滑动的稳定性

岩坡经常由两组或两组以上节理相交而被切割成一个个的楔形体，如图 11-20 所示，楔形体沿着两组节理面的交线发生滑动。

设滑动面 1 和 2 的内摩擦角分别为 φ_1 和 φ_2，黏聚力分别为 c_1 和 c_2，面积

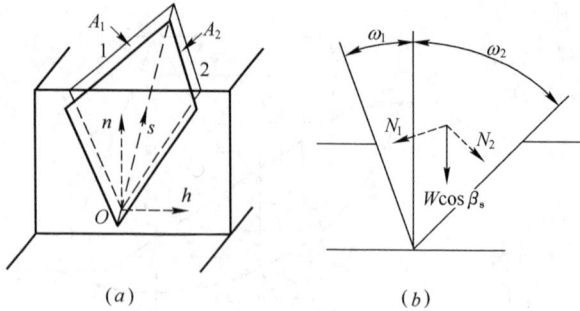

分别为 A_1 和 A_2，倾角分别为 β_1 和 β_2，走向分别为 ψ_1 和 ψ_2。二滑动节理面交线的倾角为 β_s，走向为 ψ_s，交线的法线 $\bar{n}$ 和滑动面间的夹角分别为 ω_1 和 ω_2，楔形体重量为 W，W 作用在滑动面上的法向力分别为 N_1 和 N_2。安全系数定义为楔形体抗滑力与下滑力的比值：

图 11-20　楔形滑动图形

(a) 立体视图；(b) 沿交线视图

1—滑动面 1；2—滑动面 2

$$F_s = \frac{N_1\tan\varphi_1 + N_2\tan\varphi_2 + c_1 A_1 + c_2 A_2}{W\sin\beta_s} \tag{11-14}$$

其中 N_1 和 N_2 可根据平衡条件求得：

$$\left. \begin{aligned} N_1 &= \frac{W\cos\beta_s\cos\omega_2}{\sin\omega_1\cos\omega_2 + \cos\omega_1\sin\omega_2} \\[2mm] N_2 &= \frac{W\cos\beta_s\cos\omega_1}{\sin\omega_1\cos\omega_2 + \cos\omega_1\sin\omega_2} \end{aligned} \right\} \tag{11-15}$$

(4) 有限元土坡稳定分析

对于边坡稳定计算有多种数值方法，目前最常用的是极限平衡法，极限平衡法具有快速简捷容易掌握，计算得到的安全稳定系数，工程物理概念十分清楚，回答了边坡工程稳定与否的问题。但是极限平衡法由于采用了刚体假定，不能计算出边坡的变形情况和给出应力状态，当然也不可能从数值上给出边坡中哪一部分处于塑性状态以及局部破坏等，这就没有办法从数值分析中研究边坡的变形破坏机制。这是计算方法本身的局限性带来的不足。

有限单元法全面满足了静力许可、应变相容和应力、应变之间的本构关系，同时不受边坡几何形状不规则和材料不均匀性的限制。与传统的极限平衡分析法相比具有以下特点：破坏面的位置或者形状不需要事先假定，破坏"自然地"发生在土的抗剪强度不能抵抗剪应力的地带；由于有限元法引入变形协调的本构关系，因此也不必引入假定条件用来简化土条间的作用力等，保持了理论的严密性；有限元提供了应力、应变的全部信息。

边坡的有限元分析可以采用摩尔-库仑强度准则，即土体的剪切破坏与最大主应力、最小主应力以及岩石的内聚力和内摩擦角有关。

关于安全系数的定义：边坡的稳定系数一般定义为沿滑动面的抗剪强度与滑移面上的实际剪应力的比值，即：

$$F = \frac{\int_0^l (c + \sigma \tan\varphi) \mathrm{d}l}{\int_0^l \tau \mathrm{d}l} \tag{11-16}$$

将上式两边同除以 F，上式变为：

$$1 = \frac{\int_0^l \left(\frac{c}{F} + \sigma \frac{\tan\varphi}{F}\right) \mathrm{d}l}{\int_0^l \tau \mathrm{d}l} = \frac{\int_0^l (c' + \sigma \tan\varphi') \mathrm{d}l}{\int_0^l \tau \mathrm{d}l} \tag{11-17}$$

式中 $c' = \frac{c}{F}$；$\varphi' = \mathrm{arcot}\left(\frac{\tan\varphi}{F}\right)$

上式左边等于 1，表明当岩土体强度折减 F 后进入临界状态。在进行有限元分析时，首先选取一个初始的折减系数，用这个系数折减岩土体强度，进行有限元分析。如果程序收敛，则表明土体仍处于稳定状态，可以继续增大折减系数，再进行有限元分析，直至达到临界状态。此时得到的折减系数 F 就是坡体稳定系数，此时的滑移面即为实际的滑移面。

11.4.3 图解分析法

岩体内在的各种软弱结构面是影响岩体稳定的主要因素，其他因素主要是通过结构面对岩体施加影响。实践证明，岩质边坡的破坏，往往是几组结构面所控制，结构面或结构面组合线的产状及其与边坡的关系对边坡的稳定性影响极大。图解法在大量的节理裂隙调查统计的基础上，将结构面调查统计成果绘成等密度图，得出结构面的优势方位。在赤平极射投影图上，根据优势方位结构面的产状和坡面投影关系分析边坡的稳定性。

按边坡岩体内结构面组数的多少，可将岩质边坡分为一组结构面、二组结构面、三组结构面和多组结构面边坡。一般地，当结构面或结构面交线的倾向与坡面倾向相反时，边坡为稳定结构；当结构面或结构面交线的倾向与坡面倾向一致，但倾角大于坡角时，边坡为基本稳定结构；当结构面或结构面交线的倾向与坡面倾向之间的夹角大于 45°，且倾角小于坡角时，边坡为不稳定结构。以下介绍一组结构面边坡的图解法分析：

一组结构面边坡多见于层状岩层，如果没有地形切割，则边坡稳定性好；若发生变形，必须切断部分岩体。按结构面与边坡的产状关系又可分为两种情况：

一组水平结构面边坡：边坡岩体内只有一组水平或接近水平产状的结构面，这种边坡的稳定性一般较好。

一组倾斜结构面边坡：岩体内只有一组倾斜的结构面，这种边坡的稳定性与结构面走向、倾向、倾角有直接关系（表 11-2）。按结构面走向与边坡走向的关系，可分为一致的和斜交的结构面。结构面走向与边坡走向一致的又可分为内倾（结构面倾向与边坡倾向相反）和外倾（结构面倾向与边坡倾向相同）两种情况，而内倾比外倾对边坡稳定有利。一般来说，结构面内倾的边坡多是稳定的；外倾的边坡的稳定性又取决于结构面倾角的大小，当结构面倾角 β 小于边坡坡角 α 时，稳定性差，特别是 β 又大于结构面的内摩擦角 φ 时，边坡失稳极易发生；但当 β 大于 α 时，边坡稳定性较好一些。斜交边坡的结构面对稳定性的影响与其和边坡交角的大小有关，当斜交夹角 θ 大于 $40°$ 时，一般较稳定；而当小于 $40°$ 时，稳定性差，此种情况接近外倾边坡，可能产生局部滑动现象。

一组倾斜结构面的边坡稳定情况　　　　　　　　　　　表 11-2

结构面与边坡关系		平面图	剖面图	赤平投影图	边坡稳定情况
内　倾		结构面 边坡			稳定，滑动可能性小
外　倾	$\beta < \alpha$				不稳定，易滑动
	$\beta > \alpha$				滑动可能性较小，但可能沿软弱结构面产生深层滑动
斜　交	$\theta > 40°$				一般较稳定，坚硬岩层滑动性小
	$\theta < 40°$				不很稳定，可能产生局部滑动

对于两组结构面边坡、三组结构面边坡以及多组结构面边坡也可用赤平极射投影图来分析边坡的稳定性。对图解法所得出的潜在不稳定边坡应进行计算验证。

11.5 边坡工程的勘察评价要点

11.5.1 边坡工程的勘察

一级建筑边坡工程应进行专门的岩土工程勘察；二、三级建筑边坡工程可与主体建筑勘察一并进行，但应满足边坡的勘察深度和要求。大型的和地质环境条件复杂的边坡宜分阶段勘察；地质环境复杂的一级边坡工程尚应进行施工勘察。

建筑边坡的勘察范围：应包括不小于岩质边坡高度或不小于 1.5 倍土质边坡高度，以及可能对建（构）筑物有潜在安全影响的区域。控制性勘探孔的深度应穿过最深潜在滑动面进入稳定层不小于 5m，并应进入坡脚地形剖面最低点和支护结构基底下不小于 3m。

边坡工程勘察前应取得下面的资料：附有坐标和地形的拟建建（构）筑物的总平面布置图；拟建建（构）筑物的性质、结构特点及可能采取的基础形式、尺寸和埋置深度；边坡高度、坡底高程和边坡平面尺寸；拟建场地的整平标高的挖方、填方情况；边坡滑塌区及影响范围内的建（构）筑物的相关资料；边坡工程区域的相关气象资料；场地区域最大降雨强度和 20 年一遇及 50 年一遇最大降水量，河、湖历史最高水位和 20 年一遇及 50 年一遇的水位资料，可能影响边坡水文地质条件的工业和市政管线、江河等水源因素，以及相关水库水位调度方案资料；对边坡工程产生影响的汇水面积、排水坡度、长度和植被等情况；边坡周围山洪、冲沟和河流冲淤等情况。

边坡工程的勘察应查明下面的资料：1）地形地貌。当存在滑坡、危岩和崩塌、泥石流等不良地质作用时，对地形地貌的勘察应符合各自的要求；2）岩土的类型、成因、工程特性，覆盖层厚度，基岩面的形态和坡度；3）岩体主要结构面的类型、产状、延伸情况、闭合程度、充填情况、充水状况、力学属性和组合关系，主要结构面与临空面关系，是否存在外倾结构面；4）地下水的类型、水位、水压、水量、补给和动态变化，岩土的透水性和地下水的出露情况；5）地区气象条件（特别是雨期、暴雨强度），汇水面积、坡面植被，地表水对坡面、坡脚的冲刷情况；6）岩土的物理力学性质和软弱结构面的抗剪强度。

一般情况下，边坡勘察和建筑物的勘察是同步进行的，边坡问题应在初勘阶段基本解决，一步到位，对于大型边坡的专门性勘察宜分阶段进行，各阶段应符合下列要求：

1）初步勘察应搜集地质资料，进行工程地质测绘和少量的勘探和室内试验，初步评价边坡的稳定性；

2）详细勘察应对可能失稳的边坡及相邻地段进行工程地质测绘、勘探、试验、观测的分析计算，做出稳定性评价，对人工边坡提出最优开挖坡角；对可能失稳的边坡提出防护处理措施的建议；

3）施工勘察应配合施工开挖进行地质编录，校对、补充前阶段的勘察资料，必要时，进行施工安全预报，提出修改设计的建议。

勘探方法：宜采用工程地质测绘、钻探、探洞、探槽、探井等。边坡工程的勘察应根据情况有所侧重，土质边坡工程地质测绘是勘察工作首要内容，主要查明边坡的形态和坡角；查明软弱结构面的产状和性质；测绘范围不仅限于边坡地段，应适当扩大到可能对边坡稳定有影响的地段；岩质边坡的一个重要工作是查明结构面，当常规钻探无法解决问题时，可以辅以一定数量的探洞、探井、探槽和斜孔。

勘探线的布置：应垂直边坡走向布置，勘探点间距应根据地质条件确定。当遇有软弱夹层或不利结构面时，应适当加密。详勘的勘探线、点间距可按地区经验或表 11-3 确定，且对每一单独边坡勘探线不宜少于 2 条，每条勘探线不应少于 2 个勘探孔。

详勘的勘探线、点间距　　　　　　　　　　　　　表 11-3

边坡勘察等级	勘探线间距（m）	勘探点间距（m）
一级	≤20	≤15
二级	20～30	15～20
三级	30～40	20～25

注：初勘的勘探线、点间距可适当放宽。

取样测试：主要岩土层和软弱层应采取试样，每层的试样对土层不应少于 6 件，对岩层不应少于 9 件，软弱层宜连续取样。同时正确确定岩土和结构面的强度指标，是边坡稳定分析和边坡设计成败的关键。一般情况下，岩土强度室内试验的应力条件应尽量与自然条件下岩土体的受力条件一致；对控制性的软弱结构面，宜进行原位剪切试验，室内试验成果的可靠性较差，对软土可采用十字板剪切试验；实测是重要的，但更应强调结合当地经验，并宜根据现场坡角采用反分析验证；岩土性质有时有"蠕变"，强度可能会随时间而降低，对于永久性边坡应予注意。所以三轴剪切试验的最高围压和直剪试验的最大法向压力的选择，应与试样在坡体中的实际受力情况相近。对控制边坡稳定的软弱结构面，宜进行原位剪切试验，对大型边坡，必要时可进行岩体应力测试、波速测试、动力测试、孔隙水压力测试和模型试验。

11.5.2　边坡工程的评价

（1）评价

不同的边坡具有不同的破坏形式，边坡的稳定性评价，应在确定边坡破坏模式的基础上进行。由于影响边坡稳定性的不确定性因素很多，可采用工程地质类比法、图解分析法、极限平衡法、有限单元法进行综合评价。其中工程地质类比法具有经验性和地区性的特点，应用时必须全面分析已有边坡与新研究边坡的工程地质条件的相似性和差异性，同时还应考虑工程的规模、类型及其对边坡的特殊要求，可用于地质条件简单的中、小型边坡。当各区段条件不一致时，应分区段分析。

边坡稳定系数的取值，对新设计的边坡、重要工程宜取 $1.30\sim1.50$，一般工程宜取 $1.15\sim1.30$，次要工程宜取 $1.05\sim1.15$。采用峰值强度取大值，采用残余强度取小值。验算已有边坡的稳定时，安全系数取 $1.10\sim1.25$。

（2）监测

大型边坡应进行监测，监测内容可根据边坡工程的安全等级、支护结构变形控制要求、地质和支护结构特点等情况进行，以便于为边坡设计提供参数，检验措施的效果和进行边坡稳定的预报。监测的项目可参考表 11-4 进行选择。

边坡工程监测项目　　　　　　　　表 11-4

测 试 项 目	测点布置范围	边坡工程安全等级		
		一级	二级	三级
坡顶水平位移和垂直位移	支护结构顶部或预估支护结构变形最大处	应测	应测	应测
地表裂缝	墙顶背后 $1.0H$（岩质）$\sim1.5H$（土质）范围内	应测	应测	选测
坡顶建（构）筑物变形	边坡坡顶建筑物基础、墙面和整体倾斜	应测	应测	选测
降雨、洪水与时间关系	—	应测	应测	选测
锚杆（索）拉力	外锚头或锚杆主筋	应测	选测	可不测
支护结构变形	主要受力杆件	应测	选测	可不测
支护结构应力	应力最大处	选测	选测	可不测
地下水、渗水与降雨关系	出水点	应测	选测	可不测

注：1. 在边坡塌滑区内有重要建（构）筑物，破坏后果严重时，应加强对支护结构的应力监测；
　　2. H 为边坡高度（m）。

思　考　题

11.1　分别叙述岩质边坡和土质边坡的破坏类型。

11.2　简述地下水的存在对土质边坡和岩质边坡稳定性的影响。

11.3　简述滑坡推力的计算方法。

11.4　简述边坡的稳定性评价分析方法。

第12章 岩土工程分析评价和成果报告编写

12.1 岩土参数的统计和选用

12.1.1 概述

由于岩土体的非均匀性和各向异性，空间各点岩土的物理力学性质是不同的，相应地由试验得到的岩土参数也是不同的，尤其是不同岩土层的岩土参数变异性较大。因此岩土性质指标统计应按工程地质单元和层位进行，统计时地质单元中的薄夹层不应混入统计。所谓工程地质单元是指在工程地质数据的统计工作中具有相似的地质条件或在某方面有相似的地质特征，而将其作为一个可统计单位的单元体。因而在这个工程地质单元体中物理力学性质指标或其他地质数据大体上是相同的，但又不是完全一致的。一般情况下，同一工程地质单元具有共同的特征：1）具有同一地质年代、成因类型，并处于同一构造部位和同一地貌单元的岩土层；2）具有基本相同的岩土性质特征，包括矿物成分、结构构造、风化程度、物理力学性能和工程性能；3）影响岩土体工程地质性质的因素是基本相似的；4）对不均匀变形敏感的某些建（构）筑物的关键部位，视需要可划分更小的单元。

进行统计的指标一般包括岩土的天然密度、天然含水量、粉土和黏性土的液限、塑限和塑性指数，黏性土的液性指数、砂土的相对密实度、岩石的吸水率、岩石的各种力学特性指标，特殊性岩土的各种特征指标以及各种原位测试指标。对以上指标在勘察报告中应提供各个工程地质单元的最小值、最大值、平均值、标准差、变异系数和数据的数量。当统计样本的数量小于 6 个时，此时统计标准差和变异系数意义不大，可不进行统计，只提供指标的范围值。对于承载能力极限状态计算所需的岩土参数标准值，可按式（12-12）计算。当设计规范另外有专门规定的标准值取值方法时，可按有关规范执行。

12.1.2 统计方法

12.1.2.1 统计方法

由于土的不均匀性，对同一工程地质单元体的土样，用相同的试验方法测出的数据也是离散的，并以一定的规律分布。为方便统计时应用，常采用统计特征值。统计特征值中一类是反映数据分布的集中情况或中心趋势的，常被用来作为某批数据的典型代表。常用平均值 ϕ_m 来表示：

$$\phi_\mathrm{m} = \frac{\sum\limits_{i=1}^{n} \phi_i}{n} \tag{12-1}$$

式中 ϕ_m——岩土参数的平均值；

n——统计样本数。

统计特征值中另一类用来反映数据分布的离散程度，常用标准差 σ_f（式12-2）和变异系数 δ（式12-3）来表达：

$$\sigma_\mathrm{f} = \sqrt{\frac{1}{n-1}\left[\sum_{i=1}^{n} \phi_i^2 - \frac{\left(\sum\limits_{i=1}^{n} \phi_i\right)^2}{n}\right]} \tag{12-2}$$

$$\delta = \frac{\sigma_\mathrm{f}}{\phi_\mathrm{m}} \tag{12-3}$$

式中 ϕ_m——岩土参数的平均值；

σ_f——岩土参数的标准差；

δ——岩土参数的变异系数；

n——统计样本数。

岩土参数的标准差可以作为参数离散性的尺度，但由于标准差是有量纲的，不能用于不同参数离散性的比较。为了评价岩土参数的变异特点，引入了变异系数的概念。变异系数是无量纲系数，使用上比较方便，在国际上是一个通用指标，许多学者给出了不同国家、不同土类、不同指标的变异系数经验值，参见表12-1和表12-2。

Ingles 建议的变异系数 表 12-1

岩 土 参 数	范 围 值	建议标准值
内摩擦角 φ（砂土）	0.05～0.15	0.10
内摩擦角 φ（黏性土）	0.12～0.56	
黏聚力 c（不排水）	0.20～0.50	0.30
压缩系数 a_{1-2}	0.18～0.73	0.30
固结系数 c_v	0.25～1.00	0.50
弹性模量 E	0.02～0.42	0.30
液限 w_P	0.02～0.48	0.10
塑限 w_L	0.09～0.29	0.10
标准贯入击数 N	0.27～0.85	0.30
无侧限抗压强度 q_u	0.06～1.00	0.40
孔隙比 e	0.13～0.42	0.25
重度 γ	0.01～0.10	0.03
黏粒含量 ρ_c	0.09～0.70	0.25

国内研究成果的变异系数 表 12-2

地区	土　类	重度 γ	压缩模量 E_s	内摩擦角 φ	黏聚力 c
上海	淤泥质黏土	0.017~0.020	0.044~0.213	0.206~0.308	0.049~0.089
	淤泥质亚黏土	0.019~0.023	0.166~0.173	0.197~0.424	0.162~0.245
	暗绿色亚黏土	0.015~0.031	—	0.097~0.268	0.333~0.645
江苏	黏土	0.005~0.033	0.177~0.257	0.164~0.370	0.156~0.290
	亚黏土	0.014~0.030	0.122~0.300	0.100~0.360	0.160~0.550
安徽	黏　土	0.020~0.034	0.170~0.500	0.140~0.168	0.280~0.300
河南	亚黏土	0.015~0.018	0.166~0.469		
	粉　土	0.017~0.044	0.209~0.417	—	—

　　在正确划分地质单元和标准试验方法的条件下，变异系数反映了岩土固有的变异性特征，例如土的重度的变异系数一般小于 0.05，而渗透系数的变异系数一般大于 0.4，这表明土的重度指标离散性较低，而渗透系数之间即使对于同一个工程地质单元也往往有较大差别。

　　需要说明的是，变异系数是用来定量的评价岩土参数的变异特性，与指标是否合格没有直接的关系，不能认为变异系数大，就是在勘察试验中存在问题，变异系数仅仅说明了指标的离散性。

12.1.2.2　数据取舍

　　统计结果出来后，应分析出现误差的原因，同时要剔除粗差数据，舍弃粗差数据后重新进行统计。剔除粗差常用的方法是正负三倍标准差法，将离差大于 $\pm 3\sigma_f$ 的数据舍弃。如果求得的标准差和变异系数过高，应检查原因，必要时应考虑重新划分统计单元。

　　对于主要参数宜绘制参数沿深度变化的图件，以便分析参数在垂直和水平方向的变异规律，正确掌握这些参数的变异特性。按照参数变化的特点，分为相关型和非相关型两种类型。

　　对于相关型参数，应结合岩土参数与深度的经验关系，按式（12-4）确定剩余标准差，并用剩余标准差计算相关型参数的变异系数：

$$\sigma_r = \sigma_f \sqrt{1 - r^2} \qquad (12\text{-}4)$$

$$\delta = \frac{\sigma_r}{\phi_m} \qquad (12\text{-}5)$$

式中　σ_r——剩余标准差；
　　　　r——剩余系数，对非相关型 $r=0$。

12.1.3　指标的选用

12.1.3.1　指标的选用

　　评价岩土性状的指标，如天然密度 ρ、天然含水量 w、液限 w_L、塑限 w_P、

塑性指数 I_p、液性指数 I_L、饱和度 S_r、相对密实度 D_r、吸水率等，应选用指标的平均值；正常使用极限状态计算需要的岩土参数指标，例如压缩系数 a、压缩模量 E_s、渗透系数 k 等，宜选用平均值，当变异系数较大时，可根据经验作适当调整；承载能力极限状态计算需要的岩土参数，如岩土的抗剪强度指标，应选用指标的标准值；载荷试验承载力应取特征值；容许应力法计算需要的岩土指标，应根据计算和评定的方法选定，可选用平均值，并作适当经验调整。

对于选用的岩土参数，按下列方面评价其可靠性和适宜性：

1）取样方法和其他因素对试验结果的影响。通过不同取样器和取样方法的对比试验可知，对不同的土体，由于结构扰动强度降低较多的土，数据的离散性也显著增大。

2）采用的试验方法和取值标准。对同一土层的同一指标，采用不同的试验方法和标准，所获得的数据差异较大，例如测定黏性土液限的锥式仪法和碟式仪法结果差别就较大，土的抗剪强度指标采用不排水不固结三轴试验、固结不排水试验、室内无侧限抗压强度试验以及现场原位十字板剪切等试验，其结果也是不同的。

3）不同测试方法所得结果的分析比较。

4）测试结果的离散程度。

5）测试方法与此计算模型的配套性。

12.1.3.2 标准值的确定

如上所述，对于承载能力极限状态计算需要的岩土参数，岩土工程勘察报告中应给出指标的标准值。岩土参数的标准值是岩土工程设计的基本代表值，是岩土参数的可靠性估值，是在统计学区间估计理论基础上得到的关于母体平均值置信区间的单侧置信界限值：

$$\phi_k = \phi_m \pm t_a \sigma_m = \phi_m \left(1 \pm t_a \frac{\sigma_m}{\phi_m}\right) = \gamma_s \phi_m \tag{12-6}$$

$$\gamma_s = 1 \pm t_a \frac{\sigma_m}{\phi_m} \tag{12-7}$$

式中 σ_m 是场地的空间均值标准差，用下式来计算：

$$\sigma_m = \Gamma(L)\sigma_f \tag{12-8}$$

$\Gamma(L)$ 是标准差折减系数，可以用随机场理论计算，为简化计算，常用下式近似计算：

$$\Gamma(L) = \frac{1}{\sqrt{n}} \tag{12-9}$$

综合以上几个式子就可以得到统计修正系数 γ_s 的表达式：

$$\gamma_s = 1 \pm t_a \frac{\sigma_m}{\phi_m} = 1 \pm t_a \Gamma(L)\delta = 1 \pm \frac{t_a}{\sqrt{n}}\delta \tag{12-10}$$

式中 t_α 为统计学中的学生氏函数的界限值，工程上一般取置信概率 α 为 95%。为了便于工程上应用，避免误用统计学上的过小样本容量，现行《岩土工程勘察规范》GB 50021—2001（2009 年版）中没有出现学生氏函数的界限值，而是通过拟合求得了下面的近似公式：

$$\frac{t_\alpha}{\sqrt{n}} = \left(\frac{1.704}{\sqrt{n}} + \frac{4.678}{n^2} \right) \tag{12-11}$$

这样岩土参数的标准值就可以按下列方法确定：

$$\phi_k = \gamma_s \phi_m \tag{12-12}$$

$$\gamma_s = 1 \pm \left\{ \frac{1.704}{\sqrt{n}} + \frac{4.678}{n^2} \right\} \delta \tag{12-13}$$

注：式中的正负号按不利组合考虑，比如抗剪强度指标的修正系数应该取负号，按照较小的抗剪强度考虑。

式中 γ_s 称为统计修正系数，统计修正系数也可以按照工程的类型和重要性、参数的变异性和统计数据的个数，根据经验选用。

当岩土工程勘察报告中采用的设计标准另有专门规定时，标准值的取值应按该标准的规定执行。另外岩土工程勘察报告中一般仅提供岩土参数的标准值，不提供设计值。需要提供设计值，当采用分项系数设计表达式计算时，岩土参数设计值 ϕ_d 按下式计算：

$$\phi_d = \frac{\phi_k}{\gamma} \tag{12-14}$$

式中 γ——岩土参数的分项系数，按有关设计规范的规定取值。

12.2 岩土工程的分析评价

岩土工程分析评价应在工程地质测绘、勘探、测试和搜集已有资料的基础上，结合工程特点和要求进行。

12.2.1 分析评价的要求

岩土工程的分析评价应符合下列要求：

1）充分了解工程结构的类型、特点、荷载情况和变形控制要求；2）掌握场地的地质背景，考虑岩土材料的非均质性、各向异性和随时间的变化，评估岩土参数的不确定性，确定其最佳估值；3）充分考虑当地经验和类似工程的经验；4）对于理论依据不足、经验实践不多的岩土工程问题，可通过现场模型试验或足尺试验取得实测数据进行分析评价；5）必要时可建议通过施工监测，调整设计和施工方案。

岩土工程的分析评价应在定性分析的基础上进行定量分析。岩土体的变形、强度和稳定应定量分析；场地的适宜性、场地地质条件的稳定性，可仅作定性分析。同时岩土工程的分析评价，应根据岩土工程勘察等级区别进行。对丙级岩土工程勘察，可根据邻近工程经验，结合触探和钻探取样试验资料进行；对乙级岩土工程勘察，应在详细勘探、测试的基础上，结合邻近工程经验进行，并提供岩土的强度和变形指标；对甲级岩土工程勘察，除按乙级要求进行外，尚宜提供载荷试验资料，必要时应对其中的复杂问题进行专门研究，并结合监测对评价结论进行检验。

12.2.2　岩土工程计算的要求

岩土工程的计算应符合下述要求：1）按承载能力极限状态计算，可用于评价岩土地基承载力和边坡、挡墙、地基稳定性问题，可根据有关设计规范规定，用分项系数或总安全系数方法计算，有经验时也可用隐含安全系数的抗力容许值进行计算。2）按正常使用极限状态要求进行验算控制，可用于评价岩土体的变形、动力反应、透水性和涌水性等。3）任务需要时，可根据工程原型或足尺试验岩土体性状的量测结果，用反分析的方法反求岩土参数，验证设计计算，查验工程效果或事故原因。

12.3　岩土工程勘察报告的编写

12.3.1　基本要求

（1）岩土工程勘察报告所依据的原始资料，应进行整理、检查、分析，确认无误后方可使用。

（2）岩土工程勘察报告应资料完整、真实准确、数据无误、图表清晰、结论有据、建议合理、便于使用和适宜长期保存，并应因地制宜，重点突出，有明确的工程针对性。

（3）报告应根据任务要求、勘察阶段、工程特点和地质条件等具体情况编写，同时包括以下内容：1）勘察目的、任务要求和依据的技术标准；2）拟建工程概况；3）勘察方法和勘察工作布置；4）场地地形、地貌、地层、地质构造、岩土性质及其均匀性；5）各项岩土性质指标，岩土的强度参数、变形参数、地基承载力的建议值；6）地下水埋藏情况、类型、水位及其变化；7）土和水对建筑材料的腐蚀性；8）可能影响工程稳定的不良地质作用的描述和对工程危害程度的评价；9）场地稳定性和适宜性的评价。

（4）岩土工程勘察报告应对岩土利用、整治和改造的方案进行分析论证，提出建议；对工程施工和使用期间可能发生的岩土工程问题进行预测，提出监控和预防措施的建议。

（5）成果报告应附下列图件：勘探点平面布置图；工程地质柱状图；工程地质剖面图；原位测试成果图表；室内试验成果图表。需要时可附综合工程地质图、综合地质柱状图、地下水等水位线图、素描、照片、综合分析图表以及岩土利用、整治和改造方案的有关图表、岩土工程计算简图及计算成果图表等。

（6）对岩土的利用、整治和改造的建议，宜进行不同方案的技术经济论证，并提出对设计、施工和现场监测要求的建议。

（7）任务需要时，可提交下列的专题报告：1）岩土工程测试报告；2）岩土工程检验或监测报告；3）岩土工程事故调查与分析报告；4）岩土利用、整治或改造方案报告；5）专门岩土工程问题的技术咨询报告。

（8）勘察报告的文字、术语、代号、符号、数字、计量单位、标点，均应符合国家有关标准的规定。

（9）对丙级岩土工程勘察的成果报告内容可适当简化，采用以图表为主，辅以必要的文字说明；对甲级岩土工程勘察的成果报告除应符合本节规定外，尚可对专门的岩土工程问题提交专门的试验报告、研究报告或监测报告。

12.3.2　可行性研究阶段的文字报告

（1）可行性研究阶段勘察报告的文字部分，一般情况下应包括下列内容：1）勘察的任务、目的和要求；2）工程概况；3）勘察方法和勘察工作的完成情况；4）区域地质、地震概况；5）场地地质、岩土和水文地质条件；6）不良地质作用和地质灾害；7）场地稳定和适宜性的评价。

（2）在叙述勘察任务、目的和要求时，应以勘察任务书或勘察合同为依据，并应写明委托单位名称和勘察阶段。

（3）在叙述区域地质、地震概况时，应简要阐明场地的区域地貌、地层、构造和地震背景，明确是否有发震断裂或全新活动断裂，明确场地地震的基本烈度。

（4）在阐述场区地质、岩土和水文地质条件时，应详细描述场地的地层、构造、岩土性质、地下水类型、水位等。当场地内有特殊性岩土和不良的水文地质条件时，应有针对性的深入论证。

（5）当场区或场区附近有不良地质作用时，应详细阐述和论证不良地质作用的种类、分布和发展阶段、发展趋势和对工程的影响，提出避让或防治方案。

（6）可行性研究阶段的勘察报告，应对场地的稳定性和适宜性作出明确评价。当场地有几个比选方案时，应对各方案的优缺点进行比较，提出最佳方案的建议。

（7）当分为初步可行性研究阶段和可行性研究阶段时，该两阶段勘察报告的内容应按任务书或合同的规定执行。

12.3.3 初步勘察阶段的文字报告

（1）初步勘察阶段的勘察报告，应在可行性研究阶段勘察报告的基础上进一步阐述、论证和评价。如未做过可行性研究勘察，则初步勘察报告应首先符合可行性研究勘察的要求。

（2）初步勘察阶段的文字报告，一般情况下应包括下列内容：1）勘察任务、目的和要求；2）工程概况；3）勘察方法和勘察工作量；4）场区地形、地貌、地质构造和环境地质条件；5）场地各层岩土的性质；6）场区地下水情况；7）岩土参数的分析和选用；8）场地稳定性和适宜性的评价；9）岩土工程的分析和评价。

（3）在叙述勘察方法及勘察工作量时，应包括下列内容：1）工程地质测绘或调查的范围、面积、比例尺，测绘或调查的方法；2）钻探、井探、槽探的数量、深度、方法及总延米数，控制孔、取样孔的布置，干钻或泥浆钻探；3）原位测试的种类、数量、方法、技术要求；4）取土样的间距、所用的取土器和取土方法、土样等级、取水样位置，土样和水样的数量；5）岩土室内试验和水质分析的项目和技术要求。

（4）在叙述场区地形、地貌和地质构造时应包括下列内容：1）场地地面标高、坡度和倾斜方向；2）场区地貌单元、微地貌形态、切割及自然边坡稳定情况；3）不良地质作用的种类、分布、发展阶段、发展趋势及对工程的影响；4）基岩的产状、基岩面的起伏、断层的性质、证据、活动性，是否为发震断裂或全新活动断裂、地震基本烈度。

（5）在描述各层岩土的性质时，其内容应符合现行《岩土工程勘察规范》GB 50021—2001（2009 年版）的有关规定。

（6）在叙述场地地下水情况时，应阐明地下水的类型、水位、季节变化和年变化、补给、径流的排泄条件；当有多层地下水且可能对工程产生影响时，应阐明各层水位或水头是否存在越流补给，并评价其对工程的影响。

（7）初步勘察阶段的勘察报告应划分岩土单元，按岩土单元统计分析岩土的主要参数，给出平均值、标准差和变异系数，给出承载力和强度指标的标准值。

（8）岩土参数的统计、分析和选用按上一节规定执行。

（9）岩土工程的分析评价应按现行《岩土工程勘察规范》GB 50021—2001（2009 年版）及其他有关规范规定执行。当面积较大且岩土条件不同时，应分区分析评价。

12.3.4 详细勘察阶段的文字报告

（1）详细勘察阶段的勘察报告应有明确的针对性。对地质和岩土条件相似的一般建筑物和构筑物，可按建筑群编写报告；对于地质和岩土条件各异或重要的建筑物和构筑物，宜按单体建筑物或构筑物分别编写。不分阶段的一次勘察，应按详细勘察阶段的要求执行。

（2）详细勘察阶段的文字报告，一般情况下应包括下列内容：1）勘察任务、目的和要求；2）拟建工程概况；3）勘察方法和勘察工作布置；4）场地地形、地貌；5）场地各层岩土的性质；6）场地地下水情况；7）岩土参数的统计、分析和选用；8）岩土工程的分析和评价；9）工程施工和使用期间可能发生的岩土工程问题的预测和监控及预防措施的建议。

（3）在叙述工程概况时，应写明建筑物名称、地上层数、地下层数、总高度、基础底面深度、结构类型、荷载情况、沉降缝设置、对沉降及差异沉降的控制、大面积地面荷载、振动荷载及振幅的限制、拟采用的地基和基础方案等。

（4）详细勘察报告书应满足施工图设计要求，为建筑物或构筑物的环境治理、基础设计、地基处理、地下水防治、基础施工等提供岩土工程资料。报告书论证深度较初勘报告详细和深化，应注意加强下面几个方面的内容：1）应在全面分析场地的地形、地貌与环境地质条件的基础上，阐明影响建（构）筑物建设的各种稳定性及不良地质作用和地质灾害的分布及发育情况，评价其对工程的影响。场地地震效应的分析与评价应符合相关的抗震设计规范的有关规定。2）应对地基岩土层的空间分布规律、均匀性、强度和变形性状与工程有关的主要地层特性进行定性和定量评价。3）阐明地下水的类型、埋藏条件、水位、渗流条件及有关水文地质参数，评价地下水对工程的不良影响及腐蚀性。4）应对地基基础方案进行分析论证，对可能采用的方案进行比选和优化。

（5）详细勘察报告中所附图件应体现勘察工作的主要内容，全面反映地层结构与性质的变化，紧密结合工程特点及岩土工程性质。主要图件应包括下列几种：1）建（构）筑物平面位置及勘探点平面布置图；2）工程地质钻孔柱状图；3）工程地质剖面图；4）关键地层层面等高线和等厚线图；5）各种原位测试及室内试验成果图表。

12.4　岩土工程勘察报告图表

在绘制图表时，图例样式、图表上线条的粗细、线条的样式、字体大小、字型的选择等应符合有关的规范和标准。

12.4.1　平面图

12.4.1.1　拟建工程位置图

拟建工程位置图可作为报告书的附件，当图幅较小时，也可作为文字报告的插图或附在建筑物与勘探点平面位置图的角部，当建筑物与勘探点平面位置图已能明确拟建工程的位置时，可省去该图。

拟建工程位置图应符合下列要求：拟建工程应以醒目的图例表示；城市中的

拟建工程应标出邻近街道和知名地物名称；不在城市中的拟建工程应标出邻近村镇、山岭、水系及其他重要地物的名称；规模较大较重要的拟建工程宜标出经纬度或大地坐标。拟建工程位置图的比例尺，可根据具体情况选定。

12.4.1.2　建筑物与勘探点平面位置图（图 12-1）

应包括有如下内容：1）拟建建筑物的轮廓线、轮廓尺寸、层数（或高度）及其名称或编号；2）已有建筑物的轮廓线、层数及其名称；3）勘探点的位置、类型和编号；4）剖面线的位置和编号；5）原位测试点的位置和编号；6）已有的其他重要地物；7）方向标，必要的文字说明。

比例尺应根据工程规模和勘察阶段确定，宜采用 1：500，也可采用 1：200或 1：1000，1：2000、1：5000。勘探点和原位测试点均应标明地面标高，无地下水等水位线图时，应标明地下水稳定水位深度或标高。可行性研究阶段及初勘阶段，尚未确定拟建建筑平面位置时，可不绘制拟建建筑物的轮廓线，并将图名改为勘探点平面布置图（图 12-1）。

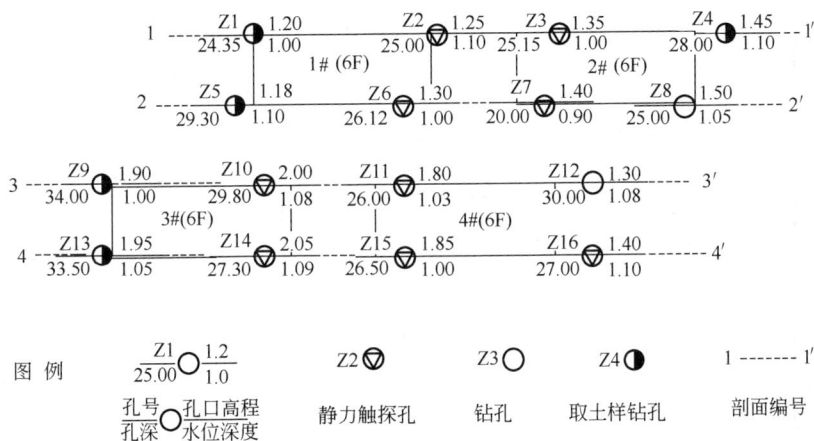

图 12-1　勘探点平面布置图

12.4.1.3　地下水等水位线图

当工程需要时可绘制该图。

图中主要内容：水文地质观测点位置，标注点号、测点高程和地下水位深度及高程；拟建建筑物的轮廓线、编号和层数；等水位线。

存在地表水体（河、湖、塘、沟）时应标注水位高程，水系范围较大时应多处标注水位高程。在图的空隙处绘制图例并说明地下水和地表水位的观测日期。

12.4.1.4　持力层层面等高线图

当工程需要时可编制该图以供设计和施工单位参考。

主要包括以下内容：1）拟建建筑物的轮廓线、编号和层数；2）勘探点位置并标注孔号、孔口高程及层面高程；3）层面等高线。

12.4.2 剖面图

12.4.2.1 工程地质剖面图（图12-2）

剖面图主要包括下列内容：

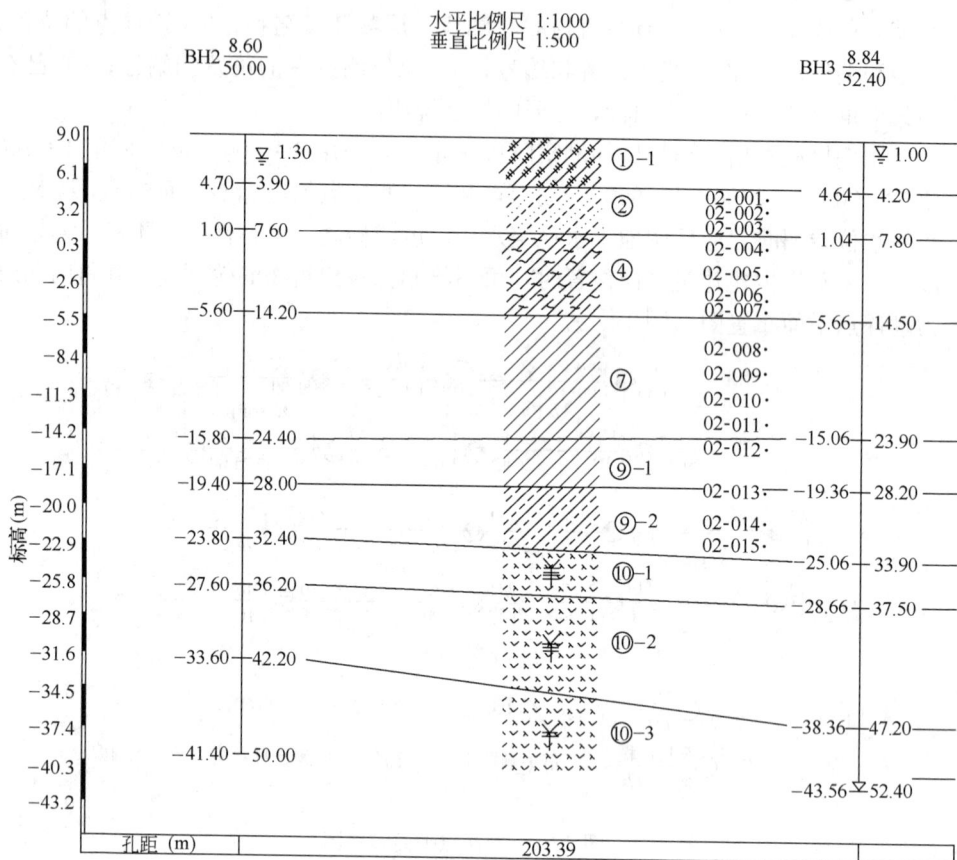

图 12-2　工程地质剖面图

1）勘探孔在剖面上的位置、编号、地面标高、勘探深度、勘探孔间距，剖面方向；2）岩土图例符号、岩土分层编号、分层界线、接触关系界线、地层产状；3）断层等地质构造的位置、产状及性质；4）溶洞、土洞、塌陷、滑坡、地裂缝、古河道、埋藏的湖滨、古井、防空洞、孤石及其他埋藏物；5）地下水稳定水位；6）取样位置；7）静力触探、动力触探曲线或标志；8）标准贯入、波速等原位测试的位置及测试结果；9）标尺，根据情况可位于左边或两边都有。

分层编号的顺序从上到下由小到大，除夹层和透镜体外，下层编号不应小于上层编号。需要时可标明地层年代和成因的代号。当已知室内地坪设计标高或场地整平地面标高时，宜标明在剖面图上。比例尺应根据地质条件、勘探孔的疏密、深度等具体情况确定。水平比例尺宜采用1：500，也可采用1：200或1：1000；垂直比例尺宜采用1：100，也可采用1：50或1：200。水平与垂直之比值不宜大于1/10。

绘制剖面图上的岩层倾角时，应将真倾角换算成视倾角，并考虑水平比例尺与垂直比例尺的不同，准确绘制。上覆土层较厚，岩层倾角不能确定时，可不表示倾角。除按实际钻孔（探井）绘制剖面图外，需要时也可用插值法绘制推测的剖面图。

12.4.2.2　钻孔柱状图（图12-3）

钻孔柱状图由表头和主体两部分组成。

工程名称	庆春路工程勘察			工程编号	2001-10-8	终孔深度	44.5(m)	地下水位		初　见		稳　定
钻孔编号	Z1	坐标	X=158	开孔直径	110mm	开孔日期	2004.6.2	深度(m)				0.7
孔口高程	8.56(m)		Y=400	终孔直径	65mm	终孔日期	2004.6.8	高程(m)				
成因、时代	层号	深度高程 (m)	层厚 (m)	柱状图比例 1:200	岩土名称及性质描述			取芯率 (%)	取试样或测试		圆锥动力触探 N63.5	标准贯入试验 N
									编号	深度(m)	击/10cm	击/30cm
Q4	1-1	$\frac{4.80}{3.76}$	4.80		素填土：褐灰色、灰黄色，干，松散，以粉土为主，含碎石及植物根茎				$\frac{1-1}{2.50}$		12	8
Q3	2	$\frac{8.00}{0.56}$	3.20		砂质粉土：灰黄色，中密，湿，含云母碎屑。摇振反应中等，无光泽反应				$\frac{1-3}{6.80}$		13	9
Q3	4	$\frac{13.8}{-5.24}$	5.80		淤泥质粉质黏土：灰色，流塑，含有机质及贝壳。略有光泽，无摇振反应				$\frac{1-5}{11.36}$		14	12
K	5	$\frac{15.7}{-7.14}$	1.90		粉质黏土：灰色，饱和，可塑。中低韧性							12

图12-3　钻孔地质柱状图

表头部分包括了工程编号、工程名称、钻孔编号、孔口标高、钻孔直径、钻孔深度、勘探日期、制图人和检查人。

主体部分包括地层编号、地质年代和成因、层底深度、层底标高、层厚、柱状图（图例与剖面图同）、取样及原位测试位置、岩土描述、地下水位、测试成果、岩芯采取率或RQD、附注。

岩土的描述包括了以下内容：1）对岩石应描述名称、风化程度、颜色、矿物成分（结晶岩）、结构与构造、裂隙宽度、间距和充填情况、工程岩体质量等级及其他特征；2）碎石土应描述名称、颜色、浑圆度、一般和最大粒径、均匀性、含有物、密实度、湿度、母岩名称、风化程度及其他特征；3）砂土和粉土应描述名称、颜色、均匀性、含有物、密实度、湿度及其他特征；4）黏性土应描述名称、颜色、均匀性、含有物、状态及其他特征。对于特殊性岩土，尚应描述的内容还有湿陷性土的孔隙特征，残积土的结构特征，有机土的臭味、有机物含量和分解情况，人工填土的成分，盐渍土的含盐量及盐的成分，膨胀土的裂隙特征，其他特殊性质。

在测试成果栏中，当进行标准贯入或动力触探、波速测试、点荷载试验、压水试验及其他原位测试时，应标明其测试到的值。

当钻孔较深且某层很厚时，可将该层断开画出，但应标明实际尺寸。

12.4.3 测试图表

12.4.3.1 室内试验图表

（1）土工试验成果表

汇总了室内土工试验的主要成果数据，包括下列内容：孔及土样编号、取样深度、土的名称、颗粒级配百分数、天然含水量、天然密度、饱和度、天然孔隙比、液限、塑限、液性指数、塑性指数、压缩系数、压缩模量、黏聚力、内摩擦角。工程需要时可增加最小孔隙比、最大孔隙比、相对密实度、不均匀系数、曲率系数，当进行了高压固结试验、渗透性试验、固结系数试验、湿陷性试验、膨胀性试验及其他特殊性项目试验时，应在本表中增加有关特性指标，而当工程未做某些指标时，可将冗余的栏目删去。

各栏目的指标均应标明指标名称、符号、计量单位。界限含水量应注明测定方法，压缩系数及压缩模量应注明压力段范围，抗剪强度指标应注明三轴或直剪，注明不排水剪、固结不排水剪或排水剪。

（2）室内试验成果还有颗粒分析成果图表、固结试验成果图表、高压固结试验成果图表、剪切试验成果图表、地下水质分析报告等，工程需要时应进行试验。

12.4.3.2 原位测试图表

原位测试的图表包括有平板荷载试验成果图表、静力触探成果图表、动力触探成果图表、现场十字板剪切试验成果图表、跨孔法或单孔法波速测试成果图表、钻孔抽水试验成果图表以及单桩静荷载试验成果图表等，可按工程需要选用。

在室内土工试验和现场原位测试数据的基础上，对地基土的物理力学指标进行统计和分析，将统计和分析成果列于下面表格中：

（1）地基土物理力学指标数理统计成果表

主要包括以下内容：层序，岩土名称，岩土的常规物理力学及原位测试项目的范围值、平均值、变异系数及统计频数。

本表是提供地基土的评价指标及编制《物理力学指标设计参数表》的重要基础资料。

（2）地基土物理力学指标设计参数表

主要包括以下内容：层序，岩土名称，岩土的常规物理力学、原位测试指标及建议采用的各项设计参数值。

该表反映了场地地基土的物理力学性质和提供了设计参数。

12.5 岩土工程勘察报告实例

为了进一步增进理解对岩土工程勘察报告的编制，现摘录某住宅项目的工程地质勘察报告（详勘）的文字部分。

12.5.1 工程概况

某住宅项目位于下沙科技开发区，15 号路以西，11 号路以东，主要建筑为 5 幢高层住宅楼及 18 幢多层住宅楼，局部设有一层地下室。其中高层采用框架-剪力墙结构，多层采用框架结构或砖混结构，基础形式未定。受建设单位委托，乙方承担了该工程的岩土工程勘察工作。

12.5.2 勘察目的和任务

通过勘察为拟建工程基础设计和施工提供工程地质依据，主要任务如下：

12.5.2.1   查明场地勘探深度范围内各岩土层的埋藏条件、工程特性，提供各土层的物理力学指标。

12.5.2.2   选择评价基础方案，提供桩基设计所需的岩土工程参数，包括各土层的桩侧摩阻力、桩端承载力，估算不同桩型的单桩承载力，分析桩施工中可能出现的岩土问题及相应的处理措施。

12.5.2.3   查明场地地下水的埋藏条件，提供地层的渗透系数，判定场地地下水对混凝土的腐蚀性。

12.5.2.4   提供深基坑开挖所需的设计参数和基坑围护方案建议。

12.5.3 勘察工作执行的主要技术规范和标准

国家标准《岩土工程勘察规范》GB 50021—2001（2009 年版）

国家标准《建筑地基基础设计规范》GB 50007—2011

国家标准《建筑抗震设计规范》GB 50011—2010

行业标准《建筑桩基技术规范》JGJ 94—2008

国家标准《土工试验方法标准》GB/T 50123—1999

行业标准《静力触探技术标准》CECS04：88

以及工程涉及的其他规范和技术标准，包括勘察所在地区的地方规范和标准。

12.5.4　勘察工作布置

12.5.4.1　钻孔布置

依据以上规范、标准及岩土工程勘察等级，根据建设单位提供的拟建建筑物总平面图以及设计要求，本次勘察沿建筑物周边共布勘察点65个，其中钻探取土标贯孔38个，静探孔27个。孔位根据拟建建筑物与场地周边建筑物的相对位置测放。各勘探点孔口标高为黄海高程，高程引用建筑物场地已有施工高程点。

12.5.4.2　钻探

采用XY-100型钻机钻孔，泥浆护壁回旋钻进取样，对取出土样进行野外鉴别、分层。

12.5.4.3　静力触探试验

采用SY-10型双桥静力触探试验设备对静探勘探点的土层进行测试，用于地层划分及定量评价地基土的力学性质指标。

12.5.4.4　室内试验

对采取的土样进行常规物理力学性质试验，水样进行水质化验分析。

本次勘察累计完成的工作量及作业时间见表12-3。

勘察工作量及作业时间表　　　　　　　　　　　表12-3

勘察手段	野外作业					室内试验	内业资料整理	报告提交
	钻孔测放（点）	钻探进尺（m）	静力触探（m）	取土样（件）	取水样（件）	常规试验（件）		
完成的工作量	65	1452	937.7	300	1	300	2003.11.20～12.01	2003.12.1
作业时间	2003.10.5～2003.10.18					2003.11.15～11.23		

12.5.5　地形地貌

拟建场地大部分地势平坦，局部为小沟壑。地面高程大部分在5.40～6.00m之间，局部为小丘，高程达8.35m。

12.5.6　场地地基土的构成与特性

本次勘察最大孔深为65.0m，揭露的地层可以分为5个大层，18个亚层及3个夹层，其各土层层序及地层描述如下：

①—1 素填土：褐灰色、灰黄色，干，松散，以粉土为主，含碎石及植物根茎。层厚 0.60～6.10m。

①—2 淤填土：灰色，湿，松散，以粉土为主，含少量腐殖质。层厚 1.00～3.20m，层顶埋深 1.30～3.40m，层底标高—0.71～3.82m。

①—3 石块：灰白色，质硬，成分为碳酸钙，估计为古钱塘江抛石，大小不一。层厚 0.70～1.30m，层顶埋深 2.70～5.30m，层底标高—0.20～1.91m。

②—1 粉土：灰黄色，中密，很湿，含云母碎屑。摇振反应中等，无光泽反应，干强度、韧性低。层厚 0.70～7.50m，层顶埋深 0.70～6.10m，层底标高—7.70～2.71m。

②—2 粉土：灰色，稍密，仅静探可见。层厚 0.50～4.65m，层顶埋深 3.00～6.80m，层底标高—5.34～1.68m。

②—3 粉土：灰黄色，中密，很湿，含云母碎屑及贝壳。摇振反应中等，无光泽，干强度、韧性低。层厚 2.00～10.40m，层顶埋深 3.50～10.30m，层底标高—11.17～—1.59m。

②—3a 粉土：灰色，稍密，很湿，为②—3 层夹层，仅静探可见。层厚 0.80～2.00m，层顶埋深 7.50～8.70m，层底标高—4.33～—2.81m。

③—1 粉砂：灰黄色，中密—密实，很湿，含云母碎屑。层厚 0.40～13.10m，层顶埋深 9.20～19.00m，层底标高—16.37～—6.42m。

③—1a 粉土：灰色，稍密，很湿，为③—1 层夹层，仅静探可见。层厚 0.50～1.00m，层顶埋深 12.00～18.50m，层底标高—12.93～—7.22m。

③—2 粉砂：灰色，稍密，很湿，仅静探可见。层厚 0.60～2.90m，层顶埋深 14.40～19.80m，层底标高—15.48～—9.24m。

③—3 粉砂：灰色，中密，很湿，含云母碎屑及贝壳。层厚 0.40～7.20m，层顶埋深 6.40～22.10m，层底标高—17.48～—6.06m。

③—3a 粉土：灰色，稍密，很湿，为③—3 夹层，仅静探可见。层厚 0.40～1.30m，层顶埋深 17.10～21.40m，层底标高—14.10～—12.46m。

③—4 粉砂：灰色，中密，很湿。层厚 3.30m，层顶埋深 18.30m，层底标高—15.88m。

③—5 粉土与粉质黏土互层：灰色，稍密，很湿，含云母碎屑。略有摇振反应及光泽，干强度、韧性一般。层厚 2.20～7.00m，层顶埋深 17.10～24.30m，层底标高—22.62～—15.07m。

以下土层描述略去。

12.5.7　地下水

场地内浅部地下水属潜水类型，地下水位受降雨影响而有所变化，勘探期间水位埋深在 1.50～2.20m。水质分析表明地下水对钢筋混凝土无腐蚀性。

12.5.8　岩土的物理力学性质

将室内土工试验、静力触探等所得到的土层的物理力学性质指标进行了统计分析，结果列于地基土的物理力学指标（统计值）及设计参数表中。

12.5.9　场地地震效应

根据《建筑抗震设计规范》GB 50011—2010，本场地为抗震不利地段。根据波速测试资料，场地类别为Ⅲ类。该区抗震设防烈度为 6 度，设计地震分组为第一组，设计基本地震加速度为 0.05g，地震动特征周期为 0.45s。

场地上部分布有较厚的饱和粉土、粉砂层，按国家标准《建筑抗震设计规范》GB 50011—2010 对 20m 以上饱和粉土、粉砂层采用标贯试验判别法进行液化判别（表 12-4）。

饱和粉土、粉砂液化判别表　　　　　　　表 12-4

钻孔编号	地层编号	试验深度 d_s (m)	地下水位 d_w (m)	黏粒含量 ρ_c (%)	计算临界值 N_{cr} (击)	标贯实测值 N (击)	液化判定	液化指数计算 I_{lei}	液化指数计算 I_{le}	液化等级
	2-1	3.95	1.90	6.3	4.62	7	不液化			
	2-3	5.65	1.90	3.6	7.04	7	液化	0.06		
	2-3	7.65	1.90	5.4	6.64	6	液化	1.59		
	2-3	9.65	1.90	5.4	7.54	7	液化	0.98		
ZK52	2-3	11.65	1.90	3.6	10.32	8	液化	1.35	3.97	轻微
	3-1	13.65	1.90	4.3	12.51	17	不液化			
	3-1	15.65	1.90	5.1	13.32	19	不液化			
	3-3	17.65	1.90	5.0	13.32	23	不液化			
	3-3	19.65	1.90	7.9	13.32	24	不液化			
	2-3	7.15	1.85	7.4	5.48	22	不液化			
	2-3	9.15	1.85	8.3	5.90	14	不液化			
	3-1	11.15	1.85	8.3	11.01	18	不液化			
ZK64	3-1	13.15	1.85	6.0	12.21	35	不液化		0.00	不液化
	3-1	15.75	1.85	5.3	13.32	31	不液化			
	3-1	17.15	1.85	5.3	13.32	28	不液化			
	3-1	19.15	1.85	3.7	13.32	26	不液化			

结果表明场地 20m 以上饱和粉土、粉砂层在设防烈度为 7 度条件下为不液化-轻微液化。

12.5.10　岩土工程的分析与评价

12.5.10.1　地基土承载力特征值

地基土承载力利用土工试验成果资料、静力触探和重型动探试验资料，根据有关规范并结合当地经验，提供了各层地基土承载力特征值。

12.5.10.2　桩基承载力特征值的确定

桩基承载力参数根据土工试验成果资料、静力触探试验成果及钻孔内原位测试成果，并按国家标准《建筑地基基础设计规范》GB 50007—2011 等有关规范，同时结合本地区经验综合确定，提供预应力管桩桩侧摩阻力特征值和桩端阻力特征值。

12.5.10.3　基础形式及持力层的选择评价

经勘探表明，本场地第四系覆盖层上部主要为中密状②-1 及②-3 粉土，土性一般；其下为性状较好的③-1 及③-3 粉砂层，厚度较大，性状较好，为较理想的多层建筑桩端持力层，但其中有厚度不等的软夹层，再下为厚度较大、性状极差的④-1 及④-2 淤泥质土层。④号土层以下为性状较好的⑤-1 及⑤-3 粉质黏土层，硬可塑—硬塑，其间为中密的⑤-2 砾砂层，⑤层土为较理想的高层建筑桩端持力层。

根据建筑物特征并结合地质资料，综合分析建议基础方案及持力层选择分别如下：

（1）多层建筑：该场地②-1 层粉土相变较大，不宜采用天然地基。结合该场地地区经验，建议采用桩基础，桩端持力层可选③-1 粉砂层，局部地段③-1 粉砂层较薄或缺失可选③-3 粉砂层作桩端持力层。桩基可选用预应力管桩，要求桩端进入持力层 1.0m 以上。施工中以贯入度或压桩力结合地质剖面综合配桩及控制桩长。③-1 及③-3 中有厚度不等的软夹层，设计时应注意其影响。也可以采用复合地基方案，采用碎石桩法加固浅层地基。

（2）高层建筑：结合该场地地区经验，宜采用桩基础，桩端持力层可选用⑤-1 或⑤-3 粉质黏土层，⑤-2 砾砂较厚处也可作桩端持力层。桩基可选用预应力管桩，要求桩端进入持力层 1.0m 以上。施工中以贯入度或压桩力结合地质剖面综合配桩及控制桩长。

12.5.10.4　单桩承载力的估算

根据国家标准《建筑地基基础设计规范》GB 50007—2011 规定单桩竖向承载力特征值 R_a 按下列公式计算：

$$R_a = U \sum q_{sia} L_i + q_{pa} A_P \qquad (12\text{-}15)$$

式中　U——桩身周长（m）；

L_i——桩身穿越第 i 层土厚度（m）；

A_P——桩端截面面积（m²）。

按不同勘探孔、不同持力层估算单桩竖向承载力特征值见表12-5。

单桩竖向承载力特征值估算表　　　　　　表 12-5

桩　　型	桩端标高 (m)	桩长 (m)	进持力层深度 (m)	计算位置	持力层	R_a (kN)
φ400 预应力管桩	4.27	11.6	1.0	JK22 号孔	③-1 粉砂	505
	3.82	11.9	1.0	JK72 号孔	③-1 粉砂	500
φ600 预应力管桩	1.0	45.4	1.2	ZK65 号孔	⑤-1 粉质黏土	2000
	1.0	51.0	1.2	ZK40 号孔	⑤-3 粉质黏土	2400

12.5.10.5　桩基础施工

当采用桩基础时，计算和施工应遵守相关的规范，同时做好监理工作。预应力管桩施工中应以压桩力或贯入度结合地质剖面综合配桩及控制桩长。由于本工程桩端持力层埋深略有变化，配桩时须加以注意，也不可避免地导致桩长短不一。同时③-1 及③-3 层中有厚度不均的软夹层，施工中应引起注意。另预应力管桩挤土作用明显，其施工将造成对周围建筑的不利影响，建议设计与施工中要高度重视，采取有效措施防止挤土对周边建筑的不利影响。

如采用复合地基处理应先进行试验，并用静载试验确定地基承载力。另ZK7、ZK8 及 ZK21 孔处抛石建议先挖除，再进行桩基施工。

12.5.11　基坑围护及注意事项

拟建建筑附建地下车库，基坑底部在地表下约 4～5m 左右，基坑侧土层主要为①层素填土、②层粉土。由于建筑物基坑开挖深度不大，基坑围护可选用土钉墙结合轻型井点降水支护，也可采用水泥搅拌桩重力式挡土墙支护。基坑开挖过程中应加强变形监测，防止基坑失稳或发生过大位移对周边建（构）筑物造成不利影响。

12.5.12　结论及建议

12.5.12.1　经本次勘察表明多层建筑基础不宜采用天然地基，可采用预应力管桩基础或复合地基方案。预应力管桩桩端持力层宜采用③-1 或③-3 层粉砂，桩端进入持力层不小于1.0m。③-1 及③-3 层粉砂局部地段存在软层，在施工时须注意。

12.5.12.2　高层建筑基础宜采用预应力管桩基础。预应力管桩桩端持力层宜采用⑤-1 层、⑤-3 层粉质黏土，或⑤-2 砾砂层。桩端进入持力层不小于1.0m。

12.5.12.3　工程桩施工前建议先进行试桩，根据试成桩压桩力等实际情况，完善设计。建议按规范做单桩静载荷试验为桩基设计提供确切的依据。

12.5.12.4　预应力管桩施工过程中及基坑开挖过程中建议先进行现场监测。

思 考 题

12.1 试区分岩土参数平均值、标准值和设计值。

12.2 试验得到的岩土指标变异系数受哪些因素影响？与岩土指标是否合格有没有关系？

12.3 简述岩土工程勘察报告的基本内容和所附的图件。

主 要 参 考 文 献

[1] 孔宪立，石振明. 工程地质学. 北京：中国建筑工业出版社，2001.

[2] 南京大学水文地质工程地质教研室编. 工程地质学. 北京：地质出版社，1982.

[3] 李智毅，杨裕云. 工程地质学概论. 武汉：中国地质大学出版社，1996.

[4] 罗国煜，李生林. 工程地质学基础. 南京：南京大学出版社，1990.

[5] 刘春原，朱济祥，郭抗美. 工程地质学. 北京：中国建材工业出版社，2000.

[6] 张咸恭，王思敬，张倬元等. 中国工程地质学. 北京：科学出版社，2000.

[7] 史如平等. 土木工程地质学. 南昌：江西高校出版社，1994.

[8] 蒋爵光. 铁路工程地质学(第一版). 北京：中国铁道出版社，1991.

[9] 尹娟编著. 工程地质与土力学(第一版). 杭州：浙江科学技术出版社，2001.

[10] 王铁儒，陈云敏主编. 工程地质及土力学(第一版). 武汉：武汉大学出版社，2001.

[11] (英)P. B. 阿特韦尔，I. W. 法默. 工程地质学原理. 成都地质学院工程地质教研室译. 北京：中国建筑工业出版社，1982.

[12] 同济大学，重庆建筑工程学院，哈尔滨建筑工程学院. 工程地质. 北京：中国建筑工业出版社，1981.

[13] 祝龙根，刘利民，耿乃兴. 地基基础测试新技术. 北京：机械工业出版社，2002.

[14] 王钟琦等. 岩土工程测试技术. 北京：中国建筑工业出版社，1988.

[15] 徐志英主编. 岩石力学(第三版). 北京：水利电力出版社，1993.

[16] 陈冶主编. 岩土工程勘察(第一版). 北京：地质出版社，2002.

[17] 凌贤长，蔡德所编著. 岩体力学. 哈尔滨：哈尔滨工业大学出版社，2002.

[18] 肖树芳，杨淑碧编. 岩体力学(第一版). 北京：地质出版社，1999.

[19] 郭继武主编. 建筑地基基础(第一版). 北京：高等教育出版社，1996.

[20] 龚晓南著. 地基处理新技术(第一版). 西安：陕西科学技术出版社，1997.

[21] 华南工学院，南京工学院，浙江大学，湖南大学. 地基及基础. 北京：中国建筑工业出版社，1981.

[22] 孙更生，郑大同. 软土地基与地下工程. 北京：中国建筑工业出版社，1984.

[23] 李兴唐，许兵等著. 区域地壳稳定性研究理论与方法(第一版). 北京：地质出版社，1987.

[24] 顾功叙. 地球物理勘探基础. 北京：地质出版社，1990.

[25] (苏联)B. H. 尼基金. 工程地震勘探原理. 刘统畏译. 北京：地震出版社，1987.

[26] 王思敬等. 地下工程岩体稳定性分析. 北京：科学出版社，1984.

[27] 张以诚，钟立勋. 滑坡与泥石流. 北京：民族出版社，1987.

[28] 王思敬，杨志法，刘竹华著. 地下工程岩体稳定分析. 北京：科学出版社，1984.

[29] 谷兆祺，彭守拙，李仲奎. 地下洞室工程. 北京：清华大学出版社，1994.

[30] 李相然，岳同助编著．城市地下工程实用技术．北京：中国建材工业出版社，2000.

[31] 煤炭科学研究院北京开采研究所编著．煤矿地表移动与覆岩破坏规律及其应用．北京：煤炭工业出版社，1981.

[32] 隋旺华著．开采沉陷土体变形工程地质研究．徐州：中国矿业大学出版社，1999.

[33] 赵尚毅，郑颖人等．用有限元强度折减法求边坡稳定安全系数．岩土工程学报．2002（3）：P343-346.

[34] 钱鸿缙，王继唐，罗宇生等．湿陷性黄土地基．北京：中国建筑工业出版社，1987.

[35] 张剑锋等．岩土工程勘测设计手册．北京：水利电力出版社，1992.

[36] 工程地质手册编委会．工程地质手册(第三版)．北京：中国建筑工业出版社，1992.

[37] 岩土工程手册编委会．岩土工程手册．北京：中国建筑工业出版社，1994.

[38] 刘建航，侯学渊．基坑工程手册(第一版)．北京：中国建筑工业出版社，1997.

[39] 黄强．勘察与地基若干重点技术问题．北京：中国建筑工业出版社，2001.

[40] 中国有色金属总公司《工程勘察与管理》编写组．工程勘察与管理．西安：西安交通大学出版社，1987.

[41] 注册岩土工程师专业考试复习教程．北京：中国建筑工业出版社，2002.

[42] 中国建筑工业出版社．注册岩土工程师必备规范(2003年版修订缩印本)．北京：中国建筑工业出版社，2003.

[43] 中华人民共和国国家标准：膨胀土地区建筑技术规范 GB 50112—2013．北京：中国计划出版社，2013.

[44] 中华人民共和国行业标准：软土地区工程地质勘察规范 JBJ 83—91．北京：中国建筑工业出版社，1992.

[45] 中华人民共和国国家标准：湿陷性黄土地区建筑规范 GB 50025—2004．北京：中国计划出版社，1991.

[46] 中华人民共和国国家标准：岩土工程勘察规范 GB 50021—2001(2009年版)．北京：中国建筑工业出版社，2009.

[47] 中华人民共和国行业标准：高层建筑岩土工程勘察规程 JGJ 72—2004．北京：中国建筑工业出版社，2004.

[48] 中华人民共和国行业标准：建筑基桩检测技术规范 JGJ 106—2003．北京：中国建筑工业出版社，2003.

[49] 中华人民共和国国家标准：地基动力特性测试规范 GB/T 50269—97．北京：中国计划出版社，1998.

[50] 中华人民共和国国家标准：锚杆喷射混凝土支护技术规范 GB 50086—2001．北京：中国计划出版社，2001.

[51] 中华人民共和国行业标准：建筑地基处理技术规范 JGJ 79—2011．北京：中国建筑工业出版社，2011.

[52] 中华人民共和国国家标准：建筑边坡工程技术规范 GB 50330—2013．北京：中国建筑工业出版社，2013.

[53] 中华人民共和国行业标准：建筑桩基技术规范 JGJ 94—2008．北京：中国建筑工业出版社，2008.

［54］　中华人民共和国国家标准：工程岩体分级标准 GB 50128—2014. 北京：中国计划出版社，2014.

［55］　中国工程建设标准化协会标准：岩土工程勘察报告编制标准 CECS99：98. 北京：中国计划出版社，1998.

［56］　中华人民共和国国家标准：建筑抗震设计规范 GB 50011—2010. 北京：中国建筑工业出版社，2010.

［57］　中华人民共和国国家标准：建筑地基基础设计规范 GB 50007—2011. 北京：中国建筑工业出版社，2011.

高校土木工程专业指导委员会规划推荐教材（经典精品系列教材）

征订号	书名	定价	作者	备注
V28007	土木工程施工 （第三版）	78.00	重庆大学、 同济大学、 哈尔滨工业大学	21世纪课程教材、"十二五"国家规划教材、教育部2009年度普通高等教育精品教材
V16543	岩土工程测试与监测技术	29.00	宰金珉	"十二五"国家规划教材
V25576	建筑结构抗震设计 （第四版）（赠送课件）	34.00	李国强 等	"十二五"国家规划教材、土建学科"十二五"规划教材
V22301	土木工程制图（第四版） （含教学资源光盘）	58.00	卢传贤 等	21世纪课程教材、"十二五"国家规划教材、土建学科"十二五"规划教材
V22302	土木工程制图习题集 （第四版）	20.00	卢传贤 等	21世纪课程教材、"十二五"国家规划教材、土建学科"十二五"规划教材
V27251	岩石力学（第三版）	32.00	张永兴 许明	"十二五"国家规划教材、土建学科"十二五"规划教材
V20960	钢结构基本原理 （第二版）	39.00	沈祖炎 等	21世纪课程教材、"十二五"国家规划教材、土建学科"十二五"规划教材
V16338	房屋钢结构设计	55.00	沈祖炎、陈以一、陈扬骥	"十二五"国家规划教材、土建学科"十二五"规划教材、教育部2008年度普通高等教育精品教材
V24535	路基工程（第二版）	38.00	刘建坤、 曾巧玲 等	"十二五"国家规划教材
V20313	建筑工程事故分析 与处理（第三版）	44.00	江见鲸 等	"十二五"国家规划教材、土建学科"十二五"规划教材、教育部2007年度普通高等教育精品教材
V13522	特种基础工程	19.00	谢新宇、俞建霖	"十二五"国家规划教材
V20935	工程结构荷载与可靠度 设计原理（第三版）	27.00	李国强 等	面向21世纪课程教材、"十二五"国家规划教材
V19939	地下建筑结构 （第三版）（赠送课件）	45.00	朱合华 等	"十二五"国家规划教材、土建学科"十二五"规划教材、教育部2011年度普通高等教育精品教材

征订号	书名	定价	作者	备注
V13494	房屋建筑学（第四版）（含光盘）	49.00	同济大学、西安建筑科技大学、东南大学、重庆大学	"十二五"国家规划教材、教育部2007年度普通高等教育精品教材
V20319	流体力学（第二版）	30.00	刘鹤年	21世纪课程教材、"十二五"国家规划教材、土建学科"十二五"规划教材
V12972	桥梁施工（含光盘）	37.00	许克宾	"十二五"国家规划教材
V19477	工程结构抗震设计（第二版）	28.00	李爱群 等	"十二五"国家规划教材、土建学科"十二五"规划教材
V20317	建筑结构试验（第四版）（赠送课件）	27.00	易伟建、张望喜	"十二五"国家规划教材、土建学科"十二五"规划教材
V21003	地基处理	22.00	龚晓南	"十二五"国家规划教材
V20915	轨道工程	36.00	陈秀方	"十二五"国家规划教材
V21757	爆破工程（第二版）	26.00	东兆星 等	"十二五"国家规划教材
V28197	岩土工程勘察（第二版）	34.00	王奎华	"十二五"国家规划教材
V20764	钢-混凝土组合结构	33.00	聂建国 等	"十二五"国家规划教材
V19566	土力学（第三版）	36.00	东南大学、浙江大学、湖南大学苏州科技学院	21世纪课程教材、"十二五"国家规划教材、土建学科"十二五"规划教材
V24832	基础工程（第三版）（附课件）	48.00	华南理工大学	21世纪课程教材、"十二五"国家规划教材、土建学科"十二五"规划教材
V28155	混凝土结构（上册）——混凝土结构设计原理（第六版）	42.00	东南大学、天津大学、同济大学	21世纪课程教材、"十二五"国家规划教材、土建学科"十二五"规划教材、教育部2009年度普通高等教育精品教材

征订号	书名	定价	作者	备注
V28156	混凝土结构（中册）——混凝土结构与砌体结构设计（第六版）	56.00	东南大学、同济大学、天津大学	21世纪课程教材、"十二五"国家规划教材、土建学科"十二五"规划教材、教育部2009年度普通高等教育精品教材
V28157	混凝土结构（下册）——混凝土桥梁设计（第六版）	49.00	东南大学、同济大学、天津大学	21世纪课程教材、"十二五"国家规划教材、土建学科"十二五"规划教材、教育部2009年度普通高等教育精品教材
V11404	混凝土结构及砌体结构（上）	42.00	滕智明 等	"十二五"国家规划教材
V11439	混凝土结构及砌体结构（下）	39.00	罗福午 等	"十二五"国家规划教材
V25362	钢结构（上册）——钢结构基础（第三版）	52.00	陈绍蕃	"十二五"国家规划教材、土建学科"十二五"规划教材
V25363	钢结构（下册）——房屋建筑钢结构设计（第三版）	32.00	陈绍蕃	"十二五"国家规划教材、土建学科"十二五"规划教材
V22020	混凝土结构基本原理（第二版）	48.00	张誉 等	21世纪课程教材、"十二五"国家规划教材
V25093	混凝土及砌体结构（上册）（第二版）	45.00	哈尔滨工业大学、大连理工大学等	"十二五"国家规划教材
V26027	混凝土及砌体结构（下册）（第二版）	29.00	哈尔滨工业大学、大连理工大学等	"十二五"国家规划教材
V20495	土木工程材料（第二版）	38.00	湖南大学、天津大学、同济大学、东南大学	21世纪课程教材、"十二五"国家规划教材、土建学科"十二五"规划教材
V18285	土木工程概论	18.00	沈祖炎	"十二五"国家规划教材
V19590	土木工程概论（第二版）	42.00	丁大钧 等	21世纪课程教材、"十二五"国家规划教材、教育部2011年度普通高等教育精品教材

征订号	书名	定价	作者	备注
V20095	工程地质学（第二版）	33.00	石振明 等	21世纪课程教材、"十二五"国家规划教材、土建学科"十二五"规划教材
V20916	水文学	25.00	雒文生	21世纪课程教材、"十二五"国家规划教材
V22601	高层建筑结构设计（第二版）	45.00	钱稼茹	"十二五"国家规划教材、土建学科"十二五"规划教材
V19359	桥梁工程（第二版）	39.00	房贞政	"十二五"国家规划教材
V19338	砌体结构（第三版）	32.00	东南大学、同济大学、郑州大学合编	21世纪课程教材、"十二五"国家规划教材、教育部2011年度普通高等教育精品教材